Paulina S. Gennermann
Eine Geschichte mit Geschmack

Paulina S. Gennermann

Eine Geschichte mit Geschmack

Die Natur synthetischer Aromastoffe
im 20. Jahrhundert am Beispiel Vanillin

DE GRUYTER
OLDENBOURG

Wir danken für die Unterstützung der Publikationskosten durch den Open-Access-Publikationsfonds der Universität Bielefeld und die Deutsche Forschungsgemeinschaft (DFG).

ISBN 978-3-11-118906-2
e-ISBN (PDF) 978-3-11-119029-7
e-ISBN (EPUB) 978-3-11-119099-0
DOI https://doi.org/10.1515/9783111190297

Library of Congress Control Number: 2023933912

Bibliografische Information der Deutschen Nationalbibliothek
Die Deutsche Nationalbibliothek verzeichnet diese Publikation in der Deutschen Nationalbibliografie; detaillierte bibliografische Daten sind im Internet über http://dnb.dnb.de abrufbar.

Einbandabbildung: Päckchen Vanillinzucker, ca. 1940, Unternehmensarchiv Dr. August Oetker KG
Druck und Bindung: CPI books GmbH, Leck

www.degruyter.com

Danksagung

Eine geschmackvolle Geschichte ist geschrieben! Dies wäre ohne die Unterstützung durch meine Betreuer Carsten Reinhardt und Peter Kramper nicht möglich gewesen. Dafür bedanke ich mich herzlich. Ein besonderer Dank geht außerdem an die Studienstiftung des deutschen Volkes, die mich mit einem Promotionsstipendium unterstützt hat.

Eine Geschichte über Aromastoffe und ihre Industrie zu schreiben bedeutet, in vielen Archiven nach Spuren zu suchen. Es gilt an unzähligen Orten Lebenszeichen dieser besonderen Stoffe zu finden und zu einem Gesamtbild zusammenzusetzen. Mein Dank geht daher an die Mitarbeiter:innen des Archivs des Deutschen Museums München, des Unternehmensarchivs Bayer, des Unternehmensarchivs Dr. August Oetker, des Historischen Archivs Roche, des Archivs der Deutschen Forschungsgemeinschaft, des Landesarchivs Sachsen-Anhalt und des Bundesarchivs Berlin-Lichterfelde. Auch während der Pandemie ermöglichten sie mir eine umfassende Recherche, unterstützten und bearbeiteten meine Digitalisierungswünsche und machten nach Möglichkeit Archivalien auf Distanz zugänglich. Ebenfalls bedanke ich mich bei Heinrich Schaper, Gerhard Krammer, Bernhard Kott, Walter Ribeiro und Heinz-Jürgen Bertram des Holzmindener Unternehmens Symrise. Mithilfe ihrer Expertise erhielt ich Einblicke in die Funktionsweisen der Aroma- und Duftstoffindustrie und bekam interessante Anregungen für das Projekt.

Für die Entwicklung eines Forschungsprojektes ist der Austausch mit Kolleg:innen von unschätzbarem Wert. Sie stellen unerwartete Fragen, bringen neue Perspektiven ein und helfen so, die Gestalt des eigenen Projekts zu formen. Deswegen geht mein Dank an meine Kolleg:innen der Historischen Wissenschaftsforschung und der Bielefeld Graduate School in History and Sociology. Insbesondere danke ich Gina M. Klein, Marcus B. Carrier und Sandra M. Sensmeyer für ihre anregenden Kommentare und Korrekturen! Außerdem danke ich Paula Diehl, die mir bei der Untersuchung der gesellschaftlichen Wahrnehmung von Aromastoffen erheblich weitergeholfen hat.

Zu guter Letzt möchte ich mich bei meinen Freunden, meinen Eltern, dem Pony und all den hier nicht aufgeführten, aber deswegen nicht weniger tatkräftigen Unterstützer:innen für ihre großartige und ausdauernde (und flauschige) Unterstützung bedanken.

Inhalt

Abbildungs- und Tabellenverzeichnis —— XI

Eine Geschichte mit Geschmack: Einführung —— 1
    Zeitliche, geographische und perspektivische Einordnung —— 3
    Aromastoffe in unterschiedlichen Zusammenhängen betrachtet —— 6
    Synthetische Stoffe und Ersatzstoffforschung —— 9
    Konsum und Ernährung —— 13
    Sinnesgeschichte —— 18
    Regulierung chemischer Stoffe —— 19
    Aufbau der Arbeit —— 22

Teil I
Gestaltung, Etablierung, Naturalisierung.
Aromastoffe in den 1910er bis 1920er Jahren —— 25
1   Gestaltung, Etablierung, Naturalisierung: Einführung —— 25
2   Vorgeschichte: Ein Industriezweig baut auf Synthese auf —— 28
3   Die Naturalisierung des synthetischen Vanillins —— 33
4   Vanillin: ein Ersatzstoff? —— 42
4.1   Nahrungsmittelversorgung und Ersatzmittel in Deutschland zwischen 1914 und 1918 am Beispiel des Kunstpfeffers —— 42
4.2   Vanillin: Synthetischer Geschmacksträger im Ersten Weltkrieg —— 44
4.3   Kein Ersatzstoff: Vanillin-Werbung bei C. F. Boehringer & Soehne —— 48
5   Eugenol und Guajakol: Das industrielle Vanillin-Netzwerk in den 1920er Jahren —— 52
6   Gestaltung, Etablierung, Naturalisierung: Resümee —— 66

Teil II
Machtspiel, Markt und Konkurrenz.
Aromastoffe in den 1930er bis 1940er Jahren —— 68
1   Machtspiel, Markt und Konkurrenz: Einführung —— 68
2   Die Vanillin-Konvention(en) in den 1930er Jahren —— 70
2.1   Organisation und interkonventionale Zusammenhänge —— 72
2.2   Konkurrenz und Wettstreit innerhalb der Vanillin-Konvention(en) —— 81
2.3   Vom „Außenseiter" zum Mitglied? Verhandlungen mit der Vanillin-Fabrik Hamburg-Billbrook —— 91

3   Ersatzgeschmack im Krieg? Die Fälle Kunstpfeffer, Coffarom und
          Vanillin —— **97**
3.1   Kunstpfeffer —— **97**
3.2   Coffarom —— **100**
3.3   „Codewort Tonol": Vanillin aus Sulfitablauge —— **104**
4   Vanillin während des Zweiten Weltkriegs: Einsatzgebiete und
          Produktion —— **111**
4.1   Vanillin-Mangel beim Großabnehmer Dr. Oetker —— **111**
4.2   Deutsch-Schweizerisches Sulfit-Vanillin? Eine kurze Geschichte der Ligrowa
          GmbH —— **117**
5   Haarmann & Reimer im Zweiten Weltkrieg: Eine kleine
          Firmengeschichte —— **124**
6   Machtspiel, Markt und Konkurrenz: Resümee —— **132**

Teil III
Natürlich, synthetisch, künstlich.
Regulierung und Wahrnehmung von Aromastoffen in den 1950er bis
1980er Jahren —— 135
1   Natürlich, synthetisch, künstlich: Einführung —— **135**
2   Die Antonymisierung von „natürlich" und „künstlich" in der ersten Hälfte
          des 20. Jahrhunderts —— **139**
3   Technische Möglichkeiten in der Aromastoffanalyse in der zweiten Hälfte
          des 20. Jahrhunderts —— **148**
4   Strukturierte Untersuchungen und gesetzliche Regulierung von
          Aromastoffen in den 1950er bis 1980er Jahren —— **156**
4.1   Die Anfänge strukturierter Untersuchungen chemisch-industrieller Stoffe:
          Die DFG-Farbstoffkommission —— **156**
4.2   Die FEMA und der Umgang mit Aromastoffen in den USA in den 1950er bis
          1970er Jahren —— **160**
4.3   Aromastoffe in der DFG: Die AG „Aroma/Essenzen" —— **165**
5   Natürliche und nicht-natürliche Aromastoffe in Deklaration und Kontrolle:
          Europäische und internationale Debatten in den 1960er und 1970er
          Jahren —— **176**
5.1   Das Spannungsfeld zwischen „natürlich", „synthetisch" und
          „künstlich" —— **180**
5.2   Die Frage nach der toxikologischen Überprüfung —— **185**
5.3   Die Frage nach der Deklaration —— **192**
6   Naturidentisch: Juristischer Begriff und industrielle Strategie —— **198**

7   Der Natürlichkeitsdiskurs in Gesellschaft und Öffentlichkeit —— **207**
7.1   Verbraucher:innen und Wissenschaft: Chemiekritik, Generalisierung und
         Expertentum —— **207**
7.2   Das Wechselspiel zwischen Verbraucher:innen und Industrien —— **216**
8   Natürlich, synthetisch, künstlich: Resümee —— **225**

Eine Geschichte mit Geschmack: Fazit —— 228
         Synthetische Aromastoffe im 20. Jahrhundert: Vanillin als naturalisierter
         synthetischer Konsumstoff —— **229**
         Aromastoffe in der historischen Wissenschaftsforschung und darüber
         hinaus —— **234**

Quellen- und Literaturverzeichnis —— 237

Abbildungs- und Tabellenverzeichnis

Teil I

Abb. 1: Strukturformel von Coniferin —— 30
Abb. 2: Strukturformel von Vanillin —— 31
Abb. 3: Strukturformel von Eugenol —— 32
Abb. 4: Strukturformel von Guajakol —— 33
Abb. 5: Umschlag des kleinen Vanillin-Kochbuchs von Lina Morgenstern —— 35
Abb. 6: Päckchen Dr. Oetker Vanillinzucker, 1894 —— 38
Abb. 7: Werbung für Vanillin als Verfeinerungsmittel, 1907 —— 41

Teil II

Abb. 1: Übersicht über die Interessengruppierung innerhalb der internationalen Vanillin-Konvention —— 73
Tab. 1: Verkäufe der internationalen Vanillin-Konvention —— 76
Tab. 2: Verkäufe in Deutschland der Gruppe 1 der internationalen Vanillin-Konvention —— 76
Tab. 3: Anteilseigner:innen von Haarmann & Reimer —— 125

Teil III

Abb. 1: Organisation und Aufbau der Aromaforschung in der BRD —— 175
Abb. 2: Wahrnehmung von „natürlich", „synthetisch" und „künstlich" durch Industrie und Gesellschaft —— 198
Abb. 3 Interessen und Spannungsverhältnisse dreier Perspektiven auf natürliche und synthetische Aromastoffe —— 199
Abb. 4 Vermeintliche Auflösung der Spannungsverhältnisse der drei Perspektiven auf natürliche und synthetische Aromastoffe —— 204
Abb. 5: Verpackungsansicht Dr. Oetker Puddingpulver mit Vanillegeschmack, circa 1932 —— 222
Abb. 6: Verpackungsansicht Dr. Oetker Puddingpulver mit Zitronengeschmack, circa 1946 —— 223
Abb. 7: Plakatwerbung Dr. Oetker Puddingpulver mit Vanillegeschmack, circa 1960 —— 224

Eine Geschichte mit Geschmack: Einführung

So unsichtbar wie Geister wecken Düfte Erinnerungen in uns und lösen damit Gefühle aus, denen wir vollkommen ausgeliefert sind. Nichts auf der Welt kann eine so starke Wirkung heraufbeschwören, ohne dabei bemerkt zu werden.[1]

Mit diesen Worten eröffnet die Autorin Anna Ruhe den vierten Band ihrer Jugendbuchserie *Die Duftapotheke*. Ausdrucksstark gelingt es ihr, den einzigartigen Charakter von Gerüchen auf den Punkt zu bringen: Ihr großer Einfluss auf die Wahrnehmungen und Empfindungen eines Menschen, während sie selbst unsichtbar bleiben. Gerüche und Geschmäcker werden von unterschiedlichen Molekülen, den Aroma- und Duftstoffen, ausgelöst, die durch den visuellen oder taktilen Sinn nicht wahrnehmbar sind. Der Mensch ist täglich von diesen Stoffen umgeben, nimmt sie wahr und orientiert sich an ihnen. In ihrer Interaktion mit dem Geruchs- und Geschmackssinn ermöglichen sie es beispielsweise, Gerüche von Pflanzen zu unterscheiden, ortsspezifische Gerüche zu identifizieren und verdorbene Nahrungsmittel zu erkennen. Außerdem hängen Gerüche und Geschmäcker eng mit Erinnerungen und Emotionen zusammen. So können bestimmte Erinnerungen oder Empfindungen durch entsprechend verknüpfte Gerüche oder Geschmäcker ausgelöst werden. Der Duft von Apfelkuchen kann Heimat bedeuten,[2] ebenso wie der Geruch von Zimt mit Weihnachten assoziiert werden kann.[3] In der alltäglichen Nahrungsmittelzubereitung hat der Umgang mit geschmackgebenden Stoffen eine lange Tradition. Über Jahrtausende hinweg hat sich ein vertrautes Verhältnis zu einer Vielzahl von Gewürzen und Kräutern aufgebaut und eine für die Küchen geeignete Handhabung etabliert. Zimt, Kardamom und Nelken beispielsweise sind keine typisch heimischen Gewürzpflanzen in Deutschland und trotzdem haben sich ihre Gerüche und Geschmäcker in die deutsche Küche und deutsche Kultur, insbesondere die Weihnachtskultur, integriert. Sie gehören inzwischen selbstverständlich zum gängigen Gewürzrepertoire und haben ihre festen Plätze in gebräuchlichen Rezepten.[4] Ähnlich verhält es sich mit Vanillin, dem Schlüsselaromastoff der Vanille, der seit den 1870er Jahren synthetisch auf industrieller Ebene hergestellt wird. Auch dieser Stoff wurde, insbesondere in der ersten Hälfte des 20. Jahrhunderts, als gebräuchliche Zutat in die Küche integriert. Im Unterschied zu

---

1 Anna Ruhe, *Die Duftapotheke. Das Turnier der tausend Talente* (Würzburg: Arena Verlag, 2020).
2 Paula Diehl, *Macht, Mythos, Utopie: die Körperbilder der SS-Männer*, Politische Ideen (Berlin: Akademie Verlag, 2005), 174.
3 Klaus Roth, „Das Geheimnis des Weihnachtsdufts. Von Anisplätzchen bis Zimtstern", *Chemie in Unserer Zeit* 44, Nr. 6 (Dezember 2010): 414–33.
4 Siehe dazu: Roth.

Zimt und Kardamom allerdings handelte es sich bei Vanillin nicht um ein Naturprodukt, sondern um ein synthetisch hergestelltes Produkt der chemischen Industrie. Nichtsdestoweniger wurde Vanillin zu einem festen und als natürlich wahrgenommenen Bestandteil von Nahrungsmitteln.

Das übergeordnete Ziel der vorliegenden wissenschaftshistorischen Analyse von Aromastoffen im Allgemeinen, von Vanillin im Speziellen und von den Entwicklungen der Aroma- und Duftstoffindustrie ist es, die Dichotomie des Natürlichen und Nicht-Natürlichen aus wissenschaftshistorischer Perspektive zu erschließen. Im Verlauf ihrer Geschichte mussten sich die synthetisierten Stoffe der Aroma- und Duftstoffindustrie zumeist erst einmal gegenüber den bekannten natürlichen Stoffen behaupten. Einigen gelang es, schrittweise die Naturstoffe zu ergänzen oder gar zu ersetzen. Das Natürliche wurde nach und nach verdrängt durch das Nicht-Natürliche. Dies änderte sich sukzessive nach dem Zweiten Weltkrieg, als mögliche Risiken chemisch-industrieller Stoffe bekannter wurden. Dies führte in der Gesellschaft zu einer zunehmenden Kritik an nicht-natürlichen Stoffen, trieb deren Regulierung an und stärkte den positiven Stellenwert des Natürlichen. Die Aromastoffindustrie erlebte folglich einen Wandel, der vom Natürlichen über das Nicht-Natürliche zurück zum Natürlichen führte. Doch was wurde von wem unter „natürlich" und Natürlichkeit verstanden? Welche gesellschaftlichen, wissenschaftlichen, wirtschaftlichen und politischen Entwicklungen haben das Verständnis von Natürlichkeit und Nicht-Natürlichkeit geprägt und verändert? Die Deutung dieser Begriffe ist kulturell geprägt und vom jeweiligen sozialen Kontext abhängig. Aus diesem Grund kann sich das Verständnis von Natürlichkeit und „natürlich" im Lauf der Zeit stetig verändern.[5] Es ist also zu untersuchen, welche gesellschaftlichen, wissenschaftlichen, wirtschaftlichen und politischen Motive diesen Wandel begleitet und beeinflusst haben. In der vorliegenden Arbeit sollen Aromastoffe mit ihren Eigenschaften in gesellschaftliche, wirtschaftliche und politische Netzwerke eingeordnet und ihre jeweiligen Funktionen und Einflüsse dargelegt werden. Im Fokus der Frage nach einer Naturalisierung synthetisierter Aromastoffe wird das Vanillin stehen, dessen Geschichte sich im Vergleich zu der anderer Aromastoffe durch ihre Präsenz in den Quellen und ihre besondere Entwicklung auszeichnet. Vanillin war und ist heute noch der am meisten verwendete Aromastoff der Welt. Er zeichnet sich durch eine bemerkenswerte Naturalisierung aus. Seine Integration in die alltägliche Ernährung, die Codierung und die Wahrnehmung des synthetischen Vanillins als „natürlich" lassen sich sowohl in seiner Herstellung als auch im

---

5 Eva Barlösius, *Soziologie des Essens: eine sozial- und kulturwissenschaftliche Einführung in die Ernährungsforschung*, 3. durchges. Aufl., Grundlagentexte Soziologie (Weinheim; Basel: Beltz Juventa, 2016), 257.

Sprachgebrauch und in der Regulierung beobachten. Seine einzigartige Entwicklung hat daher einen zentralen Stellenwert in der vorliegenden Arbeit.

Zeitliche, geographische und perspektivische Einordnung

Der zeitliche Schwerpunkt der Analyse erstreckt sich von den 1910er bis 1980er Jahren. Geographisch konzentriert sich das Projekt vorrangig auf die deutsche und europäische Region, dies ist jedoch durch die Internationalität und Globalität der Aroma- und Duftstoffindustrie nicht allzu streng zu verstehen. Auch außereuropäische Schauplätze werden berücksichtigt. Die hier geschriebene Geschichte ist nichtsdestoweniger aus europäischer Perspektive, vor allem aus deutschem und schweizerischem Blickwinkel, verfasst. Internationale Ereignisse, Verflechtungen und Forschungen werden somit hinsichtlich ihrer Bedeutungen und Auswirkungen auf Deutschland (nach dem Zweiten Weltkrieg bezogen auf die Bundesrepublik), die Schweiz und zum Teil auf Europa analysiert. Dies ist mit den untersuchten Firmen zu begründen, die je nach Standort die Perspektive ihres Landes einbrachten.

Diese Eingrenzung hat mehrere Gründe. Erstens wies sich die deutsche und die bundesrepublikanische Wirtschaft durch eine hochentwickelte und potente chemische Industrie aus, deren Unternehmen, wie diese Arbeit zeigen wird, einen wesentlichen Teil zur Strukturierung spezifischer Aromastoffmärkte beitrugen. Außerdem war es in Deutschland, wo die erste Firma für synthetische Aroma- und Duftstoffe 1874 in Holzminden gegründet wurde. Diesem Ursprung und auch der folgenden Entwicklung zu einem tragenden Mitglied der Vanillin-Konvention (in der sich die enge Verflechtung mit der Schweiz offenbart) soll durch die deutsch(-schweizerische) Perspektive Rechnung getragen werden. Zweitens war Deutschland ein Land, das beispielsweise im Bereich der Nahrungsmittel bei einigen Produkten (zum Beispiel bei Gewürzen) auf Importe angewiesen war.[6] Um unabhängiger von eben diesen Importen zu werden, bemühten sich Politik und Industrie in Deutschland darum, mithilfe der Chemie eigene Rohstoffe nutzbar zu machen. Dadurch sollten aus ehemals rein ausländischen Importgütern auf synthetische Weise heimische Produkte gemacht werden.[7] Diese Ausgangslage ist essentiell für eine Geschichte der Aroma- und Duftstoffindustrie, da es eben diese chemisch-synthetischen Faktoren und die Suche nach einheimischen Rohstoffen waren, die die Innovationen in diesem Sektor vorantrieben. Zu guter Letzt waren

---

6 Belinda Davis, „Konsumgesellschaft und Politik im Ersten Weltkrieg", in: *Die Konsumgesellschaft in Deutschland 1890–1990: ein Handbuch* (Frankfurt/Main: Campus Verlag, 2009).
7 Siehe beispielsweise: Elisabeth Vaupel, „Hermann Staudinger und der Kunstpfeffer. Ersatzgewürze", *Chemie in Unserer Zeit* 44, Nr. 6 (Dezember 2010): 396–412.

die gesellschaftlichen Verständnisweisen von natürlichen und nicht-natürlichen Stoffen keinesfalls einheitlich. Wie in dieser Arbeit gezeigt werden wird, waren Wahrnehmung und Interpretation je nach Akteuren und Akteursgruppen sehr unterschiedlich. Ebenso waren die offiziellen Regulierungsmaßnahmen sehr divers und ein einheitlicher Umgang schwer zu erreichen. Aus diesem Grund wurde der Fokus auf die Regulierungsbemühungen der Europäischen Gemeinschaft und der Bundesrepublik Deutschland gelegt. Durch diese Form der gezielten Studie können wesentliche Aspekte der Aromastoffregulierung im Mikrogeschehen analysiert und potentiell auf eine internationale Makroebene übertragen werden, um so Raum für weitere Forschung zu erschließen.

Ausgehend vom verwendeten Quellenmaterial wird die hier präsentierte Geschichte größtenteils aus industrieller Perspektive geschildert. Es lagen insbesondere Unternehmenskorrespondenzen, Kooperationsverträge und Sitzungsprotokolle zur Analyse aus mehreren Unternehmensarchiven (darunter vor allem das Historische Archiv Roche, das Unternehmensarchiv Dr. August Oetker sowie das Unternehmensarchiv Bayer) und aus dem umfangreichen Bestand der I.G. Farben vor. Des Weiteren wurden Gesetzestexte, zeitgenössische Fachliteratur und einzelne Pressebeiträge herangezogen. Dadurch konnten Entwicklungen, Kooperationen und Schwierigkeiten innerhalb der Aromastoffindustrie und die gesellschaftliche Wahrnehmung chemisch-industrieller Stoffe im Allgemeinen und von Aromastoffen im Speziellen nachvollzogen werden. Da die Frage nach dem Verständnis von Natürlichkeit eine Berücksichtigung unterschiedlicher Perspektiven erfordert, bemüht sich die Arbeit trotz des dominierenden Anteils der industriellen Sichtweise um eine multidimensionale Ausrichtung, sowohl in perspektivischer als auch in methodischer Hinsicht.

Ernährung ist ein Grundbedürfnis des Menschen und somit sind Nahrungsmittel im alltäglichen Leben in unterschiedlichen Kontexten ständig präsent. Aus diesem Grund eignen sich Nahrungsmittel besonders gut, um Zusammenhänge verschiedener Akteure, Interessen und Netzwerke herauszuarbeiten. Mit den Worten von Carolyn Cobbold ausgedrückt: „Food is a particularly useful commodity for studying complex relations between makers, users, legislators, and scientific practitioners because it is universal."[8] So schreibt sie es in der Einleitung zu ihrer Studie über synthetische Farbstoffe und deren Einsatz in Nahrungsmitteln im späten 19. und frühen 20. Jahrhundert. Eine historische Analyse synthetischer Farbstoffe, dem damaligen Aushängeschild der chemischen Industrie, als Nahrungsmittelzusatz ermögliche die Beobachtung und Durchleuchtung von „debates

---

8 Carolyn Cobbold, *A rainbow palate: how chemical dyes changed the West's relationship with food*, Synthesis (Chicago: University of Chicago Press, 2020), 4.

surrounding taste, trust, and truths."[9] Auch im Umgang mit industriell produzierten Aromastoffen stehen die Verbindung von chemischer Industrie und Ernährung, das Verhältnis von Verbraucher:innen zur Industrie sowie unterschiedliche wissenschaftliche, wirtschaftliche und gesellschaftliche Ansichten über die Handhabung dieser Stoffe im Zentrum der Aufmerksamkeit. Dabei liegt der besondere Fokus in der vorliegenden Arbeit auf der Frage nach Natürlichkeit und Nicht-Natürlichkeit, die all diesen Aspekten zugrunde liegt und sie entscheidend prägt.

Ein weiterer wichtiger Charakterzug von Ernährung ist ihre Positionierung im kulturellen und naturellen Umfeld. Ernährung findet an der Grenze zwischen Natur und Kultur statt. Während einerseits physiologische Notwendigkeiten die Nahrungsmittelwahl mitbestimmen, ist die Ausgestaltung der Ernährung nicht in gleichem Maße physiologisch bestimmt, sondern kulturell geprägt. Essen hat immer sowohl eine natürliche als auch eine kulturelle Seite, die untrennbar miteinander verbunden sind.[10] Auch die von Cobbold herausgestellten Aspekte Geschmack, Vertrauen und Wahrheit lassen sich in diesem Grenzgebiet wiederfinden, denn sie entwickeln sich sowohl aus naturellen als auch kulturellen Begebenheiten heraus.

Während Zusätze wie Farbstoffe und Konservierungsstoffe hinsichtlich ihres Einflusses auf die Wahrnehmung von Nahrungsmitteln (und von chemisch-industriellen Stoffen allgemein) bereits Eingang in die wissenschaftshistorische Forschung gefunden haben und unterschiedliche Stoffe und Bereiche der chemischen und pharmazeutischen Industrie längst zu den gängigen Forschungsthemen der Wissenschafts-, Technik- und Medizingeschichte gehören, gilt dies nur begrenzt für Aromastoffe. Trotz ihres ebenfalls großen Einflusses und ihrer flächendeckenden Verbreitung in Nahrungsmitteln seit dem 20. Jahrhundert fehlen fachwissenschaftliche Arbeiten über diese Kategorie synthetisch-industrieller Produkte und ihre Produzent:innen weitgehend. Allerdings ermöglicht eine Geschichte über Aromastoffe im Allgemeinen und Vanillin im Speziellen ein besseres Verständnis dieser Stoffklasse mit ihren kulturellen und physiologischen Einflüssen, während sie gleichzeitig eine kritische Reflexion ihres Einsatzes und ihrer gesellschaftlichen Wahrnehmung im Kontext natürlicher und nicht-natürlicher Stoffe anstößt. Vor diesem Hintergrund scheint eine wissenschaftshistorische Analyse von Aromastoffen, ihrer Industrie, ihrer Verbreitung und ihrer Regulierung eine notwendige und überfällige Forschungsarbeit zu sein. Durch sie kann die Entstehungsgeschichte nicht-natürlicher Aromastoffe und ihr Einsatz in Nahrungsmitteln nachvollzogen und mit den gesellschaftlichen, ökonomischen und politischen Abläufen ihrer Re-

---

9 Cobbold, *A rainbow palate*, 4.

10 Siehe dazu insbesondere Kapitel 2 „Naturgegeben oder kulturell gestaltet? Zur Anthropologie des Essens" in: Barlösius, *Soziologie des Essens*.

gulierung in Zusammenhang gesetzt werden. Auf diese Weise leistet die vorliegende Arbeit einen wichtigen Forschungsbeitrag zum Verständnis der chemischen Industrie aus einer neuen Mikrostudie heraus und öffnet gleichzeitig neue Türen für den historischen Blick auf größere internationale Zusammenhänge und Herausforderungen im Rahmen eines noch wenig beachteten Industriezweigs unter besonderer Berücksichtigung des Natürlichkeitsdiskurses. Dabei ist zu betonen, dass in dieser Arbeit zwar häufig von der Aroma- und Duftstoffindustrie und nicht nur von der Aromastoffindustrie gesprochen wird (da sich diese Industrie selbst so bezeichnet und beide Stofftypen aufs engste zusammenhängen), der Fokus aber auf Aromastoffen liegt, also auf in Nahrungsmitteln eingesetzten Substanzen. Nicht-essbare Konsumgüter wurden nicht berücksichtigt, auch wenn ihre Geschichte eng mit Aromastoffen verknüpft ist und einen Teil der Geschichte der Aroma- und Duftstoffindustrie darstellt.[11]

Aromastoffe in unterschiedlichen Zusammenhängen betrachtet

> Les aliments entre eux, les boissons entre elles, tous, liquides et solides, se querellent, s'opposent, s'ajoutent, se substituent les uns aux autres. [...] Celles-ci, comme celles-là, varient avec les lieux, avec les époques. Mais qui écrira cette histoire complexe avec la précision qui conviendrait: non pas seulement l'histoire du pain (sur laquelle nous avons toute une littérature) ou du vin (sur laquelle nous possédons au moins un très grand livre) mais l'histoire simultanée de ces associations alimentaires, lentes à se nouer puis à se dénouer, mais qui se dénouent au cours des siècles, ou même tel ou tel jour.[12]

---

11 Auf diesem Gebiet sind hinsichtlich Parfums insbesondere die Arbeiten von Eugénie Briot zu nennen, die sich mit der Entwicklung der Parfümerieindustrie im Frankreich des 19. und 20. Jahrhunderts auseinandersetzt. Hohe Bekanntheit genießt außerdem *The emperor of scent: a true story of perfume and obsession* von Chandler Burr. Auch David H. Pybus und Charles S. Sell haben mit ihrem Werk *The Chemistry of Fragrances. From Perfumer to Consumer* einen Beitrag zur Forschung über Riechstoffe und ihrer Einsatzgebiete geleistet. Siehe dazu: Eugénie Briot, „From Industry to Luxury: French Perfume in the Nineteenth Century", *Business History Review* 85, Nr. 2 (2011): 273–94; Eugénie Briot, „La chimie des élégances: la parfumerie parisienne au XIXe siècle: naissance d'une industrie du luxe" (These de doctorat, Paris, CNAM, 2008), http://www.theses.fr/2008CNAM0611; Eugénie Briot, „De l'Eau Impériale aux Violettes du Czar : Le jeu social des élégances olfactives dans le Paris du XIXe siècle", *Revue d'Histoire Moderne et Contemporaine* 55, Nr. 1 (2008): 28–49; Chandler Burr, *The Emperor of Scent: A True Story of Perfume and Obsession* (New York: Random House Trade Paperbacks, 2004); David H. Pybus und Charles S. Sell, *The Chemistry of Fragrances. From Perfumer to Consumer*, 2. Aufl. (Cambridge: RCS Publishing, 2006),
12 Fernand Braudel, „Alimentation et Catégories de l'histoire", *Annales. Histoire, Sciences Sociales* 16, Nr. 4 (August 1961): 726.

Während Fernand Braudel bereits 1961 die Notwendigkeit einer Lebensmittelgeschichte betonte, die sich in einen größeren zeitlichen und thematischen Kontext einordnet, hat diese Aussage auch im 21. Jahrhundert nicht an Aktualität verloren. Aromastoffe, seien sie natürlich oder nicht-natürlich, sind fundamentale Bestandteile von Lebensmitteln, wodurch sich Braudels Aufforderung auch auf eine Analyse von in Lebensmitteln eingesetzten Geruch- und Geschmacksstoffen beziehen lässt. Um diesem Anspruch so weit wie möglich gerecht zu werden, werden in dieser Arbeit verschiedene Elemente aus unterschiedlichen Theorien und Methoden kombiniert. Eine historische Analyse über Aromastoffe begibt sich automatisch in unterschiedliche thematische Gebiete. Ebenso wie Cobbold ihre Studie zu synthetischen Farbstoffen als Nahrungsmittelzusatz als „a history of chemistry, of food, of color and consumer culture, of economics, risk management, and regulation" charakterisiert,[13] ist eine Geschichte über Aromastoffe zu beschreiben als eine Kombination von Ansätzen aus der Chemie- und Innovationsgeschichte, der Industriegeschichte, der Regulierungsgeschichte und der Konsumgeschichte. Eine Auswahl methodischer und theoretischer Ansätze aus all diesen Bereichen ist notwendig, um vor dem Hintergrund der Natürlichkeitsfrage ein stimmiges und verständliches Gesamtbild von der Entwicklung der Aromastoffindustrie, der Verbreitung von Aromastoffen, ihrer Regulierung und ihrer Wahrnehmung im 20. Jahrhundert erstellen zu können. Sie ermöglichen es, Aromastoffe in ihrem jeweiligen Kontext zu betrachten und ihre Dynamik entsprechend einzuordnen. Dieser hochkomplexe Ansatz soll einen umfassenden Überblick über die Entwicklung der Aromastoffindustrie sowie ihrer Produkte liefern und gleichzeitig eine kritische Reflexion ihrer Geschichte erlauben.

Durch die Grenzposition der Ernährung zwischen Natur und Kultur kann dieses Thema einerseits diskutiert werden als „Kulturalisierung der Natur" (kulturelle Ausdrucksformen für ein biologisches Phänomen) und andererseits als „Naturalisierung der Kultur" (als „natürlich" codierte kulturelle Überformung einer physiologischen Notwendigkeit).[14] Als Bestandteil der Ernährung, die „immer zugleich eine natürliche und eine kulturelle Seite"[15] hat, sind konsequenterweise auch Aromastoffe in diesem Grenzgebiet zu verorten. Dabei beinhaltet eine Geschichte dieser Stoffe sowohl Elemente der „Kulturalisierung der Natur" (durch den Nachbau von natürlichen Strukturen im Labor) als auch der „Naturalisierung der Kultur" (die Integration nicht-natürlicher Aromastoffe in die alltägliche Ernährung). Diese Grenzstellung von Aromastoffen zwischen Natur und Kultur lenkt den besonde-

---

13 Cobbold, *A rainbow palate*, 3.
14 Barlösius, *Soziologie des Essens*, 39.
15 Barlösius, 40.

ren Schwerpunkt dieser Arbeit auf die Unterscheidung in natürliche und nicht-natürliche Aromastoffe. Ausgehend von der Frage nach Natürlichkeit und Nicht-Natürlichkeit sollen Innovation, Vermarktung, Wahrnehmung und Regulierung dargestellt und analysiert werden. Hinsichtlich einer Geschichte, die sich mit synthetischen Produkten der chemischen Industrie in dem fundamentalen, alltäglichen und zumeist als natürlich klassifiziert und wahrgenommenen Gebiet der Ernährung auseinandersetzt, drängt sich die Frage nach der Bedeutung von Natürlichkeit auf. Was wurde unter „natürlich" verstanden? Wie wandelte sich dieses Verständnis und wer trug dazu bei? Welchen Einfluss hatten Verständnis und Wahrnehmung von Natürlichkeit im Umgang mit synthetischen und künstlichen Aromastoffen? Diesen zentralen Fragen soll im Verlauf der Untersuchung in den unterschiedlichen Netzwerken rund um Aromastoffe nachgegangen werden. Dabei wird der in der ersten Hälfte des 20. Jahrhunderts starke Ersatzstoffdiskurs mit dem in der zweiten Hälfte des 20. Jahrhunderts prominenten Natürlichkeitsdiskurs verknüpft. Innerhalb beider Diskurse wurden ähnliche Argumente genutzt und Thematiken diskutiert, sodass sie auch als ein sich entwickelnder, sich dabei im Schwerpunkt verschiebender Diskurs verstanden werden können.

Diskurse können im wissenschaftlichen Sprachgebrauch als „wandelbare Wissenssysteme" oder auch als „Vorstellungswelten" bezeichnet werden.[16] Angewandt auf den Ersatzstoffdiskurs und den Natürlichkeitsdiskurs schließt ein Diskurs all die Elemente ein, die die „Vorstellungswelt" von Ersatzstoffen und Natürlichkeit prägten, also beispielsweise Darstellungen und Verständnisweisen. Dieser Arbeit liegt dementsprechend eine tendenziell alltagssprachliche Verwendung des Diskursbegriffs zugrunde, der zumeist die verschiedenen Elemente einer Auseinandersetzung mit einem bestimmten Thema beschreibt. In der historischen Forschung stellt die sogenannte Diskursanalyse eine komplexe und breit gefächerte methodisch-theoretische Herangehensweise an Untersuchungsgegenstände dar.[17] Dabei ist es das Ziel der historischen Diskursanalyse, „Wahrnehmungen von Wirklichkeit" und den „Wandel sozialer Realitätsauffassungen" zu untersuchen.[18] In der vorliegenden Arbeit sollen die Wahrnehmungen und Verständnisweisen von Ersatzstoffen und von Natürlichkeit herausgearbeitet werden, ebenso wie die daraus resultierenden Konsequenzen. Die Wahrnehmung von Ersatzstoffen und Natürlichkeit veränderte sich im Verlauf des 20. Jahrhunderts und konnte je nach

---

16 Universität Leipzig Methodenportal, „Was ist ein Diskurs?", 19. August 2022, https://home.uni-leipzig.de/methodenportal/was-ist-ein-diskurs/, zuletzt geprüft am 22.02.2023.
17 Siehe beispielsweise: Philipp Sarasin, „Diskursanalyse", in: *Handbuch Wissenschaftsgeschichte* (Stuttgart: J.B. Metzler Verlag, 2017), 45–54; Achim Landwehr, *Historische Diskursanalyse*, 2. Aufl, Historische Einführungen (Frankfurt/Main: Campus Verlag, 2009).
18 Landwehr, *Historische Diskursanalyse*, 96.

Akteursgruppe variieren. Diese „Vorstellungswelten" waren somit „wandelbar". Wie sich die Veränderungen äußerten und was daraus folgte wird in der vorliegenden Arbeit analysiert.

Um die Wirkmächtigkeit und die Reichweite von Aromastoffen nachzuvollziehen, muss zunächst ihre Einordnung in die Industrie- und Innovationsgeschichte, die Ernährungs- und Konsumgeschichte, die Sinnesgeschichte und die Regulierungsgeschichte unter Berücksichtigung des Natürlichkeitsdiskurses erfolgen. Ansätze und Aspekte all dieser Bereiche sind für eine Geschichte des Vanillins im Speziellen und der Regulierung von Aromastoffen allgemein wichtig, um die Entwicklungen, Argumentationen und Wahrnehmungsweisen skizzieren und nachvollziehen zu können. Zunächst wird eine kurze Einführung in die historische Forschung über synthetische Stoffe und Ersatzstoffe gegeben. Dieser vor allem industriegeschichtliche Hintergrund ist insbesondere in den Teilen I und II relevant, wo der Aufbau des industriellen Netzwerkes rund um Vanillin, die Verbreitung dieses Aromastoffs und dessen Naturalisierung thematisiert werden. Anschließend folgen eine Erläuterung der Ernährungs- und Konsumgeschichte sowie der Sinnesgeschichte, die gebraucht werden, um die gesellschaftliche Wahrnehmung von Aromastoffen und ihren Wandel zu untersuchen. Abschließend wird die Regulierungsgeschichte in den Blick genommen, die im Rahmen der Untersuchung der Aromastoffregulierung in Teil III zum Tragen kommt. Ausgehend von der übergeordneten Fragestellung nach den Verständnisweisen von natürlichen und nichtnatürlichen Stoffen werden diese verschiedenen Ansätze miteinander verbunden und ermöglichen eine kontinuierliche Schilderung der Entwicklungen im Umgang mit Aromastoffen.

Synthetische Stoffe und Ersatzstoffforschung

Untersuchungen über Entstehung, Entwicklung und Umgang mit der chemischen Industrie legen ihren Schwerpunkt häufig auf die Produktion und Verwendung von Farbstoffen und Pharmazeutika.[19] Diese Stoffe gehörten zu den ersten und öko-

---

19 Siehe beispielsweise: Anthony S. Travis, *The Rainbow Makers: The Origins of the Synthetic Dyestuffs Industry in Western Europe* (Bethlehem; London: Lehigh University Press, 1993); Anthony S. Travis u. a., Hrsg., *Determinants in the evolution of the European chemical industry, 1900–1936: new technologies, political frameworks, markets, and companies*, Chemists and chemistry (Dordrecht; Boston: Kluwer, 1998); Ralph Landau u. a., Hrsg., *Pharmaceutical Innovation: Revolutionizing Human Health*, The Chemical Heritage Foundation Series in Innovation and Entrepreneurship (Philadelphia: Chemical Heritage Press, 1999); Heiko Stoff, „Hexa-Sabbat: Fremdstoffe und Vitalstoffe, Experten und der kritische Verbraucher in der BRD der 1950er und 1960er Jahre", *NTM Zeitschrift Für*

nomisch sowie gesellschaftlich einflussreichsten synthetisch gefertigten Stoffen der chemischen Industrie. Daher erfuhren sie eine besondere Aufmerksamkeit in der historischen Forschung. Vor allem die Verknüpfung industrieller mit akademisch-chemischer Arbeit und die komplexe Wechselbeziehung beider Forschungsumgebungen machten den besonderen Charakter der chemischen Industrie aus.[20] Im Kontext der Arbeiten mit Aromastoffen standen die Strukturanalyse von Naturprodukten und deren Laborsynthese in enger Interaktion miteinander. Die Natur galt es zu entschlüsseln, um die dort stattfindenden chemischen Vorgänge und Strukturen im Labor nachbauen zu können. Chemische Analyse und Synthese orientierten sich in diesem Zusammenhang an der Natur, in der verschiedene chemische Prozesse ablaufen.[21] Diese stellen einen festen, wichtigen und notwendigen Bestandteil der Natur und ihrer Abläufe dar. Dennoch erscheinen die Begrifflichkeiten Chemie und Natur häufig als Gegensätze, die nur schwer miteinander zu vereinbaren sind. Sie werden meist antonym verwendet, wobei die Differenzierung auf bestimmten Verständnisweisen von Natur und Natürlichkeit beruht. Zusammenhängend mit der Wahrnehmung und dem Verständnis von Natur und Natürlichkeit zeigt sich bereits ein Element des Natürlichkeitsdiskurses, nämlich die unterschiedlichen Herangehensweisen an diese Begrifflichkeiten und die daraus resultierende komplexe Definition von natürlichen und nicht-natürlichen Stoffen. Diese Verbindungen und Wechselwirkungen werden in der vorliegenden Arbeit im Kontext der Aromastoffe und insbesondere anhand des Vanillins untersucht.

Ein Stoff, der ursprünglich ausschließlich als Naturprodukt bekannt gewesen war und der dann durch synthetische Herstellung den Nahrungsmittelmarkt erobern konnte, ist das Vitamin C. Auch bei dessen Etablierung musste „mit der Tradition des ‚Naturprodukts' gebrochen werden", während die „Künstlichkeit von Ascorbinsäure" Unwohlsein bei Nahrungsmittelproduzent:innen wie Nestlé auslöste.[22] Beat Bächi schildert, wie synthetisches Vitamin C mithilfe von pharmazeu-

Geschichte Der Wissenschaften, Technik Und Medizin 17, Nr. 1 (2009): 55–83; Carsten Reinhardt, *Forschung in der chemischen Industrie: die Entwicklung synthetischer Farbstoffe bei BASF und Hoechst, 1863 bis 1914*, Freiberger Forschungshefte D Wirtschaftswissenschaften, Geschichte 202 (Freiberg: Technische Universität Bergakademie, 1997); Heiko Stoff, *Wirkstoffe: eine Wissenschaftsgeschichte der Hormone, Vitamine und Enzyme, 1920–1970*, Studien zur Geschichte der Deutschen Forschungsgemeinschaft (Stuttgart: Franz Steiner Verlag, 2012).

20 Siehe beispielsweise: Ernst Homburg, „Chemistry and Industry: A Tale of Two Moving Targets", *Isis* 109, Nr. 3 (September 2018): 565–76.

21 Bernadette Bensaude-Vincent, *Matière à penser: essais d'histoire et de philosophie de la chimie* (Saint-Cloud: Presses universitaires de Paris Ouest, 2008), 25; Marika Blondel-Mégrelis, *Le chimiste, la nature et l'homme* (Paris: l'Harmattan, 2021), 153–60.

22 Beat Bächi, *Vitamin C für alle! Pharmazeutische Produktion, Vermarktung und Gesundheitspolitik; (1933–1953)*, Interferenzen (Zürich: Chronos-Verlag, 2009), 102–103.

tischen Argumenten und dem gezielten Aufbau eines Marktes im Nahrungsmittelsektor Fuß fassen konnte. Dabei wird dargestellt, in welcher Form das Argument von Künstlichkeit ein Hindernis bedeuten konnte und wie natürliche Vitamin C-Quellen und das synthetische Produkt konkurrierten.

Eine ähnliche Geschichte erzählt Christoph Maria Merki in seiner Arbeit über den synthetischen Süßstoff Saccharin. Dieser begann als günstiger Ersatz für teuren Zucker und entwickelte sich von einem diätetischen Präparat zu einem begehrten kalorienarmen Süßungsmittel in Zeiten des inzwischen günstig gewordenen Massenkonsumguts Zucker und wurde schließlich zu einem kritisch betrachteten synthetischen und potentiell gesundheitsschädlichen Zuckeraustauschstoff. Auch Merki geht dabei gezielt auf die Gegenüberstellung von synthetischen Alternativen für natürliche Produkte in der Geschichte des Nahrungsmittelkonsums ein.[23]

Sowohl Bächi als auch Merki zeigen anhand ihrer jeweiligen Fallbeispiele, auf welche Weise synthetische Stoffe in die Ernährung eingeführt und integriert werden konnten. Dabei spielten in beiden Fällen medizinisch-pharmazeutische Argumente eine entscheidende Rolle, um synthetische Stoffe entweder populärer zu machen oder auf bestimmte Zielgruppen zuzuschneiden. Im Vergleich zum synthetischen Vanillin allerdings fallen zwei Unterschiede besonders auf. Erstens ließen sich bei Vanillin keine direkten Hinweise auf medizinisch-pharmazeutische Argumente hinsichtlich der Anwendung und Einnahme finden. Vanillin wurde anders als synthetisches Vitamin C und Saccharin nicht als medizinisches Präparat oder diätetisches Mittel gehandhabt. Im Falle des Aromastoffs waren Nahrungs- und Genussmittel von Beginn an eindeutige Einsatzgebiete. Zweitens bestand sowohl bei synthetischem Vitamin C als auch bei Saccharin ernsthafte Konkurrenz durch das jeweilige Naturprodukt. Zucker, sobald er zu einem Massenkonsumgut geworden war, konnte preislich mit dem günstigen Saccharin gleichziehen. Dadurch standen beide Güter parallel auf dem Markt und mussten ihre jeweiligen Nischen erschließen. Ebenso verhielt es sich mit synthetischem Vitamin C, das in zahlreichen Naturprodukten wie beispielsweise Orangen und Hagebutten vorkommt. Vanillin hingegen blieb gegenüber der Vanilleschote preislich im Vorteil. Eine derart starke Konkurrenz zwischen Naturprodukt und synthetischem Produkt ließ sich im 20. Jahrhundert in diesem Fall nicht beobachten.

In einer Arbeit über Vanillin im Speziellen und Aromastoffe im Allgemeinen, die sich vorrangig mit den Entwicklungen im 20. Jahrhundert auseinandersetzt und damit selbstverständlich auch die Zeiten der beiden Weltkriege abdeckt, muss auch auf das Thema der Ersatzstoffe eingegangen werden. Die von Ulrich Wengenroth als

---

23 Christoph Maria Merki, *Zucker gegen Saccharin: zur Geschichte der künstlichen Süßstoffe* (Frankfurt/Main: Campus Verlag, 1993).

„Ersatzstoffkultur"[24] bezeichnete Entwicklung begann insbesondere vor und während des Ersten Weltkriegs und setzte sich im Nationalsozialismus fort. Es waren vor allem die Notwendigkeiten des Kriegs und die autarkiepolitische Motivation, die die Ersatzstoffforschung und den Einsatz solcher Stoffe vorantrieben. Ihre Herstellung und Nutzung führten dabei häufiger zu Qualitätsminderungen vieler (End-) Produkte, da sich nicht jeder ursprünglich verwendete Rohstoff ohne weiteres ersetzen ließ.[25] Dadurch kristallisierte sich in der deutschen Bevölkerung eine negative Bewertung des Begriffs „Ersatzstoff" heraus,[26] was sich auf die an ihrer Produktion beteiligte chemische Industrie auswirkte. Hinsichtlich der Ersatzstoffthematik bei Nahrungsmitteln ist neben den zuvor bereits erwähnten Studien von Bächi und Merki die Arbeit von Elisabeth Vaupel anzuführen. Ihre Forschung behandelt unter anderem Ersatzgewürze, beispielsweise die Arbeiten des Chemikers Hermann Staudinger, der während des Ersten und des Zweiten Weltkriegs an Ersatzprodukten für Pfeffer und Kaffee arbeitete.[27]

Neben der wachsenden Ablehnung von Ersatzstoffen wegen minderwertiger Qualität gesellten sich noch zwei weitere negative Faktoren hinzu. Nahrungsmittelsurrogate kamen häufig nicht gut an, weil sie beispielsweise durch soziale Normen als minderwertig und abstoßend angesehen wurden.[28] Gleichzeitig wird durch unterschiedliche Studien über in der Ernährung neu auftretende Stoffe oder Produkte deutlich, dass Gewöhnung ebenfalls ein wichtiger Faktor war. Etwas, das nicht zu den bekannten Zutaten gehörte, musste erst einmal akzeptiert und integriert werden.[29] Dies erschwerte die Etablierung bestimmter Zusätze oder Ersatzmittel und steigerte gegebenenfalls Misstrauen und Unzufriedenheit in der Bevölkerung. Auf den ersten Blick könnten nicht-natürliche Aromastoffe als Ersatzstoffe ver-

---

24 Ulrich Wengenroth, „Die Flucht in den Käfig: Wissenschafts- und Innovationskultur in Deutschland 1900 – 1960", in: *Wissenschaften und Wissenschaftspolitik: Bestandsaufnahmen zu Formationen, Brüchen und Kontinuitäten im Deutschland des 20. Jahrhunderts* (Wiesbaden: Franz Steiner Verlag, 2002), 55.

25 Günther Luxbacher, „„Für bestimmte Anwendungsgebiete best geeignete Werkstoffe…finden': Zur Praxis der Forschung an Ersatzstoffen für Metalle in den deutschen Autarkie-Phasen des 20. Jahrhunderts", *NTM Zeitschrift für Geschichte der Wissenschaften, Technik und Medizin* 19, Nr. 1 (Februar 2011): 41–68.

26 Luxbacher, 47.

27 Elisabeth Vaupel, „Hermann Staudinger und der Kunstpfeffer. Ersatzgewürze", *Chemie in Unserer Zeit* 44, Nr. 6 (Dezember 2010): 396–412.

28 Norman Aselmeyer und Veronika Settele, Hrsg., *Geschichte des Nicht-Essens: Verzicht, Vermeidung und Verweigerung in der Moderne*, Historische Zeitschrift / Beihefte (Neue Folge), Beiheft 73 (Berlin; Boston: De Gruyter Oldenbourg, 2018), 11–12.

29 Dies wird beispielsweise bei Bächi und bei Merki deutlich. Auch im Fall des Vanillins spielt die Gewöhnung eine wesentliche Rolle, wie die vorliegende Arbeit zeigen wird.

standen werden. Ihre Aufgabe war (und ist) es, mithilfe chemisch-industrieller Produktion Geschmackstoffe aus der Natur zu ersetzen. Doch im Vergleich zu anderen Stoffen stellten manche Aromastoffe, insbesondere Vanillin, eine Besonderheit dar. Im Verlauf der Untersuchung soll daher ausführlich erörtert werden, ob beziehungsweise inwiefern nicht-natürliche Aromastoffe tatsächlich als Ersatzstoffe zu bezeichnen sind.

Konsum und Ernährung

Eine signifikante gesellschaftliche Entwicklung im Zusammenhang mit der Industrialisierung war die entstehende Konsumgesellschaft im Verlauf des 19. und 20. Jahrhunderts. In den USA lässt sich ihre Ausbildung bisweilen präziser auf die Zwischenkriegszeit eingrenzen, während sie in Deutschland vor allem in der Nachkriegszeit des Zweiten Weltkriegs zu verorten ist.[30] In der vorliegenden Arbeit ist der in diesem Kontext entstehende neuartige Umgang mit Nahrungsmitteln von besonderem Interesse. Durch Urbanisierung und Industrialisierung veränderten sich im Verlauf der Zeit die Ansprüche an Nahrungsmittel. Induziert durch steigende Kaufkraft und sinkende Preise (während zu Beginn des 19. Jahrhunderts noch 80 – 90 % des Einkommens für Nahrungsmittel ausgegeben wurde, waren es Anfang des 20. Jahrhunderts nur noch circa 50 %[31]) und durch die wachsende Vielfalt an Produkten war die Nahrungsaufnahme zunehmend nicht mehr nur eine Frage der Kalorienzufuhr. Die Funktion von Nahrungsmitteln als Genussmittel gewann an Bedeutung. Parallel dazu sollten alltägliche Nahrungsmittel länger haltbar und einfach in der Zubereitung sein. Entsprechend intensiviert wurde die Herstellung vorgefertigter Produkte sowie praktisch portionierter Küchenzutaten wie Brühwürfeln und Tütenprodukten.[32] Derartige Produkte erlebten einen großen Aufschwung, der durch die chemische Industrie ermöglicht und unterstützt wurde. Eine Schwierigkeit industrieller Massenfertigung von Nahrungsmitteln war allerdings der im Prozess eintretende Verlust bestimmter Eigenschaften des Essens. Vor allem Farbe, Geruch und Geschmack gingen zumindest teilweise verloren. Mithilfe zunehmend synthetisierter industrieller Farb- und Aromastoffe war es möglich, diesen Verlust auszugleichen oder sogar gänzlich neue Geschmackserlebnisse zu kreieren und damit die industrielle Produktion von Nahrungsmittel auszubauen. „Im 19. Jahrhundert löste die Fremdversorgung mit Lebensmitteln die Selbstver-

---

30 Wolfgang König, *Kleine Geschichte der Konsumgesellschaft: Konsum als Lebensform der Moderne* (Stuttgart: Franz Steiner Verlag, 2008), 23 – 26.
31 König, 96 – 97.
32 König, 96 – 107.

sorgung ab."[33] Dadurch veränderte sich nicht nur die produktionsbezogene Verbindung zu Nahrungsmitteln, es entstanden auch andere und neue Geschmacksvarianten. „Food once tasted differently than it now does", formuliert es Stephen Shapin.[34] Dies öffnete das Tor für eine gesellschaftliche „Gustatory nostalgia",[35] die durch neue Produktionsweisen und den damit verbundenen Veränderungen entstand. Industrialisierung und Rationalisierung der Nahrungsmittelproduktion[36] wirkten sich auf den Geschmack und somit fundamental auf die Wahrnehmung des Essens aus. Für die Industrie gab es an dieser Stelle zwei Möglichkeiten, mit dieser Entwicklung umzugehen: Sie konnte sich darum bemühen, diesen Effekten entgegenzuwirken und die ursprünglichen Zustände nach Möglichkeit zu erhalten, oder sie konnte versuchen, die Verbraucher:innen an die neuen Geschmäcker heranzuführen.[37] Essgewohnheiten, Geschmackswahrnehmungen und Geschmacksvorstellungen waren und sind veränderbar, oder wie Jörn Sieglerschmidt es ausdrückt: „Das, was heute noch als künstlich gilt, könnte dann zur Natur werden."[38] Eben diese Entwicklung soll anhand von synthetischen Aromastoffen nachvollzogen werden. Am Beispiel des Vanillins lässt sich anschaulich demonstrieren, wie ein synthetischer Stoff im 20. Jahrhundert naturalisiert werden konnte. Ausgehend von den 1910er Jahren und den Weltkriegen wird der Prozess der Naturalisierung, also der Integration eines nicht-natürlichen Stoffes in die Wahrnehmung als „natürlich", bis in die Regulierungsmaßnahmen der 1980er Jahre verfolgt und analysiert. Dabei werden die Methoden der Naturalisierung und ihre Auswirkungen auf Regulierung, Vermarktung und Wahrnehmung bestimmter Produkte herausgearbeitet. Es wird sich zeigen, dass die Naturalisierung synthetischer Stoffe und damit auch der Natürlichkeitsdiskurs eng mit dem Ersatzstoffdiskurs verbunden sind und dadurch zu einem fortlaufenden, sich entwickelnden Diskurs verbunden werden können.

Im Zuge der neuen Ansprüche an Nahrungsmittel und der sich entwickelnden Konsumgesellschaft in industrialisierten Gesellschaften kam der sich seit dem 19. Jahrhundert im Aufschwung befindlichen, chemischen Industrie eine entscheidende Rolle zu. Zum einen setzte auf industrieller und wissenschaftlicher Ebene

---

33 König, 105.
34 Steven Shapin, „Changing Tastes: How Foods Tasted in the Early Modern Period and How They Taste Now: The Hans Rausing Lecture, 2011", 2011, 7, https://dash.harvard.edu/handle/1/37147004.
35 Shapin, 7.
36 Siehe beispielsweise: Aselmeyer und Settele, *Geschichte des Nicht-Essens*; Uwe Spiekermann, *Künstliche Kost: Ernährung in Deutschland, 1840 bis heute*, Umwelt und Gesellschaft (Göttingen: Vandenhoeck & Ruprecht, 2018); Corinna Treitel, *Eating Nature in Modern Germany: Food, Agriculture, and Environment, c. 1870 to 2000* (Cambridge: Cambridge University Press, 2017).
37 Jörn Sieglerschmidt, „Die Mechanisierung der organische Substanz", in: *Essen und kulturelle Identität: europäische Perspektiven*, Bd. 2, Kulturthema Essen (Berlin: Akademie Verlag, 1997), 348.
38 Sieglerschmidt, 355.

eine chemische Beschreibung von Nahrungsmitteln und ihrer Bestandteile ein. Es wurden chemisch-theoretische Ideale bestimmter Substanzen entwickelt, beispielsweise wurde das gängige Kochsalz als Natriumchlorid ausgewiesen.[39] Zum anderen stellte die chemische Industrie der Nahrungsmittelindustrie willkommene Mittel zur Verfügung, um Produkte haltbar zu machen oder weitere neue Effekte zu generieren, und Nachteilen der industriellen Fertigung wie dem Verlust der Farbe entgegenzuwirken.[40] Aber Regulierung und toxikologische Überprüfung blieben in ihren Möglichkeiten hinter dem wachsenden Einsatz dieser Stoffe zurück. Da Ernährung ein wesentlicher Bestandteil der Kultur, des Konsums und ein Mittel zur sozialen Distinktion war und sich diese Faktoren durch die industrialisierte Massenproduktion noch verstärkten, kam es zu einem „erhöhten gesellschaftlichen Problembewusstsein" in Sachen Nahrungsmittel.[41] Im späten 19. und frühen 20. Jahrhundert entwickelte sich die Lebensreformbewegung, die sich gegen die zunehmende Industrialisierung richtete.[42] Ein wichtiger Kernaspekt dieser Bewegung war die Verklärung der Natur als „Garantin für Gesundheit" und als das anzustrebende Ideal der menschlichen Lebensweise.[43] Ein Handeln im Einklang mit der Natur wurde als erstrebenswert betrachtet, wohingegen ein Zuwiderhandeln gegen die Natur zu Konsequenzen wie Krankheiten führen konnte oder musste. Dieses Verständnis von Natur wurde mitgeprägt durch die wissenschaftliche und industrielle Erschließung, Kultivierung und Kontrolle „der Natur", also der belebten und unbelebten Umwelt. Dies wiederum verstärkte die sich ausbildende Trennung des Verständnisses von „natürlich" und nicht-natürlich, also beispielsweise „künstlich".[44] Es ist also wenig verwunderlich, dass die Lebensreformbewegung „der Nahrungsmittelindustrie den Kampf [ansagte]",[45] die sich nicht nur immer weiter von den traditionell bekannten Lebensmitteln entfernte und die Produktion von vorgefertigten Speisen förderte, sondern auch zunehmend chemisch-industri-

---

39 Jakob Vogel, *Ein schillerndes Kristall: eine Wissensgeschichte des Salzes zwischen Früher Neuzeit und Moderne*, Industrielle Welt (Köln: Böhlau, 2008).
40 Merki, *Zucker gegen Saccharin*; Cobbold, *A rainbow palate*.
41 Roman Rossfeld, „Ernährung im Wandel: Lebensmittelproduktion und -konsum zwischen Wirtschaft, Wissenschaft und Kultur", in: *Die Konsumgesellschaft in Deutschland 1890–1990: ein Handbuch* (Frankfurt/Main: Campus Verlag, 2009), 36–39. Das Zitat findet sich auf S. 36 und ist von Rossfeld zitiert nach: Jakob Tanner, „Modern Times: Industrialisierung und Ernährung in Europa und den USA im 19. und 20. Jahrhundert, dort S. 48.
42 Florentine Fritzen, *Gesünder leben. Die Lebensreformbewegung im 20. Jahrhundert* (Stuttgart: Franz Steiner Verlag, 2006), 10–11.
43 Fritzen, 297.
44 Fritzen, 296–99.
45 Fritzen, 33.

elle Zusätze verwendete, um die Ziele von längerer Haltbarkeit und optisch wie geschmacklich größerer Attraktivität zu erreichen.

Die sich im Verlauf des späten 19. und frühen 20. Jahrhunderts zunehmend etablierenden industrialisierten Systeme von Nahrungsmittelproduktion, -distribution und -konsum setzten eine fundamentale Veränderung der kulturellen und physiologischen Beziehung des Menschen zu seiner Ernährung in Gang.[46] Verbraucher:innen gaben einen Großteil ihrer direkten Beziehung zu konsumierten Nahrungsmitteln an die Industrie ab und entfremdeten sich dadurch von ihrem alltäglichen Konsum- und Kulturgut Nahrungsmittel.[47] Sie verloren durch den wachsenden Abstand zu ihren Nahrungsmitteln weitestgehend die Kompetenz, den Herstellungsprozess, die eingesetzten Stoffe und deren mögliche Risiken umfassend nachvollziehen zu können. Daraus resultierte eine Form der Verunsicherung im Umgang mit industriellen Nahrungsmitteln, die sich insbesondere im Kontext natürlicher und nicht-natürlicher Zusätze auch durch Misstrauen und Skepsis äußern konnte.[48] Gleichzeitig allerdings gewöhnten sich die Verbraucher:innen an industriell gefertigte Nahrungsmittel und deren Eigenschaften.

---

46 Für die Geschichte im Umgang mit Nahrungsmitteln im späten 19. und frühen 20. Jahrhundert in Deutschland siehe: Vera Hierholzer, *Nahrung nach Norm: Regulierung von Nahrungsmittelqualität in der Industrialisierung 1871–1914*, Kritische Studien zur Geschichtswissenschaft (Göttingen: Vandenhoeck & Ruprecht, 2010).

47 Roman Rossfeld, „Gepanschte Nahrung und gemischte Gefühle. Lebensmittelskandale, Ernährungskultur und Food-Design aus historischer Perspektive", in: *Verlangen nach Reinheit oder Lust auf Schmutz? Gestaltungskonzepte zwischen rein und unrein* (Wien: Passagen Verlag, 2003), 75–96.

48 Durch anhaltendes und zum Teil wachsendes Misstrauen gegenüber der Industrie und den verwendeten Zusätzen entstanden verschiedene Gerüchte und Mythen in Bezug auf diverse Nahrungsmittelzusätze, die nicht immer den wissenschaftlichen Fakten oder den tatsächlichen Verhältnissen in der industriellen Produktion entsprachen und dennoch im gesellschaftlichen Gedächtnis bis heute beibehalten werden. Angewandt auf die vorliegende Fallstudie über Aromastoffe sei das Beispiel des sich hartnäckig haltenden Gerüchts, natürliches Erdbeeraroma werde aus Sägespänen hergestellt, genannt. 2012 wurde in der Sendung Wissen vor Acht. Werkstatt (ARD) ein Beitrag über diesen Mythos ausgestrahlt und auch der Deutsche Verband der Aromaindustrie bemüht sich darum, den Sachverhalt mithilfe eines Datenblattes („Fact-Sheet") zu erklären und richtigzustellen. Siehe dazu: Deutscher Verband der Aromenindustrie e.V. (DVAI), #5 Mythos Erdbeeraroma, 2021, https://aromenverband.de/aromawissen-kompakt/, zuletzt geprüft am 25.05.2022.; Wissen vor Acht Werkstatt, Stecken Holzspäne im Erdbeerjoghurt?, ARD, 12.12.2012, https://www.youtube.com/watch?v=TX8rUepTLQ0, zuletzt geprüft am 25.05.2022.; Deutscher Verband der Aromenindustrie e.V. (DVAI), Erdbeeraroma aus Sägespänen?, https://aromenverband.de/erdbeeraroma-aus-saegespaene/, zuletzt geprüft am 11.08.2022. Dennoch ist dieser Mythos nach wie vor verbreitet. Das Thema Essen und Ernährung stößt auf breites und ausdauerndes Interesse seitens der Gesellschaft. Es gibt zahlreiche populärwissenschaftliche und journalistische Publikationen zu diesem Themenfeld. Darunter befinden sich beispielsweise Bob Holmes *Flavour A User's Guide to our most neglected Sense* und Deborah Blums *The Poison Squad: One Chemist's Single-Minded Crusade for*

Insbesondere in der Nachkriegszeit des Zweiten Weltkriegs nahm die Sorge vor gesundheitlichen Risiken durch solche Stoffe weiter zu. Entsprechend forderten Verbraucher:innen bessere Sicherheit und mehr Natürlichkeit im Nahrungsmittelsektor.[49] Dass die Antonymisierung von Chemie und Natur, die mit der Antonymisierung von „künstlich" und „natürlich" einhergeht, problematisch ist, ist in der Fachwelt bereits diskutiert worden.[50] Die Chemie und die auf ihr aufbauende chemische Industrie zeichnen sich dadurch aus, dass sie die Natur verändern können. „La chimie est à la fois science et art, elle développe un savoir sur le monde matériel tout en visant à le transformer", beschreibt es Bernadette Bensaude-Vincent.[51] Davon ausgehend kann „künstlich" in zahlreichen sozialen Kontexten als Ausdruck menschlicher Intervention und chemischer Meisterung der Natur durch den Menschen verstanden werden.[52] Wird diese Aussage etwas umformuliert und von industrieller Intervention gesprochen, trifft dies auch auf den Gebrauch im Nahrungsmittelkontext zu. Dort wird der Begriff „künstlich" im allgemeinen Sprachgebrauch häufig für chemisch-industrielle (und folglich nicht-natürliche) Substanzen verwendet, die einem Nahrungsmittel gesondert hinzugefügt wurden und die normalerweise nicht im eigentlichen Produkt vorkommen. Wie genau sich das Verständnis von natürlichen und nicht-natürlichen Stoffen gesellschaftlich entwickelte und wie sich dieses Verständnis zu anderen Akteursgruppen wie der Industrie verhielt, wird ein zentraler Teil der vorliegenden Studie sein. Dabei wird am Beispiel von Vanillin und allgemeiner Aromastoffregulierung analysiert, welche Begriffsverständnisse vorherrschten, wie die unterschiedlichen Gruppen miteinander kommunizierten und wie sich dies auf die Wahrnehmung und die Regulierung auswirkte.

Food Safety at the Turn of the Twentieth Century. Siehe dazu: Bob Holmes, *Flavour: The Science of Our Most Neglected Sense* (London: WH Allan/Penguin Random House, 2017); Deborah Blum, *The poison squad: one chemist's single-minded crusade for food safety at the turn of the twentieth century* (New York: Penguin Press, 2019).

49 Heiko Stoff, *Gift in der Nahrung: zur Genese der Verbraucherpolitik Mitte des 20. Jahrhunderts*, Wissenschaftsgeschichte (Stuttgart: Franz Steiner Verlag, 2015).

50 Siehe beispielsweise: Peter Janich und Christoph Rüchardt, *Natürlich, technisch, chemisch: Verhältnisse zur Natur am Beispiel der Chemie*, Philosophie und Wissenschaft, transdisziplinäre Studien (Berlin; New York: Walter de Gruyter, 1996).

51 Bensaude-Vincent, *Matière à penser*, 14.

52 Blondel-Mégrelis, *Le chimiste, la nature et l'homme*, 39.

Sinnesgeschichte

Aspekte der Sinnesgeschichte sind unumgänglich, um die physiologische und kulturelle Wirkmächtigkeit von Aromastoffen nachvollziehen zu können. Sowohl der Geruchssinn als auch der Geschmackssinn sind besondere Sinne, auch wenn sie in unterschiedlichen Sinneshierarchien der Geschichte häufig hinter den visuellen, taktilen und auditiven Sinnen zurückstehen.[53] Bei beiden handelt es sich um sogenannte chemische Sinne, bei denen chemische Signale, wie zum Beispiel Geruch- und Geschmackstoffe, mithilfe von Chemorezeptoren detektiert und anschließend verarbeitet werden.[54] Dabei sind Geschmacks- und Geruchswahrnehmungen physiologisch[55] und in ihrer kulturellen Wirkung eng miteinander verbunden. Dennoch gibt es auch Arbeiten, die die beiden Sinne getrennt voneinander darstellen.[56] An dieser Stelle soll der Fokus auf Geschmack liegen. Zu betonen ist allerdings, dass der Begriff Geschmack insbesondere im Umgang mit Essen auch olfaktorische Reize einschließt. Der Geschmack von Nahrungsmitteln wird über eine Verknüpfung aus Geruch und Geschmack ermittelt. Aus diesem Grund kann gelegentlich auch im Singular vom Geruchs- und Geschmackssinn gesprochen werden.

Der spezielle Charakter von Geschmack liegt in der Doppeldeutigkeit des Begriffs, der sowohl die gustatorische als auch die ästhetische Wahrnehmung beschreibt.[57] Auch hier zeigt sich die von Eva Barlösius beschriebene Grenzposition des Essens zwischen Natur (gustatorisch) und Kultur (ästhetisch). Essen kann sowohl gustatorisch als auch ästhetisch ansprechend sein. Beides dient dem Geschmack und dem Genuss. Davon ausgehend bewegen sich sowohl Ernährung als auch Geschmack auf der Grenze zwischen Natur und Kultur. Dies ist ein weiteres

---

53 Jütte, *Geschichte der Sinne: von der Antike bis zum Cyberspace* (München: C. H. Beck, 2000); Krist und Grießer, *Die Erforschung der chemischen Sinne: Geruchs- und Geschmackstheorien von der Antike bis zur Gegenwart* (Frankfurt/Main: Peter Lang, 2006).

54 Siehe dazu: Spektrum Akademischer Verlag, Heidelberg, „Chemische Sinne: Lexikon der Biologie", 1999, https://www.spektrum.de/lexikon/biologie/chemische-sinne/13325.

55 Siehe beispielsweise: William F. Ganong, „Geruchs- und Geschmackssinn", in: *Lehrbuch der Medizinischen Physiologie: Die Physiologie des Menschen für Studierende der Medizin und Ärzte* (Berlin; Heidelberg: Springer, 1974), 140 – 46.

56 Siehe beispielsweise: Carsten Reinhardt, „The Olfactory Object. Toward a History of Smell in the 19th Century", in: *Objects of Chemical Inquiry* (Sagamore Beach, MA: Science History Publications/ USA, a division of Watson Publishing International LLC, 2014), 321 – 41; Alain Corbin, *Le miasme et la jonquille: l'odorat et l'imaginaire social, XVIIIe-XIXe siècles*, Champs (Paris: Flammarion, 2016); Constance Classen, David Howes, und Anthony Synnott, *Aroma: the cultural history of smell* (London ; New York: Routledge, 1994); Annik Le Guérer, *Die Macht der Gerüche: eine Philosophie der Nase* (Stuttgart: Klett-Cotta, 1992).

57 Carolyn Korsmeyer, *Making sense of taste: food & philosophy* (Ithaca, NY: Cornell University Press, 1999).

Argument dafür, dass auch Aromastoffe auf dieser Grenze zu verorten sind. Die Verknüpfung von physiologischem und ästhetischem Sinn wird vor allem im Umgang mit Nahrungsmitteln sichtbar. Neben der Freude an gut angerichteten Speisen, die den Genuss fördern, und der symbolischen Bedeutung von Nahrungsmitteln werden auch Emotionen und Lebensgefühle mit Geschmack und Geruch assoziiert. Geschmacksvorstellungen sind jedoch nicht einfach da, sie müssen erlernt werden. Dies geschieht zumeist innerhalb sozialer Gruppen, sodass Geschmack und Nahrungsmittel auch als Facetten sozialer Hierarchisierung fungieren.[58] Durch die voranschreitende Industrialisierung im 19. und frühen 20. Jahrhundert, dem daraus resultierenden sich verändernden Umgang mit Nahrungsmitteln und der Entwicklung neuer Produkte, veränderten sich auch die Geschmacksvorstellungen in der Gesellschaft. Ermöglicht und vorangetrieben wurde dieser Wandel auch durch die Aroma- und Duftstoffindustrie, deren Stoffe zunehmend in Nahrungsmitteln zu finden waren. An dieser Stelle ist auf die Arbeit von Nadia Berenstein zu verweisen. Sie schildert eindrücklich, wie sich die Aroma- und Duftstoffindustrie in den USA an den Markt anpasste, ihre Produkte in den amerikanischen Haushalt brachte und somit die Geschmacksvorstellung von Vanille maßgeblich prägte.[59] Dieser Aspekt der industriellen Prägung von Geschmack wird insbesondere im Bereich des Natürlichkeitsdiskurses und der Verbreitung von Aromastoffen und vor allem von Vanillin eine wesentliche Rolle spielen.

Regulierung chemischer Stoffe

Die Regulierung von Aromastoffen und damit ihrer Industrie stellt aus mehreren Gründen einen Sonderfall dar. Im Vergleich zu anderen chemischen Stoffen, zum Beispiel Farbstoffen und Konservierungsstoffen, erfuhren Aromastoffe in den 1950er Jahren noch keine hohe Priorisierung in der Politik. Dadurch, dass nur geringste Mengen pro Produkt eingesetzt wurden, erschienen sie vernachlässigbar. Als zwischen den 1960er und 1980er Jahren schließlich auch Aromastoffe verstärkt in die Regulierung einbezogen wurden, prägte neben der gängigen Frage nach Toxizität vor allem die Natürlichkeitsfrage die Debatten hinsichtlich der Aromastoffregulierung. Über juristische Definitionen von Begrifflichkeiten wie „natürlich", „synthetisch" oder „künstlich" und deren Deklarationsbestimmungen wurden die

---

58 Nikola Langreiter, „Auf den Geschmack kommen. Geschmackserfahrungen in Lebensgeschichten", in: *Sinne und Erfahrung in der Geschichte* (Innsbruck: Studien-Verlag, 2003), 135–54.
59 Nadia Berenstein, „Making a Global Sensation: Vanilla Flavor, Synthetic Chemistry, and the Meanings of Purity", *History of Science* 54, Nr. 4 (Dezember 2016): 399–424; Nadia Berenstein, „Designing Flavors for Mass Consumption", *The Senses and Society* 13, Nr. 1 (2. Januar 2018): 19–40.

Produktionsweisen der Aroma- und Duftstoffindustrie maßgeblich bestimmt und die Wahrnehmung dieser Stoffe beeinflusst. Dabei nahmen sowohl die Nahrungsmittelindustrie als auch die Aroma- und Duftstoffindustrie Einfluss auf ihre Regulierung. Am Beispiel der USA zeigten bereits Patrick van Zwanenberg und Erik Millstone, wie gültige Richtlinien von Mitgliedern der Industrie ausgearbeitet wurden und dass die dortige Handhabung zum Teil auch in Europa Anklang fand.[60] Auch Elisabeth Vaupel setzte in einem ihrer Artikel die Rechtssituation in Bezug auf Vanillin in den Fokus historischer Forschung.[61]

Christel Koop und Martin Lodge heben die zahlreichen Möglichkeiten hervor, Regulierung zu definieren und zu charakterisieren. Wie sie zeigen, wird darunter meistens eine „intentional form of intervention by public-sector actors in economic activities"[62] verstanden. Staatliches und damit direktes Eingreifen in unterschiedliche Handlungsrahmen steht im Vordergrund der Regulierungsforschung. Während des 20. Jahrhunderts kamen unzählige neue Technologien und Produkte auf den Markt. Um solche neuen Entwicklungen zu überwachen, wurden verschiedene Regulierungsinstanzen ins Leben gerufen. David Demortain definiert diese Instanzen als „boundary-organizations",[63] da sie wissenschaftliche und politische Autoritäten miteinander verbinden. Bezogen auf chemische Lebensmittelzusätze und speziell auch auf Aromastoffe können hier das *Joint FAO/WHO Expert Committee on Food Additives (JECFA)* und die Fremdstoffkommission der Deutschen Forschungsgemeinschaft angeführt werden. Sie sollten chemische Stoffe auf Risiken untersuchen und auf Basis ihrer Resultate Empfehlungen an entsprechende politische Instanzen abgeben. Allerdings weist Demortain darauf hin, dass sich die Industrie gezielt einer genauen Regulierung zu entziehen versuchte. Dadurch, und durch die starke Gewichtung ökonomischer Interessen[64] gestaltete sich die Regu-

---

60 Patrick van Zwanenberg und Erik Millstone, „Taste and Power: The Flavouring Industry and Flavour Additive Regulation", *Science as Culture* 24, Nr. 2 (April 2015): 129–56.

61 Vaupel, „Ersatz für die Naturvanille". Mit dem Werdegang toxikologischer Untersuchungen von Vanillin und den daraus resultierenden Missverständnissen und Regularien befasste sich außerdem der Chemiker Klaus Roth in seinem Artikel „Ein Gerücht geht um. Ist Pudding mit Vanille-Geschmack mutagen?" von 2016. Siehe dazu: Klaus Roth, „Ein Gerücht geht um. Ist Pudding mit Vanille-Geschmack mutagen?", *Chemie in unserer Zeit* 50, Nr. 4 (August 2016): 226–32.

62 Christel Koop und Martin Lodge, „What Is Regulation? An Interdisciplinary Concept Analysis", *Regulation & Governance* 11, Nr. 1 (März 2017): 104.

63 Zitiert nach: David H. Guston, „Boundary Organizations in Environmental Policy and Science: An Introduction", *Science, Technology, & Human Values* 26, Nr. 4 (Oktober 2001): 399–408.

64 Nathalie Jas, „Public Health and Pesticide Regulation in France Before and After Silent Spring", *History and Technology* 23, Nr. 4 (Dezember 2007): 369–88.

lierung eher industriefreundlich.[65] Insbesondere dieser Aspekt muss in einer Analyse der Aromastoffregulierung im 20. Jahrhundert unter besonderer Berücksichtigung des Natürlichkeitsdiskurses untersucht werden.

Regulierungsmaßnahmen haben einen großen Einfluss auf Innovationsprozesse innerhalb der betroffenen Industrie. Durch Verbote oder andere Formen der Einschränkung des Handlungsspielraums werden Unternehmen gezwungen, neue Methoden und Technologien zu entwickeln. Dies kann beispielsweise zu einer besseren Umweltpolitik führen oder die Effizienz und die Konkurrenzfähigkeit der Firmen beeinflussen.[66] Allerdings gab (und gibt) es auch unterschiedliche Möglichkeiten, sich einer genauen Regulierung zu entziehen und stattdessen die Präsentation und Wahrnehmung von Produkten zu verändern. Hinsichtlich der Aromastoffregulierung fallen besonders die juristischen Definitionen von Begrifflichkeiten wie „natürlich" und „synthetisch" auf, an denen sich unterschiedliche Strategien und Auswirkungen untersuchen lassen.

Mit steigender Aufmerksamkeit gegenüber möglichen Risiken chemisch-industrieller Stoffe intensivierten sich Forschung und Gesetzgebung im Bereich der chemischen Industrie und der Nahrungsmittelproduktion. Heiko Stoff schildert eindrücklich, wie nach dem Zweiten Weltkrieg das Bewusstsein für potentiell gefährliche Nahrungsmittelinhalte zunahm. Zahlreiche Substanzen wurden nach und nach auf mögliche schädliche Wirkungen geprüft und im Zweifel verboten oder zumindest in ihrer Nutzung eingeschränkt. Gleichzeitig kam es zu einer Änderung in den Deklarationsbestimmungen für Nahrungsmittel.[67] Nahrungsmittelindustrie und Aroma- und Duftstoffindustrie mussten sich an neue juristische Handlungsrahmen anpassen. Daher ist es besonders interessant zu untersuchen, welchen Weg Aromastoffe in der Regulierung genommen haben und welche Gründe es für ihre unterschiedliche Behandlung im Vergleich zu anderen Stoffen gegeben hat. Dabei wird insbesondere der Natürlichkeitsdiskurs im Fokus stehen, da dieser eine zentrale Funktion innerhalb der Regulierungsbemühungen eingenommen hat.

---

65 David Demortain, „Expertise, Regulatory Science and the Evaluation of Technology and Risk: Introduction to the Special Issue", *Minerva* 55, Nr. 2 (Juni 2017): 139–59.
66 Margaret R. Taylor, Edward S. Rubin, und David A. Hounshell, „Regulation as the Mother of Innovation: The Case of SO_2 Control", Special Issue on Regulation and Business Behavior, *Law & Policy* 27, Nr. 2 (2005): 348–78.
67 Siehe: Stoff, *Gift in der Nahrung*.

Aufbau der Arbeit

Um die unterschiedlichen Facetten der Geschichte der Aroma- und Duftstoffindustrie und die Wahrnehmung von sowie den Umgang mit natürlichen und nicht-natürlichen Aromastoffen im Verlauf des 20. Jahrhunderts überschaubar und nachvollziehbar zu gestalten, ist die gleichzeitig chronologisch und thematisch strukturierte Arbeit in drei Hauptteile unterteilt. Die Teile I bis III sind erstens als zeitlich aufeinander folgende Abschnitte und zweitens als thematische Schwerpunktstudien zu verstehen, in denen es unter Umständen zu zeitlichen Rückschauen oder Aussichten kommen kann. Die jeweilige Schwerpunktsetzung wurde einerseits anhand der in den Quellenmaterialien dominanten Thematiken, andererseits aus Gründen ihrer historischen Relevanz ausgewählt. Dabei sind die Teile I und II durch den Ersatzstoffdiskurs und durch die Vanillin-Konvention(en) thematisch eng miteinander verbunden. Regulierungsfragen existierten auch in der ersten Hälfte des 20. Jahrhunderts, jedoch wurden diese nur am Rande berücksichtigt. Historisch relevanter erschienen in der vorliegenden Arbeit die jeweilige wirtschaftliche Einflussnahme der Aromastoffproduzenten, der Aufbau des industriellen Vanillin-Netzwerks und die Positionierung des Aromastoffs im Ersatzstoffdiskurs. Die Aromastoffregulierung war insbesondere in der zweiten Hälfte des 20. Jahrhunderts ein relevantes und erstarkendes Thema, sodass sich Teil III intensiv mit der Untersuchung dieses Feldes auseinandersetzt. Auch wenn sich die drei Hauptteile durch jeweils eigene Schwerpunkte und Fragestellungen auszeichnen, präsentieren sie ein zusammenhängendes Bild des Wandels natürlich – synthetisch – natürlich im Rahmen der Aromastoffproduktion, -verbreitung und -regulierung im 20. Jahrhundert. Vor einer Beschreibung des Aufbaus ist an dieser Stelle auf die unterschiedliche Zitationsweise von Archivquellen und publiziertem Material hinzuweisen. Um die Übersichtlichkeit und die zeitliche Einordnung des verwendeten Archivmaterials zu erleichtern, wurde dort die Zitationsweise entsprechend angepasst.[68]

In Teil I „Gestaltung, Etablierung, Naturalisierung. Aromastoffe in den 1910er bis 1920er Jahren" werden die Ursprünge des synthetischen Vanillins dargestellt und dessen Etablierung als gängige und naturalisierte Zutat in Lebensmitteln untersucht. In diesem Kontext werden außerdem erste Analysen zum möglichen Er-

---

[68] Die Zitation von Archivmaterial erfolgt durch die Abfolge der Angaben: Verfasser, Datum, Kurztitel/Betreff, Seitenangaben, Archiv: Signatur. Diese Reihenfolge wird auch im Verzeichnis erhalten. Auch bei publizierten (und anderen) Quellen wurde die angepasste Zitationsweise im Verzeichnis übernommen. Zu begründen ist diese Vorgehensweise unter anderem mit der Vielzahl an Briefen und ähnlichen Schriftstücken, deren Betreff häufig identisch sind und die sich vor allem durch ihre Datierung unterscheiden.

satzstoffcharakter des Vanillins unternommen. Dies geschieht insbesondere vor dem Hintergrund des Ersten Weltkriegs, der einen Ersatz vieler vormals vorhandener Rohstoffe und Konsumgüter notwendig werden ließ. An dieser Stelle soll der erstmals sichtbar werdende, besondere Charakter des Vanillins herausgearbeitet werden. Des Weiteren wird die sich aufbauende Marktmacht der Vanillin-Hersteller im Rahmen der Vanillin-Konvention in den Blick genommen und so die wirtschaftliche Entwicklung des ersten industriell-synthetischen Aromastoffs nachvollzogen. Teil I dient dabei insbesondere der Darstellung anfänglicher Prozessentwicklungen sowohl für die Naturalisierung als auch für die wirtschaftliche Bedeutung synthetischer Aromastoffe. Aus wirtschaftlicher Sicht wird sich zeigen, dass es vor allem die Unternehmen der chemischen und pharmazeutischen Industrie waren, die sich auf dem Vanillin-Markt positionierten und in der Konvention agierten. Sie prägten das wirtschaftliche Netzwerk rund um Vanillin der 1920er Jahre und beeinflussten die Produktionsweisen des Aromastoffs. Die Naturalisierung synthetischen Vanillins wurde bereits in den 1910er Jahren begonnen und es gelang in diesem Zusammenhang im Ersten Weltkrieg, den Aromastoff nicht wie einen Ersatzstoff wirken zu lassen.

Teil II „Machtspiel, Markt und Konkurrenz. Aromastoffe in den 1930er bis 1940er Jahren" baut thematisch eng auf Teil I auf und erweitert die Fragen nach der Integration von Vanillin in Nahrungsmitteln, seiner Naturalisierung und der Struktur des industriellen Netzwerkes rund um den Aromastoff. Es werden die nationalen und internationalen Machtgefüge der Aromastoffproduzenten am Beispiel der Vanillin-Konvention erörtert, um die Verbreitung von Vanillin und Ethylvanillin und damit ihren Einflussbereich zu analysieren. Auch während der 1930er und 1940er Jahre waren es vornehmlich die großen Firmen der chemischen und pharmazeutischen Industrie, die dabei eine dominante Rolle einnahmen. Außerdem wird untersucht, in welcher Weise Konkurrenz zwischen den Konventionsmitgliedern das industrielle Netzwerk des Vanillins prägte und in welcher Beziehung unterschiedliche Rohstoffe und Vanillin-Typen zueinander standen. Darauf aufbauend und damit zusammenhängend werden die industriellen Folgen der nationalsozialistischen Autarkiepolitik und des Zweiten Weltkriegs auf den Ebenen der Produktion und der Entwicklung untersucht. Es wird analysiert, welchen Einfluss Rohstoffmangel auf Erzeugung, Einsatz und Wahrnehmung von synthetisierten Aromastoffen im Zweiten Weltkrieg hatte. Dabei soll nachvollzogen werden, wie Mangelsituationen Innovationen in der Aromastoffindustrie förderten, zeitgleich die Produktion aber auch erschwerten. Während einerseits neue Anreize geschaffen wurden, weitere Rohstoffe und neue Produktionsprozesse auszuprobieren, erschwerte oder blockierte der Rohstoffmangel eben diesen Prozess, indem er die dafür nötigen Ressourcen einschränkte. Weiterhin wird untersucht, in welcher Weise Aromastoffe von der beobachtbaren Kritik an Ersatzstoffen betroffen waren und inwieweit Aromastoffe in den 1930er und 1940er Jahren überhaupt als Ersatzstoffe zu definieren sind. Auch in diesem Zeitraum ist zu beobachten, dass sich Vanillin, ebenso wie in den Jahrzehnten zuvor, nicht ohne weiteres als Ersatzstoff bezeichnen lässt. Es wird allerdings eine spannende Ambivalenz in der Wahrnehmung verschiedener Vanillin-Typen deutlich, die sich insbesondere am Verständnis von Natürlichkeit festmachen lässt.

In Teil III „Natürlich, synthetisch, künstlich. Regulierung und Wahrnehmung von Aromastoffen in den 1950er bis 1980er Jahren" verlagert sich der Schwerpunkt auf die Regulierung von Aromastoffen im Allgemeinen. Vor allem seit der Nachkriegszeit verstärkten sich Natürlichkeitsdiskurs und Chemiekritik, sodass Regulierungsansätze zu Aromastoffen auf nationaler und internationaler Ebene einen besonderen Stellenwert in der Geschichte der Aromastoffindustrie und ihrer Produkte einnahmen. An dieser Stelle löst sich die dominante Position der Generalisten, also der Unternehmen der chemischen und pharmazeutischen Industrie, auf. Die Spezialisten, also Firmen der Aroma- und Duftstoffindustrie, treten in den Vordergrund. Im Zusammenhang mit der Untersuchung der Regulierung wird auch die Wahrnehmung von Aromastoffen durch Verbraucher:innen thematisiert. Es wird untersucht, inwiefern Aromastoffe in den Natürlichkeitsdiskurs und die allgemeine Chemiekritik einzuordnen sind und welche Entwicklung sie dadurch chemisch-toxikologisch, gesellschaftlich-politisch und wirtschaftlich-industriell genommen haben. In diesem Kontext wird ebenfalls analysiert, was Aromastoffe von anderen Lebensmittelzusätzen unterschied und wie die Begriffe „natürlich", „synthetisch" und „künstlich" im Untersuchungszeitraum zu verstehen sind. Wie sich zeigen wird, stellte die Regulierung von Aromastoffen einen Sonderfall dar, der auf der Wahrnehmung der Stoffe, ihrer chemischen Eigenschaften und auf Differenzen im Verständnis zwischen Verbraucher:innen, Industrie und Chemie beruhte. Dabei bekam insbesondere der neu eingeführte Begriff „naturidentisch" eine zentrale Funktion, an dem sich die Komplexität der Begriffsdefinition und die Einflussnahme durch die Industrie auf die Wahrnehmung von Aromastoffen deutlich machen lässt. Die Begriffe „natürlich", „synthetisch" und „künstlich" bedürfen einer intensiven und aufmerksamen historischen Analyse, um ihre nicht minder komplexen Bedeutungen im 21. Jahrhundert nachvollziehen, reflektieren und kritisch hinterfragen zu können.

Teil I Gestaltung, Etablierung, Naturalisierung. Aromastoffe in den 1910er bis 1920er Jahren

1 Gestaltung, Etablierung, Naturalisierung: Einführung

Während des Ersten Weltkriegs wurden in Deutschland zahlreiche Rohstoffe knapp und standen für die Produktion unterschiedlicher Güter nicht mehr zur Verfügung. Dieser Umstand förderte die Produktion von Ersatzgütern und die Nutzung alternativer Rohstoffe. In einigen Fällen führte dies zu einer Qualitätsminderung des ursprünglichen Produkts, was gesellschaftlich eine zunehmend negative Bewertung des Begriffs „Ersatzstoff" nach sich zog.[1] Das wachsende Misstrauen und die steigende Unzufriedenheit wirkten sich konsequenterweise auch auf das Ansehen der chemischen Industrie aus, die hier als treibende Kraft und dominierende Produzentin der Ersatzstoffbranche zunehmend negative Beachtung fand. Hinsichtlich des Nahrungsmittelkonsums war der zunehmende Einsatz chemischer Stoffe besonders kritisch, denn eine gezielte Regulierung dieser Stoffe blieb aus. Zwar gab es seit 1879 ein Lebensmittelgesetz, das 1927 reformiert wurde, allerdings waren die darin vorgesehenen Regelungen nicht in der Lage, die Vielzahl neuer Stoffe angemessen zu erfassen. Nahrungsmittelfälschungen und -streckungen, zum Teil mit giftigen Blei- und Arsenfarbstoffen[2] konnten durch die unzureichende Regulierung nicht effektiv verhindert und bekämpft werden. Im Zuge des Ersten Weltkriegs und des damit einhergehenden Ersatzstoffdiskurses entwickelte sich dementsprechend gegenüber der industriellen Nahrungsmittelherstellung in Kombination mit chemischen Zusätzen eine zunehmend kritische Haltung.

> Trotz der hohen Preise erhielten Verbraucher oft Waren, deren Qualität nicht nur ihre Geschmacksnerven verletzten, sondern oft auch ihre Gesundheit gefährdeten. Eine Leipzigerin notierte mürrisch, sie habe nichts dagegen Ratten zu essen: Es sei ‚Rattenersatz', den sie ablehne.[3]

---

1 Günther Luxbacher, „„Für bestimmte Anwendungsgebiete best geeignete Werkstoffe…finden': Zur Praxis der Forschung an Ersatzstoffen für Metalle in den deutschen Autarkie-Phasen des 20. Jahrhunderts", *NTM Zeitschrift für Geschichte der Wissenschaften, Technik und Medizin* 19, Nr. 1 (Februar 2011): 47.
2 Roman Rossfeld, „Ernährung im Wandel: Lebensmittelproduktion und -konsum zwischen Wirtschaft, Wissenschaft und Kultur", in: *Die Konsumgesellschaft in Deutschland 1890–1990: ein Handbuch* (Frankfurt/Main: Campus Verlag, 2009), 27–45.
3 Belinda Davis, „Konsumgesellschaft und Politik im Ersten Weltkrieg", in: *Die Konsumgesellschaft in Deutschland 1890–1990: ein Handbuch* (Frankfurt/Main: Campus Verlag, 2009), 245.

Die hier ausgedrückte Kritik an Ersatzstoffen mündete in Zusammenhang mit der kulturellen Bedeutung von Ernährung während der Weimarer Republik in einem „Unbehagen an der industriellen Moderne und der Konsumgesellschaft"[4] und zog außerdem einen „politische[n] Aufmerksamkeitsschub für die materiellen Lebensbedingungen der breiten Masse"[5] nach sich. In diesem Kontext entwickelte sich die während des 19. Jahrhunderts entstandene Lebensreformbewegung weiter. Diese Bewegung postulierte ein Handeln im Einklang mit der Natur als das zu erreichende gesunde Ideal, während ein Handeln gegen die Natur negative Konsequenzen zur Folge hätte.[6] Mitgeprägt durch die zunehmende wissenschaftliche und industrielle Erschließung, Kultivierung und Kontrolle der Natur stellte insbesondere die aufstrebende Industrie eine Abkehr von der Natur und der natürlichen Lebensweise dar.[7] Ausgehend von dem Gegensatz Natur und Industrie (Nicht-Natur) entwickelte sich eine daran anknüpfende Wahrnehmung und Bewertung von Naturprodukten gegenüber Industrieprodukten, was eine zunehmende Antonymisierung und damit zusammenhängende Bewertung der Begriffe „natürlich", „synthetisch" sowie „künstlich" zur Folge hatte. Auch wenn sich die Lebensreformbewegung entsprechend der allgemeinen Veränderungen ebenfalls wandelte, blieb das anzustrebende Ideal der Natur als Gegensatz zur Industrie stets erhalten. Diese Entwicklung lässt sich eindrücklich am Beispiel der chemischen Industrie und damit auch anhand von industriell gefertigten nicht-natürlichen Aromastoffen nachzeichnen, denn die Unterscheidung in natürlich und nicht-natürlich, die eng mit der Frage nach Ersatz oder Nicht-Ersatz zusammenhängt, hatte eine dominante Präsenz im Umgang mit Nahrungsmitteln.

Im Kontext von zunehmend industriell gefertigten Nahrungsmitteln und den im Verlauf des Ersten Weltkriegs gemachten negativen Erfahrungen mit Ersatzstoffen verbreitete sich die anhand der Lebensreformbewegung beschriebene Wahrnehmung natürlicher und nicht-natürlicher Produkte in der Gesellschaft. Die Abwertung nicht-natürlicher Stoffe gegenüber den idealisierten natürlichen Stoffen intensivierte sich und wurde vermehrt in das allgemeine, gesellschaftliche Gedankengut integriert. Dieser Umstand wurde für Industrie und Politik immer wichtiger, denn indessen „hatte sich im Ersten Weltkrieg ein Nexus von Verbraucher-

---

4 Claudius Torp, „Das Janusgesicht der Weimarer Konsumpolitik", in: *Die Konsumgesellschaft in Deutschland 1890–1990: ein Handbuch* (Frankfurt/Main: Campus Verlag, 2009), 266.

5 Torp, 253.

6 Für mehr Informationen zur Lebensreformbewegung siehe: Florentine Fritzen, *Gesünder leben. Die Lebensreformbewegung im 20. Jahrhundert* (Stuttgart: Franz Steiner Verlag, 2006).

7 Zum Begriff der Natur in der Lebensreformbewegung siehe: Fritzen, 296–99.

identität und Versorgungsberechtigung herausgebildet."[8] Noch während des Kriegs beriet der halbamtliche Kriegsausschuss für Konsument:inneninteressen unterschiedliche Interessengruppen und führte dadurch „das Modell für eine dauerhafte Repräsentation des Konsumenten als aktives politisches Subjekt"[9] ein, an dem sich in den 1920er Jahren die Gründungen mehrerer Konsumvereine orientieren konnten. Konsum etablierte sich als gesellschaftliches und politisches Thema sowie als politisch nutzbare Strategie, da Konsum in der Bevölkerung Zufriedenheit, aber auch Unzufriedenheit bewirken oder fördern konnte.[10]

Die hier angedeutete zunehmend industrialisierten Nahrungsmittelproduktion, die steigende gesellschaftliche und politische Bedeutung von Konsum, die Erfahrungen während des Ersten Weltkriegs und die sich in diesem Umfeld entwickelnde Wahrnehmung von natürlichen und nicht-natürlichen Produkten führen nun zu der Frage, wie synthetisierte Aromastoffe in diesem komplexen Geflecht der 1910er bis 1920er Jahre einzuordnen und zu verstehen sind. Vanillin, der erste industriell synthetisch hergestellte Aromastoff, existierte bereits seit dem späten 19. Jahrhundert und war zum Zeitpunkt des Kriegsausbruchs kein unbekannter, neuer Stoff. Auch schien er nicht mit einer offensichtlichen Qualitätsreduktion im Vergleich zum Naturprodukt Vanilleschote einherzugehen. Nichtsdestoweniger war das Vanillin ein industriell hergestellter, nicht-natürlicher Stoff und konnte folglich entsprechend der oben genannten Entwicklungen kritisch betrachtet werden. Inwiefern also ist Vanillin einzuordnen in den Ersatzstoffdiskurs der 1910er und 1920er Jahre? Im Folgenden werden zur Beantwortung dieser Frage die Anfänge der synthetisch arbeitenden Aroma- und Duftstoffindustrie erläutert und die Bedeutung ihrer Produkte im Nahrungsmittelsektor untersucht. Dabei wird in direktem Zusammenhang mit der Ersatzstofffrage auch die Natürlichkeitsfrage gestellt und analysiert, in welcher Weise synthetisches Vanillin als „natürlich" präsentiert wurde. Hinzu kommt eine Analyse des wirtschaftlichen Netzwerkes rund um die Vanillin-Herstellung und die Vanillin-Vermarktung, welches sich bereits in den 1920er Jahren zu einem großen und mächtigen Faktor auf dem nationalen und auch auf dem internationalen Markt entwickelte.

Es wird sich zeigen, dass Vanillin eine Sonderstellung innehatte und dass in der Wahrnehmung der Übergang von etwas Nicht-Natürlichem zu etwas Natürlichem oft weniger eine Frage des tatsächlichen Ursprungs denn des Verständnisses und der Gewöhnung war. Vanillin wurde kulturell in die Küche integriert und auf diese

---

8 Claudius Torp, *Wachstum, Sicherheit, Moral: politische Legitimationen des Konsums im 20. Jahrhundert*, Das Politische als Kommunikation (Göttingen: Wallstein, 2012), 48.

9 Torp, 46.

10 Für mehr Informationen über den Zusammenhang von Politik und Konsum siehe: Torp, *Wachstum, Sicherheit, Moral*.

Weise zunehmend naturalisiert. Des Weiteren wird festzustellen sein, dass das wirtschaftliche Netzwerk des Vanillins in den 1920er Jahren maßgeblich durch die großen Unternehmen der pharmazeutischen und allgemeinen chemischen Industrie geprägt wurde, insbesondere durch das I.G. Farben-Unternehmen Agfa.

2 Vorgeschichte: Ein Industriezweig baut auf Synthese auf

Die Produkte der Aroma- und Duftstoffindustrie haben ihren Ursprung in der Natur. Bereits weit vor dem 20. Jahrhundert wurden Geruch- und Geschmackstoffe aus Pflanzen extrahiert und destilliert, um sie beispielsweise in Parfums einsetzen zu können.[11] Firmen wie das im 19. Jahrhundert gegründete Unternehmen Schimmel & Co. aus Sachsen[12] vertrieben lange Zeit ätherische Öle und Essenzen, die mithilfe dieser klassischen Verfahren gewonnen wurden. Im 20. Jahrhundert änderte sich die Vorgehensweise und es wurde verstärkt versucht, natürliche Strukturen synthetisch im Labor nachzubilden. Der Entwicklungsgeschichte der Vanillin-Synthese folgend richteten sich die ursprünglichen Untersuchungen auf den Verholzungsvorgang bei Pflanzen. Ziel war es, die an diesem Prozess beteiligten Stoffe zu identifizieren. Während seiner Forschung beschrieb der in Holzminden ansässige Apotheker Wilhelm Kubel in Zusammenarbeit mit dem Forstwissenschaftler Theodor Hartig einen Vanillegeruch, der bei ihrer Arbeit mit dem aus dem Cambialsaft[13] von Nadelhölzern gewonnenen Glucosid Coniferin[14] (siehe Abb. 1[15]) auf-

---

11 Charles S. Sell und David H. Pybus, „The History of Aroma Chemistry and Perfume", in: The Chemistry of Fragrances, 2006, 3–23.
12 Das Unternehmen Bell Flavors & Fragrances GmbH kann als Nachfolger des sächsischen Unternehmens angesehen werden. Für eine Geschichte des Unternehmens siehe beispielsweise die firmeneigene Website: Bell Flavors & Fragrances, Zukunftsorientierte Düfte und Aromen entstehen dank richtungsweisender Kreation und hochmoderner Anlagen heute dort, wo im 19. Jahrhundert Rosenfelder die Landschaft prägten, https://www.bell-europe.com/de/unternehmen/geschichte.html, zuletzt geprüft am 12.08.2022.
13 Das Cambium ist die teilungsfähige Gewebeschicht in diversen Pflanzenarten, die dort für das sekundäre Dickenwachstum zuständig ist. Das Cambium bildet dabei bestimmte Typen von Leitgewebe, nämlich sekundäres Xylem und sekundäres Phloem. In den jüngsten Schichten dieser Gewebe werden Wasser, Zucker etc. transportiert. Daher wird der Cambialsaft aus Frühholz gewonnen, das im Wachstum befindlich ist. Siehe dazu Kapitel 35 „Blütenpflanzen: Struktur, Wachstum, Entwicklung" in: Neil A. Campbell und Jane B. Reece, *Biologie*, 8. aktualis. Aufl., Pearson Studium – Biologie (München: Pearson, 2009).
14 Ein Glucosid ist ein Glycosid, also ein Derivat (eine Art Abwandlung), der D-Glucose, also von Traubenzucker. Conferin ist das Hauptglucosid des Coniferylalkohols und ist in Nadelhölzern, aber auch in z.B. Zuckerrüben und Spargel zu finden. Siehe dazu: RÖMPP-Redaktion, „Coniferin, RD-03–02434", in: *RÖMPP [Online]* (Stuttgart: Georg Thieme Verlag, 2002), https://roempp.thieme.de/lexi

getreten war. Allerdings verfolgten sie diese Beobachtung nicht weiter. Das taten schließlich die Chemiker Ferdinand Tiemann und Wilhelm Haarmann. Sie stellten fest, dass bei der Reaktion von Coniferin mit Emulsin[16] Traubenzucker und ein kristallisierendes Spaltungsprodukt[17] entstanden. Letzteres, so vermuteten sie, war der Ursprung des olfaktorischen Phänomens. Allerdings war eine tiefergehende Untersuchung wegen zu geringer Ausbeute nicht unmittelbar möglich. Im Jahr 1873 gelang es schließlich ausreichend Material herzustellen (2½ kg), um die Forschung zu intensivieren. In ihrem Bericht „Ueber das Coniferin und seine Umwandlung in das aromatische Princip der Vanille"[18] beschrieben Tiemann und Haarmann zwei erprobte Verfahrensweisen, um zu dem gesuchten Stoff zu gelangen. Der Verständlichkeit halber werden beide Wege an dieser Stelle lediglich vereinfacht und gekürzt wiedergegeben. Details über die unternommenen Versuche und über etwaige (zeitgenössische) Diskussionen dazu in der chemischen Gemeinschaft finden sich im besagten Bericht von Tiemann und Haarmann sowie in dem 2019 erschienenen Werk *Die Entstehung der Riechstoffindustrie im 19. Jahrhundert*[19] von Klaus Stanzl.

Der erste Weg führte Tiemann und Haarmann zu einer Behandlung des kristallisierten Spaltungsproduktes mit einer Kaliumbichromatlösung und mit Schwefelsäure. Schließlich blieb ein Destillat, welches mit „Aether" versetzt wurde. Dieser nahm weiße nadelförmige Kristalle auf, die einen deutlichen Vanillegeruch verströmten. Diese Kristalle waren gut löslich in „Aether" und Alkohol und hatten einen Schmelzpunkt bei 80 °C. Definiert wurde die Substanz als $C_8H_8O_3$, und da Eigenschaften und chemisches Verhalten dem des in Vanilleschoten vorkommenden Stoffes deutlich ähnelten, wurde sie Vanillin genannt. Um den Umweg über das Spaltungsprodukt zu vermeiden, unternahmen die Chemiker den Versuch, Vanillin direkt aus Coniferin zu isolieren. Dies gelang, indem sie eine wässrige Coniferinlösung mit Kaliumbichromat und Schwefelsäure erhitzten, anschließend das Pro-

con/RD-03-02434; Arne Lützen, „Glucoside, RD-07–01390", in: *RÖMPP [Online]* (Stuttgart: Georg Thieme Verlag, 2009), https://roempp.thieme.de/lexicon/RD-07-01390.

15 Ein besonderer Dank geht an Ronja M. Korbus, die die in diesem Kapitel aufgeführten Strukturformeln erstellt hat.

16 Emulsin ist ein Enzymgemisch, das unter anderem β-Glucosidase enthält, also Glykoside spaltet. Siehe dazu: Birgit Weinhold, „Emulsin, RD-05–00977", in: *RÖMPP [Online]* (Stuttgart: Georg Thieme Verlag, 2006), https://roempp.thieme.de/lexicon/RD-05-00977.

17 Vermutlich handelte es sich bei diesem Spaltungsprodukt um Coniferylalkohol.

18 Ferdinand Tiemann und Wilhelm Haarmann, „Ueber das Coniferin und seine Umwandlung in das aromatische Princip der Vanille", *Berichte der deutschen chemischen Gesellschaft* (1874): 608–623.

19 Klaus Stanzl, *Die Entstehung der Riechstoffindustrie im 19. Jahrhundert* (Stuttgart: Stanzl (Druck und Vertrieb: epubli), 2019).

dukt mithilfe von Rückflusskühler und Filtration von Harzresten befreiten und schließlich „Aether" zum Ausschütteln nutzten. Das anschließend durch Abdestillation gewonnene gelbe Öl konnte mit Wasser und „Thierkohle" in nach Vanille riechende Kristalle umkristallisiert werden. Beide Wege wurden erfolgreich genutzt, um aus Coniferin Vanillin zu synthetisieren.[20] Dass sich die auf den ersten Blick scheinbar kaum nahestehenden Substanzen Conifern, das Glucosid des Cambialsaftes von Nadelhölzern und das Vanillin, der Schlüsselaromastoff der Vanille, chemisch durchaus nicht gänzlich fremd sind, ist auch im Vergleich beider Strukturformeln zu erkennen. Vanillin (siehe Abb. 2) besteht aus einem Benzolring mit Substituenten[21] an drei Positionen. Wird nun der in Abbildung 1 oben dargestellte Teil des Coniferins mit der Vanillin-Struktur verglichen, fällt ein ähnliches Muster auf. Auch hier ist ein Benzolring mit an drei Positionen vorhandenen Substituenten zu sehen.

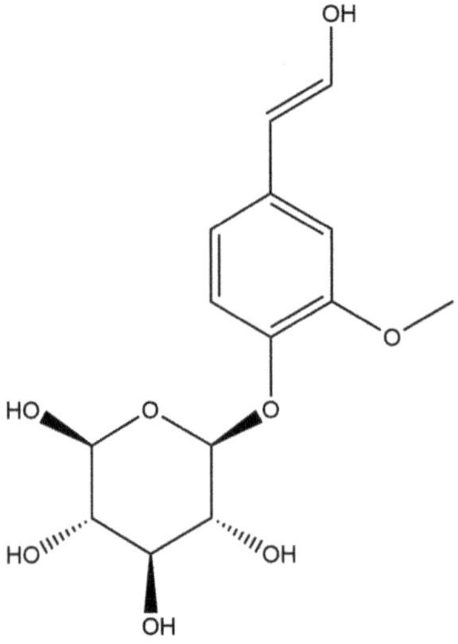

Abb. 1: Strukturformel von Coniferin

Beide von Tiemann und Haarmann getesteten Verfahren waren eine Bereicherung für die chemische Forschung und vielversprechend für die industrielle Anwendung. Daher gründeten die beiden Herren im Oktober 1874 (der genaue Tag wurde auf

---

20 Ferdinand Tiemann und Wilhelm Haarmann, „Ueber das Coniferin und seine Umwandlung in das aromatische Princip der Vanille".

21 Ein Substituent, auch Rest genannt, ist ein Atom oder eine Gruppe von Atomen, die in einem Molekül eine charakteristische Substruktur bilden. Siehe dazu: Stefan Kubik, „Substituent, RD-19‑04595", in: *RÖMPP [Online]*, 2005, https://roempp.thieme.de/lexicon/RD-19-04595.

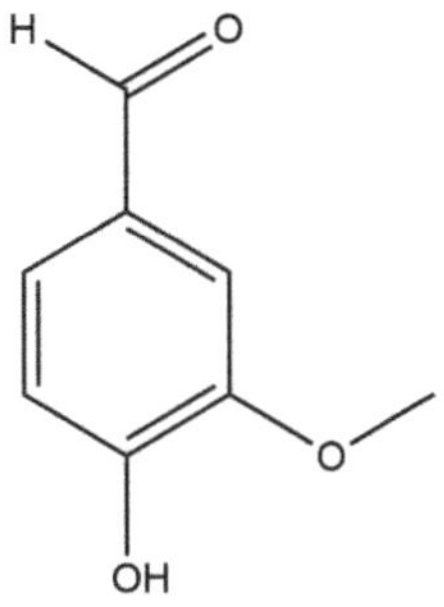

Abb. 2: Strukturformel von Vanillin

den 02. Oktober 1874 datiert[22]) Haarmann's Vanillinfabrik in Holzminden. Dieses Unternehmen gilt als das erste, das die Synthese eines Aromastoffs zur Grundlage wirtschaftlicher Produktion machte. Allerdings war der Herstellungsprozess zunächst sehr kostenintensiv. Dies lag unter anderem an der Gewinnung des Coniferins aus den Nadelhölzern. Deren Cambialsaft musste aus den im Frühjahr oder Sommer gefällten Bäumen heraus gesammelt und dann ins Labor transportiert werden.[23] Die aufwändigen Abläufe im Produktionsverfahren führten dazu, dass das Kilogramm Vanillin zu Beginn ungefähr 6000[24] Mark kostete[25] und die Produktionsmenge insgesamt gering blieb. Sie lag bei ungefähr 25 kg pro Jahr.[26]

> Eine umfangreichere Verwendung des Vanillins in der Schokoladenfabrikation und in der Parfümerie wurde daher erst ermöglicht, als es denselben Erfindern 1876 gelungen war, ein technisch brauchbares Verfahren auszuarbeiten, nach dem das Vanillin aus dem im Oele der Gewürznelken vorhandenen Eugenol gewonnen werden konnte.[27]

In den *Berichten der deutschen chemischen Gesellschaft* publizierte Tiemann seine Forschungsergebnisse über die Herstellung von und Arbeit mit unterschiedlichen

---

22 Ohne Verfasser, Aktennotiz, Bayer AG: Corporate History & Archives (BAL): 009-L.

23 Ferdinand Tiemann und Wilhelm Haarmann, „Ueber das Coniferin und seine Umwandlung in das aromatische Princip der Vanille".

24 Elisabeth Vaupel beziffert die Kosten auf 6000 – 9000 Mark: Elisabeth Vaupel, „Betört von Vanille. Seit 500 Jahren begehrt – und immer noch Forschungsthema", *Kultur & Technik*, 2002, 49.

25 Haarmann & Reimer Chemische Fabrik zu Holzminden G.m.b.H., *Eigenschaften und Verwendung unserer Erzeugnisse 1874 – 1934* (vermutlich: Holzminden: Haarmann & Reimer, 1934).

26 Burk, 12.09.1925, Bericht No. 13c. Besprechung mit Herrn Dr. Schmidt von Haarmann & Reimer am 11. September 1925 abends 7:30 im Fürstenhof, Berlin, S. 1 – 7, hier S. 4, Historisches Archiv Roche (HAR): PD.3.1.VAN 100718a.

27 Haarmann & Reimer Chemische Fabrik zu Holzminden G.m.b.H., *Eigenschaften und Verwendung unserer Erzeugnisse 1874 – 1924* (Holzminden: Hüpke und Sohn, vermutlich 1924), 7 – 8.

Formen von Eugenol (zum Beispiel Isoeugenol, Aceteugenol) und Vanillin sowie deren verwandten Strukturen (zum Beispiel Vanillinsäure, Vanillylalkohol).[28] Ziel war es, einen effizienteren Syntheseweg zu finden, um reines Vanillin in ausreichender Qualität und Menge herzustellen.[29] Im Bereich dieser Forschung war neben Ferdinand Tiemann auch der Chemiker Karl Reimer aktiv, der schließlich in das Unternehmen einstieg, das 1876 seinen Namen in Haarmann & Reimer änderte.[30] Die Gewinnung von Vanillin aus Eugenol bot im Vergleich zur Synthese aus Coniferin ein vereinfachtes und damit auch preisgünstigeres Verfahren. Dadurch konnte mithilfe des Eugenols der Kilogrammpreis auf 750 Mark und durch Isoeugenol auf 30 Mark reduziert werden, sodass in den 1880er bis 1890er Jahren Produktion und Einsatz von synthetischem Vanillin erschwinglich wurden.[31] Neben dem vor allem in Gewürznelken enthaltenen Eugenol wurde auch Guajakol, ein Stoff der sich in der Natur unter anderem in Buchenholz finden lässt, als möglicher Ausgangsstoff entdeckt.[32]

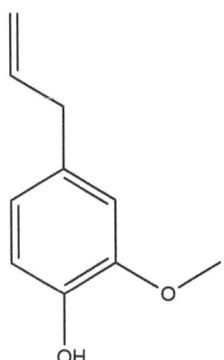

Abb. 3: Strukturformel von Eugenol

---

28 Ferdinand Tiemann, „Ueber Isoeugenol, Diisoeugenol und Derivate derselben", *Berichte der deutschen chemischen Gesellschaft* (1891): 2870–2877; Ferdinand Tiemann und R. Kraaz, „Zur Constitution des Eugenols", *Berichte der deutschen chemischen Gesellschaft* (1882): 2059–2069; Ferdinand Tiemann, „Ueber eine Bildungsweise der Vanillinsäure und des Vanillins aus Eugenol, sowie über die Synthese der Ferulasäure", *Berichte der deutschen chemischen Gesellschaft* (1876): 52–54; Ferdinand Tiemann „Ueber die der Coniferyl- und Vanillinreihe angehörigen Verbindungen", *Berichte der deutschen chemischen Gesellschaft* (1876): 409–423.
29 Besonders gut nachzulesen in: Ferdinand Tiemann, „Ueber die der Coniferyl- und Vanillinreihe angehörigen Verbindungen", 422.
30 Stanzl, *Die Entstehung der Riechstoffindustrie im 19. Jahrhundert*, 36.
31 Vaupel, „Betört von Vanille. Seit 500 Jahren begehrt – und immer noch Forschungsthema", 49.
32 Stanzl, *Die Entstehung der Riechstoffindustrie im 19. Jahrhundert*, 36.

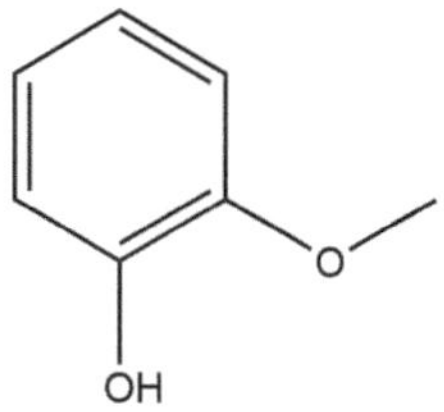

Abb. 4: Strukturformel von Guajakol

Der strukturelle Körper von Guajakol ist im Eugenol ebenfalls vorhanden, wobei er dort an einer weiteren Stelle durch einen zusätzlichen Substituenten gekennzeichnet ist (siehe Abb. 3 und 4). Im Vergleich zu dem gewünschten Endprodukt Vanillin (siehe Abb. 2) ist auch hier eine deutliche strukturelle Ähnlichkeit festzustellen.

Allerdings wurde von Haarmann & Reimer die Eugenol-Synthese der Guajakol-Synthese vorgezogen,[33] unter anderem weil letztere geringere Ausbeuten brachte.[34] In den 1920er Jahren veränderte sich die Gewichtung beider Ausgangsstoffe insbesondere durch die Bemühungen der Agfa, die durch ihre eigene Produktion und ihre Integration innerhalb der I.G. Farben guten Zugang zu Guajakol besaß und diesen Stoff folglich als Ausgangsmaterial bevorzugte.

3 Die Naturalisierung des synthetischen Vanillins

Auch wenn die Herren Tiemann und Haarmann in zahlreichen weiteren Versuchen mit unterschiedlichen Vanillesorten das Vanillin als primären Bestandteil des Vanillegeschmacks identifizierten[35] und ein verkaufsfähiges Produkt herstellen konnten, mussten Abnehmer:innen und Verbraucher:innen zunächst von dessen Qualität überzeugt werden. Dabei war die Identifikation des Vanillins als Schlüsselaromastoff ein wichtiger Faktor.

> Erst wenn man sich auf eine genaue Kenntnis aller dieser Verhältnisse stützen konnte, durfte man hoffen, den Vorurtheilen, welche von dem grossen Publicum jedem neuen industriellen Product und noch mehr jeder neuen durch die Industrie geschaffenen Form eines alten Naturproductes entgegengebracht werden wirksam zu begegnen.[36]

---

33 Haarmann & Reimer Chemische Fabrik zu Holzminden G.m.b.H., *Eigenschaften und Verwendung unserer Erzeugnisse 1874–1924*, 8.

34 Stanzl, *Die Entstehung der Riechstoffindustrie im 19. Jahrhundert*, 36.

35 Ferdinand Tiemann und Wilhelm Haarmann, „Ueber die Bestandtheile der natürlichen Vanille", *Berichte der deutschen chemischen Gesellschaft* (1876): 1287–1292.

36 Ferdinand Tiemann und Wilhelm Haarmann, 1289.

Auch im 19. Jahrhundert war es keine einfache Aufgabe, ein industriell-synthetisches Produkt in den gebräuchlichen Konsum der breiteren Gesellschaft zu integrieren.[37] Im Fall des Vanillins musste einerseits ein neues Produkt eingeführt und der Geschmack in der breiteren Bevölkerung bekannt gemacht werden, andererseits musste in den wohlhabenderen Haushalten mit Zugang zur Vanilleschote eine Entfernung vom Naturprodukt erreicht werden. Das Vanillin sollte dort die Naturvanille ablösen. Dafür bedurfte es umfassender wissenschaftlicher Forschung zum Charakter des Stoffs und ein entsprechendes Marketing. Um den Geschmack von Vanille, der zuvor lediglich den wohlhabenden Haushalten zugänglich gewesen war, auch in weniger begüterte Familien zu tragen, bediente sich die Firma Haarmann & Reimer einer Strategie, die auch später noch von Unternehmen zur Popularisierung ihrer Produkte angewandt wurde:[38] Sie arbeiteten mit einer bekannten Persönlichkeit zusammen, um ihr Produkt zu bewerben. Im Falle des Vanillins war es die Frauenrechtlerin und Sozialaktivistin Lina Morgenstern, die sich vor allem im Bereich der Bildung und der Nahrungsmittelversorgung der Bevölkerung engagiert hatte.[39] In Kooperation mit Haarmann & Reimer brachte sie um die Wende zum 20. Jahrhundert herum *Kochrecepte mit Anwendung von Haarmann & Reimer's patent. Vanillin* heraus (siehe Abb. 5). In diesem knapp DIN A6 kleinen Heftchen mit kunstvoll gestaltetem Deckblatt befanden sich 39 Rezepte, darunter Vanille-Suppe, Flammeris, Eis und Getränke, für die Vanillin verwendet werden sollte.

---

37 Dies galt auch für den Duftstoff Jonon von Haarmann & Reimer.

38 Siehe dazu beispielsweise: Regina L. Blaszczyk, „Designing Synthetics, Promoting Brands: Dorothy Liebes, DuPont Fibres and Post-War American Interiors", *Journal of Design History* 21, Nr. 1 (Januar 2008): 75–99.

39 Christian Sprenger, Lina Morgenstern 1830–1909. Sozialaktivistin und Frauenrechtlerin, Stiftung Haus der Geschichte der Bundesrepublik Deutschland; Deutsches Historisches Museum; Das Bundesarchiv, 14.09.2014, https://www.dhm.de/lemo/biografie/lina-morgenstern, zuletzt geprüft am 28.06.2021.

Abb. 5: Umschlag des kleinen Vanillin-Kochbuchs von Lina Morgenstern[40]

Besonders interessant ist das kurze Vorwort, das Lina Morgenstern in dieser Rezeptsammlung veröffentlichte. Unter der Überschrift „Für denkende Hausfrauen" schrieb sie:

> Die Vanille ist eine der feinsten, wohlschmeckendsten und aromareichsten Gewürze, weshalb die feinere Kochkunst sie auf die mannigfaltigste Art verwendet. In der bürgerlichen Küche hat sich die Vanille dagegen noch kein Heimathsrecht erworben, trotzdem sie der einfachsten Milchsuppe und dem billigsten Gebäck Reiz verleiht.[41]

Vanille, obwohl ein laut Morgenstern empfehlenswertes, weil sehr wohlschmeckendes, Gewürz, gehörte zu Beginn des 20. Jahrhunderts noch nicht zu den alltäglichen Zutaten. Dies lag insbesondere am hohen Preis der Vanilleschoten. Um bürgerlichen Haushalten die Beschaffenheit der Vanille etwas näher zu bringen,

---

40 Lina Morgenstern, circa 1900, Kochrecepte mit Anwendung von Haarmann & Reimer's patent. Vanillin, Scan zur Verfügung gestellt aus externem Privatbesitz.
41 Lina Morgenstern, circa 1900, Kochrecepte mit Anwendung von Haarmann & Reimer's patent. Vanillin, hier S. 1, Scan zur Verfügung gestellt aus externem Privatbesitz.

berichtete Morgenstern von Mexiko, Java und von der Insel Bourbon,[42] wo die Va-
nillepflanze beheimatet war. Sie erläuterte die Schwierigkeiten ihrer Aufzucht, die
daraus resultierenden hohen Preise und die daraus zu begründende schwankende
Qualität der Schoten.

> Aber die Natur, in deren reichem Haushalt noch so viele Kräfte schlummern, bis sie durch den
> Menschengeist den Dornröschen-Kuss empfangen, gewährt uns jetzt die Vanille als heimisches
> Product. Nicht, dass wir in unserem Klima die fertigen Vanille-Schoten pflücken können, aber
> durch die bedeutende Erfindung zweier deutscher Forscher, des Dr. W. Haarmann in Holz-
> minden und des Professors Dr. Ferd. Tiemann an der Königl. Universität zu Berlin, lässt sich der
> Körper, welcher allein das Aroma in der Vanille-Schote bewirkt, künstlich aus leicht zugäng-
> lichen Naturstoffen hervorrufen. Was uns die spröde Natur in unseren Breitegraden versagt
> hat, das ringt ihr in heissem Drang nach Erkenntniss der Forscher ab, wie Goethe. der Dichter-
> Prophet, im Faust II Theil voranend sagt:
>
> Was die Natur geheimnissvoll erschuf,
> Das wagen wir verständig zu probiren,
> Und was sie organisiren liess,
> Das lassen wir crystallisiren.
>
> Und so lassen denn unsere modernen Alchymisten dieselben zarten Nädelchen, welche sich als
> weisser, glänzender Flaum auf feinen Vanille-Sorten ausscheiden und welche die aromatische
> Kraft der Vanille enthalten, das Vanillin crystallisiren.[43]

Dieses kurze Vorwort veranschaulicht die wichtigsten werbestrategischen Punkte
der Aroma- und Duftstoffindustrie und der von ihr verfolgten Ziele. Synthetisches
Vanillin sollte als heimisch produzierbares Produkt mindestens ebenso geschätzt
werden wie die Vanilleschote, wenn nicht gar dieser vorgezogen werden.

> Dabei besteht absolut kein Unterschied zwischen dem natürlichen und künstlichen Vanillin,
> und weder durch Geruch und Geschmack, noch durch die feinsten wissenschaftlichen Hilfs-
> mittel können beide unterschieden werden.[44]

Die Betonung der Natürlichkeit chemisch-industrieller Produkte stellte bereits zu
Beginn des 20. Jahrhunderts eine essentielle Strategie im Ringen um Anerkennung und Akzeptanz durch die Verbraucher:innen dar. Chemisch-industrielle Pro-

---

42 Die Insel La Réunion im Indischen Ozean, auch heute noch Teil französischen Staatsgebiets,
wurde in ihrer Geschichte auch Île Bourbon genannt. Es ist davon auszugehen, dass Lina Morgenstern von dieser Insel sprach.
43 Lina Morgenstern, circa 1900, Kochrecepte mit Anwendung von Haarmann & Reimer's patent.
Vanillin, hier S. 1, Scan zur Verfügung gestellt aus externem Privatbesitz.
44 Lina Morgenstern, circa 1900, Kochrecepte mit Anwendung von Haarmann & Reimer's patent.
Vanillin, hier S. 2, Scan zur Verfügung gestellt aus externem Privatbesitz.

dukte sollten nach Möglichkeit nicht als solche wahrgenommen, sondern vielmehr im Kontext des industriellen Gegenstücks Natur einsortiert werden. Es galt die Antonymisierung Natur – Industrie im Sinne der Industrie zu überwinden. Die Gleichheit beider Stoffe sowohl in kulinarischer als auch in chemischer Hinsicht wurde mehrfach unterstrichen und gleichzeitig durch die Betonung der Vorzüge des synthetischen Produkts zu Gunsten des letzteren verschoben. Bezogen auf Vanillin hieß das, dass synthetisches Vanillin nicht nur ebenbürtig, sondern besser dargestellt wurde als natürliche Vanille. So nutzte Morgenstern beispielsweise optische und gustatorische Argumente und betonte, dass das Päckchen Vanillinzucker der natürlichen Vanille dahingehend überlegen wäre, dass es zum einen die „störenden schwarzen Punkte" nicht hinterließe und zum anderen „der Geschmack noch wesentlich feiner" wäre als der der Vanilleschote.[45] Zusätzlich ließen die einfache Handhabung und der günstige Preis des synthetischen Produkts die kostspielige Vanilleschote[46] ökonomisch nachteilig erscheinen. Der Vanillinzucker hingegen ermöglichte es auch den einfacheren Haushalten, von diesem geschmacklichen Luxus bei gleichzeitig simpler Handhabung profitieren zu können. Es kamen, neben den geschmacklichen, folglich auch soziale Argumente hinzu, die die Verwendung von synthetischem Vanillin unterstützten.

Im Fall des Kochbüchleins von Lina Morgenstern trat Haarmann & Reimer als Produzent des Vanillins direkt in Erscheinung. Der Name des Unternehmens stand akzentuiert auf dem Deckblatt. In dem Zusammenhang ist auch auf der Rückseite des Heftchens die Schutzmarke des patentierten Vanillins abgedruckt (siehe Abb. 5). Das Vanillin, so wird deutlich, stammte aus der Fabrik in Holzminden. Die weitere Verbreitung des Vanillins als Konsumgut wurde allerdings weniger durch Haarmann & Reimer propagiert, sondern durch Unternehmen der Nahrungsmittelindustrie. Nahrungsmittelproduzent:innen kauften Vanillin als Zutat für ihre eigenen Produkte, verarbeiteten den Aromastoff folglich weiter und hatten ihrerseits ein Interesse daran, ihre Produkte gewinnbringend zu vertreiben. Vanillin und auch andere Aromastoffe wurden gegenüber Verbraucher:innen verstärkt über die Produkte der Nahrungsmittelunternehmen beworben. Ein Beispiel dafür war der Vanillinzucker des Bielefelder Nahrungsmittelkonzerns Dr. Oetker.

---

45 Lina Morgenstern, circa 1900, Kochrecepte mit Anwendung von Haarmann & Reimer's patent. Vanillin, hier S. 2, Scan zur Verfügung gestellt aus externem Privatbesitz.

46 Der Preis für Vanilleschoten schwankte naturgemäß durch Ernteerträge, Angebot und Nachfrage. In der zweiten Hälfte des 20. Jahrhunderts stieg bedingt durch Naturgewalten und schwierige Ernten der Preis pro Kilogramm von Vanilleschoten von circa 25$ auf 500$. Der Preis für hochwertige Gourmet-Vanille lag meistens stabil bei 500$. Für eine Geschichte über die Kultivierung, den Verkauf und den Konsum von Vanille und für die hier angegebenen Zahlen siehe: Tim Ecott, *Vanilla: Travels in Search of the Ice Cream Orchid* (New York: Grove Press, 2004), 2 und 228.

1891 begann dessen Unternehmensgeschichte mit dem Kauf der Aschoff'schen Apotheke durch August Oetker in der Bielefelder Innenstadt.[47] Dort experimentierte er und entwickelte 1893 das vorportionierte Backpulver (Backin). Das Backpulver wurde zum Verkaufsschlager und Aushängeschild des Unternehmens und nur wenige Jahrzehnte später gehörte Dr. Oetker zu den namhaften Firmen des Landes.[48] Der Vanillinzucker (siehe Abb. 6), wenn auch auf der firmeneigenen Website zur Historie weniger stark repräsentiert, war ein weiteres wesentliches und frühes Produkt des Unternehmens. Bereits 1894 vertrieb Dr. Oetker die portionierten Päckchen des mit Vanillin versetzten Zuckers.[49]

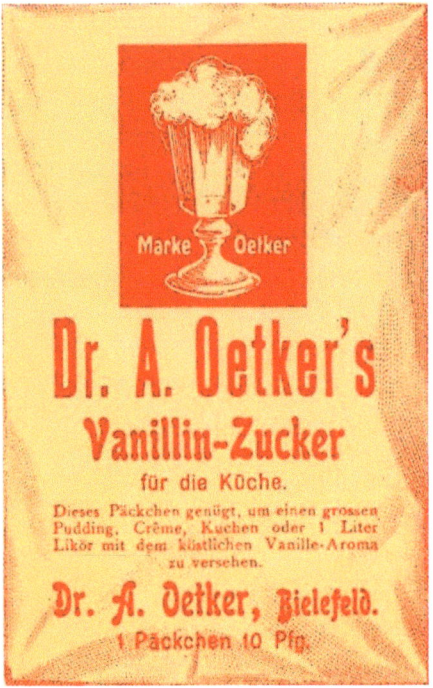

Abb. 6: Päckchen Dr. Oetker Vanillinzucker, 1894[50]

47 Für eine Geschichte des Bielefelder Unternehmens siehe: Bettina Jung, *August Oetker* (Berlin: Ullstein, 1999).

48 Unternehmen Dr. Oetker, Von Damals bis Heute – Unternehmen | Dr. Oetker, https://www.oetker. de/von-damals-bis-heute#m057-anchorwallpaper-anchor-168684, zuletzt geprüft am 19.01.2021.

49 Unternehmen Dr. Oetker, Vanillin-Zucker, https://www.oetker.de/unsere-produkte/backzutaten/va nillinzucker-tuetchen, zuletzt geprüft am 19.01.2021.

50 Unternehmen Dr. Oetker, 1894, Vanillinzucker 1894, Unternehmensarchiv Dr. August Oetker KG (OeFa).

Im monatlich herauskommenden *Dr. Oetkers Magazin für Küche und Haus* erschien 1901 ein kleiner Beitrag über Vanillinzucker. Ebenso wie bei Lina Morgenstern wurden dort der günstige Preis und die einfache Handhabung betont. Vanillinzucker hätte „den ungetheilten Beifall der Hausfrauen gefunden".[51] Auch in den Folgejahren propagierte Dr. Oetker in diversen Rezeptheften die Vorteile des Aromastoffs.[52] An dieser Stelle wurde ebenfalls der gesellschaftliche Nutzen durch das Argument betont, dass der angenehme Geschmack der Vanille nicht länger nur den wohlhabenden Familien zur Verfügung stünde, sondern nun von zahlreichen Haushalten konsumiert werden könnte. „Diesen großen Vorteil haben wir dem Forschungsgeiste deutscher Chemiker zu verdanken."[53]

Neben den ökonomischen Argumenten und dem Beifall für die Leistungen der deutschen chemischen Industrie, die sich in mehreren Rezeptsammlungen mit Vanillin finden lassen, fallen insbesondere die Vergleiche und die Formulierungen hinsichtlich Vanillin und natürlicher Vanille auf. Dass Vanillin als mindestens ebenbürtig zu natürlicher Vanille präsentiert wurde, dürfte aus werbestrategischer Sicht überzeugen. Nichtsdestotrotz geht die hier postulierte Beziehung zwischen Vanillin und Vanille über den Effekt einer reinen Produktwerbung hinaus. Beispielsweise wurde im *Rezeptbuch B* von Dr. Oetker erklärt, dass die Vanilleschote bei ihrer Verwendung erst ausgekocht werden müsste, wobei wichtige Gewürzelemente verloren gingen. Diesen Nachteil besäße der Vanillinzucker nicht.[54] Des Weiteren wurden Rezepte, in denen Vanille als Hauptgeschmack fungierte, allerdings ausschließlich Vanillinzucker verwendet wurde, dennoch mit Titeln wie „Vanille-Torte"[55] oder „Vanille-Plätzchen"[56] versehen.

Sprachlich wurde also nicht zwischen Vanille und Vanillin unterschieden. Sowohl im Rezeptheftchen von Lina Morgenstern als auch in denen von Dr. Oetker wurden Rezepte mit „Vanille" betitelt, während ausschließlich Vanillin verwendet

---

51 Unternehmen Dr. Oetker, 1901, Dr. Oetkers Vanillin-Zucker 1901, Unternehmensarchiv Dr. August Oetker KG (OeFa).

52 Unternehmen Dr. Oetker, 1910, Rezeptbuch B, hier S. 39–40, Unternehmensarchiv Dr. August Oetker KG (OeFa): S3 40; Unternehmen Dr. Oetker, circa 1900, Preisgekrönte Rezepte zu Dr. Oetker's Fabrikaten, hier S. 58, Unternehmensarchiv Dr. August Oetker KG (OeFa).

53 Unternehmen Dr. Oetker, 1910, Rezeptbuch B, hier S. 39, Unternehmensarchiv Dr. August Oetker KG (OeFa): S3 40.

54 Heutzutage wäre die Argumentation genau andersherum, nämlich dass das Vanillin allein nicht die volle Geschmacksdimension einer Vanilleschote bieten kann. Vielmehr macht das Mitkochen der Schoten den umfänglichen Vanillegeschmack erst zugänglich.

55 Unternehmen Dr. Oetker, 1910, Rezeptbuch B, hier S. 15, Unternehmensarchiv Dr. August Oetker KG (OeFa): S3 40.

56 Unternehmen Dr. Oetker, 1910, Rezeptbuch B, hier S. 20, Unternehmensarchiv Dr. August Oetker KG (OeFa): S3 40.

werden sollte. Die verschwimmenden Grenzen zwischen Naturprodukt und industriell gefertigter Schlüsselkomponente wurde auch durch einen Werbeslogan von Dr. Oetker vermittelt: „Dr. Oetker's Vanillin-Zucker ist das beste Gewürz für Puddings und Cremes, Saucen und Schlagsahne, Kakao und Tee, Kuchen und Kleingebäck."[57] Vanille und Vanillin wurden gleichermaßen als Gewürz bezeichnet und somit gleich kategorisiert. Ebenso verhält es sich im Kochbüchlein von Lina Morgenstern.[58] Durch diese Vermischung von ähnlichen Begriffen und der Betonung ihrer (mindestens) Ebenbürtigkeit konnten und sollten Leser:innen den Eindruck gewinnen, Vanillin und Vanille seien im Grunde identisch. Obwohl in allen drei hier präsentierten Rezeptsammlungen die Rolle der chemischen Forschung und die Leistung der deutschen chemischen Industrie betont wurde und obwohl diese Forschungserrungenschaften auch direkt mit dem Vanillin verknüpft wurden, verschwammen so die Grenzen zwischen synthetischem Vanillin und natürlicher Vanille. Die teilweise synonym gebrauchten Begriffe Vanillin und Vanille förderten diese Verbindung beider Produkte, stärkten die Integration des Vanillin(zucker)s als gängiges Konsumgut in deutschen Haushalten und unterstützten die Naturalisierung des synthetischen Vanillins. Die chemische Industrie war zwar als Leistungs- und Erfolgsträgerin in den Rezeptheften präsent, um dadurch den Aromastoff als heimisches Produkt dieser Industrie erkennbar hervorzuheben, dennoch schien dies kein Hindernis darzustellen, gleichzeitig für die Naturalisierung des synthetischen Vanillins einzutreten. Die Inversion eines nicht-natürlichen, chemisch-industriellen in ein natürliches Produkt erfolgte im Fall des Vanillins durch eine Verknüpfung chemischer, ökonomischer, sozialer und kultureller Argumente, durch die Vanillin in den gängigen Gebrauch überführt und der Geschmack in die Küche integriert wurde. Dies war auch im Sprachgebrauch zu beobachten.

Auch international hatte die Kombination aus Vanillegeschmack und dem aufstrebenden Konsumgut (und Geschmacksverstärker) Zucker Erfolg.

> Vanilla flavor became familiar and even commonplace by affiliating itself with that versatile substance, keeping pace as sweetness expanded its place in the diets and desires of nineteenth- and twentieth-century European and American publics.[59]

---

57 Unternehmen Dr. Oetker, 1910, Rezeptbuch B, Unternehmensarchiv Dr. August Oetker KG (OeFa): S3 40.
58 Lina Morgenstern, circa 1900, Kochrecepte mit Anwendung von Haarmann & Reimer's patent. Vanillin, hier S. 2, Scan zur Verfügung gestellt aus externem Privatbesitz.
59 Nadia Berenstein, „Making a Global Sensation: Vanilla Flavor, Synthetic Chemistry, and the Meanings of Purity", *History of Science* 54, Nr. 4 (Dezember 2016): 402.

Doch nicht nur als Geschmackgeber für nach Vanille schmeckende Speisen konnte sich Vanillin profilieren. Es wurde auch zur geschmacklichen Unterstützung in diversen Süßspeisen eingesetzt, um den Genuss zu erhöhen (siehe Abb. 7). Entsprechend häufig tauchten Vanillinzucker und andere Formen von Vanillin-haltigen Zutaten in Rezepten auf. Synthetisches Vanillin wurde in etwas mehr als dreißig Jahren nach seiner ersten erfolgreichen Synthese als praktische und wohlschmeckende Zutat in die Küche integriert und in seiner Anwendung verbreitet. Dabei waren insbesondere der günstige Preis und die beworbene einfache Handhabung des Vanillinzuckers im vordosierten Tütchen positive Konsumanreize.

Abb. 7: Werbung für Vanillin als Verfeinerungsmittel, 1907[60]

Allerdings hatte die eingesetzte Werbestrategie ein anhaltendes gesellschaftliches Missverständnis um die Charakteristika von Vanille und Vanillin zur Folge. Durch die verwischten Grenzen zwischen Vanillin und Vanille setzte sich eine Form der Gleichsetzung des Schlüsselaromastoffs Vanillin mit natürlicher Vanille aus Verbraucher:innensicht durch. Zwar ist unstrittig, dass Vanillin die Hauptkomponente

---

60 Unternehmen Dr. Oetker, 1907, Dr. Oetkers Vanillin-Zucker 1907, Unternehmensarchiv Dr. August Oetker KG (OeFa): P1 603.

des Vanillegeschmacks darstellt, dennoch bleibt dieser Aromastoff ein Bestandteil eines Gemischs vieler Einzelkomponenten. Eine vollständige Gleichsetzung von Vanillin mit Vanille ist sowohl biologisch-chemisch als auch gustatorisch und olfaktorisch nicht korrekt. Durch die Verwendung des Begriffs „Vanille" im Rahmen von Rezepten mit Vanillin und durch die Bezeichnung des Vanillinzuckers als Gewürz konnte die Grenze zwischen dem Aromastoff und dem gesamten Naturprodukt aufgeweicht werden. Infolgedessen wurde synthetisches Vanillin, aus dessen chemisch-industrieller Herkunft kein Geheimnis gemacht wurde, naturalisiert. Es galt weniger als Ersatzprodukt echter Vanille, sondern als qualitativ ebenbürtige, wenn nicht gar überlegene und nahezu identische, aber günstige Variante im Vergleich zu den Schoten. Wie sich diese Wahrnehmung auf den Umgang mit Vanillin während des Ersten Weltkriegs auswirkte, wird im anschließenden Kapitel thematisiert.

4 Vanillin: ein Ersatzstoff?

4.1 Nahrungsmittelversorgung und Ersatzmittel in Deutschland zwischen 1914 und 1918 am Beispiel des Kunstpfeffers

Chemische Forschung und Entwicklung prägten die Zeit des Ersten Weltkriegs sowohl militärisch als auch wirtschaftlich. Während militärische Aspekte an dieser Stelle nicht Thema sein sollen,[61] liegt die Betonung hier auf der Funktion der Chemie in der alltäglichen Versorgung. Die chemische Industrie und die chemische Forschung im Allgemeinen ermöglichten die Erschließung neuer Rohstoffe, die Entwicklung neuer Herstellungsverfahren und die Produktion verschiedener synthetischer Ersatzstoffe. Dazu gehörte auch der Kunstpfeffer, der im Folgenden als Beispiel dienen soll, um die mögliche Entwicklung, den potentiellen Einsatz und wesentliche Charakteristika von Ersatzstoffen vorzustellen. Während Kunstpfeffer als ein klassischer Ersatzstoff im Sinn eines von der Qualität dem Naturprodukt unterlegenen und deswegen langfristig nicht konkurrenzfähigen Stoffs erscheint, verhielt sich dies im Falle des Vanillins anders. Aus diesem Grund wird der Kunstpfeffer an dieser Stelle als Vergleichsprodukt herangezogen.

Im Kontext zunehmend industriell organisierter Lebensmittelproduktion wurde die naturgegebene Abhängigkeit von den Jahreszeiten in der Nahrungsmittelversor-

---

61 Siehe dazu beispielsweise: Jeffrey Allan Johnson, „Military-Industrial Interactions in the Development of Chemical Warfare, 1914–1918: Comparing National Cases Within the Technological System of the Great War", in: *One Hundred Years of Chemical Warfare: Research, Deployment, Consequences*, (Cham: Springer International Publishing/Springer Nature, 2017), 135–49.

gung durchbrochen. Klimatische Bedingungen wurden unwichtiger für Produktion und Bereitstellung von Lebensmitteln und die Bevölkerung konnte ganzjährig mit Lebensmitteln unterschiedlichster Art beliefert werden.[62] Hinzu kamen diverse Importe, beispielsweise von amerikanischem Getreide und von „Kolonialwaren", die vor dem Ersten Weltkrieg circa 25 % aller Lebensmittel in Deutschland ausmachten.[63] Während des Kriegs bemühten sich Deutschlands Kriegsgegner darum, das Land von der Versorgung abzuschneiden und auszuhungern. Importgüter, darunter auch zahlreiche Gewürze, wurden schnell knapp oder waren gar nicht mehr erhältlich. Es mussten nationale Lösungen gefunden werden, um die Versorgung von Zivilbevölkerung und Armee trotz geringer Ressourcen sicherzustellen. In diesem Zusammenhang war es die Aufgabe von Wissenschaftlern, den Kalorien- und Nährstoffbedarf der Menschen zu ermitteln und damit zusammenhängend auch die Inhaltsstoffe von Nahrungsmitteln zu analysieren. Darauf aufbauend sollte ein physiologisch abgestimmter Ernährungsplan aufgebaut werden, um mit geringstem Einsatz Körperfunktionen und Arbeitsfähigkeit zu erhalten.[64] Neben einer allgemeinen Bedarfsanalyse und daran angepassten Produktionen mussten zusätzlich neue Grundnahrungsmittel erschlossen und neue Verarbeitungsweisen entwickelt werden, um Lebensmittel länger haltbar zu machen. „[D]er Krieg war Bewährungsprobe und Experimentierfeld zugleich",[65] indem unterschiedliche Convenience-Produkte wie Konserven, Dörrgemüse und Pulver (zum Beispiel Milchpulver) sich wachsender Beliebtheit erfreuten.[66] Die Forderungen einer zunehmend urbanisierten und industrialisierten Gesellschaft nach längerer Haltbarkeit und schneller sowie einfacher Zubereitung von Nahrungsmitteln verbanden sich mit den Anforderungen einer eingeschränkten Kriegsernährung.

Im Verlauf des Kriegs mussten zahlreiche Rohstoffe und Produkte ersetzt oder zumindest ergänzt werden. Dazu gehörte unter anderem das Importgut Pfeffer. Die *Bergische Arbeiterstimme* berichtete am 20. April 1918 von einem neuen Ersatzprodukt für Pfeffer mit synthetischem Piperin, dem Scharfstoff dieses Gewürzes.

> Bei der jetzigen veränderten Marktlage hat nun eine Fabrik den Gedanken der Herstellung von Kunstpfeffer aufgegriffen, indem sie von der synthetischen Bereitung des Piperin ausging. Die im Nahrungsmittel Untersuchungsamt geprüfte Probe zeigte zufriedenstellende Eigenschaften.

---

62 Rossfeld, „Ernährung im Wandel: Lebensmittelproduktion und -konsum zwischen Wirtschaft, Wissenschaft und Kultur".
63 Davis, „Konsumgesellschaft und Politik im Ersten Weltkrieg".
64 Uwe Spiekermann, *Künstliche Kost: Ernährung in Deutschland, 1840 bis heute*, Umwelt und Gesellschaft (Göttingen: Vandenhoeck & Ruprecht, 2018), 236 – 51.
65 Spiekermann, 239.
66 Spiekermann, 259 – 61.

> Die Stadtverwaltung hat zunächst einen kleinen Posten dieses Kunstpfeffers angeschafft und
> wird sie in kleinen Packungen in einigen Geschäften zur Ausgabe bringen.[67]

Ermöglicht wurde der in der Herstellung kostspielige Kunstpfeffer durch die Forschung der Chemiker Hermann Staudinger und Paul Immerwahr. Gemeinsam arbeiteten sie an einem Syntheseweg für Piperin, der mit in Deutschland zur Verfügung stehenden Rohstoffen auskommen sollte. 1917 wurde der Kunstpfeffer mit synthetischem Piperin vom Gesundheitsamt genehmigt und konnte für den Markt produziert werden. Die Synthese des Scharfstoffs war eine von vielen chemischen Verfahren, die durch Mangel an natürlichen Rohstoffen wirtschaftspolitisch motiviert waren und zur nationalen Unabhängigkeit und zur Nahrungsmittelversorgung der Bevölkerung beitragen sollten.[68] Auf dem Markt halten konnte sich der Ersatzpfeffer allerdings nicht. Sobald natürlicher Pfeffer wieder ins Land kam, verdrängte er den qualitativ nicht ebenbürtigen Ersatzstoff vom Markt, auch weil reiner Kunstpfeffer teurer war als gestreckter echter Pfeffer. Dies bedeutete allerdings nicht, dass die Forschung dazu eingestellt worden wäre. Auch nach dem Ersten Weltkrieg wurde weiter an einer vermarktungsfähigen Produktion von Kunstpfeffer gearbeitet[69] und er sollte eine zweite Chance in der Zeit des Nationalsozialismus erhalten (siehe Teil II, Kapitel 3).

Kunstpfeffer ist als typischer Ersatzstoff zu bezeichnen. Er kam in Zeiten des Mangels an Naturpfeffer zum Einsatz, unterlag in der Qualität dem Naturprodukt und konnte sich langfristig nicht gegen selbiges durchsetzen. Anders verhielt es sich beim Vanillin, wie das folgende Beispiel zeigen wird.

4.2 Vanillin: Synthetischer Geschmacksträger im Ersten Weltkrieg

Anders als beim Kunstpfeffer, der erst wegen Mangel an Naturpfeffer aus unterschiedlichen Materialien und synthetischem Piperin hergestellt wurde, war Vanillin bereits vor dem Krieg ein verbreitetes synthetisch hergestelltes Produkt. Die Vanilleschote war wegen ihres Preises auch vor Kriegsausbruch kein alltägliches, gebräuchliches Konsumgut gewesen, Vanillin in Form von zum Beispiel Vanillinzucker und Puddingpulver hingegen schon. Vanillin hatte somit einen anderen Ausgangspunkt und andere Voraussetzungen für den Einsatz und die gesellschaft-

---

67 Bergische Arbeiterstimme, Kunstpfeffer, 20.04.1918, Stadtarchiv Solingen, https://archivewk1.hy potheses.org/tag/kunstpfeffer, zuletzt geprüft am 19.03.2020.
68 Elisabeth Vaupel, „Hermann Staudinger und der Kunstpfeffer. Ersatzgewürze", *Chemie in Unserer Zeit* 44, Nr. 6 (Dezember 2010): 396–412.
69 Vaupel.

liche Wahrnehmung während des Ersten Weltkriegs. Ein Beispiel aus dem Jahr 1917 zeigt die Art und Weise mit der auf Industrie- und Regierungsebene über Vanillin gesprochen und welche Rolle dem Aromastoff in der Ernährung zugesprochen wurde.

Im Jahr 1917, also in einer Zeit, in der der Krieg bereits unzählige Ressourcen vernichtet hatte, wandte sich das Holzmindener Unternehmen Haarmann & Reimer an die Reichsversorgungsstelle für Nährmittel und Eier mit der Bitte um die Freigabe von 3000 kg Benzol monatlich, um die Produktion von Vanillin aufrecht halten zu können.[70] Wegen seiner Funktion in der Produktion von Militärgütern galt Benzol als kriegswichtig[71] und war daher für nicht unmittelbar militärische Industrien nur schwer zugänglich. Folglich wurde die Anfrage aus Holzminden von mehreren Instanzen der kaiserlichen Regierung diskutiert und abgestimmt. Die Freigabe lag in der Zuständigkeit der Inspektion des Kraftfahrwesens, die bereits einen Aufwand von 500 kg pro Monat genehmigt hatte. Für eine größere Menge waren allerdings genaue Gutachten des Kaiserlichen Gesundheitsamtes zwingend erforderlich.[72] Am 17. Februar 1917 teilte der Präsident des Gesundheitsamtes der Reichsversorgungsstelle mit, dass „unter den heutigen Verhältnissen das Vanillin schwer entbehrlich"[73] wäre, da die Ernährung ohnehin bereits an Geruchs- und Geschmacksträgern stark eingebüßt hätte, was der „Frische und Gesundheit der Menschen"[74] schadete. Knapp eine Woche später erhielt auch die Inspektion des Kraftfahrwesens ein Schreiben. Darin wurde die Funktion des Vanillins betont, sowohl ein wenig Genuss zu ermöglichen als auch Nahrungsmittel nutzbar zu machen, die andernfalls des unzureichenden bis unerträglichen Geschmacks wegen ungeeignet waren. „Die unter Verwendung von Vanillin hergestellten Nährmittel sind sowohl für die allgemeine Volksernährung als auch zu einem nicht unerheblichen Teil für den Bedarf der Heeresverwaltung und der Lazarette erforderlich."[75] Wegen der hervorgehobenen Vorteile des Vanillins in Nahrungsmitteln befürwortete das Gesundheitsamt das Gesuch von Haarmann & Reimer und empfahl der Inspektion des Kraftfahrwesens, dies ebenfalls zu tun. Diese Stellungnahme allein

---

70 Reichsverteilungsstelle für Nährmittel und Eier, 09.03.1917, Anfrage Benzol zur Vanillin-Produktion durch Haarmann & Reimer, Bayer AG: Corporate History & Archives (BAL): 250 – 007.
71 Elisabeth Vaupel, „Chemie und Krieg", *Kultur & Technik*, Nr. 2 (2014): 57 – 63.
72 Reichsverteilungsstelle für Nährmittel und Eier, 09.03.1917, Anfrage Benzol zur Vanillin-Produktion durch Haarmann & Reimer, Bayer AG: Corporate History & Archives (BAL): 250 – 007.
73 Ohne Verfasser, 17.02.1917, Abschrift zu Nr. 1509 D.P.d.K.G., Bayer AG: Corporate History & Archives (BAL): 250 – 007.
74 Ohne Verfasser, 17.02.1917, Abschrift zu Nr. 1509 D.P.d.K.G., Bayer AG: Corporate History & Archives (BAL): 250 – 007.
75 Ohne Verfasser, 28. Februar 1917, Abschrift zu N. 67. D.P.d.D.E.A., Bayer AG: Corporate History & Archives (BAL): 250 – 007.

reichte aber nicht aus, um die Freigabe der angefragten Benzolmenge durchzusetzen. Es wurde ein Expertengutachten gefordert, in dem die Notwendigkeit des Benzols chemisch-wissenschaftlich erörtert werden sollte. Die Holzmindener baten den Chemiker Carl Duisberg des Leverkusener Unternehmens Bayer ein solches Gutachten zu erstellen. Dazu sandte Haarmann & Reimer ein Schreiben an Duisberg, in dem die notwendigen Stoffeigenschaften einer Alternative geschildert wurden. Benzol diente zur Extraktion des Vanillins aus den im Prozess entstehenden Lösungen. Es bedurfte eines Extraktionsmittels, das „bei Kälte oder bei geringer Wärme, etwa 40°-50°, Vanillin leicht löst, sich restlos aus Vanillin entfernen lässt und sich nicht mit Wasser mischt."[76] Es wurden bereits einige Alternativen firmenintern getestet, doch hatte sich keine davon als so geeignet erwiesen wie Benzol. Zu einem ähnlichen Ergebnis kam auch Carl Duisberg in seinem Gutachten. Dort hieß es, dass zwar die Existenz geeigneter Alternativen nicht auszuschließen wäre, dass diese zu jenem Zeitpunkt aber noch unzugänglicher wären als Benzol. Duisberg bestätigte konsequenterweise die Notwendigkeit des Benzols und unterstrich, dass es sich um eine vergleichsweise geringe Menge handelte und dass das Benzol im Produktionsprozess zum Teil wiedergewonnen werden könnte.[77] Dokumente, die die tatsächliche Freigabe an Haarmann & Reimer bestätigten, lagen zum Zeitpunkt der Ausarbeitung dieser Studie nicht vor, jedoch lassen die gesichteten Quellen auf eine Freigabe schließen. Schließlich befürworteten die entsprechend involvierten Parteien das Vorgehen und die ausdrückliche Argumentation pro Vanillin deutet auf nichts anderes als einen positiven Ausgang für das Gesuch aus Holzminden hin.

In der Argumentation waren insbesondere das Wissen um die Wirkung von Geruch und Geschmack beim Essen und die negativen Auswirkungen ihres Fehlens ausschlaggebend. In Kombination mit mangelnden Geschmacksträgern oder gar ungenießbaren (wenn auch essbaren) Rohstoffen bekam die Bedeutung des (Geschmacks-)Wertes des synthetischen Vanillins während des Ersten Weltkriegs eine neue Dimension. Neben der reinen Versorgung von Zivilbevölkerung und Armee sollte auch die Moral im Inland aufrechterhalten werden. Max Römer, ein Fabrikant aus Opladen, schrieb an Carl Duisberg: „so haben Sie vielleicht einmal die Gelegenheit, entweder Feldmarshall Hindenburg, oder seinen Generalstabschef von Ludendorf [sic] auf den Zusammenhang der Lebensmittelknappheit mit der Stim-

---

76 Haarmann & Reimer Chemische Fabrik zu Holzminden G.m.b.H., 05.03.1917, Anfrage bezüglich eines Gutachtens, Bayer AG: Corporate History & Archives (BAL): 250 – 007.
77 Carl Duisberg, 08.03.1917, Gutachten zur Benzolfrage, Bayer AG: Corporate History & Archives (BAL): 250 – 007.

mung im Heere aufmerksam zu machen."[78] Die Regierung beobachtete die Stimmung in der Bevölkerung aufmerksam, galt der „Burgfrieden" doch als wesentlich für einen Kriegserfolg.[79] Waren die zivilen Verbraucher:innen nicht in der Lage, ihre alltäglichen Bedürfnisse in ausreichender Weise zu befriedigen, konnte dieser Frieden ins Wanken geraten. „Der Konsum wurde auf diese Weise bereits mit Beginn des Kriegs zu einer politischen, nicht nur zu einer wirtschaftlichen Frage."[80] Uwe Spiekermann untermauert diesbezüglich die Relevanz von Geschmack: „Die nationale Begeisterung endet am heimischen Kochtopf",[81] was 1927 durch August Skalweit auch bezüglich des Kaffeekonsums angedeutet wurde.[82] Beide Schriften weisen darauf hin, dass Genuss nicht nur nicht fehlen durfte, sondern dass auch nicht allzu sehr auf gewohnte und bekannte Speisen verzichtet werden sollte. Dabei wird die Rolle synthetischer Aromastoffe jedoch maximal am Rande erwähnt. Spiekermanns Monographie vermittelt bezüglich Ersatzstoffen den Eindruck, dass sie sich nur wegen Mangel an Alternativen und Hunger haben durchsetzen können. Für eine Vielzahl von Produkten wie dem Kunstpfeffer trifft dies zu. Der Fall Vanillin war spezieller und ist nicht mit der Geschichte eines klassischen Ersatzstoffs gleichzusetzen. Der Stoff war schon vor dem Krieg bekannt und etabliert. Die Firma Dr. Oetker produzierte und vertrieb Vanillinzucker bereits seit 1894.[83] Neben seinem Einsatz als aktiver vordergründiger Aromastoff hatte Vanillin auch die Funktion eines verfeinernden Würzmittels, beispielsweise in Backwaren und Schokolade. Durch seinen bereits vertrauten Geschmack war Vanillin in der einmaligen Position eine Doppelfunktion zu übernehmen. Sowohl als Ermöglichung von ein wenig Genuss als auch als Bekämpfung der Lebensmittelknappheit und in der Folge als Mittel für die Moral.

Vanillin ist nicht als klassischer Ersatzstoff zu bezeichnen. Im Vergleich zu tatsächlichen Ersatzstoffen wie beispielsweise dem Kunstpfeffer stechen wesentliche Unterschiede hervor, die für Vanillin die Bezeichnung Ersatzstoff unangemessen erscheinen lassen. Erstens war Vanillin nicht in gleicher Weise von der Wahrnehmung minderwertiger Qualität betroffen; zweitens konnte Vanillin sowohl mittel- als auch langfristig erfolgreich mit dem Naturprodukt konkurrieren und

---

78 Max Römer, 07.03.1917, Brief an Carl Duisberg, Bayer AG: Corporate History & Archives (BAL): 250 – 007.

79 Davis, „Konsumgesellschaft und Politik im Ersten Weltkrieg", 236.

80 Davis, 237.

81 Spiekermann, *Künstliche Kost*, 272.

82 August Skalweit, *Die deutsche Kriegsernährungswirtschaft* (Stuttgart; Berlin; Leipzig; New Haven: Deutsche Verlagsanstalt; Yale University Press: 1927), 55.

83 Unternehmen Dr. Oetker, Vanillin-Zucker, https://www.oetker.de/unsere-produkte/backzutaten/vanillinzucker-tuetchen, zuletzt geprüft am 19.01.2021.

drittens war der Aromastoff bereits vor dem Ersten Weltkrieg und der Verknappung der Nahrungsmittel ein in der gängigen Küche bekanntes und genutztes Produkt. Dies macht eine Bezeichnung von Vanillin als Ersatzstoff problematisch. Wie Vanillin stattdessen betitelt werden könnte, wird im Verlauf der folgenden Kapitel herausgearbeitet.

4.3 Kein Ersatzstoff: Vanillin-Werbung bei C. F. Boehringer & Soehne

Auch wenn Vanillin zu einem gängigen Produkt in der breiteren Gesellschaft wurde, war keineswegs jegliche Skepsis gegenüber dem synthetischen Stoff beseitigt. Dieser Umstand und ein möglicher industrieller Umgang mit dieser Situation werden anhand des folgenden Beispiels aus dem Hause der Firma Boehringer Mannheim untersucht.

Wie die vorangegangene Untersuchung der Naturalisierung von Vanillin zu Beginn des 20. Jahrhunderts gezeigt hat, wurde hinsichtlich der Begriffsnutzung und der Werbung viel dafür getan, dass Vanille und Vanillin als synonym wahrgenommen wurden. Der vanilleartige Geschmack verbreitete sich zu Beginn des 20. Jahrhunderts und Vanillin bekam eine besondere Bedeutung für die Ernährung im Ersten Weltkrieg. Dennoch war die Stellung des synthetischen Aromastoffs keineswegs unangefochten. Nach wie vor gab es Stimmen, die synthetisches Vanillin als Ersatzstoff bezeichneten und ihm dementsprechend kritisch gegenüberstanden. Dies wird durch eine Werbebroschüre der Mannheimer Firma C. F. Boehringer & Soehne aus den 1920er Jahren verdeutlicht, in der das von ihnen produzierte Vanillin beschrieben und erklärt wurde. Die Präsentation des Vanillins in dieser Broschüre soll nun detailliert analysiert werden. Dabei werden bereits geschilderte Elemente der Charakterisierung synthetischen Vanillins wiederzufinden sein. Des Weiteren werden Informationen über den industriellen Umgang mit öffentlichen Ansichten zu Vanillin und spezifisch genutzten Schlagwörtern gegeben.

Das Unternehmen C. F. Boehringer & Soehne[84] wurde 1859 von Christian Friedrich Boehringer in Stuttgart gegründet und zog später nach Mannheim auf das ehemalige Gelände der Badischen Anilin- und Sodafabrik (BASF). Seit 1892 wurde das Unternehmen von der Familie Engelhorn (der Gründerfamilie der BASF) geführt, die seitens Boehringer schon früher mit einbezogen worden waren, während

---

[84] Im März 1998 hat das Pharmaunternehmen Roche Boehringer Mannheim übernommen. Siehe dazu beispielsweise: Klaus-Peter Klingelschmitt (KPK), La Roche kauft Boehringer Mannheim, TAZ, Wirtschaft und Umwelt S. 6, https://taz.de/La-Roche-kauft-Boehringer-Mannheim/!1399066/.; Roche, Roche Meilensteine, https://www.roche.de/ueber-roche/unternehmenshistorie/, zuletzt geprüft am 20.07.2022.

die Boehringer Familie sich aus unterschiedlichen Gründen aus dem Mannheimer Unternehmen stärker zurückzog. Die Firma war im chemisch-pharmazeutischen Sektor tätig (begonnen hatte es mit der Chinin-Produktion) und war demnach kein Spezialist der Aroma- und Duftstoffindustrie. Nichtsdestoweniger vergrößerte das Unternehmen seinen Produktionsrahmen und im 20. Jahrhundert stellte Boehringer Mannheim verschiedenste Stoffe her, darunter Guajakol und Vanillin. C.F. Boehringer & Soehne Mannheim darf nicht verwechselt werden mit einer weiteren Firma der Familie Boehringer in Ingelheim.[85]

Die Darstellung in der Vanillin-Broschüre von Boehringer Mannheim aus den 1920er Jahren beginnt mit einer Differenzierung zwischen Vanilleschoten und Vanillin. Beide wurden in einem kurzen Absatz getrennt voneinander beschrieben, sodass eine Form des Unterschieds zwischen Schote und Vanillin zutage trat. Eine gänzliche Gleichsetzung wurde demnach direkt zu Beginn eigentlich verhindert. Doch im Rahmen einer tiefergehenden Lektüre ist schnell festzustellen, dass sich die scheinbare Differenzierung ähnlich wie bei Lina Morgenstern und Dr. Oetker durch gezielte Hervorhebungen von Nachteilen des Naturprodukts und von Vorteilen des Aromastoffs relativieren. Unter der Überschrift „Vanille-Schote" wurden keineswegs die Beschaffenheit der Schote, ihre Bestandteile und ihre Verbreitung geschildert, sondern es wurde lediglich über den „eigenartigen silberglänzenden Hauch" gesprochen, mit dem die Schote überzogen ist. Dieser Hauch wurde definiert als der Geschmacksträger Vanillin, der daraufhin in seinem eigenen Abschnitt als geschmack- und geruchgebender Stoff der Vanille charakterisiert wurde. Dabei bestimme der Mengenanteil des Vanillins die „Ausgiebigkeit und Güte" der Vanille. Eingedenk des Umstandes, dass je Schote maximal „2,5 % ihres Gewichtes" Vanillin enthalten wäre, sehr häufig erheblich weniger, wäre es der Chemie ein Anliegen gewesen, diese Substanz unabhängig vom Naturprodukt herstellen zu können.[86] Das Ergebnis dieser Bemühungen erhielt unmittelbar darauf seinen eigenen Abschnitt unter der Überschrift „Synthetisches Vanillin", gefolgt von „Vanillin Boehringer", also dem vom Unternehmen hergestellten Produkt. Die an dieser Stelle gewählte Präsentation ist hinsichtlich der öffentlichen Skepsis gegenüber dem Stoff besonders aufschlussreich. So hieß es dort:

---

85 Michael Kißener, *Boehringer Ingelheim im Nationalsozialismus: Studien zur Geschichte eines mittelständischen chemisch-pharmazeutischen Unternehmens*, Historische Mitteilungen – Beihefte (Stuttgart: Steiner, 2015); Ernst Peter Fischer, *Wissenschaft für den Markt: die Geschichte des forschenden Unternehmens Boehringer Mannheim* (München: Piper, 1991).

86 C. F. Boehringer & Soehne G.m.b.H., Mannheim-Waldhof, 1920er Jahre, Vanillin „Boehringer", hier S. 1, Historisches Archiv Roche (HAR): LG.DE.MA 108474 6/824.

> Wie verschieden auch die Wege gestaltet sind, auf denen der Chemiker und die Pflanze das Vanillin zu erzeugen vermögen, so sei doch zur Zerstreuung vielfach vertretender irrtümlicher Auffassungen ausgesprochen, daß das auf chemischem Weg dargestellte Vanillin nicht etwa ein Surrogat oder Ersatzstoff für das Vanillin der Pflanze vorstellt. [...] Sämtliche chemischen, physikalischen und physiologischen Eigenschaften stimmen vollkommen mit denen des Pflanzen-Vanillins überein, d. h. **Vanillin ‚Boehringer' ist, wir wiederholen es, der gleiche Stoff wie das aus der Pflanze gewonnene Vanillin.** [sic][87]

Gestützt durch das Argument der vollständigen Gleichheit der Eigenschaften beider Vanillin-Typen wurde eine Bezeichnung als Ersatzstoff grundsätzlich ausgeschlossen. Auch wenn die Prozesse unterschiedlich waren, so wäre das Resultat doch identisch und dieser Umstand bedeute die Positionierung des Vanillins außerhalb der Ersatzstoffe. Der Stoff wäre rein, ohne Fremdstoffe und exakt gleich dem der Natur. Vor allem die chemische Reinheit erlaube erstens einen besonders reinen und milden Geschmack, der durch keinerlei Nebengerüche oder -geschmäcker gestört würde und zweitens eine genaue Dosierung und Anpassung an das herzustellende Endprodukt.[88] Eine derart feine Maßanpassung wäre mit Vanilleschoten nicht möglich. Die Endprodukte konnten vielerlei Gestalt sein, denn der Broschüre folgend gab es kaum einen Bereich, in dem Vanillin nicht zur Anwendung kommen konnte. Es ließ sich sowohl in zahlreichen Branchen der Nahrungsmittelproduktion als auch in Kosmetik, Parfums und Tabakwaren einsetzen.[89] Neben möglichen Vorschlägen, in welchen Mengenverhältnissen der Aromastoff zur Herstellung von Schokoladen, Likören oder ähnlichem angewandt werden sollte, beinhaltete die Broschüre außerdem eine relativ genaue Anleitung zur Reinheitsprüfung des Vanillins. Anhand von vier Schritten wurde erklärt, wo der Schmelzpunkt liegen sollte, welche Mengen Vanillin sich in welchen Mengen Alkohol restlos lösen lassen sollten, welche Farben bei einer Reaktion mit Schwefelsäure entstehen und welche Gerüche wahrgenommen werden sollten (oder eben auch nicht). Potentiell wären die Abnehmer:innen also in der Lage gewesen, vor Ort eine eigene kleine Reinheitsüberprüfung vorzunehmen, sofern Fachpersonal vorhanden wäre. Die notwendigen Angaben waren in der Broschüre vorhanden.[90] Bevor abschließend noch einmal „[d]ie überragenden Vorteile, welche mit der Verwendung von Vanillin

---

87 C. F. Boehringer & Soehne G.m.b.H., Mannheim-Waldhof, 1920er Jahre, Vanillin „Boehringer", hier S. 2, Historisches Archiv Roche (HAR): LG.DE.MA 108474 6/824.

88 C. F. Boehringer & Soehne G.m.b.H., Mannheim-Waldhof, 1920er Jahre, Vanillin „Boehringer", hier S. 3 und 11, Historisches Archiv Roche (HAR): LG.DE.MA 108474 6/824.

89 C. F. Boehringer & Soehne G.m.b.H., Mannheim-Waldhof, 1920er Jahre, Vanillin „Boehringer", hier S. 5, Historisches Archiv Roche (HAR): LG.DE.MA 108474 6/824.

90 C. F. Boehringer & Soehne G.m.b.H., Mannheim-Waldhof, 1920er Jahre, Vanillin „Boehringer", hier S. 4–5, Historisches Archiv Roche (HAR): LG.DE.MA 108474 6/824.

‚Boehringer' anstelle derjenigen des Vanillegewürzes"[91] betont wurde, verfasste Boehringer Mannheim noch einen eindrücklichen Abschnitt über die Unschädlichkeit des Vanillins:

> Mittels Vanille-Gewürz hergestellte Genußmittel, wie Vanille-Crêmes [sic] und Vanille-Eis haben wiederholt zu schweren Vergiftungsfällen geführt. Schuld daran tragen in der Schote gelegentlich enthaltene oder durch unrichtige Verarbeitung und Behandlung des Gewürzes sich bildende Stoffe, die für sich allein giftig wirken oder imstande sind, durch katalytischen Prozeß starke Eiweißgifte zu bilden. Eine solche Gefahr liegt bei der Verwendung von Vanillin ‚Boehringer' anstelle des Vanille-Gewürzes niemals vor.[92]

Es ist zu vermuten, dass Boehringer Mannheim an dieser Stelle gezielt gegen die durch Presseberichte geschürte Angst vor synthetischem Vanillin vorging. In diesen wurde zu Beginn des 20. Jahrhunderts vermutet, dass Vergiftungen nach Konsum beispielsweise von Eiscreme durch den Aromastoff ausgelöst wurden. Wahrscheinlich waren es jedoch bakterielle Verunreinigungen der Zutaten allgemein, die zu den Problemen führten. Nichtsdestotrotz „[prägten die] durch Presseberichte geschürten Vorbehalte [...] jahrelang das öffentliche Bild vom künstlichen Vanillin."[93] Auf eben diese Vorbehalte ging Boehringer Mannheim in seiner Broschüre konkret ein und bemühte sich mithilfe von Erklärungen der Vorgänge, das riskante Naturprodukt von dem sicheren synthetischen abzugrenzen. Es wurde hervorgehoben, dass von der Natur die größere Gefahr ausgehe, da hier durch natürliche Prozesse oder durch unsachgemäßen Umgang mit den Schoten giftige Stoffe entstehen könnten. Dies wäre bei dem synthetischen Produkt durch seine hohe Reinheit und genaue Überprüfung ausgeschlossen.

Es ist anzunehmen, dass diese Werbebroschüre für industrielle Partner Boehringer Mannheims gedacht war, die das Vanillin in ihren Produkten weiterverarbeiten wollten. Anders als bei Lina Morgenstern, deren Rezeptheft tendenziell an Hausfrauen adressiert gewesen war, ist der Adressatenkreis nun in weiterverarbeitenden Industriezweigen zu suchen. Die Argumentation pro Vanillin und contra Vanilleschote ist jedoch sehr ähnlich. Insbesondere die Reinheit, die geschmackliche Intensität und die einfache Verwendung werden als Vorteile des synthetischen Aromastoffs herausgestellt. Vor allem dessen vollkommene Gleichheit zum Naturstoff wird mehrfach unterstrichen, sodass trotz der offensichtlich an-

---

91 C. F. Boehringer & Soehne G.m.b.H., Mannheim-Waldhof, 1920er Jahre, Vanillin „Boehringer", hier S. 12, Historisches Archiv Roche (HAR): LG.DE.MA 108474 6/824.

92 C. F. Boehringer & Soehne G.m.b.H., Mannheim-Waldhof, 1920er Jahre, Vanillin „Boehringer", hier S. 11, Historisches Archiv Roche (HAR): LG.DE.MA 108474 6/824.

93 Elisabeth Vaupel, „Seit 500 Jahren als Gewürz begehrt", *Pharmazeutische Zeitung*, Nr. 38 (16. September 2002), https://www.pharmazeutische-zeitung.de/inhalt-38-2002/titel-38-2002/.

deren Herstellungsweise und der eindeutigen Intervention seitens der chemischen Industrie beide Stoffe auf eine Stufe gestellt wurden, wenn nicht sogar das synthetische Vanillin wegen seiner Anwendungsvorteile höher eingestuft wurde. Ein Spezifikum der Broschüre von Boehringer Mannheim ist die Anknüpfung an die sich in der Öffentlichkeit haltende Skepsis gegenüber synthetischem Vanillin. Das Unternehmen sprach gezielt einen in der Presse thematisierten Skandal an und präsentierte eine Erklärung für die Vorkommnisse, die den Aromastoff als Ursache ausschloss. Dazu wurden mögliche in der Natur oder durch die Natur ausgelöste Risiken betont, die bei einer kontrollierten Synthese nicht auftreten sollten. Der synthetische Stoff erschien auch hier dem Naturstoff überlegen. Dies ist im Falle einer gezielten Werbung nicht ungewöhnlich und kaum anders zu erwarten. Die präsentierte Sichtweise, dass synthetische Stoffe sicherer und besser wären als ihre in der Natur befindlichen Pendants, ist auch in Argumentationen ihm Rahmen der Regulierung in den 1960er bis 1980er Jahren zu finden (siehe Teil III). Dies ist einer der Punkte, bei denen sich öffentlich-gesellschaftliche sowie chemische und wirtschaftliche Perspektiven im Verlauf des Natürlichkeitsdiskurses des 20. Jahrhunderts (und auch des 21. Jahrhunderts) gegenüberstehen.

Mithilfe der Werbebroschüre von Boehringer Mannheim konnte gezeigt werden, wie eng verschlungen die Fragen nach Ersatz und Natürlichkeit bei Vanillin waren. Die Negation von Vanillin als Ersatzstoff erfolgte primär durch Argumentation für den natürlichen Charakter des Vanillins trotz seiner synthetischen Herstellung. An dieser Stelle trafen Natur, Kultur und Chemie aufeinander und bildeten ein komplexes Netzwerk aus Argumenten, Wahrnehmungen und Darstellungen, die den Aromastoff in seiner historischen Entwicklung auszeichnen. Ergänzt durch die Untersuchung des Umgangs mit Vanillin im Ersten Weltkrieg wird deutlich: Synthetisches Vanillin kann für diese Zeit weder als klassischer Ersatzstoff noch als Naturprodukt bezeichnet werden. Es handelte sich um einen naturalisierten synthetischen Aromastoff, der durch Verbreitung und Marketing industriell wie kulturell in die alltägliche Ernährung integriert werden konnte.

5 Eugenol und Guajakol: Das industrielle Vanillin-Netzwerk in den 1920er Jahren

Die Nachfrage nach synthetischem Vanillin stieg kontinuierlich an, was die Industrie zu verstärkter Aktivität in diesem Bereich motivierte. Daher erfolgt nun eine Untersuchung des wirtschaftlichen Netzwerks rund um Vanillin in den 1920er

Jahren. Eine wichtige Rolle nahm dabei die Agfa[94] ein, ein Unternehmen der 1925 gegründeten I.G. Farbenindustrie Aktiengesellschaft.[95] Die Agfa, Kurzform für Actien-Gesellschaft für Anilin-Fabrikation, entstand 1873 aus einer Fusion der Gesellschaft für Anilinfabrikation mbH und der Jordan'schen Chemischen Fabrik und war auf Farbstoffherstellung spezialisiert. Ursprünglich ansässig in Berlin zog die Firma zwecks Expansion im späten 19. Jahrhundert nach Bitterfeld-Wolfen um.[96] Durch ihre enge Vernetzung mit anderen großen Firmen wie Bayer und BASF und durch die in diesem industriellen Netzwerk bekannten und zirkulierenden Rohstoffe bot sich der Agfa die Möglichkeit, sich trotz ihres eigentlich anders gelagerten Schwerpunkts aktiv in der Vanillin-Produktion zu betätigen.

Wissenschaftler der Agfa und mit der Agfa in Kontakt stehende Chemiker unternahmen in den späten 1910er und frühen 1920er Jahren Versuche, neue Synthesewege für Vanillin zu entwickeln. Unter anderem die Chemiker Dr. Haakh, Dr. Herbert und Hermann Pauly bemühten sich um neue und günstigere Verfahren anstelle der gängigen Synthesemethode von Karl Reimer und damit vom großen Vanillin-Produzenten Haarmann & Reimer.[97] Die Agfa betätigte sich zunächst vor allem in der Farbstoffproduktion und war im Gegensatz zu den Holzmindenern kein Spezialist für Geruch- und Geschmacksstoffe. Die Attraktivität dennoch auf dem Gebiet der Vanillin-Herstellung tätig zu werden, lag in dem verwendeten Ausgangsmaterial. Guajakol, ein Stoff, der unter anderem in Buchenholzteer zu finden ist, wurde bereits weitestgehend synthetisch aus Ortho-Anisidin (o-Anisidin) pro-

---

94 Mehr zur Geschichte der Agfa siehe Silke Fengler, *Entwickelt und fixiert: zur Unternehmens- und Technikgeschichte der deutschen Fotoindustrie, dargestellt am Beispiel der Agfa AG Leverkusen und des VEB Filmfabrik Wolfen (1945–1995)*, Bochumer Schriften zur Unternehmens- und Industriegeschichte (Essen: Klartext, 2009); Rainer Karlsch und Helmut Maier, Hrsg., *Studien zur Geschichte der Filmfabrik Wolfen und der IG Farbenindustrie AG in Mitteldeutschland*, Bochumer Studien zur Technik- und Umweltgeschichte (Essen: Klartext, 2014); Rainer Karlsch und Paul Werner Wagner, *Die AGFA-ORWO-Story: Geschichte der Filmfabrik Wolfen und ihrer Nachfolger* (Berlin: Verlag für Berlin-Brandenburg, 2010).

95 Für Forschungsarbeiten über die Geschichte der I.G. Farben siehe beispielsweise.: Joseph Borkin, *Die unheilige Allianz der I.G. Farben: eine Interessengemeinschaft im Dritten Reich*, 3. Aufl (Frankfurt: Campus Verlag, 1981); Stephan H. Lindner, *Hoechst: ein I.G. Farben Werk im Dritten Reich* (München: C. H. Beck, 2005); Peter Hayes, *Industry and Ideology: IG Farben in the Nazi Era*, 2. Aufl. (Cambridge: Cambridge University Press, 2001).

96 Karlsch und Wagner, *Die AGFA-ORWO-Story*, 23–28.

97 Dr. May, 07.02.1921, Guajakol-Versuche, ausgeführt von Herrn Herbert, Landesarchiv Sachsen-Anhalt (LASA): I532 Nr. 2683.; Dr. May, 07.02.1921, Bericht über die Versuche zur Herstellung von Vanillin. nach dem Verfahren von Herrn Dr. Haakh, S. 1–8, Landesarchiv Sachsen-Anhalt (LASA): I532 Nr. 2683; Prof. Dr. Hermann Pauly, 28.08.1919, Schreiben an die Direktion der Agfa, Landesarchiv Sachsen-Anhalt (LASA): I532 Nr. 2683.

duziert.[98] O-Anisidin kam im Herstellungsprozess von Azofarbstoffen vor und war damit der Agfa gut vertraut. Doch trotz dieser chemischen Nähe der Stoffe zueinander stellt sich die Frage, wieso die Agfa an einem neuen Produktionszweig interessiert war. Eine Erklärung dafür verbirgt sich in der Marktsituation für Vanillin unmittelbar nach dem Ersten Weltkrieg. Die Nachfrage war hoch während die verfügbare Menge gering war.[99] Das motivierte nicht nur Spezialisten wie Haarmann & Reimer dazu, neue Vanillin-Produkte wie das zunächst in der Parfümerie, aber nicht für Nahrungsmittel zugelassene Bourbonal (Ethylvanillin; mehr dazu siehe Teil II, Kapitel 2.2) auf den Markt zu bringen,[100] sondern es förderte auch das Interesse von Firmen der chemischen und pharmazeutischen Industrie, in das Geschäft einzusteigen. Oftmals waren dort Ausgangsstoffe und nötige Infrastruktur größtenteils bereits vorhanden, trotzdem musste zuvor einiges an Zeit und Versuchen investiert werden, um gegenüber den Experten der Branche konkurrenzfähig zu werden. Dazu wurden Vanillin-Proben von unterschiedlichen Herstellern gesammelt und miteinander sowie mit dem Agfa eigenen Produkt verglichen. Es stellte sich heraus, dass das Wolfener Vanillin noch einen leichten Nebengeruch und eine gelbliche Färbung aufwies, was für einen noch nicht befriedigenden Reinheitsgrad spräche. Das Vanillin von Haarmann & Reimer hingegen war nahezu rein weiß und hatte den „feinsten, wenigst aufdringlichen Geruch".[101] Das Produkt der Agfa war im Sommer 1920 demzufolge noch nicht mit dem der etablierten Firmen wettbewerbsfähig, weil Vanillin aber stark nachgefragt und knapp war, konnte auch das schlechtere Produkt, so die Hoffnung der Agfa, dennoch ohne größere Reklamationen verkauft werden.[102] Tatsächlich kam es einen Monat später zu einer Reklamation, in der der Kunde die Reinheit des Vanillins anzweifelte. Dennoch behielt der reklamierende Kunde das beanstandete Vanillin. Dies bestärkte die Wolfener in ihrer Ansicht, „solange Vanillin noch knapp ist, dürfte es wohl möglich sein, auch Vanillin mit Spuren von Nebengeruch abzusetzen, später wird das sehr viel schwerer sein."[103]

---

98 Dr. May, 07.02.1921, Guajakol-Versuche, ausgeführt von Herrn Herbert, Landesarchiv Sachsen-Anhalt (LASA): I532 Nr. 2683.
99 Chemiker-Zeitung, 27.01.1919, Vanille und Vanillin, Landesarchiv Sachsen-Anhalt (LASA): I532 Nr. 2683.; Chemiker-Zeitung, 05.02.1919, Vanillin, Landesarchiv Sachsen-Anhalt (LASA): I532 Nr. 2683.
100 Agfa Pharmaceutische Abteilung SO36 Berlin, 30.04.1919, Vanillin, Landesarchiv Sachsen-Anhalt (LASA): I532 Nr. 2683.
101 Agfa Pharmaceutische Abteilung SO36 Berlin, 19.08.1920, Vanillin!, Landesarchiv Sachsen-Anhalt (LASA): I532 Nr. 2683.
102 Agfa Pharmaceutische Abteilung SO36 Berlin, 19.08.1920, Vanillin!, Landesarchiv Sachsen-Anhalt (LASA): I532 Nr. 2683.
103 Agfa Pharmaceutische Abteilung SO36 Berlin, 22.09.1920, Vanillin der Agfa, Landesarchiv Sachsen-Anhalt (LASA): I532 Nr. 2683.

In der zweiten Hälfte der 1920er Jahre waren die Produktionsplanungen weiter fortgeschritten. „Vanillin, der weitaus am meisten gebrauchte aller synthetischen Riechstoffe"[104] sollte innerhalb der frühen I.G. Farben aus Guajakol in größerem Maßstab (1000 kg pro Monat) hergestellt werden. Dazu musste neues Material bereitgestellt werden, darunter Emailbleche, Kupferkessel und auch Lagerfläche. Die ausgearbeitete Fabrikationsmethode basierend auf Guajakol bedurfte mehrerer Arbeitsschritte. Zunächst einmal musste Chloral mit Guajakol kondensiert werden, was innerhalb von sechs Wochen ablaufen sollte. Im Anschluss erfolgten Verkochung, Destillation und Kristallisation.[105] Die Ausarbeitung dieses Verfahrens fand in der Farben-Abteilung der I.G. Farben statt und wurde schließlich von der Zwischenprodukt-Abteilung übernommen.[106] Besonders bemängelt wurden die lange Kondensationsdauer und die erforderliche hohe Verdünnung bei der Verkochung, die entsprechend große Volumina benötigte. Es musste an einer höheren Ausbeute und einer zeitlichen Verkürzung gearbeitet werden.[107] Diese Unzulänglichkeiten bestanden offenbar bis in die 1930er Jahre hinein, konnten dort aber reduziert werden.[108]

Auch wenn es in der Vorbereitung einer umfangreichen Vanillin-Produktion in der I.G. Farben durch die Agfa einige Schwierigkeiten gab, bedeutete die Ausarbeitung einer Synthese von Vanillin aus Guajakol den Durchbruch dieses Generalisten im Sonderbereich der Aromastoffherstellung. Während Vanillin bis dato primär aus Eugenol hergestellt wurde, stellten die neuen Synthesewege ausgehend von Guajakol eine weitere, vom Naturprodukt Nelkenöl unabhängige und auf lange Sicht preisgünstigere Alternative dar. Die I.G. Farben hatte bedingt durch ihre Organisation und Größe ausgezeichnete Voraussetzungen, um die notwendigen Rohstoffe und Materialien zu beschaffen und eine eigene Fabrikation von Vanillin auf- und auszubauen. Im Folgenden wird demensprechend erläutert, welche Position die Agfa und die I.G. Farben innerhalb der Vanillin-Konvention der 1920er Jahre einnahmen und welchen Einfluss sie auf die Herstellung von Vanillin, die Vanillin-

---

104 J. Mc. Lang, 03.07.1925, Darstellung von Vanillin. Gewinnung aus Nelkenöl, S. 1–5, hier S. 1, Landesarchiv Sachsen-Anhalt (LASA): I532 Nr. 2830.

105 Dr. Schmidt, 28.12.1925, Niederschrift über die am 23. Dezember 1925 gehabte Besprechung betr. Vanillin, S. 1–5, Landesarchiv Sachsen-Anhalt (LASA): I532 Nr. 3407.

106 Dr. Schmidt, 23.01.1926, Bericht über die Besprechung am 6. Januar 1926, S. 1–3, hier S. 1, Landesarchiv Sachsen-Anhalt (LASA): I532 Nr. 3407.

107 Dr. Schmidt, März 1926, Erster Bericht über Laboratoriumsversuche betr. das in der Farben-Abteilung in Anwendung stehende Verfahren zur Herstellung von Vanillin, S. 1–4, hier S. 3–4, Landesarchiv Sachsen-Anhalt (LASA): I532 Nr. 3407.

108 Dr. Weissenborn, 21.02.1934, Neubearbeitung eines Verfahrens zur Herstellung von Vanillin aus Guajakol und Formaldehyd mittels Nitrobenzolsulfolsäure und Zink (Geigy-Verfahren), Landesarchiv Sachsen-Anhalt (LASA): I532 Nr. 3412.

Fabrikanten und den Vanillin-Markt hatten. Ein herausstechendes Charakteristikum während dieser Zeit war der Kampf zwischen Eugenol- und Guajakol-Vanillin.

Die Verbreitung und Positionierung von Vanillin auf nationalen und internationalen Märkten wurde in den 1920er und in den 1930er Jahren intensiv durch die Konventionsbildung seitens der Vanillin-Hersteller geprägt. Daher werden im vorliegenden Kapitel die Strukturen, die Entwicklungen und die Charakterzüge der Vanillin-Konvention untersucht. Um die Konvention historisch einzuordnen und ihre grundsätzliche Stellung in der Wirtschaft nachvollziehen zu können, sei an dieser Stelle zunächst eine knappe Einführung in die Geschichte der Kartellierung gegeben.[109] Die genaue Rolle und die genaue Wirkung von Kartellen in Deutschland sind laut Thomas Jovović in der Forschung umstritten, zumindest nicht eindeutig geklärt. Allerdings kann ihre Entstehung als Folge von Industrialisierung und Globalisierung verstanden werden. Die „Gründungsphase" liegt demnach in den 1860er bis 1870er Jahren, während die „Hochphase" in den 1920er bis 1930er Jahren zu verzeichnen ist,[110] wobei besonders die chemische Industrie mit ihrer Vielzahl an Absprachen herausstach.[111] In ihrer Funktion als regulierende und stabilisierende Kräfte des Marktes wurden Kartelle im Zeitraum vor dem Zweiten Weltkrieg als überwiegend positiv betrachtet.[112] Dies änderte sich jedoch nach dem Zweiten Weltkrieg. Harm G. Schröter spricht von einem Übergang von der „Ordnungsthese" in die „Monopolthese": Die wirtschaftliche Macht der Kartelle wurde zunehmen kritisch bewertet und die vormals positive schlug in eine negative Haltung um.[113] Ausgehend vom Untersuchungszeitraum der vorliegenden Studie ist die Formierung der Vanillin-Konvention in die Hochphase der Kartellbildung einzuordnen.

Hier in Kapitel 5 wird mit einer Studie der deutsch-schweizerischen Konvention begonnen, die in Teil II, Kapitel 2 durch eine Untersuchung der sich in den 1930er Jahren bildenden internationalen Konvention ergänzt wird. Während sich Teil II intensiver mit dem Aufbau der Konvention, der Eingliederung von Firmen und dem

---

109 Für mehr Informationen über die Kartellierung siehe beispielsweise: Hans Pohl, Hrsg., *Kartelle und Kartellgesetzgebung in Praxis und Rechtsprechung vom 19. Jahrhundert bis zur Gegenwart*, Nassauer Gespräche der Freiherr-vom-Stein-Gesellschaft (Stuttgart: Franz Steiner Verlag, 1985).

110 Thomas Jovović, „Deutschland und die Kartelle – Eine unendliche Geschichte", *Jahrbuch für Wirtschaftsgeschichte / Economic History Yearbook* 53, Nr. 1 (Mai 2012): 237–40.

111 Harm G. Schröter, „Kartellierung und Dekartellierung: 1890–1990", *Vierteljahrschrift für Sozial- und Wirtschaftsgeschichte* 81, Nr. 4 (1994): 467.

112 Schröter, 458–62; Harm G. Schröter, „Das Kartellverbot und andere Ungereimtheiten. Neue Ansätze in der internationalen Kartellforschung", in: *Regulierte Märkte: Zünfte und Kartelle: corporations et cartels = Marchés régulés*, Schweizerische Gesellschaft für Wirtschafts- und Sozialgeschichte (Zürich: Chronos, 2011), 200.

113 Schröter, „Das Kartellverbot und andere Ungereimtheiten. Neue Ansätze in der internationalen Kartellforschung", 201; Schröter, „Kartellierung und Dekartellierung: 1890–1990", 458.

internationalen Wettbewerb befasst, wird an dieser Stelle die deutsch-schweizerische Konvention insbesondere für eine Analyse des geführten Konkurrenzkampfes zwischen Eugenol- und Guajakol-Vanillin herangezogen. Dabei wird sich zeigen, dass es auch innerhalb von Kartellen weiterhin Konkurrenz gab. Firmeneigene Strukturen, Rohstoffzugänge und Produktpaletten konnten genutzt werden, um die eigenen Interessen in einer Konvention durchzusetzen oder zumindest für das eigene Unternehmen gute Kompromisse auszuhandeln. Dieser Wettbewerb bezog sich dabei nicht nur auf den kartellierten Stoff. Ausgehend von der „multiple contact theory", die sich vor allem bei großen Unternehmen der chemischen Industrie anwenden lässt, kam es zwischen denselben Firmen bei unterschiedlichen Stoffen zu Berührungspunkten. Diese wiederum konnten für etwaige Wettbewerbsstrategien eingesetzt werden, wodurch sich Interessen verschiedener Produktionsketten überschneiden und kollidieren konnten.[114] Konkret auf die Vanillin-Konvention angewandt bedeutete dies, dass die teilnehmenden Firmen, die insbesondere zu der chemischen und pharmazeutischen Industrie gehörten, gleichzeitig in mehreren Konventionen aufeinandertrafen und dass sich die Aktivitäten innerhalb der Vanillin-Konvention auch auf andere Konventionen auswirkten und umgekehrt. Dies wird unter anderem am Beispiel der Überschneidung zwischen der Guajakol- und der Vanillin-Konvention deutlich. Außerdem wird sich zeigen, dass das Auftreten der I.G. Farben als selbstverstandener „Repräsentant der gesamten deutschen chemischen Industrie"[115] auch im Fall der Vanillin-Konvention zu beobachten ist.

Der geschätzte Vanillin-Verbrauch in Europa Mitte der 1920er Jahre lag bei 70.000 – 75.000 kg pro Jahr[116] und diesen Bedarf wollte nun insbesondere die Agfa mithilfe eines gut organisierten Versorgungs- und Produktionsnetzwerkes abdecken. Die geplante Herstellung sollte auf Guajakol basieren, einem Stoff, der in der Natur beispielsweise in Buchenholzteer und Guajakharz vorkommt, aber auch aus ortho-Anisidin hergestellt werden konnte.[117] O-Anisidin wiederum war in der Produktion von Azofarbstoffen beteiligt und der I.G. damit bestens vertraut und zu-

---

114 Schröter, „Das Kartellverbot und andere Ungereimtheiten. Neue Ansätze in der internationalen Kartellforschung", 205 – 7.

115 Harm G. Schröter, „Kartelle als Form industrieller Konzentration: Das Beispiel des internationalen Farbstoffkartelles von 1927 bis 1939", *Vierteljahrschrift für Sozial- und Wirtschaftsgeschichte* 74, Nr. 4 (1987): 481.

116 Burk, 09.09.1925, Bericht über die Besprechung mit Grießheim in Frankfurt im Büro von Grießheim am 08. September 1925, S. 1– 6, hier S. 2, Historisches Archiv Roche (HAR): PD.3.1.VAN 100718a.

117 Für mehr Informationen siehe: Jenny Hartmann-Schreier, „Guajacol, RD-07– 02087", in: *RÖMPP [Online]* (Stuttgart: Georg Thieme Verlag, 2003), https://roempp.thieme.de/lexicon/RD-07-02087; Ullrich Jahn und Bernhard Westermann, „Anisidine, RD-01– 02516", in: *RÖMPP [Online]* (Stuttgart: Georg Thieme Verlag, 2011), https://roempp.thieme.de/lexicon/RD-01-02516.

gänglich. Wenig überraschend also, dass die Agfa diese Ausgangsstoffe gegenüber dem Eugenol bevorzugte. Ein erklärtes Ziel des Unternehmens war es, „den Verbrauch von Anisidin zu steigern und die Fabrikation von Vanillin aus Nelkenöl tot zu machen."[118] Auch wenn hinsichtlich der Verfahrenskosten Guajakol-Vanillin vorteilhafter war als Eugenol-Vanillin,[119] war eine vollständige Umstellung aller Fabrikanten keine Selbstverständlichkeit. Um das gewünschte Netzwerk mit Guajakol als primärem Rohstoff gänzlich durchsetzen zu können, musste die I.G. Farben Haarmann & Reimer, den größten Produzenten von Vanillin aus Nelkenöl, davon überzeugen, seine eigene Fabrikation zugunsten von zugekauftem Guajakol-Vanillin einzuschränken. Allerdings könnte dadurch ein neuer Vanillin-Konkurrent entstehen, wenn der Zulieferer von Haarmann & Reimer, Fritsche in Hamburg, dann anstelle seiner umfänglichen Nelkenölproduktion stärker in das Vanillin-Geschäft einsteigen würde.[120] Dies könnte auch bei geringeren Produktionsmengen von 100 – 200 kg den Markt empfindlich stören, was die beteiligten Firmen als realistische Gefahr einschätzten.[121] Nichtsdestoweniger wurde an dem Vorhaben, Haarmann & Reimer von der Eugenol-Vanillin-Produktion abzubringen und an Guajakol zu binden, festgehalten.

Der Aufbau der Vanillin-Konvention nach dem Ersten Weltkrieg hing eng mit der Rohstoffnutzung zusammen. Dabei mussten in strategischen Erwägungen nicht nur die tatsächlichen Vanillin-Fabrikanten beobachtet werden, sondern auch deren Zulieferer. Dieser Faktor deutet nicht nur die Wichtigkeit der Ausgangsmaterialien für etwaige Machtpositionen der Unternehmen an, sondern weist auch auf die Dynamik in der Vanillin-Produktion hin. Es konnten zu jeder Zeit Firmen, die beispielsweise mit geeigneten Rohstoffen arbeiteten, ebenfalls die Vanillin-Herstellung aufnehmen und so zu potentiellen neuen Konkurrent:innen werden. Um die Situation möglichst vorteilhaft für die Agfa und für andere Guajakol-Produzent:innen und -Nutzer:innen zu gestalten, galt es, die Position der Guajakol-Vanillin-Lieferkette zu stärken und alternative Produktionswege zu schwächen. Dieses Un-

---

118 Burk, 09.09.1925, Bericht über die Besprechung mit Grießheim in Frankfurt im Büro von Grießheim am 08. September 1925, S. 1–6, hier S. 2, Historisches Archiv Roche (HAR): PD.3.1.VAN 100718a.

119 Burk, 12.09.1925, Bericht No. 13c. Besprechung mit Herrn Dr. Schmidt von Haarmann & Reimer am 11. September 1925 abends 7:30 im Fürstenhof, Berlin, S. 1–7, hier S. 4, Historisches Archiv Roche (HAR): PD.3.1.VAN 100718a.

120 Burk, 12.09.1925, Bericht No. 13c. Besprechung mit Herrn Dr. Schmidt von Haarmann & Reimer am 11. September 1925 abends 7:30 im Fürstenhof, Berlin, S. 1–7, Historisches Archiv Roche (HAR): PD.3.1.VAN 100718a.

121 Burk, 12.09.1925, Bericht No. 13c. Besprechung mit Herrn Dr. Schmidt von Haarmann & Reimer am 11. September 1925 abends 7:30 im Fürstenhof, Berlin, S. 1–7, hier S. 3, Historisches Archiv Roche (HAR): PD.3.1.VAN 100718a.

terfangen allerdings war aufgrund der komplexen industriellen Dynamik innerhalb und zwischen den beteiligten Firmen problematisch. Ausgehandelte Verträge wurden monatelang nicht unterschrieben, Nachverhandlungen waren nötig und es herrschte lange Zeit Unklarheit, ob die im Gespräch befindlichen Konventionen für Vanillin und für Guajakol Gültigkeit besaßen oder nicht.[122] Ursächlich dafür war unter anderem der andauernde Machtkampf zwischen den Unternehmen. Die chemische Fabrik Griesheim (ebenfalls Mitglied der I.G. Farben), die Agfa, die Chemischen Werke Grenzach (Cewega)[123] und Boehringer Mannheim versuchten einerseits sich gegenseitig in Schach zu halten und andererseits gemeinsam gegen außenstehende Konkurrenz vorzugehen. Dieser Zustand zog sich über mehrere Jahre hinweg, wie der Zwist mit Haarmann & Reimer verdeutlicht. Die Holzmindener Firma, die neben ihrer Fabrikation für Eugenol-Vanillin auch eine eigene kleine Produktionsanlage für Versuche mit Guajakol-Vanillin unterhielt, um sich eventuell „vom Naturprodukt unabhängig"[124] zu machen, sollte von eben diesem Vorhaben abgebracht und vorzugsweise an Grenzach gebunden werden.[125] Eine eigenständige Guajakol-Vanillin-Produktion in Holzminden war seitens der großen Guajakol-Hersteller und Guajakol-Vanillin-Produzenten wenig erwünscht. Dass Haarmann & Reimer langsam die Nutzung von Guajakol zu testen und zu expandieren begann, lag unter anderem auch an den schwankenden und zeitweise hohen Kosten für Nelkenöl, die die Holzmindener höchstwahrscheinlich dazu brachten, Eugenol-Vanillin mit Guajakol-Vanillin zu mischen. Während hier eine Tendenz Richtung Guajakol und damit Richtung Unabhängigkeit vom Naturprodukt Nelkenöl zu beobachten war, gab es auf der anderen Seite bei manchen Unternehmen die Tendenz Richtung Nelkenöl und damit Richtung Unabhängigkeit von der I.G. Farben. Dies wurde von den Holzmindenern dahingehend aufgefasst, dass Grenzach

---

122 A. Reimann, März 1926, No. 35 Anisidin-Guajakol-Besprechung in Griesheim am 1. März 1926 in Frankfurt a/M, S. 1–6, hier S. 1, Historisches Archiv Roche (HAR): PD.3.1.VAN 100718a.
123 Die Chemischen Werke Grenzach (Cewega) entstanden im Jahr 1916 durch den Kauf der Grenzacher Werke durch Hoffmann-la-Roche. 1929 wurden die Grenzacher Werke mit der Hoffmann-la-Roche Berlin zusammengeschlossen. Siehe dazu: Alexander Bieri, „Roche im Ersten Weltkrieg: die Genese einer globalen Unternehmenskultur", *Basler Zeitschrift für Geschichte und Altertumskunde* 114 (2014): 104–6. 1998 wurden die deutschen Standorte von Roche in der Roche Deutschland Holding GmbH mit Sitz in Grenzach-Whylen zusammengeschlossen. Siehe dazu: Roche, Roche Meilensteine, https://www.roche.de/ueber-roche/unternehmenshistorie/, zuletzt geprüft am 20.07.2022.
124 Dr. Clausen, 02.10.1928, Bericht No. 50. Verhandlung zwischen der Fa. Haarmann & Reimer, Holzminden und den Chemischen Werken Grenzach A.-G., Berlin am 26.09.1928 in Holzminden, S. 1–6, hier S. 4, Historisches Archiv Roche (HAR): PD.3.1.VAN 100718a.
125 Dr. Clausen, 02.10.1928, Bericht No. 49. Reisebericht Holzminden/Frankfurt/Main, Historisches Archiv Roche (HAR): PD.3.1.VAN 100718a.

ihnen möglicherweise in Sachen Eugenol-Vanillin Konkurrenz machen wollte. Daraufhin stimmten sie zu, ihren gesamten Bedarf an Guajakol-Vanillin in Grenzach zu decken, und die eigenständigen Versuche in der Guajakol-Vanillin-Fabrikation in geringem Umfang mit Grenzacher Guajakol weiterzuführen.[126]

Die Beharrlichkeit, mit der die I.G. Farben sich um eine Schwächung und Angliederung an Guajakol-Produzenten des Aroma- und Duftstoffspezialisten Haarmann & Reimer bemühte, zeigt, dass sie zunehmend in diesen Spezialbereich der chemischen Industrie expandieren und dort ihre Machtposition festigen wollte. Während die Mitglieder der (geplanten) Vanillin-Konvention hauptsächlich der pharmazeutischen Industrie oder anderen Bereichen der chemischen Industrie zuzuordnen waren, war der Holzmindener Betrieb der einzige zu diesem Zeitpunkt teilnehmende Spezialist auf dem Gebiet der Aroma- und Duftstoffe. Dieser sah sich nun der Kraft des Netzwerks der großen chemischen Industrie gegenüber und musste sich dort positionieren. Dass das Thema Haarmann & Reimer zwischen den Nicht-Spezialisten heiß diskutiert wurde, verdeutlicht auch folgende Szene. Im Oktober 1928 trafen sich Angehörige der I.G. Farben Unternehmen Grießheim und Agfa, der Firma Boehringer Mannheim, des Unternehmens aus Grenzach und von Hoffmann-la-Roche. Hoffmann-la-Roche, zu denen die Cewega gehörte, war (und ist bis heute) ein erfolgreiches Unternehmen der pharmazeutischen Industrie. Gegründet wurde das Unternehmen 1896 von Fritz Hoffmann-la-Roche in der Schweiz und expandierte frühzeitig auch ins Ausland. Bereits 1899 wurde eine Zweigstelle in Berlin eröffnet.[127] Es trafen folglich große und mächtige Firmen aufeinander und erörterten den Umgang mit dem Aroma- und Duftstoffspezialisten Haarmann & Reimer:

Otto [I.G.; Anm. PSG]: bleibt hart. Holzminden sei auszuschalten.
Dr. Jac. [Jacoby, Griesheim; Anm. PSG]: H.&R. ist nicht auszuschalten. Sie werden immer wieder fabrizieren, solange sie das Eugenol-Verfahren noch haben.
Otto: Das ist eine Preisfrage.
Dr. Jac.: Das ist eine Frage der Marke. Wenn H.&R. kein Nelkenöl-Vanillin mehr fabrizieren können, dann mischen sie.
Otto: Wenn H.&R. 2 % ihres Eugenol-Vanillins dazutun, dann hätten sie doch kein Recht, auf gekauftes Guajacol-Vanillin eine Quote zu verlangen. Das gäbe allein eine Verschiebung von 18 %.
Dr. Jac.: Mit 2 % kann man nichts machen. Holzminden wäre darauf angewiesen, mehr Eugenol zuzusetzen, solange es ihnen nicht gelungen sei, das Parfum zu erfinden, das einen vollwer-

---

126 Dr. Clausen, 02.10.1928, Bericht No. 50. Verhandlung zwischen der Fa. Haarmann & Reimer, Holzminden und den Chemischen Werken Grenzach A.-G., Berlin am 26.09.1928 in Holzminden, S. 1–6, hier S. 1–4, Historisches Archiv Roche (HAR): PD.3.1.VAN 100718a.
127 Walter Hochreiter, „Roche in Basel und Westeuropa", in: *Roche in der Welt 1869–2021: Eine globale Geschichte* (Basel: Editiones Roche, 2021), 27–58.

tigen Ersatz böte. Daran arbeite man schon seit Jahren und wäre immer schon sehr nahe
daran, aber gelöst ist die Frage noch nicht.

Dr. Boe. [Boehringer, Boehringer Mannheim; Anm. PSG]: So unbedeutend, wie es dargestellt
wird, ist H.&R. übrigens nicht. 2/3 ihres Absatzes gehe ins Ausland.

Engelh. [Hans Engelhorn, Boehringer Mannheim; Anm. PSG]: Ein Auslandsabsatz ist nur durch
billige Preise möglich.

Dr. Jac.: Warum hängen sie denn so sehr daran? (gemeint sind H.&R.)

Dr. Boe.: Vielleicht weil es für die I.G. vorteilhaft wäre, wenn sie sich an den billigeren Lieferungen nicht beteilige und sich mit 28 % begnüge.

Die Herren von der I.G. verlassen von 4 Uhr bis 4.20 Uhr das Sitzungszimmer, um sich intern zu
besprechen.

Otto: Der Vorschlag der Nichtbelieferung von H.&R. ist für die Agfa unannehmbar. Die I.G. habe
sich aber entschlossen, im allgemeinen Interesse ein weiteres Opfer zu bringen. Die Agfa
würde sich mit einer internationalen Quote von 32 % begnügen. Es sei dies aber das Aeus-
serste.[128]

Der Vorschlag wird von den anderen Firmen angenommen, wobei eine Vertrags-
dauer von fünf Jahren vorgeschlagen wird. Auch hier erhob die I.G. Farben Einspruch:

Haefl. [Direktor Haeflinger, Griesheim; Anm. PSG] hält drei Jahre für genug. Die I.G. habe nicht
die Absicht, ihre Konkurrenz an die Wand zu drücken.

Dr. Boe.: Aber so ein bisschen in die Ecke.[129]

Die I.G. Farben setzte sich durch und es wurden drei Jahre als Laufzeit beschlossen.
Als Holzminden von den Verhandlungen unterrichtet wurde, fanden diese „eine
solche Forderung unerhört", worauf die Vertreter aus Grenzach erwiderten: „[A]ber
gegen den Willen der Agfa sei wohl nichts auszurichten."[130]

Der Aufbau der Vanillin-Konvention in den 1920er Jahren war geprägt von internen Machtkämpfen der chemischen Industrie. Die I.G. Firmen Griesheim und
Agfa bemühten sich darum, ihre eigene Position zu festigen und die Vanillin-Pro-

---

128 Dr. Clausen; Dr. Reuss, 02.10.1928, Bericht No. 51. Verhandlung der I.G. und Agfa einerseits und
Hoffmann-la-Roche, Böhringer und Söhne G.m.b.H. und Chemische Werke Grenzach andererseits
betreffs Anisidin und dessen Derivate, S. 1–31, hier S. 22–23, Historisches Archiv Roche (HAR):
PD.3.1.VAN 100718a.
129 Dr. Clausen; Dr. Reuss, 02.10.1928, Bericht No. 51. Verhandlung der I.G. und Agfa einerseits und
Hoffmann-la-Roche, Böhringer und Söhne G.m.b.H. und Chemische Werke Grenzach andererseits
betreffs Anisidin und dessen Derivate, S. 1–31, hier S. 25, Historisches Archiv Roche (HAR): PD.3.1.VAN
100718a.
130 Dr. Clausen, 02.10.1928, Bericht No. 52. II. Verhandlung in Holzminden am 29.9.1928 betr. Bestätigung des Vanillin-Abkommens, S. 1–4, hier S. 2, Historisches Archiv Roche (HAR): PD.3.1.VAN
100718a.

duktion auf ihre Rohstoffe auszurichten. Auch wenn das Guajakol-Verfahren ökonomisch erschwinglicher schien, hielt Haarmann & Reimer am Eugenol-Verfahren fest, da auch dieser Syntheseweg nicht unrentabel war. Weil Nelkenöl aber nicht aus der I.G. Farben stammte, sondern bei einer Hamburger Firma außerhalb der Interessengemeinschaft gekauft wurde, war die I.G. Farben darauf bedacht, Haarmann & Reimer, wenn schon nicht gänzlich auszuschalten, dann entsprechend an die Leine zu legen. Das Netzwerk der Konvention basierte vor allem auf den Rohstoffen und damit auf der Macht der I.G. Farben, was, auch wenn es der Konvention Vorteile bot, den Mitgliedern nicht grundsätzlich gefiel. Nicht-I.G. Firmen betonten trotz ihrer Zusammenarbeit mit der I.G. Farben die Notwendigkeit, diese nicht übermächtig werden zu lassen. Durch entsprechende Quoten und Liefervorschriften in den beteiligten Konventionen sahen sie eine Chance, die I.G. Farben etwas zügeln zu können. Die nicht-I.G.-Firmen achteten genauestens darauf, dass die I.G. Farben ihre Macht nicht noch weiter ausbauen konnte.[131]

Im Aushandlungsprozess von für alle akzeptablen Bedingungen reichten die Absprachen so weit, dass allein das Vanillin-Abkommen den Verkauf von Guajakol und o-Anisidin nicht nur in Deutschland, sondern auch international mitbestimmte. Beispielsweise sahen die Überlegungen vor, dass die I.G. Farben o-Anisidin für die Produktion von Vanillin an andere Firmen im In- und Ausland nur mit Genehmigung der Vanillin-Konvention vertreiben durfte. Im Umkehrschluss war es Konventionsmitgliedern verboten, selbst o-Anisidin zu produzieren oder andere dazu zu ermutigen. Sie bezogen den Rohstoff ausschließlich bei der I.G. Farben.[132] Doch obwohl anzunehmen wäre, dass nach harten und langwierigen Verhandlungen die Preisabsprachen, Quoten und festgelegten Lieferketten die beteiligten Unternehmen tendenziell zu Partnern miteinander verbanden, blieben Konkurrenz und Misstrauen in hohem Maß erhalten. Ein möglicher Grund könnte die Beschränkung der Konvention auf das Inland gewesen sein. Im Ausland blieben deutliche Wettbewerbsstrukturen erhalten.[133] Die Stärke, mit der sich diese Wettbewerbserhaltung in den Unterredungen der Konvention-Firmen äußerte, wurde eindrücklich in einem Bericht über den Umgang mit möglicher Konkurrenz aus Frankreich deutlich. Dort äußerte sich Haeflinger (Grießheim) wie folgt: „Wenn also die Usines

---

131 Siehe beispielsweise: Burk, 10.09.1925, Bericht No. 13a. Vanillin und Guajakol, S. 1–6, Historisches Archiv Roche (HAR): PD.3.1.VAN 100718a.

132 Ohne Verfasser, Oktober 1925, Niederschrift über die Besprechung am 23. Okt. 1925 in Frankfurt/Main betr. Vanillin, S. 1–5, hier S. 5, Historisches Archiv Roche (HAR): PD.3.1.VAN 100718a.

133 A. Reimann, 17.09.1925, No. 14. Vanillin-Sitzung am 17. Sept.1925 im Büro der Chemischen Werke Grenzach, Berlin., S. 1–5, Historisches Archiv Roche (HAR): PD.3.1.VAN 100718a.; A. Reimann, 11.03. 1926, No. 37. Vanillin-Sitzung am 11. März 1926 in Berlin, S. 1–6, hier S. 3, Historisches Archiv Roche (HAR): PD.3.1.VAN 100718a.

du Rhône, die Anisidin von einer anderen Firma bekommen, unterbieten, so müssen die Franzosen bis zur Bewusstlosigkeit bekämpft werden."[134] Da Anisidin und Guajakol unmittelbar zusammenhingen, sah sich die Griesheimer Firma in einer guten Ausgangslage. Sie

> fühle sich so stark in dem Artikel, dass es jede Firma, welche es auch sein mag, aus dem Felde schlagen könne. [...] derjenige, der es wagen sollte, dieses ureigenste Gebiet Griesheims anzutasten, würde sich die Finger daran ordentlich verbrennen.[135]

Sollte es aber zu einer Verschiebung der Position Griesheims hinsichtlich Anisidin kommen, so sähe sich das Unternehmen gezwungen zukünftig die Interessen der Firmen Agfa und Bayer zu unterstützen. Bis dato hatte Griesheim beide eher in Schach gehalten, aber würde sich die Lage verändern, würde Griesheim die Agfa und Bayer

> auch so unterstützen, dass sie später in den Fertigprodukten eine recht bedeutende Rolle spielen. Auch würde Griesheim, falls sich die Guajacol-Fabrikanten nicht in allernächster Zeit einigen, dann überhaupt keine Rücksicht mehr auf uns [Boehringer Mannheim; Anm. PSG] nehmen und Anisidin überall dorthin verkaufen, wo es ihm am Platze erscheint.[136]

Die Drohung seitens des I.G. Mitglieds war deutlich, zumal die Konventionsverträge für Vanillin und Guajakol zu diesem Zeitpunkt noch nicht unterzeichnet gewesen waren.[137] Zwar wünschten sich weder die I.G. Farben noch Boehringer Mannheim eine starke französische Konkurrenz, dennoch schien die gegenseitige Konkurrenz gewichtiger, denn obwohl Griesheim verlauten ließ, dass „wenn wir [Boehringer Mannheim; Anm. PSG] die Möglichkeit haben, uns auch in Vanillin mehr zu betätigen, so würde Griesheim uns so billig mit Anisidin versorgen, dass wir jede Konkurrenz schlagen können",[138] kam es weder im Fall der Konkurrenzbekämpfung gegen die Usines du Rhône noch in der endgültigen Unterzeichnung der Konventionen zu einer unmittelbaren Einigung.

---

134 A. Reimann, März 1926, No. 35 Anisidin-Guajakol-Besprechung in Griesheim am 1. März 1926 in Frankfurt a/M, S. 1–6, hier S. 3, Historisches Archiv Roche (HAR): PD.3.1.VAN 100718a.

135 A. Reimann, März 1926, No. 35 Anisidin-Guajakol-Besprechung in Griesheim am 1. März 1926 in Frankfurt a/M, S. 1–6, hier S. 3–4, Historisches Archiv Roche (HAR): PD.3.1.VAN 100718a.

136 A. Reimann, März 1926, No. 35 Anisidin-Guajakol-Besprechung in Griesheim am 1. März 1926 in Frankfurt a/M, S. 1–6, hier S. 4, Historisches Archiv Roche (HAR): PD.3.1.VAN 100718a.

137 A. Reimann, März 1926, No. 35 Anisidin-Guajakol-Besprechung in Griesheim am 1. März 1926 in Frankfurt a/M, S. 1–6, hier S. 1, Historisches Archiv Roche (HAR): PD.3.1.VAN 100718a.

138 A. Reimann, März 1926, No. 35 Anisidin-Guajakol-Besprechung in Griesheim am 1. März 1926 in Frankfurt a/M, S. 1–6, hier S. 4, Historisches Archiv Roche (HAR): PD.3.1.VAN 100718a.

Griesheim wird ja wohl auch den Widerstand verstehen, wenn es sich vergegenwärtigt, dass die Farben I.G. immer mehr in unser [Boehringer; Anm. PSG] Gebiet eindringt. Erst habe sie Guajacol aufgenommen, dann sei Vanillin gefolgt, und neuerdings sei sogar auch ein Patent für die Herstellung von Theobromin aus Kakaoschalen aufgelegt worden.[139]

Die zunehmende Konkurrenz durch die I.G. Farben und die damit verbundenen Schwierigkeiten und möglichen Probleme für Boehringer Mannheim ließen eine effektive Zusammenarbeit an einigen Stellen nahezu aussichtslos oder zumindest sehr schwierig erscheinen. Dies galt sowohl für Aktionen im Inland wie auch im Ausland. Trotz dieser Widerstände schien zwei Jahre nach dieser Diskussion, also im Jahr 1928, die Vanillin-Konvention offiziell Bestand zu haben. Zu ihr gehörten Haarmann & Reimer, Agfa, Boehringer Mannheim, Grenzach und Hoffmann-la-Roche.[140] Im selben Jahr begann auch eine konkrete Debatte um eine Ausdehnung der Konvention auf Auslandstätigkeiten.[141] Der internationale Charakter der Vanillin-Konvention sollte sich insbesondere in den 1930er Jahren manifestieren, in denen die internationale Vanillin-Konvention auf Herstellung und Handel von Vanillin großen Einfluss ausübte.

Das sich in den 1920er Jahren aufbauende weit verzweigte Netzwerk aus Unternehmen und deren Absprachen weist in seiner Komplexität auf zwei wesentliche Charakteristika der Vanillin-Produktion und des Vanillin-Verkaufs in der Zwischenkriegszeit hin. Erstens zeigt sich, dass die Einführung eines neuen Verfahrens ausgehend von anderen Rohstoffen den Markt entscheidend beeinflusste. Die wirtschaftliche Attraktivität der Synthese von Vanillin aus Guajakol anstelle von Eugenol ermöglichte es Firmen wie der Agfa, verstärkt in das Aromastoffgeschäft einzusteigen und Spezialisten wie Haarmann & Reimer ernsthafte Konkurrenz zu machen. Die gut aufgestellte chemische Industrie in Deutschland, allen voran die I.G. Farben, baute ihre Machtposition auch im Aromastoffsektor aus. Die Wichtigkeit von Zusammenhängen verschiedener chemischer Stoffe trat besonders hervor, da die Produktion von Vanillin und auch die Absprachen der Vanillin-Konvention unmittelbare Auswirkungen auf die Herstellung und den Vertrieb von Anisidin und

---

139 A. Reimann, März 1926, No. 35 Anisidin-Guajakol-Besprechung in Griesheim am 1. März 1926 in Frankfurt a/M, S. 1–6, hier S. 5, Historisches Archiv Roche (HAR): PD.3.1.VAN 100718a.

140 Dr. Reuss, 11.12.1928, Bericht No. 74 betr. Sitzung der Vanillin-Konvention in Frankfurt/M. am 5. Dezember 1928, S. 1–18, hier S. 5, Historisches Archiv Roche (HAR): PD.3.1.VAN 100718a.; Dr. Reuss, 30.10.1928, Bericht No. 64. Sitzung der Vanillin-Konvention am 25. Oktober 1928 in Berlin, Hotel Continental (nachm. 4 Uhr 40), S. 1–14, hier S. 13, Historisches Archiv Roche (HAR): PD.3.1.VAN 100718a.

141 Dr. Reuss, 30.10.1928, Bericht No. 64. Sitzung der Vanillin-Konvention am 25. Oktober 1928 in Berlin, Hotel Continental (nachm. 4 Uhr 40), S. 1–14, Historisches Archiv Roche (HAR): PD.3.1.VAN 100718a.

Guajakol hatten. Die Vanillin-Fabrikation war Teil eines ausgedehnten Produktionsnetzes. Während einerseits Fabrikationskosten und Rohstoff-Lieferketten die Herstellung, den Preis und den Vertrieb von Vanillin mitbestimmten, konnte die Produktion von und der Handel mit Vanillin andererseits die Produktion und die Lieferketten der Rohstoffe beeinflussen.

Zweitens wird deutlich, in welch hartem Konkurrenzkampf die Firmen untereinander standen. Die Sprache auf den Versammlungen war streckenweise von kriegerisch-militärischen Begriffen geprägt, die sich sowohl gegen inländische Mitstreiter:innen als auch gegen ausländische Firmen richteten. Dies gibt einen Hinweis darauf wie umkämpft, aber auch wie lohnenswert der Markt für chemische Stoffe wie Anisidin, Guajakol und Vanillin in den 1920er Jahren gewesen war. Der Bedarf wuchs und somit auch das Interesse sich an diesem Geschäft zu beteiligen. Die Nachfrage nach Vanillin, wenn auch in den 1925er Jahren noch als unsicherer Modestoff bezeichnet, dessen Verbrauch auch schnell wieder rückläufig sein könnte,[142] stieg phasenweise enorm an. So erhöhte die Firma Hoffmann-la-Roche (Basel und Berlin) ihren Vanillin-Verkauf von 1928 bis 1929 um 13.071 kg auf nunmehr 71.191 kg.[143] Im Vergleich dazu hatten die Spezialisten aus Holzminden zu Anfang ihrer Vanillin-Fabrikation aus Coniferin noch 25 kg im Jahr produziert.[144] Kontinuierliche Forschung zu Produktionsverfahren und Preissenkungen in der Rohstoffkette förderten einen stetigen Zuwachs im Vanillin-Umsatz und regten dadurch weitere Forschung und Markterschließungen an.

Wie in den vorangegangenen Kapiteln erläutert, ist Vanillin in den 1910er und 1920er Jahren nicht als klassischer Ersatzstoff zu verstehen. Der Einsatz und die gesellschaftliche Wahrnehmung des Aromastoffs sprechen gegen eine solche Bezeichnung. Auch kann Vanillin nicht als Modestoff beschrieben werden, da der Verbrauch im Verlauf der Jahre und auch in den folgenden Jahrzehnten kontinuierlich zunahm (siehe dazu Teil II). Ausgehend von der erfolgten Analyse zeichnet sich ab, dass Vanillin vielmehr als Konsumstoff zu betiteln ist. Angelehnt an die Bezeichnung „Konsumgut", die ein Produkt für die unmittelbare und alltägliche Befriedigung menschlicher Bedürfnisse beschreibt, drückt der Begriff „Konsumstoff" etwas Ähnliches aus. Unter einem Konsumstoff kann ein Stoff verstanden

---

142 Burk, 09.09.1925, Bericht über die Besprechung mit Grießheim in Frankfurt im Büro von Grießheim am 08. September 1925, S. 1–6, hier S. 2, Historisches Archiv Roche (HAR): PD.3.1.VAN 100718a.

143 Dr. Gsell, 25.04.1930, Rapport von Dr. R. Gsell, S. 1–3, hier S. 1, Historisches Archiv Roche (HAR): PE.2.GSR 102165a,b.

144 Burk, 12.09.1925, Bericht No. 13c. Besprechung mit Herrn Dr. Schmidt von Haarmann & Reimer am 11. September 1925 abends 7:30 im Fürstenhof, Berlin, S. 1–7, hier S. 4, Historisches Archiv Roche (HAR): PD.3.1.VAN 100718a.

werden, der zu den alltäglich konsumierten und damit etablierten Substanzen gehört. Dabei dient er der Bedürfnisbefriedigung der Verbraucher:innen. Dies trifft auf Vanillin zu und damit scheint die Bezeichnung von diesem Aromastoff als Konsumstoff angemessen.

6 Gestaltung, Etablierung, Naturalisierung: Resümee

Im vorliegenden Teil I standen zwei Fragen im Vordergrund. Erstens wie synthetisches Vanillin hinsichtlich der Ersatzstofffrage einzuordnen und zu bewerten war. Damit zusammenhängend wurde ebenfalls die Naturalisierung des Vanillins analysiert. Zweitens stand das sich formierende wirtschaftliche Netzwerk rund um den Aromastoff zur Untersuchung. Ausgehend vom Ersatzstoffdiskurs stellte sich heraus, dass es sich beim Vanillin nicht um einen klassischen Ersatzstoff handelte. Er war nicht in gleicher Form von einer eindeutigen (temporären) Rohstoffknappheit bedingten Entwicklung und Einführung sowie einer negativ wahrgenommenen schlechteren Qualität als das Naturprodukt betroffen. Die Substanz war bereits vor dem Ersten Weltkrieg in breiteren Teilen der Gesellschaft bekannt. Geschmack und Verwendung Vanillin-haltiger Produkte war schon in die alltägliche Küche eingeführt und einigermaßen integriert worden. Dabei fand ein Prozess der Naturalisierung statt, während dessen der Aromastoff in einer Form in den gebräuchlichen Konsum integriert wurde, sodass er nicht unmittelbar als Ersatzstoff wahrgenommen wurde. Ausgehend von Werbematerialien der Vanillin-Fabrikanten und der Nahrungsmittelindustrie wurde eine Vermischung von Vanillin und Vanille erreicht, die die Grenze zwischen Naturprodukt und synthetischem Stoff verschwimmen ließ. Dabei wurde das Naturprodukt als nachteilig gegenüber dem überlegenen synthetischen Stoff präsentiert, der als mindestens ebenbürtig oder überlegen dargestellt wurde. Auch wenn keine grundsätzliche, flächendeckende und unhinterfragte Naturalisierung und Integration des synthetischen Vanillins stattgefunden hat, war der Effekt der Naturalisierung jedoch tiefgreifend und effektiv. Vanillin ist weder als Ersatzstoff noch als Modestoff zu bezeichnen. Durch die kontinuierlich steigende Nachfrage und die Integration in den alltäglichen Nahrungsmittelkonsum ist die Betitelung „Konsumstoff" zutreffender.

Dies machte für große und etablierte Unternehmen der chemischen und pharmazeutischen Industrie, die häufig bereits über Zugang zu nötigen Rohstoffen verfügten, einen Einstieg in den Vanillin-Sektor attraktiv und sie verstärkten durch ihre Tätigkeiten eine weitere Verbreitung des Aromastoffs. Vor allem die Firmen Agfa, die zur 1925 gegründeten I.G. Farben gehörte, Boehringer Mannheim und Hoffmann-la-Roche betätigten sich in der Vanillin-Forschung und prägten den Vanillin-Markt. Die Bemühungen der I.G. Farben, Vanillin aus dem bekannten Rohstoff

Guajakol und damit aus o-Anisidin herzustellen, führte zu einer grundlegenden Umstrukturierung des Marktes und der Produktion von Vanillin. Der zuvor vorherrschende Syntheseweg aus Eugenol sollte durch den von der I.G. Farben genutzten Weg über Guajakol abgelöst werden. Dieser Impuls ging vornehmlich von den Unternehmen der chemischen und pharmazeutischen Industrie und insbesondere von der I.G. Farben aus, die dadurch ihre Macht auf dem Vanillin-Markt stärken wollten. Die sich aufbauende Vanillin-Konvention bestand hauptsächlich aus derartigen Unternehmen, die über gute Kontakte und Lieferketten verfügten. Als einziger Aroma- und Duftstoffspezialist brachte sich das Holzmindener Unternehmen Haarmann & Reimer in die Vanillin-Konvention der 1920er Jahre ein. Vornehmlich wurden der Vanillin-Markt und die Organisation der Vanillin-Fabrikation in den 1920er Jahren durch Generalisten bestimmt. Die ihnen bereitstehenden Möglichkeiten und ihre daraus resultierende Marktmacht erlaubte es ihnen, auch im Aromastoffsektor eine dominante Position einzunehmen. Wie sich diese Position in den folgenden Jahrzehnten entwickelte und welche Konsequenzen für den Vanillin-Markt daraus folgten, wird parallel zu einer weiterführenden Analyse der Ersatzstofffrage in Teil II thematisiert.

Teil II Machtspiel, Markt und Konkurrenz. Aromastoffe in den 1930er bis 1940er Jahren

1 Machtspiel, Markt und Konkurrenz: Einführung

Deutschland und Europa waren in den 1930er und 1940er Jahre geprägt vom Nationalsozialismus und dem Zweiten Weltkrieg. Während die Auswirkungen auf Industrien, Unternehmen, Wissenschaften und Gesellschaften in zahlreichen historischen Forschungsarbeiten untersucht worden sind,[1] werden an dieser Stelle die Entwicklung und der Werdegang von Aromastoffen und ihrer Industrie herausgearbeitet. Im Gegensatz zur chemischen und pharmazeutischen Industrie ist dieser spezielle Industriezweig wissenschaftshistorisch noch nicht ausreichend beleuchtet worden.[2] Obwohl ihre Produkte, die Aromastoffe, zumeist nicht unmittelbar als Konsumgüter herausstachen, hatten sie eine wichtige Funktion in der alltäglichen Ernährung. Sie waren relevante, aber oftmals unsichtbare, nicht bewusst wahrgenommene Stoffe. Aus diesem Grund ist die Entwicklung der Aromastoffproduktion und der Umgang mit Aromastoffproduzent:innen unter Mangelbedingungen und Kriegszeiten besonders interessant. Durch ihre weniger eindeutige und bewusst wahrgenommene Bedeutung für den alltäglichen Nahrungsmittelverbrauch war die spezialisierte Aroma- und Duftstoffindustrie anderen Voraussetzungen und Debatten ausgesetzt als Produzent:innen offensichtlich kriegswichtiger Stoffe.

---

1 Beispielhaft seien hier genannt: Ute Deichmann, *Flüchten, Mitmachen, Vergessen: Chemiker und Biochemiker in der NS-Zeit* (Weinheim Chichester: Wiley-VCH, 2001); Helmut Maier, *Chemiker im „Dritten Reich": die Deutsche Chemische Gesellschaft und der Verein Deutscher Chemiker im NS-Herrschaftsapparat* (Weinheim: Wiley-VCH, 2015); Helmut Maier, *Forschung als Waffe: Rüstungsforschung in der Kaiser-Wilhelm-Gesellschaft und das Kaiser-Wilhelm-Institut für Metallforschung, 1900–1945/48*, Geschichte der Kaiser-Wilhelm-Gesellschaft im Nationalsozialismus (Göttingen: Wallstein, 2007); Peter Hayes, *Industry and Ideology: IG Farben in the Nazi Era*, 2. Aufl. (Cambridge: Cambridge University Press, 2001); Stephan H. Lindner, *Hoechst: ein I.G. Farben Werk im Dritten Reich* (München: C. H. Beck, 2005); Paul Weindling, *Victims and Survivors of Nazi Human Experiments: Science and Suffering in the Holocaust* (London: Bloomsbury Academic, 2015); Paul Weindling, *Nazi Medicine and the Nuremberg Trials: From Medical War Crimes to Informed Consent* (Basingstoke: Palgrave Macmillan, 2008).

2 Gewürze und Aromastoffe während der Weltkriege und in der Zeit des Nationalsozialismus sind beispielsweise Thema in den Arbeiten von Elisabeth Vaupel über Hermann Staudinger und den Kunstpfeffer.

Außerdem sticht die Geschichte der Aromastoffe hinsichtlich des im Nationalsozialismus auftretenden Dilemmas zwischen der Wertschätzung einer gesunden und natürlichen Ernährung und der Notwendigkeit industrieller Fertigungsprozesse zur Versorgung hervor. Obwohl in der nationalsozialistischen Biopolitik eine ausgewogene und gesunde Ernährung einen wichtigen Stellenwert einnahm, konnte diese durch die Anforderungen der Autarkiebestrebungen und des Kriegs nicht umgesetzt werden. Industrielle Nahrungsmittelproduktion und Ersatzstoffe waren notwendig.[3] Ebenso wie es auch in den 1910er und 1920er Jahren zu beobachten war, zeichneten sich die 1930er und 1940er Jahre durch besondere Spannungen aus, die zwischen Industrie und Natur, zwischen Ersatzstoffen und Naturgütern entstanden. Um den Charakter der Aroma- und Duftstoffindustrie und die Wahrnehmung ihrer Produkte nachvollziehen zu können, ist es unerlässlich ihre Positionierung in eben diesem Spannungsfeld auch für die 1930er und 1940er Jahre zu untersuchen. Es ist zu analysieren, wie sich diese Spannungen im Umgang mit Vanillin weiterentwickelten und inwiefern die Verbreitung und Naturalisierung des Aromastoffs vorangetrieben wurden. Zu diesem Zweck werden insbesondere das wirtschaftliche Machtgefüge der Vanillin (und Ethylvanillin)-Konvention, die Produktionsentwicklung und die Industrievernetzung untersucht. Es wird analysiert, in welcher Weise der Zweite Weltkrieg, Machtkämpfe in der Industrie und Rohstoffbedingungen die Produktion und den Handel von Vanillin beeinflussten. Ähnlich wie in den 1910er und 1920er Jahren ist auffällig, dass es in den 1930er und 1940er Jahren insbesondere Firmen der chemischen und pharmazeutischen Industrie waren, die die Produktion von und den Handel mit Vanillin prägten. Als bedeutender Spezialist der Sparte trat das Holzmindener Unternehmen Haarmann & Reimer auf, das auch zuvor schon Mitglied der Konvention gewesen war.

Zusätzlich zu den Fragen nach wirtschaftlicher und industrieller Handhabung des Aromastoffs wird erläutert, in welcher Form Vanillin in den Ersatzstoffdiskurs der 1930er und 1940er Jahre einzuordnen ist. Damit zusammenhängend wird außerdem die Natürlichkeitsfrage gestellt, um den Prozess der Naturalisierung zu verfolgen. Die Frage nach einem möglichen Ersatzstoffcharakter des Aromastoffs hängt eng zusammen mit der allgemeinen wirtschaftlichen Situation. Die Weltwirtschaftskrise traf Deutschland insbesondere in den Jahren 1931 bis 1933, sodass die Versorgung mit Nahrungsmitteln trotz Friedenswirtschaft kritisch war. Die Unsicherheit, die sich seit Beginn des 20. Jahrhunderts durch politische Spannungen und Konflikte sowie durch instabile wirtschaftliche Verhältnisse aufgebaut hatte,

---

3 Siehe dazu auch Teil III, Kapitel 2 sowie „Nature and the Nazi Diet" (Kapitel 5) in: Corinna Treitel, *Eating Nature in Modern Germany: Food, Agriculture, and Environment, c. 1870 to 2000* (Cambridge: Cambridge University Press, 2017).

führte die deutsche Wirtschaft in Autarkie und Abschottung. Der zusätzliche Devisenmangel verursachte einen Mangel an Rohstoffen und notwendigen Gütern.[4] Hinzu kamen die negativen Erinnerungen aus dem Ersten Weltkrieg, als durch Blockaden Nahrungsmittelimporte verhindert wurden und Deutschland verstärkt unter Nahrungsmittelknappheit litt. Die nationalsozialistische Regierung war bestrebt, Deutschland in der Ernährung autark zu machen, um die Abhängigkeit von Importen zu verringern oder ganz aufzuheben.[5] Im Rahmen des Vier-Jahres-Plans zur Kriegsvorbereitung wurden Rüstungs- und Autarkiebestrebungen intensiviert, wobei sich rasch die Konzentration auf die Produktion von Rüstungsgütern richtete und zivilnotwendige Produkte hintenangestellt wurden.[6] Die daraus resultierenden Ersatzprodukte waren jedoch im Vergleich zu ihren Naturpendants häufig von schlechterer Qualität. Das Missfallen der Bevölkerung darüber wurde so groß, dass das Regime bemüht war, den Begriff „Ersatzstoff" aus dem Wortschatz zu tilgen, da dieser zunehmend negativ als ein Stoff minderwertiger Qualität assoziiert wurde.[7] Auch der Nahrungsmittelsektor war von diesem Phänomen betroffen. Bereits 1935 wurden Lebensmittel im Inland knapp.[8] Dass dieser Zustand für die Moral der Bevölkerung nicht zuträglich war, dürfte der nationalsozialistischen Führung bewusst gewesen sein, immerhin war der Zusammenhang zwischen Ernährung und Moral bereits während des Ersten Weltkriegs thematisiert worden (siehe Teil I, Kapitel 4.2). Zwar verfolgte die Regierung ihr Ziel, beobachtete aber dennoch aufmerksam die gesellschaftliche Stimmung, um eine gewisse Balance zu halten. In Bezug auf Lebensmittel stellt sich nun die Frage, inwiefern Aromastoffe, insbesondere Vanillin, Abhilfe schaffen sollten und konnten.

2 Die Vanillin-Konvention(en) in den 1930er Jahren

Kartellierungen waren in den 1920er und 1930er Jahren positiv bewertete und nicht ungewöhnliche Formen wirtschaftlicher Zusammenschlüsse (siehe Teil I, Kapitel 5).

---

4 Gerold Ambrosius und Michael North, Hrsg., *Deutsche Wirtschaftsgeschichte: ein Jahrtausend im Überblick* (München: C. H. Beck, 2000), 332–33.
5 Treitel, *Eating Nature in Modern Germany*, 189–233.
6 Ein Beispiel Ersatzstoffproduktion außerhalb des Nahrungsmittelsektors war die Herstellung von Schuhen. Echtes Leder wurde vorrangig für Soldatenschuhe verwendet, während Schuhe für die Zivilbevölkerung aus Ersatzleder gefertigt wurden. Siehe dazu Tim Schanetzky, *„Kanonen statt Butter": Wirtschaft und Konsum im Dritten Reich*, Die Deutschen und der Nationalsozialismus (München: C.H. Beck, 2015), 94–95.
7 Schanetzky, 95.
8 Schanetzky, 7–13.

Vor allem nach dem Ersten Weltkrieg kamen vermehrt internationale Kartelle dazu, die zum Teil auf bereits bestehenden internationalen Verbindungen von Unternehmen aufbauen konnten.[9] Die positive Bewertung von Kartellierungen war nicht nur in Deutschland gegeben, sondern auch in anderen europäischen Ländern. Allen voran dabei auch Frankreich, Großbritannien und die Schweiz,[10] die durch die beteiligten Firmen auch die großen Kräfte der internationalen Vanillin-Konvention repräsentierten.

Vergleichend zu anderen Kartellen entsprechen Organisation und Struktur der Vanillin-Konvention einem gängigen Muster von Zusammenschlüssen in der chemischen Industrie. Um internationale Kartelle zu ermöglichen und aufrechtzuhalten, war eine Bereitschaft zu internationalen Wettbewerbsbeschränkungen seitens der Unternehmen notwendig. Dies und die rechtliche Unverbindlichkeit trotz gültiger Konventionsverträge (es bestand kein international festgelegtes Kartellrecht mit Gerichtshof) machten internationale Zusammenschlüsse instabil. Nicht selten zerfielen sie in ihre nationalen Untereinheiten, die meistens weiterhin aktiv blieben.[11] Diese und weitere Faktoren lassen sich auch in einer Analyse der internationalen Vanillin-Konvention in den 1930er Jahren beobachten. Ähnlich wie die europäischen Farbstoff- und Stickstoff-Kartellierungen „das Kernstück der weltweiten Kartellierung in den 1930er Jahren"[12] darstellten, formte auch die internationale Vanillin-Konvention mit ihrer starken deutsch-schweizerischen, ihrer französischen und ihrer englischen Untereinheit das Herz des globalen Vanillin-Marktes. Der Fokus dieser Analyse liegt auf der deutsch-schweizerischen, der deutschen (die in Kriegszeiten durch das Ausscheiden der Schweizer Unternehmen entstand) und der internationalen Konvention insgesamt, wobei die Geschichte aus der Perspektive der deutsch-schweizerischen und der deutschen Konvention erzählt wird.

---

9 Thomas Jovović, „Deutschland und die Kartelle – Eine unendliche Geschichte", *Jahrbuch für Wirtschaftsgeschichte / Economic History Yearbook* 53, Nr. 1 (Mai 2012): 263; Harm G. Schröter, „Kartelle als Form industrieller Konzentration: Das Beispiel des internationalen Farbstoffkartelles von 1927 bis 1939", *Vierteljahrschrift für Sozial- und Wirtschaftsgeschichte* 74, Nr. 4 (1987): 492.
10 Harm G. Schröter, „Kartellierung und Dekartellierung: 1890–1990", *Vierteljahrschrift für Sozial- und Wirtschaftsgeschichte* 81, Nr. 4 (1994): 469–75; Schröter, „Kartelle als Form industrieller Konzentration: Das Beispiel des internationalen Farbstoffkartelles von 1927 bis 1939", 488.
11 Schröter, „Kartellierung und Dekartellierung: 1890–1990", 477–81.
12 Schröter, „Kartelle als Form industrieller Konzentration: Das Beispiel des internationalen Farbstoffkartelles von 1927 bis 1939", 494.

2.1 Organisation und interkonventionale Zusammenhänge

2.1.1 Aufbau und Struktur der Konvention(en)

In den 1930er Jahren existierte nun die zum Ende der 1920er Jahre geforderte und geplante internationale Vanillin-Konvention. Dieses „Produktionsquotenkartell mit Mengenausgleich"[13] bestand aus einer französischen Gruppe (Gruppe 2) unter anderem mit Roure-Bertrant & Justin Dupont, und den Usines du Rhône Poulenc, einer englischen Gruppe unter anderem mit Monsanto (Gruppe 3) und der deutsch-schweizerischen Gruppe (Gruppe 1) unter anderem mit Haarmann & Reimer, Hoffmann-la-Roche Berlin und Basel, der Agfa und Boehringer Mannheim.[14] Diese noch heute bekannten Unternehmen der chemischen und pharmazeutischen Industrie hatten durch ihre breite Arbeit mit chemischen Stoffen gute Ausgangsbedingungen, um Vanillin produzieren zu können, da ihnen die meisten Rohmaterialien für die Synthese aus der eigenen Produktion bereits vorlagen. Durch ihre starke Marktposition profitierten sie auch auf dem Vanillin-Markt. An der Konvention teilnehmende Firmen konnten im Lauf der Jahre wechseln, da immer wieder Unternehmen die Konvention verließen oder neue aufgenommen wurden. Während der Aufbau der Gruppen 2 und 3 wegen des gewählten perspektivischen Schwerpunktes in der vorliegenden Arbeit nicht thematisiert wird, folgt nun eine Erläuterung der Gruppe 1.

---

13 Dr. Willy Muser, Dezember 1944, Prüfungsbericht über das Geschäftsjahr 1943 der Firma Haarmann & Reimer GmbH Holzminden, S. 1–97, hier S. 5, Bundesarchiv (BArch): R87 8852.
14 Ohne Verfasser, 20.02.1931, Vertrag Übersetzung, S. 1–15, hier S. 1, Bayer AG: Corporate History & Archives (BAL): 19-A.524–529.

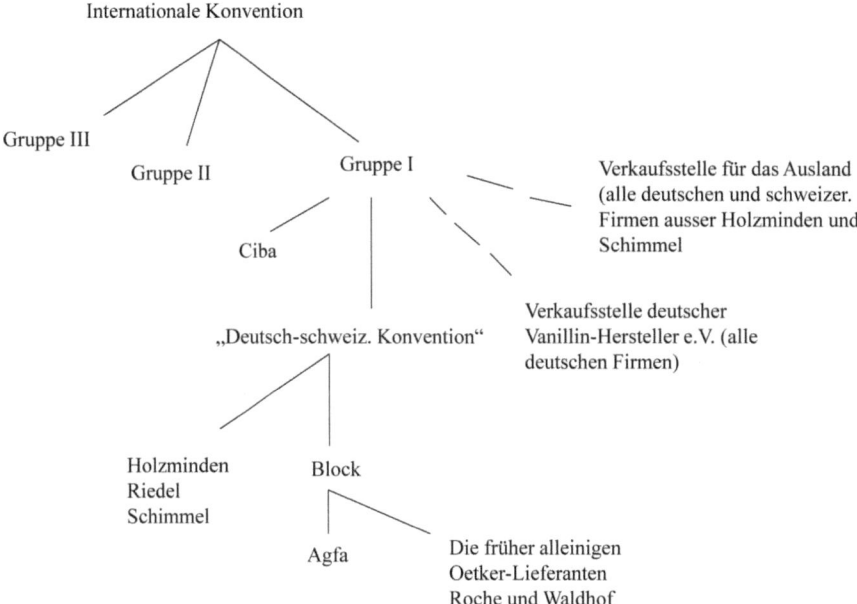

Abb. 1: Übersicht über die Interessengruppierung innerhalb der internationalen Vanillin-Konvention[15]

Die deutsch-schweizerische Gruppe war intern aufgegliedert in verschiedene Interessengruppierungen. Wie ein Schema aus dem Jahr 1937 zeigt (siehe Abb. 1), formten die Firmen Haarmann & Reimer, Riedel-de Haën[16] und Schimmel & Co.[17]

---

15 Dr. H. Oldenbourg, 06.04.1937, Bericht No. 36. Besprechung betr. Vanillin/Aethylvanillin auf dem Bureau von Roche Berlin zwischen den Firmen Waldhof, Roche Basel und Roche Berlin am 31. März 1937, 10 Uhr, S. 1–8, hier S. 8, Historisches Archiv Roche (HAR): MV.0.2.1. 102555b.

16 Das Unternehmen Riedel-de Haën entstand 1928 durch die Fusion der beiden Firmen J.D. Riedel AG und der chemischen Fabrik Eugen de Haën. 1814 kaufte Johann Daniel Riedel eine Apotheke und baute die „Riedelsche Drogen-Großhandlung" auf, die im Lauf der Zeit den Namen J.D. Riedel AG bekam. Diese Firma kaufte in der ersten Hälfte des 20. Jahrhunderts dann die chemische Fabrik von Eugen de Haën, die dieser 1865 im Handelsregister von Hannover hatte eintragen lassen. Der Sitz der Unternehmen waren Berlin (Riedel) und Seelze (E. de Haën). Siehe dazu: Riedel-de Haën, *Wir schaffen Verbindungen. 175 Jahre Riedel-de Haën, 1814–1989* (Seelze: Riedel-de Haën AG, 1989), 8–23.

17 Das Unternehmen wurde 1829 unter dem Namen Spahn & Büttner gegründet und war eine der ältesten und erfolgreichsten Firmen für ätherische Öle und Duftstoffe. Schimmel & Co. wurde vom US-amerikanischen Unternehmen Bell Flavors & Fragrances (gegründet 1912) gekauft. Das Unternehmen ist im Besitz der 1878 eingerichteten Schimmel Bibliothek mit über 30.000 Publikationen aus dem Themengebiet von Aroma- und Duftstoffen. Siehe dazu: Schimmel & Co., *Die Jubelfeier der Schimmel & Co. Aktiengesellschaft Miltiz bei Leipzig: 1829–1929* (Miltiz: Geschäftsdruckerei

eine Interessengruppe und es gab die sogenannten Block-Firmen, wo sich die „traditionellen" Oetker-Lieferanten Boehringer Mannheim und Hoffmann-la-Roche noch zusätzlich absetzten von der Agfa, die später (wahrscheinlich zwischen 1934 und 1936) offiziell als Oetker-Lieferantin mit aufgenommen wurde. Die explizit von den Konventionsmitgliedern vorgenommene Einteilung in Oetkerianer und „Nicht-Oetkerianer"[18] unterstreicht die wirtschaftliche Relevanz des Bielefelder Unternehmens für die deutsch-schweizerische Vanillin-Konvention. Der Handel mit Dr. Oetker machte immerhin ein Drittel des innerdeutschen Absatzes aus.[19] Auch in Österreich war Dr. Oetker Baden der größte Abnehmer.[20] Die Verteilung der Lieferungen an und der Umgang mit Bielefeld waren entsprechend häufig Thema lebhafter Diskussionen innerhalb der Gruppe 1, vor allem zwischen den Block-Firmen. Hinsichtlich des Gesamtaufbaus sowohl der internationalen als auch der deutschschweizerischen Konvention wird ersichtlich, dass, auch wenn es sich um einen geregelten Zusammenschluss mit gemeinsamen Interessen handelte, nach wie vor interne Konkurrenz existierte, die unter Umständen das Geschehen maßgeblich bestimmte. Während dies im Verlauf der Analyse noch detailliert erarbeitet wird, deutet die Interessenaufteilung Dr. Oetker diesen Charakterzug der Konvention bereits an.

Abbildung 1 drückt bereits die organisatorische und strukturelle Komplexität der Vanillin-Konvention(en) und des damit verbundenen Vanillin- und zunehmend auch Ethylvanillin[21]-Marktes in Deutschland, Europa und der Welt in den 1930er Jahre aus. Dies wird zusätzlich durch einen Protokollauszug eines Treffens im Rahmen der Vanillin-Konvention von Ende März 1937 unterstrichen:

> Die Besprechung ist die erste einer ganzen Serie, bei der sich der Kreis der konferierenden Mitglieder lawinenartig vergrössert wie folgt: Mittwoch vormittag; Teilnehmer Waldhof, Roche; Gegenstand: wie sagen wir's der Agfa am Nachmittag? Mittwoch nachmittag; Teilnehmer

---

Schimmel & Co., 1929); Bell Flavors & Fragrances, Unternehmenswebsite, https://www.bell-europe. com/de/, zuletzt geprüft am 11.08.2022.

18 Dr. H. Oldenbourg, 14.04.1937, Bericht No. 37. Bericht über die Sitzung der deutsch-schweizerischen Vanillin-Konvention in Berlin, Hotel Esplanade, Donnerstag, den 1. April 1937, S. 1–11, hier S. 5, Historisches Archiv Roche (HAR): MV.0.2.1. 102555b.

19 Dr. H. Oldenbourg, 14.04.1937, Bericht No. 37. Bericht über die Sitzung der deutsch-schweizerischen Vanillin-Konvention in Berlin, Hotel Esplanade, Donnerstag, den 1. April 1937, S. 1–11, hier S. 4, Historisches Archiv Roche (HAR): MV.0.2.1. 102555b.

20 Dr. H. Oldenbourg, 07.12.1936, Bericht No. 28. Sitzung der in der Auslands-Verkaufsgemeinschaft für Vanillin zusammengeschlossenen Firmen in Köln, Hotel Excelsior, am 2. Dezember 1936, S. 1–11, hier S. 10, Historisches Archiv Roche (HAR): MV.0.2.1 102555a.

21 Während Vanillin auch als 4-Hydroxy-3-methoxybenzaldyhd mit der Summenformel $C_8H_8O_3$ bekannt ist, ist Ethylvanillin 3-Ethoxy-4-hydroxybenzaldehyd mit der Summenformel $C_9H_{10}O_3$. Die aromatische Kraft von Ethylvanillin ist stärker als die des Vanillins.

Waldhof, Roche, Agfa; Gegenstand: wie sagen wir's der deutsch-schweizerischen Konvention morgen Donnerstag? Donnerstag; Teilnehmer: deutsch-schweizerische Konvention; Gegenstand: wie sagen wir's der internationalen Konvention in Paris? 7. und 8. April in Paris internationale Konventions-Sitzung.[22]

Im kleinen Rahmen begonnene Diskussionen konnten sich entlang der im Schema aufgezeigten Gliederung auf Debatten, Abstimmungen und Abläufe der gesamten internationalen Vanillin-Konvention auswirken.

Während sich die Konvention in ihren eigenen Reihen anhaltenden Interessenkonflikten gegenübersah, wurde sie außerhalb mit sogenannten „Außenseitern" konfrontiert, die Vanillin vertrieben, aber nicht Mitglieder der Konvention waren. Angesichts des steigenden Vanillin-Konsums, war dies eine zu erwartende Entwicklung. Herstellung und Vertrieb des Aromastoffs waren lohnenswert und immer mehr Unternehmen stiegen in die Produktion ein. Doch auch mit dem zunehmenden Konkurrenzdruck durch „Außenseiter" stieg der Absatz der Konvention kontinuierlich, vor allem zwischen 1934 und 1935 (siehe Tab. 1). Nichtsdestotrotz merkte der englische Vertreter Major Knowles (Monsanto Chemicals Limited, London) an, dass die Konvention „[a]n der Verbrauchserhöhung [...] kaum den Anteil [habe], der ihr zukomme."[23] Insgesamt schätzte Fritzsching (Boehringer Mannheim) den Verkauf durch „Außenseiter" beispielsweise für das Jahr 1938 auf 53 Tonnen.[24] Diese Zahl mag angesichts der überwältigenden Macht der Konvention nicht unbedingt bedrohlich erscheinen (siehe Tab. 1), doch die Konventionsfirmen beobachteten die Bewegungen außerhalb ihrer eigenen Reihen aufmerksam und schauten genau, ob es dort Kandidat:innen für eine potentielle Aufnahme in die Konvention oder für ernsten Wettkampf gab.[25] Auch wenn an dieser Stelle keine Unterteilung der Verkaufsmengen bezogen auf die einzelnen Länder erfolgen kann, so verdeutlichen diese Zahlen eindrücklich die international steigende Nachfrage nach Vanillin und dem geschmacksintensiveren Ethylvanillin. Der schon in den

---

22 Dr. H. Oldenbourg, 06.04.1937, Bericht No. 36. Besprechung betr. Vanillin/Aethylvanillin auf dem Bureau von Roche Berlin zwischen den Firmen Waldhof, Roche Basel und Roche Berlin am 31. März 1937, 10 Uhr, S. 1–8, hier S. 1, Historisches Archiv Roche (HAR): MV.0.2.1. 102555b.

23 Dr. H. Oldenbourg, 25.03.1938, Bericht No. 60. Besprechung des Komitees der internationalen Vanillin-Konvention im Hôtel Scribe, Paris, am 24.3.38, S. 1–13, hier S. 2, Historisches Archiv Roche (HAR): MV.0.2.1 102555b.

24 Dr. H. Oldenbourg, 10.02.1939, Bericht No. 78. Sitzung der internationalen Vanillin-Konvention am 7. Februar 1939 in Basel, Hôtel Drei Könige, S. 1–9, hier S. 2, Historisches Archiv Roche (HAR): MV.0.2.1 102555c.

25 Dr. H. Oldenbourg, 25.03.1938, Bericht No. 60. Besprechung des Komitees der internationalen Vanillin-Konvention im Hôtel Scribe, Paris, am 24.3.38, S. 1–13, Historisches Archiv Roche (HAR): MV.0.2.1 102555b.

1920er Jahren beobachtbare Aufwärtstrend des Aromastoffs hielt in den 1930er Jahren an und verdeutlicht, dass es sich nicht um eine kurzweilige Modeerscheinung handelte, wie in den 1920er Jahren teilweise angenommen (siehe Teil I, Kapitel 5).[26] Dies machte den Vanillin-Markt attraktiv für neue Produzent:innen und damit erhöhte sich der potentielle Druck auf die Konvention durch erstarkende „Außenseiter". Allerdings blieb die Vanillin-Konvention augenscheinlich in der dominanten Position. Ein Blick auf die innerdeutschen Verkäufe der deutsch-schweizerischen Gruppe (siehe Tab. 2) zeigt auch hier diesen insgesamt beobachtbaren Aufwärtstrend des Vanillin-Verbrauchs und unterstreicht die Marktmacht der Vanillin-Konvention. Allein die deutsch-schweizerische Gruppe verkaufte innerhalb Deutschlands mehr Vanillin als alle „Außenseiter" gemeinsam.

Tab. 1: Verkäufe der internationalen Vanillin-Konvention[27]

Jahr	Verkauf in Kg
1932	216.268
1933	239.956
1934	243.116
1935	310.262
1936	314.622
1937	350.942

Tab. 2: Verkäufe in Deutschland der Gruppe 1 der internationalen Vanillin-Konvention[28]

	Vanillin	Aethylvanillin	Total
1937	80.637 kg	8.348 kg	105.712 kg
1938	87.760 kg	10.360 kg	118.840 kg

---

26 Burk, 09.09.1925, Bericht über die Besprechung mit Grießheim in Frankfurt im Büro von Grießheim am 08. September 1925, S. 1–6, hier S. 2, Historisches Archiv Roche (HAR): PD.3.1.VAN 100718a.

27 Dr. H. Oldenbourg, 25.03.1938, Bericht No. 60. Besprechung des Komitees der internationalen Vanillin-Konvention im Hôtel Scribe, Paris, am 24.3.38, S. 1–13, hier S. 2, Historisches Archiv Roche (HAR): MV.0.2.1 102555b.

28 Dr. H. Oldenbourg, 09.02.1939, Bericht No. 77. Sitzung der Gruppe 1 der internationalen Vanillin-Konvention am 3. Februar 1939 in Basel, Hôtel Drei Könige, S. 1–10, hier S. 2, Historisches Archiv Roche (HAR): MV.0.2.1 102555c.

Das Geschäft mit den beiden Aromastoffen florierte in den 1930er Jahren, sodass die internationale Konvention mit ihren Untergruppen regelmäßig verlängert wurde. Doch trotz der internationalen Zusammenarbeit blieben politische Länderdifferenzen nicht ohne Folgen. Beispielsweise gab es 1935 Überlegungen zur Einrichtung eines belgischen Syndikats. Dabei wurde erwartet, dass dieses Thema zwischen unterschiedlichen Firmen und ihren Vertreter:innen besprochen werden würde,

> wobei Brüssel als Beratungsort ausscheidet, da Herr Goseberg von Haarmann & Reimer sich im Kriege dort so beliebt gemacht zu haben scheint, dass er noch heute beim Grenzübertritt sofortige Verhaftung fürchten muss.[29]

Das politische Echo des Ersten Weltkriegs musste beim Aufbau neuer Netzwerke im Vanillin-Geschäft berücksichtigt werden. Auch zeitgenössische politische Ereignisse blieben in der Konvention nicht ohne Wirkung. Am 23. März 1938 traf sich die internationale Vanillin-Konvention und in Abwesenheit der Deutschen besprachen die übrigen Mitglieder die Vorkommnisse in Österreich. Knowles hielt einen Krieg für kaum noch zu vermeiden und die Franzosen und Engländer waren sich einig, „dass die oesterreichischen Ereignisse ganz deutlich gezeigt haben, dass Deutschland nicht vertragsfähig ist."[30] Der Anschluss Österreichs erschütterte die Konvention, sodass die internationalen Mitglieder nicht mehr für Sitzungen nach Deutschland zu kommen gedachten und auch neuen Verträgen mit Deutschland eher kritisch gegenüberstanden.[31] Trotzdem blieben die Konventionsmitglieder zunächst offen für weitere Zusammenarbeit. So waren beispielsweise die Engländer im Sommer 1939 bereit die internationale Konvention bis 1941 zu verlängern, sofern es ihnen gelänge, ihren Vertrag mit der Howard Smith Paper Mill in Kanada entsprechend zu verlängern.[32] Es war der Zweite Weltkrieg, der die internationale Vanillin-Konvention beendete. Dabei wurden nicht nur die Beziehungen zwischen

---

29 Dr. H. Oldenbourg, 21.10.1935, Bericht No. 9. Sitzung der Gruppe 1 der Vanillin-Konvention am 16. Oktober 1935, vormittags 11 Uhr, in Berlin, Hôtel Esplanade, S. 1–14, hier S. 11, Historisches Archiv Roche (HAR): MV.0.2.1 102555a.
30 Dr. H. Oldenbourg, 25.03.1938, Bericht No. 60. Besprechung des Komitees der internationalen Vanillin-Konvention im Hôtel Scribe, Paris, am 24.3.38, S. 1–13, hier S. 12, Historisches Archiv Roche (HAR): MV.0.2.1 102555b.
31 Dr. H. Oldenbourg, 25.03.1938, Bericht No. 60. Besprechung des Komitees der internationalen Vanillin-Konvention im Hôtel Scribe, Paris, am 24.3.38, S. 1–13, hier S. 12–13, Historisches Archiv Roche (HAR): MV.0.2.1 102555b.
32 Dr. Molfenter, 13.06.1939, Bericht No. 639 über die internationale Sitzung der Vanillin-Aethylvanillin-Konvention am 9. Juni 1939, vormittags 11 Uhr 30 im Hotel des Indes im Haag, S. 1–8, hier S. 2–3, Historisches Archiv Roche (HAR): LG.DE 106768q.

den drei Gruppen gelöst, sondern auch innerhalb der deutsch-schweizerischen Konvention die enge vertragliche Verbindung der deutschen und schweizerischen Firmen ausgehebelt. Das Treffen am 27. Oktober 1939 war das letzte Zusammenkommen unter dem Banner der deutsch-schweizerischen Vanillin-Konvention.[33] Weitergeführt wurde die Struktur von den beteiligten deutschen Firmen Boehringer Mannheim, Hoffmann-la-Roche Berlin, Agfa, Riedel-de Haën, Schimmel, Haarmann & Reimer und der Vanillin-Fabrik Hamburg seit dem 01. November 1939 unter dem Namen „Deutsche Vanillin-Konvention",[34] bis 1943 in Deutschland Quotenkartelle aufgehoben wurden.[35] Doch auch wenn kriegsbedingt die Schweizer Unternehmen aus der Konventionsgruppe ausschieden, blieben die Kommunikationsnetzwerke erhalten und die Firmen bemühten sich darum, Abmachungen so zu treffen, dass nach Kriegsende eine problemlose Wiederaufnahme der deutsch-schweizerischen Konvention möglich wäre.[36]

2.1.2 Interkonventionale Verflechtungen

Schon in den 1920er Jahren bestand eine enge Verbindung zwischen beispielsweise der Guajakol-Konvention und der Vanillin-Konvention (siehe Teil I, Kapitel 5). Einige Firmen waren in beiden Konventionen vertreten und die produzierten und verwendeten Stoffe fanden sich in den gleichen Produktionsketten wieder. Unternehmen, die nicht auf Aroma- und Duftstoffe spezialisiert waren, sondern sich im breiteren Sektor der chemischen und pharmazeutischen Industrie bewegten, waren durch ihre große Produktpalette auf vielen Märkten präsent und entsprechend auch in mehreren Konventionen aktiv. Daher verwundert es nicht, dass auch in den 1930er Jahren enge Beziehungen zwischen unterschiedlichen Konventionen bestanden. Im Jahr 1935 kam es deswegen zu einer umständlichen Sitzung der Vanillin-Konvention, da am selben Tag im Nebenraum die Salicylsäure-Konvention tagte, zu der auch Mitglieder der Vanillin-Konvention gehörten. Diese mussten zum

---

33 Dr. Molfenter, 30.10.1939, Bericht No. 739 über die Sitzung der deutsch-schweizerischen Vanillin-Konvention am Freitag, den 27. Oktober 1939 in Berlin, Hotel Esplanade, vormittags 10 Uhr, S. 1–11, hier S. 5, Historisches Archiv Roche (HAR): LG.DE 106768q.
34 Ohne Verfasser, 27.10.1939, Vanillin/Aethylvanillin-Sitzung der deutsch-schweizerischen Konvention, S. 1–4, hier S. 2, Bundesarchiv (BArch): R8128 17855.
35 Dr. Willy Muser, Dezember 1944, Prüfungsbericht über das Geschäftsjahr 1943 der Firma Haarmann & Reimer GmbH Holzminden, S. 1–97, hier S. 5, Bundesarchiv (BArch): R87 8852.
36 Ohne Verfasser, 27.10.1939, Vanillin/Aethylvanillin-Sitzung der deutsch-schweizerischen Konvention, S. 1–4, Bundesarchiv (BArch): R8128 17855.

Teil immer wieder die Räume wechseln, um bei beiden Treffen wenigstens zeitweise anwesend zu sein.[37]

> Die Sitzung wird durch ein gemeinsames Mittagessen unterbrochen, zu dem Direktor Mann von der I.G. die Mitglieder sowohl der Vanillin- als auch der Salicylsäure-Konvention eingeladen hatte. Diese sassen daher im traulichen Verein um einen grossen Tisch herum und erfreuen sich der Reden, die von den jeweiligen Vertretern der verschiedenen Länder in den jeweiligen Landessprachen, also auch von Dr. Gsell [Hoffmann-la-Roche Basel; Anm. PSG] in schwyzerdütsch, gehalten wurden.[38]

Die Vanillin-Konvention ist als Teil eines größeren Netzwerks von Konventionen zu verstehen, die sich in Deutschland, Europa und der Welt für diverse Produkte der chemischen Industrie gebildet hatten. Diese Verbindung ging teilweise so weit, dass Diskussionen und Entscheidungen innerhalb einer Konvention eine andere beeinflusste und sogar deren eigene Entscheidung zu dem jeweiligen Thema abgewartet werden musste. Dies zeigt der Fall der Firma Heyden Ende 1935. Heyden hatte innerhalb der Guajakol-Konvention die Auflage, kein Vanillin zu produzieren und wollte diese nur aufrechterhalten, wenn im Gegenzug eine bestimmte Menge Guajakol abgenommen würde. Nun war es unter anderem an der Vanillin-Konvention eben dies zu tun, was nicht allen dortigen Mitgliedern zusagte.

> Schimmel, der nicht Mitglied der Guajacol-Konvention ist, argumentiert, dass es sich um eine Angelegenheit der Guajacol-Konvention handle. Dagegen wird ihm von Fritzsching [Boehringer Mannheim; Anm. PSG] vorgehalten, dass es sich vorwiegend um das Vanillin-Interesse handle, da die Guajacol-fabrizierenden Firmen bereit sind, die Guajacol-Konvention auffliegen zu lassen, weil sie es Heyden dadurch verunmöglichen wollen, seine Vanillin-Fabrikation aus Guajacol-Gewinnen zu finanzieren.[39]

Während also die Firma Schimmel in der Vanillin-Konvention Bedenken anmeldete, klang auf der Guajakol-Konvention an, „dass die I.G. einer Uebernahme von Guajakol durch die Vanillin-Konvention nur dann zustimmen will, wenn das Aus-

---

37 Dr. H. Oldenbourg, 27.09.1935, Bericht No. 5. Internationale Vanillin-Sitzung in Köln, Hotel Excelsior, vom 25.9.35, S. 1–14, hier S. 2, Historisches Archiv Roche (HAR): MV.0.2.1 102555a.

38 Dr. H. Oldenbourg, 27.09.1935, Bericht No. 5. Internationale Vanillin-Sitzung in Köln, Hotel Excelsior, vom 25.9.35, S. 1–14, hier S. 8–9, Historisches Archiv Roche (HAR): MV.0.2.1 102555a.

39 Dr. H. Oldenbourg, 21.10.1935, Bericht No. 9. Sitzung der Gruppe 1 der Vanillin-Konvention am 16. Oktober 1935, vormittags 11 Uhr, in Berlin, Hôtel Esplanade, S. 1–14, hier S. 2, Historisches Archiv Roche (HAR): MV.0.2.1 102555a.

gangsmaterial für dieses Guajakol von ihr stammt."[40] An dieser Stelle überkreuzten sich nicht nur die Interessen zweier Konventionen, sondern auch die Interessen einzelner Unternehmen beziehungsweise Unternehmensverbünden. Die hier erforderlichen Abstimmungen erstreckten sich konsequenterweise über weite Teile der deutschen chemischen Industrie. Vor allem aber verdeutlicht dieser Fall die Gewichtigkeit privater Firmeninteressen, die eine bestehende Konvention fundamental in Gefahr bringen konnten. So war der Fortbestand der Guajakol-Konvention 1935 „von der Lösung eines privaten Interessen-Konfliktes zwischen Heyden und der I.G. abhängig."[41] Andere Mitglieder mussten vermitteln, um die Konvention zu erhalten, was auch eine Zustimmung zur Guajakol-Abnahme durch die Vanillin-Konvention einschloss.[42] Da die Konvention auch über diesen Zeitraum hinaus Bestand hatte, ist davon auszugehen, dass die beteiligten Firmen in dieser Sache zu einer Einigung gekommen waren.

Der Aufbau der Konvention und der Umgang mit den Konventionspartnern lassen auf folgenden Charakter des Netzwerks schließen: Obwohl sie eine gewisse Einheit bildeten, blieben Konkurrenzdenken und Wettkämpfe untereinander bestehen. Ausgeprägte unternehmerische Eigeninteressen lebten in der Konvention weiter und bestimmten ihren Charakter mit. Dabei waren es vornehmlich Unternehmen der chemischen und pharmazeutischen Industrie, die den Vanillin-Markt prägten. Spezialisten wie Haarmann & Reimer oder Schimmel konnten Mitglieder der Konvention sein, waren jedoch in der Unterzahl. Ähnliches ist auch für die 1920er Jahre beobachtbar gewesen (siehe Teil I, Kapitel 5). Wie sich die konventionsinterne Konkurrenz gestaltete, wird im kommenden Unterkapitel eingehend thematisiert.

---

40 Dr. H. Oldenbourg, 12.11.1935, Bericht No. 10. Sitzung der Guajacol- und Guajacolcarbonat-Konvention vom 8. November 1935, Hôtel Europäischer Hof, Heidelberg, S. 1–13, hier S. 2, Historisches Archiv Roche (HAR): MV.0.2.1 102555a.
41 Dr. H. Oldenbourg, 12.11.1935, Bericht No. 10. Sitzung der Guajacol- und Guajacolcarbonat-Konvention vom 8. November 1935, Hôtel Europäischer Hof, Heidelberg, S. 1–13, hier S. 6, Historisches Archiv Roche (HAR): MV.0.2.1 102555a.
42 Dr. H. Oldenbourg, 12.11.1935, Bericht No. 10. Sitzung der Guajacol- und Guajacolcarbonat-Konvention vom 8. November 1935, Hôtel Europäischer Hof, Heidelberg, S. 1–13, hier S. 6, Historisches Archiv Roche (HAR): MV.0.2.1 102555a.

2.2 Konkurrenz und Wettstreit innerhalb der Vanillin-Konvention(en)

2.2.1 Das Spiel mit den Preisen am Beispiel Brasilien

Auch wenn innerhalb der Konvention klare Quoten und Preise abgesprochen wurden, gab es immer wieder Bemühungen sich nichtsdestoweniger gegen die Konventionskolleg:innen durchzusetzen. Insbesondere der Konkurrenzkampf in Lateinamerika stach durch Konfliktpotential hervor. So wurde zwei Unternehmen beispielsweise vorgeworfen, „immer 10 % tiefer zu gehen als offiziell zulässig."[43] Im Jahr 1937 merkte die Firma Riedel-de Haën an, dass ihr eigener Absatz durch die anhaltende Unterbietung durch andere Konventionsmitglieder im Ausland verloren gegangen wäre, sodass eine Verlängerung der Konvention fraglich würde.

> Axt [Haarmann & Reimer; Anm. PSG] frägt, ob Dornseif [Riedel-de Haën; Anm. PSG] mit den Unterbietungen auf Holzminden angespielt habe, worauf Dornseif aus der Photokopie einer Faktur des Holzmind'schen Vertreters in Sao Paulo [sic] zitiert. Axt gibt die Unterbietung zu, wälzt die Schuld auf den Vertreter ab. Otto [I.G.; Anm. PSG] lässt eine Tirade über Gemeinschaftsgedanken, Nationalgefühl und Erhöhung des Deviseneinkommens infolge verminderten Kampfes der Mitglieder untereinander vom Stapel mit dem Ziel den Aussenseitern eine Ablehnung des Eintritts in die Verkaufsgemeinschaft unmöglich zu machen. […] Schliesslich erklärt Axt, dass er unter der Wucht der vorgetragenen Argumente bereit sei, die Frage einer neuen Prüfung zu unterziehen. Insbesondere wird er prüfen, ob in einzelnen Ländern ein Anschluss an die Verkaufsgemeinschaft[44] vielleicht möglich sei.[45]

Dass der Vanillin-Export nach Brasilien häufiger Thema nicht nur innerhalb der deutsch-schweizerischen Gruppe sondern auch zwischen den Gruppen der internationalen Vanillin-Konvention war und zu deutlicher Missstimmung führte, zeigt auch der folgende Protokollauszug eines Treffens der internationalen Konvention ein Jahr zuvor im Oktober 1936:

---

43 Dr. H. Oldenbourg, 07.12.1936, Bericht No. 28. Sitzung der in der Auslands-Verkaufsgemeinschaft für Vanillin zusammengeschlossenen Firmen in Köln, Hotel Excelsior, am 2. Dezember 1936, S. 1–11, hier S. 4, Historisches Archiv Roche (HAR): MV.0.2.1 102555a.

44 In einer Verkaufsgemeinschaft wird der Absatz eines Produktes von verschiedenen Herstellern gemeinsam organisiert. Dies kann zum Beispiel durch einen gemeinsamen Handelsvertreter geschehen. Im vorliegenden Fall handelt es sich um den gemeinsam organisierten Verkauf von Vanillin im Ausland.

45 Dr. H. Oldenbourg, 14.04.1937, Bericht No. 37. Bericht über die Sitzung der deutsch-schweizerischen Vanillin-Konvention in Berlin, Hotel Esplanade, Donnerstag, den 1. April 1937, S. 1–11, hier S. 3–4, Historisches Archiv Roche (HAR): MV.0.2.1. 102555b.

Schill [Agfa; Anm. PSG] bringt seinen Antrag vor, auf den Plane [Rhône Poulenc; Anm. PSG] mit sogar bei ihm seltener Vehemenz reagiert. Wenn die Zustände bezüglich Aski[46]-Mark in Brasilien nicht aufhörten, würde er in seiner dortigen Fabrik eine Vanillin-Fabrikation einrichten. Dem ungeheuren Redeschwall des Auvergnat gegenüber lässt Schill seinen Antrag glatt fallen. Die Schwierigkeit liegt in Folgendem: Einerseits begeben sich die Fabrikanten in einen schweren Nachteil, wenn sie Lokopreise handhaben, weil die Exporteure Zollbetrug begehen und auf diese Weise in Brasilien billiger anbieten können. Andererseits ist Brasilien einer der Märkte, der unter den deutschen Währungs-Manipulationen am meisten zu leiden hat, so dass sich aus diesem Grunde die ausschliessliche Handhabung von Lokopreisen dringend empfiehlt.[47]

Die hier angedeutete Verschiebung in der Preisgleichheit zwischen den Firmen der Vanillin-Konvention auf dem brasilianischen Markt, verschaffte den deutschen Unternehmen Vorteile, sodass allen voran die Agfa wenig Interesse daran hatte, diesbezüglich etwas zu unternehmen.[48] Der andere angesprochene Kritikpunkt war Zollbetrug. Dieser wurde offenbar von mehreren europäischen Firmen und auch von den Importeuren begangen, was die vorgesehene Verwendung von Lokopreisen allein nicht mehr erschwinglich machte. Durch die Deklaration von Vanillin als Kochsalz konnten Zölle gespart und Vanillin entsprechend billiger angeboten werden.[49] Daher einigten sich die Konventionsmitglieder darauf, die Lokopreise in Brasilien „um 15 % (vom verzollten Preise)"[50] zu senken, da auf diese Weise möglicher Zollbetrug unerschwinglich würde.

Tatsächlich war die Organisation der Preisgleichheit innerhalb der internationalen Vanillin-Konvention eines der wichtigsten und sich durch die Jahre durchziehenden Gesprächsthemen. Im Grunde ist die Preisgleichheit sogar als Fundament der Konvention zu bezeichnen, „weil jede Änderung der Preisbasis zu Gunsten eines Mitgliedes oder zu Gunsten eines Kunden eine Änderung des Kon-

---

46 ASKI: Ausländersonderkonten für den Inlandszahlungsverkehr; der Handel konnte hier mithilfe von Kompensations- und Verrechnungsgeschäften erfolgen. Siehe dazu: Nicole Petrick-Felber, *Kriegswichtiger Genuss: Tabak und Kaffee im „Dritten Reich"*, Beiträge zur Geschichte des 20. Jahrhunderts (Göttingen: Wallstein Verlag, 2015), 98.

47 Dr. H. Oldenbourg, 03.11.1936, Bericht No. 26. Sitzung der internationalen Vanillin-Konvention in London, Hôtel Savoy, 23.10.36, S. 1–10, hier S. 9, Historisches Archiv Roche (HAR): MV.0.2.1 102555a.

48 Dr. H. Oldenbourg, 21.10.1935, Bericht No. 9. Sitzung der Gruppe 1 der Vanillin-Konvention am 16. Oktober 1935, vormittags 11 Uhr, in Berlin, Hôtel Esplanade, S. 1–14, hier S. 8–9, Historisches Archiv Roche (HAR): MV.0.2.1 102555a.

49 Dr. H. Oldenbourg, 27.09.1935, Bericht No. 5. Internationale Vanillin-Sitzung in Köln, Hotel Excelsior, vom 25.9.35, S. 1–14, hier S. 12–13, Historisches Archiv Roche (HAR): MV.0.2.1 102555a.

50 Dr. H. Oldenbourg, 03.11.1936, Bericht No. 26. Sitzung der internationalen Vanillin-Konvention in London, Hôtel Savoy, 23.10.36, S. 1–10, hier S. 9, Historisches Archiv Roche (HAR): MV.0.2.1 102555a.

ventions-Vertrages bedeutet."[51] Die Handhabung erfolgte auf Basis von Währungsanpassungen. Preise wurden je nach Land in verschiedenen Währungen angegeben und je nach aktueller Wertigkeit wurden angepasste Preisskalen angewandt, um die Preisgleichheit innerhalb der Konvention zu stabilisieren.[52] Ähnliches galt auch für den Umgang mit Lokopreisen und Disagios.[53] Für jedes Land gab es eigene Listen mit Preisen[54] und mit Preisaufschlägen,[55] außerdem gab es Listen mit den bestehenden Kursen der einzelnen Währungen,[56] um sich den Währungsverhältnissen lokal anzupassen.[57] Die Unternehmen der Konvention sahen sich mit unterschiedlichen Vorgehensweisen im Handel konfrontiert, die sich im Laufe von Wochen, Monaten und Jahren ständig ändern konnten und ständige Anpassung verlangten. Wenig verwunderlich also, dass finanzwirtschaftliche Aspekte und Preispolitik einer der Schwerpunkte der Konventionskommunikation darstellten und Spielraum für machtpolitische und wirtschaftsstrategische Spielchen boten. Die Versuche, sich durch Unterbietung oder Zollbetrug einen Vorteil zu verschaffen, ließen sich anhand der vorliegenden Quellen insbesondere auf ausländischen Märkten nachweisen. Das Kräftemessen der Konventionsfirmen fand global statt und ließ sich auf einer Vielzahl von lokalen Vanillin-Märkten beobachten. Dies weist auf einen weiteren wesentlichen Charakterzug sowohl der chemischen und pharmazeutischen Industrie als auch der Aromastoffindustrie hin, der am Beispiel von Vanillin exzellent zu skizzieren ist: Die Internationalität und Globalisierung von Aromastoffproduktion und -handel bereits in der ersten Hälfte des 20. Jahrhunderts.

---

51 C. F. Boehringer & Soehne G.m.b.H., Mannheim-Waldhof, 30.06.1936, Vanillin/Aethylvanillin. Verkaufsgemeinschaft Deutschland, Bundesarchiv (BArch): R8128 17794.
52 Siehe beispielsweise: C. F. Boehringer & Soehne G.m.b.H., Mannheim-Waldhof, 02.06.1936, Vanillin/Aethylvanillin, Bundesarchiv (BArch): R8128 17794.
53 Unter Disagio wird ein Abschlag verstanden, der von dem Nennwert eines Finanzproduktes (zum Beispiel Kredit, ausländische Währung) auf Kosten des Käufers abgezogen wird. Es wird deswegen auch von Abschlag gesprochen. Das Gegenteil des Disagios ist das Agio, der Aufschlag.
54 Siehe beispielsweise: C. F. Boehringer & Soehne G.m.b.H., Mannheim-Waldhof, 03.06.1936, Vorschläge für Lokopreise Ungarn inclusive Phasenumsatzsteuer, Bundesarchiv (BArch): R8128 17794.
55 Siehe beispielsweise: C. F. Boehringer & Soehne G.m.b.H., Mannheim-Waldhof, 03.06.1936, Vanillin/Aethylvanillin. Preisgleichheit im Auslande, Bundesarchiv (BArch): R8128 17794.
56 Siehe beispielsweise: C. F. Boehringer & Soehne G.m.b.H., Mannheim-Waldhof, 04.06.1936, Vanillin/Aethylvanillin. Mengen- und Erlösausgleich in der deutsch-schweizerischen Konvention, Bundesarchiv (BArch): R8128 17794.
57 Siehe beispielsweise: C. F. Boehringer & Soehne G.m.b.H., Mannheim-Waldhof, 10.06.1936, Vanillin/Aethylvanillin. Preisgleichheit im Auslande, S. 1–4, Bundesarchiv (BArch): R8128 17794.

2.2.2 Schmuggel und Verschnitt

Wird die Bewegung von Vanillin auf dem internationalen Markt beobachtet, lassen sich mehrere interessante Aspekte feststellen, unter anderem war der Aromastoff Gegenstand von Schmuggel. Der französische Vertreter Plane (Rhône Poulenc) klagte deutsche Firmen, im Speziellen die Agfa, Boehringer Mannheim und Haarmann & Reimer an, aus Deutschland direkt oder über Belgien und die Schweiz Vanillin nach Frankreich zu schmuggeln.

> In der Schweiz ist die Schmuggel-Zentrale die Firma Grebler in Genf, Quai du Mont Blanc. Im Jahre 1936 seien allein etwa 1000–1500 kg Vanillin beschlagnahmt worden; die insgesamt geschmuggelten Mengen schätzen die Franzosen auf etwa 10'000 Kilo.[58]

Während Holzminden „jede Schuld"[59] von sich wies, gaben andere Beschuldigte zu, zumindest nichts unternommen zu haben, um dem Schmuggel vorzubeugen oder ihn zu unterbinden. Innerhalb der deutsch-schweizerischen und der französischen Gruppe der internationalen Vanillin-Konvention wurde über Vorgehen und Verrechnung bezüglich Schmuggelware diskutiert, wobei sich die englische Gruppe bei der Beschlussfassung heraushielt.[60] Im Grunde waren die beanstandeten 10 t geschmuggelter Ware im Vergleich zu den Verkaufsmengen der Konvention ähnlich wie bei den „Außenseitern" gering, allerdings schien sich der Schmuggel dennoch für manche Firmen zu lohnen, andernfalls hätten sie die Mühen dafür nicht unternommen.

Auch wenn derartige Vorkommnisse einmal mehr die interne Konkurrenz zwischen den Mitgliedern untermauerten, trat die Konvention im Allgemeinen geschlossen auf, sobald es um Konkurrenz von außen ging. Die Konventionsfirmen bemühten sich um eine Normierung ihrer Vanillin-Produkte, damit ihre Ware von einheitlicher Qualität war, während sie gleichzeitig Sonderqualitäten für spezielle Wünsche aus dem Ausland beibehielten.[61] Diese Produkte mussten sich auf dem Markt gegen Vanillin von „Außenseitern" durchsetzen, wobei sich die Konvention

---

58 Dr. H. Oldenbourg, 16.04.1937, Bericht No. 38. Bericht über die Sitzung der internationalen Vanillin-Konvention am 7. April 1937 in Paris, Hotel Royal-Monceau, S. 1–16, hier S. 5, Historisches Archiv Roche (HAR): MV.0.2.1. 102555b.
59 Dr. H. Oldenbourg, 16.04.1937, Bericht No. 38. Bericht über die Sitzung der internationalen Vanillin-Konvention am 7. April 1937 in Paris, Hotel Royal-Monceau, S. 1–16, hier S. 6, Historisches Archiv Roche (HAR): MV.0.2.1. 102555b.
60 Dr. H. Oldenbourg, 16.04.1937, Bericht No. 38. Bericht über die Sitzung der internationalen Vanillin-Konvention am 7. April 1937 in Paris, Hotel Royal-Monceau, S. 1–16, hier S. 5–7, Historisches Archiv Roche (HAR): MV.0.2.1. 102555b.
61 F. Hoffmann-La Roche & Co. AG Berlin, 02.06.1936, Vanillin/Aethylvanillin. Normierung, Bundesarchiv (BArch): R8128 17794.

darum bemühte, keine neuen Fabrikanten zu ermutigen. „Vanillin ist heute ein Konventionsartikel, sodass ein Fabrikant, der heute die Fabrikation neu aufnehmen will, die geschlossene Front der Konventionsmitglieder gegen sich hat."[62] „Außenseiter" hatten gegenüber der Macht der Konvention einen erheblichen Nachteil. Nichtsdestoweniger stellten sie eine nicht zu unterschätzende Konkurrenz dar. Außerdem mussten sich die Konventionsfirmen immer wieder gegen deren verschnittene Vanillin-Produkte wehren, die zu niedrigeren Preisen als den ihren angeboten wurden. So gelangten zum Beispiel in Rumänien Produkte auf den Markt, die lediglich 20 – 50 % Vanillin enthielten.[63] Die Firma Polak & Schwarz[64] vertrieb ein Produkt unter dem Namen „Vanilline" unter anderem in Niederländisch-Indien[65] und Bangkok,[66] das aber laut durchgeführten Analysen nur 63 % Vanillin enthielt. Die Konvention erwog, die Händler vor diesen Produkten zu warnen.[67] Weil die Kund:innen zumeist keine Möglichkeiten hatten, die genaue Qualität der eingekauften Ware zu prüfen, bildete der Preis das primäre Entscheidungskriterium. Die verfälschten Vanillin-Produkte wurden in der Regel zu günstigeren Preisen als das Konventionsprodukt angeboten, sodass die Konventionsfirmen Aufträge verlieren konnten. Folglich richteten sie sich an die Vertretung in Europa mit den Worten:

---

62 Ohne Verfasser, 28.03.1932 (vermutlich), Entwurf Betr. Vanillin aus Guajacol, Historisches Archiv Roche (HAR): LG.DE 101848k.

63 C. F. Boehringer & Soehne G.m.b.H., Mannheim-Waldhof, 06.06.1936, Vanillin. Rumänien/Noratan & Soehne G.m.b.H., Mannheim-Waldhof, Bundesarchiv (BArch): R8128 17794.; Schimmel & Co., 10.06. 1936, Vanillin/Aethylvanillin. Rumänien/Noratan & Söhne, G.m.b.H., Mannheim-Waldhof, Bundesarchiv (BArch): R8128 17794.

64 Polak & Schwarz wurde 1889 in den Niederlanden gegründet. Schwerpunkt war das Geschäft mit Fruchtsaftkonzentraten. 1917 wanderte ein Mitarbeiter in die USA aus, verließ dort Polak & Schwarz und gründete 1929 ein eigenes Unternehmen für ätherische Öle und Duftstoffe mit dem Namen van Ameringen-Haebler, Inc. Beide Firmen fusionierten 1958 und so entstand die International Flavors & Fragrances Inc. (IFF), die noch heute zu den größten Firmen für Aroma- und Duftstoffe zählt. Siehe dazu Wolfgang Legrum, *Riechstoffe, zwischen Gestank und Duft*, Studienbücher Chemie (Wiesbaden: Springer Fachmedien, 2015), 211– 12.

65 Ohne Verfasser, 03.10.1936, Entwurf eines Briefes an Firma Polak & Schwarz, Zaandam. Vanillin/ Aethylvanillin, S. 1– 3 (Seiten scheinen zu fehlen), hier S. 2, Bundesarchiv (BArch): R8128 17794.

66 Haarmann & Reimer Chemische Fabrik zu Holzminden G.m.b.H., 02.10.1936, Vanillin/Aethylvanillin. Tschechoslowakei/Vanillin-Verfälschungen, Bundesarchiv (BArch): R8128 17798.

67 C. F. Boehringer & Soehne G.m.b.H., Mannheim-Waldhof, 10.06.1936, Vanillin. Vanillin-Fälschungen, Bundesarchiv (BArch): R8128 17794.

Sollten Ihnen demnächst von der Kundschaft niedrigere Konkurrenzpreise entgegengehalten werden, so dürfte es angebracht sein, darauf hinzuweisen, dass sich verfälschtes Vanillin im Handel befindet, sodass beim Einkauf dieses Produktes grösste Vorsicht geboten ist.[68]

Ein preisgünstigeres Vanillin schien unweigerlich ein verschnittenes Vanillin zu sein. Diese Haltung jedenfalls nahm die Vanillin-Konvention ein. Dadurch, dass die Konvention durch ihre Marktmacht den Preis in ihrem Sinne beeinflussen konnte, liegt dieser Verdacht tatsächlich nahe, da anzunehmen ist, dass „Außenseiter" der Konvention kaum an deren Preise herankommen konnten, ohne Gefahr zu laufen, Verluste zu machen.

2.2.3 Vanillin gegen Ethylvanillin

Seit dem Jahr 1931 stieg der Verkauf von Ethylvanillin kontinuierlich an.[69] 1935 wurde bereits der Verdacht geäußert, „dass das Aethylvanillin dem Vanillin immer mehr das Wasser abgraben werde",[70] was sich in den folgenden Jahren auch zum Teil bestätigen ließ.[71] Diese Entwicklung war nicht im Sinne der Vanillin-Konvention, die den Vanillin-Verkauf bevorzugten. Da Ethylvanillin in seinem Geschmack stärker war als Vanillin und dadurch entsprechend preisgünstiger, konnte der Preiskampf beim Vanillin den Kauf von Ethylvanillin durchaus attraktiver machen. Diese Entwicklung aber wäre gefährlich und keinesfalls wünschenswert. „Ein Kunde, der einmal für Aethylvanillin gewonnen ist, ist für Vanillin ein für alle Mal verloren."[72] Deswegen war es den Konventions-Mitgliedern verboten, verstärkt Werbung für diesen Aromastoff zu machen. Trotzdem zirkulierte ein Werbeblatt von Haarmann & Reimer in England (die Holzmindener vertrieben ein Ethylvanillin-Produkt mit dem Namen Bourbonal). Der Vertreter Holzmindens, der angab diese Werbung nicht zu kennen, versicherte, dass er diesbezüglich intervenieren werde. Während in der Konvention besprochen wurde, dass weder mündlich noch

---

68 I.G. Agfa Riechstoff-Abteilung Berlin SO36, 24.06.1936, Betr.: Vanillin, Bundesarchiv (BArch): R8128 17794.

69 Dr. H. Oldenbourg, 16.04.1937, Bericht No. 38. Bericht über die Sitzung der internationalen Vanillin-Konvention am 7. April 1937 in Paris, Hotel Royal-Monceau, S. 1–16, hier S. 2, Historisches Archiv Roche (HAR): MV.0.2.1. 102555b.

70 Dr. H. Oldenbourg, 27.09.1935, Bericht No. 5. Internationale Vanillin-Sitzung in Köln, Hotel Excelsior, vom 25.9.35, S. 1–14, hier S. 5, Historisches Archiv Roche (HAR): MV.0.2.1 102555a.

71 Dr. H. Oldenbourg, 30.10.1936, Bericht No. 25. Sitzung der deutsch-schweizerischen Vanillin-Konvention in London, Hôtel Savoy, 22.10.36, S. 1–15, hier S. 2, Historisches Archiv Roche (HAR): MV.0.2.1 102555a.

72 Dr. H. Oldenbourg, 30.10.1936, Bericht No. 25. Sitzung der deutsch-schweizerischen Vanillin-Konvention in London, Hôtel Savoy, 22.10.36, S. 1–15, hier S. 13, Historisches Archiv Roche (HAR): MV.0.2.1 102555a.

schriftlich für Ethylvanillin geworben werden sollte, wandte Axt (Haarmann & Reimer) ein, dass eine gewisse Form der Information über den Aromastoff nicht ausgeschlossen werden könnte. Der Verkauf von Ethylvanillin wäre schließlich nicht verboten und somit müssten die Kunden auch darüber informiert werden dürfen.[73]

Doch auch wenn Vanillin dem Ethylvanillin vorgezogen wurde, hatte dieser Aromastoff dennoch auch seine gezielten Einsätze. Ein besonderes Einsatzgebiet des Ethylvanillins beziehungsweise dessen aktive Bewerbung war eine mögliche gemeinsame Kampfstrategie der Vanillin-Konvention. Dabei ging es um die Konkurrenz durch das in der Mitte der 1930er Jahre in Kanada und den USA aufkommende preisgünstige Sulfit-Vanillin. Es wurde diskutiert, ob im Bedarfsfall einem möglichen Konkurrenzdruck mithilfe des geschmacksintensiveren und daher günstigeren Ethylvanillins begegnet werden sollte.[74] In diesem Fall hätten die Vorteile des Ethylvanillins die Nachteile für die Konvention überwogen. Doch auch wenn sich die Mitglieder auf einen bemüht zurückhaltenden Umgang zu verständigen versuchten, würde die Werbung für Ethylvanillin „ewig ein ungelöstes Problem bleiben."[75]

Dass manche Unternehmen wie Dr. Oetker trotz der preislichen Vorteile größtenteils am Vanillin festhielten, obwohl die Existenz des Ethylvanillins bekannt war, könnte unter anderem an der Verarbeitung in Nahrungsmitteln gelegen haben. Während es mit Vanillin keine Probleme gab, waren im Fall von Ethylvanillin „mancherlei Schwierigkeiten seitens der Nahrungsmittel-Gesetzgebung zu überwinden",[76] sodass Vanillin dahingehend attraktiver blieb. Der Forschungsarbeit Elisabeth Vaupels folgend wurde 1938 beispielsweise festgelegt, dass Vanillinzucker ausschließlich mit Vanillin und nicht mit Ethylvanillin hergestellt werden durfte.[77] Auch wenn dies ein Jahr nach der oben beschriebenen Feststellung von Schwie-

---

73 Dr. H. Oldenbourg, 02.04.1936, Bericht No. 15. Sitzung der internationalen Vanillin-Konvention vom 27. März 1936 in Basel, Hôtel Drei Könige, S. 1–16, hier S. 6–8, Historisches Archiv Roche (HAR): MV.0.2.1 102555a.

74 Dr. H. Oldenbourg, 06.04.1937, Bericht No. 36. Besprechung betr. Vanillin/Aethylvanillin auf dem Bureau von Roche Berlin zwischen den Firmen Waldhof, Roche Basel und Roche Berlin am 31. März 1937, 10 Uhr, S. 1–8, hier S. 4, Historisches Archiv Roche (HAR): MV.0.2.1. 102555b.

75 Dr. H. Oldenbourg, 02.04.1936, Bericht No. 15. Sitzung der internationalen Vanillin-Konvention vom 27. März 1936 in Basel, Hôtel Drei Könige, S. 1–16, hier S. 16, Historisches Archiv Roche (HAR): MV.0.2.1 102555a.

76 Dr. H. Oldenbourg, 06.04.1937, Bericht No. 36. Besprechung betr. Vanillin/Aethylvanillin auf dem Bureau von Roche Berlin zwischen den Firmen Waldhof, Roche Basel und Roche Berlin am 31. März 1937, 10 Uhr, S. 1–8, hier S. 4, Historisches Archiv Roche (HAR): MV.0.2.1. 102555b.

77 Elisabeth Vaupel, „Ersatz für die Naturvanille: Rezeption und rechtliche Behandlung der Aromastoffe Vanillin und Ethylvanillin in Deutschland (1874–2011)", *Ferrum: Nachrichten aus der Eisenbibliothek. Stiftung der Georg Fischer AG 89* (2017): 50.

rigkeiten geschehen war, ist anzunehmen, dass der hier angedeutete begrenzte Einsatz des Aromastoffs für Dr. Oetker ein wichtiger Faktor war, da Vanillinzucker zum gängigen Einsatzgebiet von vanilligen Aromastoffen gehörte.

In den Fällen, wo sich das Ethylvanillin gegen Vanillin bereits durchgesetzt hatte, lieferte die Konvention entsprechend den gewünschten Aromastoff aus, jedoch kam es auch hier intern zu Konkurrenz. Dies zeigt der folgende Fall, in dem sich in einer schwedischen Keksfabrik ein Platzkampf zwischen dem Ethylvanillin von Haarmann & Reimer und dem der Blockfirmen Boehringer Mannheim, Agfa und Hoffmann-la-Roche entwickelte.

2.2.4 Kampf um den Keks

Am 08. April 1937 ging bei der schwedischen Aktiengemeinschaft von Anilinfabrikanten eine Reklamation ein. Der schwedische Kekshersteller Göteborgs Kexfabrik hatte zuvor schon Ethylvanillin für seine Produktion bestellt und verwendet. Beliefert wurden sie von den Konventionsfirmen Boehringer Mannheim und Agfa[78] (die Ethylvanillin unter dem Namen Vanillose vertrieben). Allerdings hatten sie, ausgehend von positiven Resultaten bei anderen Firmen, ebenfalls das Ethylvanillin von Haarmann & Reimer (Bourbonal) getestet. Die Göteborgs Kexfabrik stellte nun ihrerseits bessere Ergebnisse mit Bourbonal fest. Zum einen erschien dieser Stoff hitzestabiler und zum anderen müsste weniger eingesetzt werden, um den gewünschten Geschmackseffekt zu erzielen. Aus diesem Grund wurde die ursprüngliche Bestellung von 20 kg auf 10 kg Vanillose heruntergesetzt. Für den Rest wollte das Unternehmen Bourbonal einkaufen. Aus Sicht der Agfa war diese Reklamation unverständlich. Bourbonal wäre chemisch gleich zu ihrem eigenen Produkt und könnte sich demnach nicht anders verhalten. Außerdem würde ihr Ethylvanillin auch von zahlreichen anderen Firmen verwendet, von denen bisher nie Beschwerden dieser Art gekommen wären.[79] Deswegen kamen die Zuständigen der Agfa zu dem Schluss, „dass hinter dieser haltlosen Behauptung der Vertreter von Haarmann & Reimer steckt, denn nur auf solche Art werden solch unsinnige Behauptungen in die Welt gesetzt."[80] Diese Vermutung schien sich durch ein späteres Gespräch mit dem zuständigen Kontakt der Keksfabrik zu bestätigen, wo selbiger berichtete, aus England vom Bourbonal gehört und in Gesprächen mit Haarmann &

---

78 Aktiebolaget Anilinkompaniet, 08.04.1937, Göteborgs Kexfabrik, Landesarchiv Sachsen-Anhalt (LASA): I532 Nr. 3022.

79 Dr. Reuss, Aethylvanillin Göteborgs Kexfabrik, Landesarchiv Sachsen-Anhalt (LASA): I532 Nr. 3022.

80 Dr. Bollmann, 13.04.1937, Aethylvanillin Göteborgs Kexfabrik, Landesarchiv Sachsen-Anhalt (LASA): I532 Nr. 3022.

Reimer von der besseren Hitzebeständigkeit des Produkts erfahren zu haben. Daraufhin hätten in Schweden eigene Vergleichsversuche stattgefunden.[81] Während sich die Beteiligten der Agfa über die vermeintliche Denunzierung ihres Produkts durch Holzminden echauffierten, wurde in Mannheim dieses Urteil gelassener aufgefasst.

> Wir nehmen die Angaben des Kunden nicht tragisch; denn es ist auch schon vorgekommen, dass Werkmeister anderer Fabriken gesagt haben, unser Vanillin sei besser als das Holzminden's. Die Verschiedenheit der Ansichten rührt davon her, dass die Beurteilung des Stärkeverhältnisses – besonders von Aethylvanillin – ganz subjektiv ist und dass auch manchmal Sympathien für die eine oder andere Marke mitsprechen. Da die Firma ihren Bedarf an Aethylvanillin weiter zur Hälfte bei der Agfa deckt, nehmen wir an, dass die Angaben über die bessere Ausgiebigkeit von Bourbonal nur eine Ausrede sind.[82]

Der Konkurrenzkampf zwischen Bourbonal und Vanillose nahm auf schwedischem Terrain nur einen Monat später weiter zu. Wie die Agfa erfuhr, plante die Göteborgs Kexfabrik im Mai 1937 ihrem Konkurrenten Örebro Kexfabrik[83] eine Probe Bourbonal für eigene Versuche zukommen zu lassen. Dies war den Blockfirmen gar nicht recht, da sie weitere Verluste befürchteten. Denn wie auch Göteborgs Kexfabrik gehörte das Unternehmen aus Örebro zu ihren Kunden für Vanillin und Ethylvanillin.[84] Die Idee, es könnten Vergleichsversuche bei den Kunden angestoßen werden, wahrscheinlich um sie von der Gleichheit der Produkte zu überzeugen, wurde im Verlauf der Diskussion als „psychologisch unzweckmäßig" abgelehnt, „denn derartige Versuche könnten allzu leicht Mißtrauen erwecken." Viel eher wäre eine Form des Blindversuchs wünschenswert, denn dann könnte die von der I.G. Farben vertretenen Ansicht, die Vorwürfe einer chemischen Andersartigkeit und damit anderen Hitzebeständigkeit seien haltlos, durch die Abnehmer nachempfunden werden. „Und wenn er durchaus einen Unterschied finden will, so besteht immer noch die Chance 1:1 für unser Produkt."[85]

---

81 Aktiebolaget Anilinkompaniet, 29.04.1937, Göteborgs Kexfabrik Aethylvanillin, Landesarchiv Sachsen-Anhalt (LASA): I532 Nr. 3022.

82 C. F. Boehringer & Soehne G.m.b.H., Mannheim-Waldhof, 19.04.1937, Aethylvanillin., Landesarchiv Sachsen-Anhalt (LASA): I532 Nr. 3022.

83 Göteborgs Kexfabrik kaufte später den Konkurrenten auf. Siehe dazu: Örebro läns museum, Kexfabriken – Vi blir Örebro, http://www.viblirorebro.se/153.html, zuletzt geprüft am 28.02.2021.

84 I.G. Farbenfabrik, Riechstoff-Abteilung, IG Berlin SO36, 03.05.1937, Göteborgs Kexfabrik, Landesarchiv Sachsen-Anhalt (LASA): I532 Nr. 3022.

85 Dr. Bollmann, 05.05.1937, Göteborgs Kexfabrik, Landesarchiv Sachsen-Anhalt (LASA): I532 Nr. 3022.

Die Diskussion mit dem schwedischen Keksfabrikanten hatte auch Konsequenzen für weitere Abnehmerbereiche im skandinavischen Staat. Zu den Käufern
von Ethylvanillin der Blockfirmen gehörte auch das Unternehmen C. W. Hagelberg
och Co. Essence och extraktfabriker Stockholm Göteborg Malmö, das in Kontakt
mit der Aktiebolaget Anilinkompaniet stand. Auch Hagelbeck brachte Skepsis gegenüber der Qualität der Vanillose zum Ausdruck und befürchtete eine geminderte
Eignung für die eigenen Produkte. Bei ihm standen dabei weniger die Hitzebeständigkeit und die notwendige größere Menge in der Kritik, sondern vor allem der
Geruch. Motiviert durch diverse Reklamationen hatten im Unternehmen eigene
Vergleichsversuche stattgefunden und das Resultat sprach für das Produkt aus
Holzminden. „Bourbonal habe einen Vanille-Geruch, während die anderen Marken
nach Vanillin d. h. ein mehr chemisches Aroma hätte. [sic]"[86] Nun waren es zwei
Firmen, die dem Bourbonal bessere geruchliche Eigenschaften zuschrieben, denn
auch die Göteborger Keksfabrik bevorzugte diesbezüglich Bourbonal.[87] „H&R setz-
ten ihrem Produkt wahrscheinlich irgendetwas zu, was sie aber für sich behiel-
ten."[88] Eine weitere Vermutung war, dass sich durch die Pulverform des von Hagelberg genutzten Bourbonals Eigenschaften entsprechend verändern könnten und
dort die Ursache läge.[89] Auch wenn an dieser Stelle nicht deutlich wurde, wie der
Konkurrenzkampf um die schwedischen Keksfabrikanten ausging und nicht im
Detail dokumentiert wurde, welche Diskussionen diesbezüglich zwischen den
Kontrahenten geführt wurden, weist der Wettstreit zwischen Bourbonal und Vanillose auf die anhaltende Konkurrenz zwischen den Konventionspartnern hin. In
diesem Fall wurde er auf Basis des Ethylvanillins ausgetragen.

Die in diesem Teilkapitel nachgezeichneten Bewegungen von Vanillin und
Ethylvanillin verdeutlichen die Charakteristika der Vanillin-Konvention(en). Einerseits sticht die globale Marktmacht der internationalen Konvention hervor.
Durch den Zusammenschluss der größten und einflussreichsten Firmen aus der
chemischen und pharmazeutischen Industrie und in Einzelfällen aus der Spezial-
sparte Aroma- und Duftstoffe war die Vanillin-Konvention in der Lage, den Vanillin-Markt in entscheidender Weise zu dominieren und zu prägen. Vanillin und
Ethylvanillin wurden von Europa aus (insbesondere aus Deutschland durch die

---

86 Aktiebolaget Anilinkompaniet, 03.06.1937, Firma C. W. Hagelberg & Co., Göteborg, Landesarchiv
Sachsen-Anhalt (LASA): I532 Nr. 3022.
87 I.G. Farbenfabrik, Riechstoff-Abteilung, IG Berlin SO36, 04.06.1937, C. W. Hagelberg & Co., Göteborg
Aethylvanillin, Landesarchiv Sachsen-Anhalt (LASA): I532 Nr. 3022.
88 Aktiebolaget Anilinkompaniet, 03.06.1937, Firma C. W. Hagelberg & Co., Göteborg, Landesarchiv
Sachsen-Anhalt (LASA): I532 Nr. 3022.
89 Aktiebolaget Anilinkompaniet, 05.06.1937, C. W. Hagelberg & Co., Göteborg, Landesarchiv Sachsen-
Anhalt (LASA): I532 Nr. 3022.

deutsch-schweizerische Gruppe) in die Welt verschickt und dort in den jeweiligen Konsumgütern eingesetzt. Dabei trat die Konvention nach außen geschlossen und entschieden auf. Andererseits wird die intern anhaltende Konkurrenz der Konventionsmitglieder untereinander spürbar. Zwar bemühten sie sich um Qualitätsnormierungen ihrer Stoffe, trotzdem konnten sowohl die (Ethyl)Vanillin-Typen der jeweiligen Unternehmen als auch Vanillin und Ethylvanillin miteinander im Wettbewerb stehen. Auch wenn sich die Unternehmen zu einer Konvention zusammengeschlossen hatten, waren der eigene Verkauf und die eigene Marktpräsenz zu bevorzugen. Die Ausrichtung der Wettbewerbsaktivitäten konnte sich dabei sowohl an den Stoffen orientieren, indem lokal gezielt unterschiedliche Vanillin-Typen miteinander konkurrierten, oder es wurde mithilfe von Preisen Druck ausgeübt. Ein Zusammenschluss unterband in keiner Weise die Machtkämpfe zwischen den Firmen der deutsch-schweizerischen Gruppe und den internationalen Partner:innen, die sich auf einigen Märkten global beobachten ließen.

2.3 Vom „Außenseiter" zum Mitglied? Verhandlungen mit der Vanillin-Fabrik Hamburg-Billbrook

Die Mitglieder der Vanillin-Konvention konnten im Verlauf ihrer Gültigkeit wechseln. Je nach wirtschaftlicher Lage und Interessen eines Unternehmens war es vorteilhaft Mitglied oder „Außenseiter" zu sein. Außerdem hatten unter Umständen die aktiven Mitglieder der Konvention ein Interesse daran, bestimmte, möglicherweise besonders konkurrenzstarke oder im Aufbau befindliche Fabrikant:innen in die Konvention zu holen, um die eigene Marktmacht abzusichern. Der Verhandlungsprozess zwischen den Firmen verlief unterschiedlich und war von individuellen Interessen und Bedingungen geprägt. An dieser Stelle werden nun die Verhandlungen zwischen der Vanillin-Konvention und der Vanillin-Fabrik aus Hamburg-Billbrook zwischen 1930 und 1931 detailliert geschildert. Dieses Fallbeispiel eignet sich in besonderer Weise für die Darstellung und Analyse des industriellen Vanillin-Netzwerks in Deutschland, der Entwicklung der nationalen und internationalen Vanillin-Konvention und des Einflusses bestimmter Unternehmen auf das Fabrikations- und Marktgeschehen.

Ausgehend von einem Beschluss der deutsch-schweizerischen Konvention hatte die Agfa im Juni 1930 Beitrittsverhandlungen mit der Hamburger Firma aufgenommen.[90] Diese stellte Vanillin aus Eugenol her,[91] wobei die tatsächliche Produk-

---

90 Möllmann, 02.02.1931, Akten-Notiz. Betr. Verhandlungen mit der Vanillin-Fabrik, Hamburg, Bundesarchiv (BArch): R8128 17849.

tion vom gültigen Nelkenölpreis abhängig war. Bei zu hohen Kosten (wie es im Sommer 1930 der Fall gewesen war) stoppte die Fabrik zeitweise die Eigenproduktion und kaufte stattdessen das benötigte Vanillin bei den Lyssia-Werken[92] ein.[93] Die Pläne der Konventionsfirmen sahen vor, dass bei einer Bindung Hamburgs diese ihre Eigenproduktion grundsätzlich einstellen und Vanillin ausschließlich über die Konvention beziehen sollte, die die Liefermengen quotengemäß untereinander aufteilen würde.[94] Dies wollte die Vanillin-Fabrik nicht akzeptieren und forderte, dass eine Wiederaufnahme der Eigenproduktion bei günstigen Nelkenölpreisen gestattet sein müsste.[95] Während die Hamburger Firma naturgemäß versuchte, die bestmöglichen Konditionen für sich zu erwirken, zielte die Konvention darauf ab, die Bedingungen so zu halten, dass auf mittel- und langfristige Sicht keine potentielle starke Konkurrenz geschaffen würde. Die Verhandlungsthemen umfassten Lieferpreise, Verkaufspreise, Kündigungsfristen, Kontingente der Aromastoffe Vanillin und Ethylvanillin sowie Rabatte. Jedes Unternehmen der Konvention hatte zu diesen Themen eine eigene Meinung und es waren zahlreiche Briefwechsel und Telegramme erforderlich, um eine Abstimmung innerhalb der deutsch-schweizerischen Konvention zu erreichen. Bis Anfang Dezember 1930 war noch kein für alle Parteien zufriedenstellendes Resultat erzielt worden. Erst am 06. Januar 1931 versandte die Konvention die ausgearbeiteten Vertragsunterlagen zur Unterschrift nach Hamburg. Die darin vorgesehenen Mengen beliefen sich auf 8 t Vanillin und 2½ t Ethylvanillin im Jahr: Hamburg musste die Eigenproduktion einstellen, diese konnte jedoch sowohl ganz als auch teilweise wieder eingesetzt werden, wobei eine Bindung an Konventionsbedingungen bestehen bliebe: Hamburg würde Vanillin mit einem Rabatt von 15 % auf den niedrigsten Konventionspreis von den Konventionsfirmen beziehen.[96] Doch obwohl der Vertrag durch gemeinsame Absprachen

---

91 Eugenol ist Bestandteil des Nelkenöls. Siehe Teil I, Kapitel 2.

92 Das Wiesbadener Unternehmen war ein bekannter Partner von Dr. Oetker. Der Inhaber Max Brings war jüdischer Abstammung und in Folge dessen wurde seine Firma während des Nationalsozialismus unter Beteiligung von Boehringer Mannheim „arisiert". Siehe dazu: Jürgen Finger, Sven Keller und Andreas Wirsching, *Dr. Oetker und der Nationalsozialismus: Geschichte eines Familienunternehmens; 1933–1945*, 2. Aufl. (München: C. H. Beck, 2013), 127.

93 Möllmann, circa 03.07.1930, Niederschrift über die Unterredung mit Herrn Hans Dieckmann, Geschäftsführer der Vanillin-Fabrik G.m.b.H., Hamburg-Billbrook, am 27.6.30, Bundesarchiv (BArch): R8128 17849.

94 Kockzius, 25.09.1930, Vanillin. Vanillin-Fabrik G.m.b.H., Hamburg, S. 1–3, hier S. 2, Bundesarchiv (BArch): R8128 17849.

95 Otto; Schill, 22.09.1930, Vanillin. Verhandlungen mit der Vanillin-Fabrik G.m.b.H., Hamburg-Billbrook, S. 1–3, Bundesarchiv (BArch): R8128 17849.

96 Schill; Möllmann, 06.01.1931, Vanillin/Aethylvanillin. Vertrag., S. 1–4, Bundesarchiv (BArch): R8128 17849.

und Kompromisse zwischen der Konvention und Hamburg entstanden war und die Konvention mit einer Unterzeichnung rechnete,[97] kam es anders. Tatsächlich übte die Vanillin-Fabrik heftige Kritik an dem Vertragsentwurf und beschuldigte die Konventionsfirmen, gänzlich in ihren und entgegen den Interessen Hamburgs zu handeln. Zwar würde sich die Vanillin-Fabrik zunächst an die konventionalen Preisbindungen halten, es müssten vor einer Unterzeichnung aber deutliche Nachbesserungen des Vertrags erfolgen.[98] Die neuen Forderungen der Hamburger wichen aus Sicht der Konvention weit von den ursprünglichen ab und warfen außerdem gänzlich neue Aspekte auf,[99] sodass

> wir [Hoffmann-la-Roche Basel; Anm. PSG] [...] nicht mehr [sehen], was die Vanillin-Fabrik eigentlich will; oder vielleicht kann man einfach sagen, sie hofft dadurch, dass sie sich von Zusagen, die sie in den Verhandlungen gegeben hat, zurückzieht, im letzten Moment noch etwas zu ernten.[100]

Auch die I.G. Farben vermutete eine bestimmte Taktik hinter dem Verhalten der Vanillin-Fabrik.[101] Nichtsdestoweniger wurde an den Verhandlungen festgehalten, nachgebessert und ein weiterer Entwurf erstellt, der bereits Anfang Februar 1931 vorlag. Doch auch dieses Mal legte die Vanillin-Fabrik, ungeachtet des bereits bestätigten Protokolls und der damit quasi Zustimmung zu den gefassten Beschlüssen, erneut einen stark abweichenden Gegenentwurf vor, der nahezu unannehmbar für die Konvention war.[102]

Tatsächlich schien dieses Vorgehen weniger eine eigene Taktik der Vanillin-Fabrik Hamburg-Billbrook gewesen zu sein, als vielmehr die nicht unmittelbar sichtbaren Bestrebungen der Firma Riedel-de Haën. Diese besaß die Mehrheit am Hamburger Unternehmen.[103] Obwohl dies der Konvention bekannt gewesen war,

---

97 I.G. Farben Aktiengesellschaft, 19.01.1931, Betr. Vanillin/Aethylvanillin, Bundesarchiv (BArch): R8128 17849.

98 Vanillin-Fabrik G.m.b.H., 17.01.1931, Betr.: Vanillin/Aethylvanillin, S. 1–3, Bundesarchiv (BArch): R8128 17849.

99 Otto; Möllmann, 20.01.1931, Verhandlungen mit der Vanillin-Fabrik, Hamburg, Bundesarchiv (BArch): R8128 17849.

100 Dr. Gsell, 21.01.1931, Vanillin. Verhandlungen mit der Vanillin-Fabrik, Hamburg, Bundesarchiv (BArch): R8128 17849.

101 I.G. Farben Aktiengesellschaft, 19.01.1931, Verhandlungen mit der Vanillin-Fabrik, Hamburg, Bundesarchiv (BArch): R8128 17849.

102 F. Hoffmann-La Roche & Co. AG Berlin, 07.02.1931, Vanillin. Betr.: Vanillinfabrik, Hamburg, S. 1–3, Bundesarchiv (BArch): R8128 17849.

103 Möllmann, circa 03.07.1930, Niederschrift über die Unterredung mit Herrn Hans Dieckmann, Geschäftsführer der Vanillin-Fabrik G.m.b.H., Hamburg-Billbrook, am 27.6.30, Bundesarchiv (BArch): R8128 17849.

schien sie zunächst nicht die Interessen Riedel-de Haëns hinter dem schwankenden Verhalten der Hamburger zu vermuten. Ein erster direkter Hinweis auf den
potentiellen Einfluss von Riedel- de Haën hinsichtlich des geplanten Abkommens
wurde durch das Holzmindener Unternehmen Haarmann & Reimer eingebracht,
das sich im Oktober 1930 hinsichtlich des Einflusses des Konkurrenten auf die Vanillin-Herstellung in Hamburg äußerte und anregte, Riedel-de Haën müsste in
dem Vertrag mitberücksichtigt und am besten ebenfalls einbezogen und gebunden
werden.[104] Zu einer unmittelbaren Auseinandersetzung mit dieser Firma kam es
allerdings im weiteren Verlauf nicht. Als jedoch schließlich die Erklärung von der
Vanillin-Fabrik kam, dass sie sich insofern nicht der konventionalen Regelung der
Nicht-Unterstützung von „Außenseitern" unterwerfen konnten, da sie an Riedel-de
Haën gebunden wären,[105] wurde die aussichtslose Situation der Beitrittsverhandlungen endgültig deutlich. Riedel-de Haën hatte bereits bei früheren Bemühungen
um eine Aufnahme in die Konvention derart weitreichende Forderungen gestellt,
dass eine Zusammenarbeit bis dato unmöglich gewesen war und nach Ansicht von
Hoffmann-la-Roche Basel würde dies auch zum Zeitpunkt der Verhandlungen mit
Hamburg der Fall sein.[106] Das Fazit der Konvention fiel wie folgt aus:

> „Die Verhandlungen mit der Vanillin-Fabrik sind daran gescheitert, dass Riedel- de Haën, der
> sie offenbar kontrolliert, zu weitgehende Rechte verlangt, die wir nicht zugestehen können;
> weitere Verhandlungen mit der Vanillin-Fabrik sind daher zwecklos."[107]

Hier trafen die Interessen der mächtigen Firmen der Vanillin-Konvention mit denen
eines starken „Außenseiters" aufeinander. Zwar interagierten Riedel-de Haën und
die Konventionsfirmen nicht direkt, allerdings war erstere durch ihren Anteil an
der Vanillin-Fabrik in der Lage, das Geschehen maßgeblich zu beeinflussen und zu
bestimmen. Es ist ein wenig verwunderlich, dass die Konvention diese Einflussnahme nicht bereits früher während der schwierigen Verhandlungen vermutete
(zumindest wird dies in der Korrespondenz nicht deutlich), wo doch die Teilhabe
Riedel-de Haëns an der Hamburger Firma bekannt gewesen war. Zwar trat Riedel-
de Haën ein paar Jahre später der Konvention bei (im Schema aus dem Jahr 1937 ist

---

104 Dr. Wilhelm Haarmann; Axt, 21.10.1930, Vanillin. Verhandlungen mit der Vanillin-Fabrik,
Hamburg, Bundesarchiv (BArch): R8128 17849.
105 F. Hoffmann-La Roche & Co. AG Berlin, 07.02.1931, Vanillin. Betr.: Vanillinfabrik, Hamburg, S. 1–3,
hier S. 3, Bundesarchiv (BArch): R8128 17849.
106 Dr. Gsell; Girard, 10.02.1931, Vanillin. Vanillin-Fabrik, Hamburg, Bundesarchiv (BArch): R8128
17849.
107 F. Hoffmann-La Roche & Co. AG Berlin, 07.02.1931, Vanillin. Betr.: Vanillinfabrik, Hamburg, S. 1–3,
hier S. 3, Bundesarchiv (BArch): R8128 17849.

das Unternehmen gelistet, siehe Abb. 1) und auch die Vanillin-Fabrik wurde Mitglied, in den Jahren 1930–1931 jedoch war noch keine Verständigung möglich. Aus diesem Grund mahnten die Konventionsfirmen an, es müsste besonders darauf geachtet werden, die „Außenseiter" aus Hamburg und Riedel-de Haën nach Möglichkeit zu schwächen und in keinem Fall zu starken Konkurrenten werden zu lassen, insbesondere nicht angesichts der sich zu diesem Zeitpunkt in Planung befindlichen internationalen Vanillin-Konvention.[108] Dies konnte beispielsweise durch eine bestimmte konventionale Preispolitik und Lieferkettensteuerung erreicht werden. Ein weiteres Mal standen die Stärkung des Guajakol-Vanillins und die Bekämpfung des Eugenol-Vanillins im Fokus der Maßnahmen (siehe Teil I, Kapitel 5). In Hamburg wurde Eugenol-Vanillin produziert und diese Herstellung würde auch bei Wiederaufnahme der Produktion gewählt werden. Die Konvention allerdings würde Guajakol-Vanillin an die Vanillin-Fabrik liefern.[109] Aus dem Hause Boehringer Mannheim kam die Anregung,

> dass die Welt-Konvention sowieso auf die evtl. Konkurrenz in Eugenol-Vanillin Rücksicht zu nehmen hat, d.h. eine Preispolitik treiben muss, die das Eugenol-Vanillin zu allen Zeiten konkurrenzunfähig macht.[110]

Guajakol-Vanillin war in den meisten Fällen preisgünstiger als Eugenol-Vanillin[111] und daher ohnehin bereits in einer benachteiligten Position gegenüber der Vanillin-Konvention, die hauptsächlich (nicht ausschließlich) mit Guajakol-Vanillin handelte. Auf den Hinweis seitens Haarmann & Reimer hin, die anmerkten, dass das Konventionsmitglied Bush (Gruppe 3) und sie selbst Eugenol-Vanillin produzierten,[112] betonten die Mannheimer, dass sich ihr taktischer Vorschlag selbstverständlich nur auf „Außenseiter" bezöge und nicht auf Konventionsmitglieder.[113] Wie auch in den 1920er Jahren wird an dieser Stelle der Wettkampf zwischen Guajakol- und Eugenol-Vanillin deutlich, der insbesondere durch die Agfa und Boehringer Mannheim zu

---

108 Fritzsching; Kockzius, 10.02.1931, Betr. Vanillin-Fabrik Hamburg, Bundesarchiv (BArch): R8128 17849.

109 Schill; Möllmann, 06.01.1931, Vanillin/Aethylvanillin. Vertrag., S. 1–4, hier S. 4, Bundesarchiv (BArch): R8128 17849.

110 Fritzsching; Kockzius, 10.02.1931, Betr. Vanillin-Fabrik Hamburg, Bundesarchiv (BArch): R8128 17849.

111 Dr. Wilhelm Haarmann; Axt, 05.02.1931, Vanillin. Verhandlungen mit der Vanillin-Fabrik, Hamburg, Bundesarchiv (BArch): R8128 17849.

112 Axt; Dr. R. Schmidt, 12.02.1931, Vanillin. Vanillin-Fabrik, Hamburg, Bundesarchiv (BArch): R8128 17849.

113 Fritzsching; Kockzius, 13.02.1931, Vanillin. Vanillin-Fabrik, Hamburg, Bundesarchiv (BArch): R8128 17849.

Gunsten des ersteren betrieben wurde und die genutzt werden konnte, wenn unter Umständen mächtige „Außenseiter" nicht in die Konvention integriert werden konnten.

Anhand der gescheiterten Aufnahmeverhandlungen mit der Vanillin-Fabrik Hamburg-Billbrook können das Netzwerk der Vanillin-Produzenten, die Gewichtung der Konvention und die Positionierung verschiedener Vanillin-Typen auf dem Markt näher betrachtet werden. Es war wichtig, eine funktionierende Balance zwischen Eigen- und Fremdinteressen zu finden, wenn ein Unternehmen sich einer Konvention zum Zwecke der gemeinsamen Marktmacht anschließen wollte. Denn in einer solchen Gruppierung waren häufig Kompromisse vonnöten, die gegebenenfalls den eigenen Vorstellungen widersprachen oder sie zumindest nicht abdeckten. Die Bedingungen einer Mitgliedschaft in der Vanillin-Konvention mussten demzufolge dergestalt sein, dass es sich für beide Seiten lohnte, diese Kompromisse einzugehen. Je stärker die Marktposition einer Firma war, desto eher konnte sie Forderungen stellen und durchsetzen. Dies wird daran deutlich, dass es der Vanillin-Fabrik Hamburg-Billbrook trotz beachtlicher Kompromisse schlussendlich nicht gelang, die von Riedel-de Haën eingebrachten Forderungen durchzusetzen. Dazu war der empfundene Konkurrenzdruck des „Außenseiters" nicht stark genug, um dem Zusammenschluss der Agfa, Hoffmann-la-Roche Basel und Berlin sowie Boehringer Mannheim die nötige Besorgnis und daraus resultierende Kompromissbereitschaft abzuringen. Gleichzeitig wird deutlich, dass auch Interessen und Bedürfnisse der geplanten internationalen Vanillin-Konvention bei den Verhandlungen berücksichtigt wurden. An unterschiedlichen Stellen wurde klar gemacht, dass bestimmte Wünsche seitens der Vanillin-Fabrik von der deutsch-schweizerischen Konvention nicht zugesagt werden können, da es sich zum Beispiel bei bestimmten Preisfragen um international gemeinschaftlich abzustimmende Probleme handelte. Also nicht nur auf nationaler Ebene, auch auf internationaler Ebene mussten Kompromisse gefunden und Vorgehensweisen genau abgestimmt werden. Ein dritter Faktor, der am Beispiel Hamburgs hervorsticht, ist die Abhängigkeit von anderen Unternehmen. Während im Falle Hamburgs die Firma Riedel-de Haën Hauptanteilseignerin war und damit unmittelbar am Vanillin-Geschäft der Hamburger beteiligt, lagen auch bei anderen Firmen Abhängigkeiten vor. Rohstofflieferant:innen und Abnehmer:innen mussten bei Konventionseintritt Berücksichtigung finden, da die Regeln eine Unterstützung jedweder Form von „Außenseitern" verboten. Dies stärkte die Position der Konvention, allerdings scheiterte im Falle Hamburgs der Beitritt insbesondere daran, dass Riedel- de Haën als „Außenseiter" dann nicht mehr hätte beliefert werden dürfen, was schlicht unmöglich gewesen war. Ein letzter Punkt ist die Positionierung von Eugenol-Vanillin im Vergleich zu Guajakol-Vanillin auf dem Markt. Guajakol-Vanillin war im Herstellungsprozess kostengünstiger und insbesondere bei den Konventionsfirmen beliebt, wo die nötigen Rohstoffe durch andere Produktionszweige bereits vorhanden waren. Eugenol-Vanillin hingegen war abhängig vom Nelkenöl, dessen Preise höher lagen als die des Guajakols. Die Konvention fürchtete sich entsprechend weniger vor Konkurrent:innen, die Eugenol-Vanillin herstellten. Konnte eine profitable Produktion von Guajakol-Vanillin ausgeschlossen werden (wie es bei Hamburg der Fall war) verringerte sich das wahrgenommene Risiko signifikant.[114] Eigeninteressen der einzelnen Unternehmen, konventionale Interessen (national und international) sowie die Marktpositionierung der Vanillin-Typen waren Kernelemente der Organisation und der Arbeit der Vanillin-Konvention.

3 Ersatzgeschmack im Krieg? Die Fälle Kunstpfeffer, Coffarom und Vanillin

3.1 Kunstpfeffer

Während Elisabeth Vaupel den Kunstpfeffer und dessen Entwicklungsgeschichte erforscht hat,[115] wird er nun ihm Rahmen der Analyse der Ersatzstofffrage als Vergleich zum Vanillin herangezogen. Dazu bieten sich synthetischer Pfeffer und Vanillin als sehr verschiedene Produkte jedoch mit ähnlichem Ziel als Vergleichsobjekte an. Während Vanillin dabei nicht als klassischer Ersatzstoff bezeichnet werden kann, ist „synthetischer Pfeffer", auch Kunstpfeffer genannt, ein eindeutiger Ersatzstoff. Worin die charakterlichen Unterschiede zwischen beiden Produkten liegen, wird in der folgenden Untersuchung erläutert.

Pfefferersatz war bereits während des Ersten Weltkriegs entwickelt und seit 1916 in größerem Maß hergestellt worden. Die Arbeiten dazu prägte insbesondere Hermann Staudinger, der 1915/1916 ein Herstellungsverfahren von Piperin und damit von synthetischem Pfeffer ausgearbeitet hatte (siehe Teil I, Kapitel 4.1). Da allerdings weder der Preis noch die geschmackliche Qualität gegenüber Naturpfeffer konkurrenzfähig gewesen war, hatten sich Fabrikation und Vermarktung über die Zeit des Mangels hinaus nicht halten können.[116] Ähnliches ließ sich auch in den

---

114 Fritzsching; Kockzius, 10.02.1931, Betr. Vanillin-Fabrik Hamburg, Bundesarchiv (BArch): R8128 17849.

115 Elisabeth Vaupel, „Hermann Staudinger und der Kunstpfeffer. Ersatzgewürze", *Chemie in Unserer Zeit* 44, Nr. 6 (Dezember 2010): 396–412; Elisabeth Vaupel, „Ersatzgewürze (1916–1948). Der Chemie-Nobelpreisträger Hermann Staudinger und der Kunstpfeffer", *Technikgeschichte* 78, Nr. 2 (2011): 91–122.

116 Prof. Dr. Hermann Staudinger, 16.11.1939, Brief an Hans Schmalfuß, Archiv des Deutschen Museum München: NL 088/DII 18.18.

1930er Jahren beobachten. Der Preis des Kunstpfeffers konnte auch weiterhin nicht mit dem des Naturprodukts konkurrieren und erschwerend kam ebenso die geschmackliche Qualität hinzu, die nach wie vor nicht in ausreichender Weise an die des Naturpfeffers heranreichte.[117] Dennoch begann das Interesse innerhalb Deutschlands an einem Pfefferersatz in den 1930er Jahren wieder zu wachsen, da mit einer heimischen Pfefferproduktion möglicherweise Devisen gespart werden konnten.[118] 1935 wurden Proben des Kunstpfeffers zur Testung an eine Konservenfabrik und an die Süddeutsche Gesellschaft für das Fleischereigewerbe gesandt. Obwohl zu diesem Zeitpunkt das Interesse noch nicht ausreichend war, um im großen Stil zu produzieren, sollte das Produkt vorab getestet werden, um später darauf zurückgreifen zu können. Während sich die Konservenfabrik zufrieden zeigte, bemängelten die Fleischproduzent:innen die geringe Schärfe des Kunstpfeffers.[119] Der unzureichende Geschmack des Präparats sowie dessen Preis blieben anhaltende Hindernisse in der Produktion des Ersatzgewürzes. Nichtsdestotrotz bekam die „Pfeffer-Frage" durch den Vierjahresplan verstärkten Aufwind[120] und die Entwicklung wurde erneut vorangetrieben.

Mit Beginn des Zweiten Weltkriegs erlebte der Kunstpfeffer sein endgültiges Revival. So schrieb Hans Schmalfuß[121] aus Hamburg, der dort die wissenschaftliche Betreuung in Ernährungsfragen des Wehrkreises übertragen bekommen hatte, im November 1939 an Hermann Staudinger: „Heute rief nun das Staatsernährungsamt bei mir an und bat mich, diese Fragen [synthetischer Pfeffer und Kaffeearoma;

---

117 Prof. Dr. L. Lautenschläger, 18.01.1934, Brief an Hermann Staudinger, S. 1–3, hier S. 2–3, Archiv des Deutschen Museum München: NL 088/DII 18.5.

118 Prof. Dr. Hermann Staudinger, 30.08.1933, Brief an L. Lautenschläger, Archiv des Deutschen Museum München: NL 088/DII 18.1.

119 Prof. Dr. L. Lautenschläger, 15.04.1935, Brief an Hermann Staudinger, Archiv des Deutschen Museum München: NL 088/DII 18.13.

120 Prof. Dr. L. Lautenschläger, 19.02.1937, Brief an Hermann Staudinger, Archiv des Deutschen Museum München: NL 088/DII 18.16.

121 Hans Theodor Constantin Max Schmalfuß, geboren am 28. März 1894 in Hamburg, gestorben am 13. März 1955, studierte in Jena Naturwissenschaften und Medizin. 1917 bestand er, während er im Ersten Weltkrieg diente, sein Physikum und arbeitete seit 1918 am chemischen Staatsinstitut in Hamburg. Dort wurde er im Jahr 1921 promoviert. 1924 wurde er habilitiert und erhielt 1928 die Amtsbezeichnung „Professor". 1931 wurde er zum Leiter des Untersuchungsamtes des chemischen Staatsinstituts der Hanseatischen Universität. Siehe dazu: Hamburgische Universität. Mathematisch-naturwissenschaftliche Fakultät; Hans Schmalfuß, 1924, Habilitationsakte, Universitätsarchiv Hamburg: 361–6_IV 2254.; Hans Schmalfuß, 26.05.1939, Antrag auf Ernennung zum außerplanmäßigen Professor, Universitätsarchiv Hamburg: 361–6_IV 2254.; Hamburger Anzeiger, 1955, Todesanzeige, Universitätsarchiv Hamburg: 361–6_I 361.

Anm. PSG] vordringlich zu behandeln."[122] Nur einen Monat später meldeten die Fleischereien, welche zuvor noch den unzureichenden Geschmack des Kunstpfeffers bemängelt hatten, Bedarf an, laufend mit diesem Produkt beliefert zu werden. Naturpfeffer war zu diesem Zeitpunkt bereits rar.[123] Eine Vertragspartnerin Staudingers für die Vermarktung des Kunstpfeffers war die Hamburger Firma E. Pohl & Co., die unter anderem auch Kunstkardamom und Kunstzimt vertrieb.[124] Im Februar 1940 schlossen beide einen Vertrag.[125] Auch die I.G. Farben vermarktete ihr Kunstpfefferprodukt und in beiden Fällen entwickelte sich das Geschäft gut, besser als zuvor von einigen Teilnehmer:innen erwartet.[126] Wie bereits in den 1910er und 1920er Jahren konnte sich der Kunstpfeffer aber nicht endgültig gegen das Naturprodukt durchsetzen, Bedarf bestand ausschließlich in Mangel- und damit vor allem in Kriegszeiten.[127]

Werden nun die Fälle des Kunstpfeffers und des Vanillins verglichen, so fällt hinsichtlich der Ersatzstofffrage ein wesentlicher Unterschied auf. Kunstpfeffer ist eindeutig als typisches Ersatzprodukt zu bezeichnen. Dies hat mehrere Gründe. Erstens wurde mithilfe verschiedener Inhaltsstoffe die Konsistenz von gemahlenem Pfeffer nachgeahmt, etwa durch den Einsatz unterschiedlicher Trägermaterialien wie Paniermehl und Weizenmehl unter zusätzlicher Zugabe von Farbstoff.[128] Zweitens wurde vorrangig versucht, den Scharfstoff des Naturgewürzes synthetisch darzustellen. Während im Fall des Vanillins ein Bestandteil (die Schlüsselkomponente) der Vanilleschote herausgearbeitet und als Aromastoff vertrieben wurde, sollte im Fall des Pfeffers das Gesamtprodukt Pfeffer kopiert werden. Dies wäre gleichzusetzen mit der Bemühung, eine Vanilleschote nachzubauen, mit Vanillin als einer Komponente. Drittens war Naturpfeffer in Deutschland verbreitet und Teil der gängigen Küche. Der Pfefferersatz kam lediglich dann zum Einsatz, wenn das Naturprodukt knapp war. Er ersetzte also sichtbar die entstehende Lücke und räumte den Platz wieder, sobald Naturpfeffer wieder erhältlich war. Vanillin hin-

---

122 Hans Schmalfuß, 13.11.1939, Brief an Hermann Staudinger, Archiv des Deutschen Museum München: NL 088/DII 18.17.

123 Prof. Dr. L. Lautenschläger, 01.12.1939, Brief an Hermann Staudinger, Archiv des Deutschen Museum München: NL 088/DII 18.21.

124 Hans Schmalfuß, 20.11.1939, Brief an Hermann Staudinger, Archiv des Deutschen Museum München: NL 088/DII 18.19.

125 Prof. Dr. Hermann Staudinger; E. Pohl & Co., 10.02.1940, Vertrag, S. 1–3, Archiv des Deutschen Museum München: NL 088/EI 4.

126 Prof. Dr. Hermann Staudinger, 11.06.1943, Brief an Prof. Dr. Lautenschläger, Archiv des Deutschen Museum München: NL 088/DII 18.33.

127 Vaupel, „Hermann Staudinger und der Kunstpfeffer. Ersatzgewürze", 409.

128 Prof. Dr. L. Lautenschläger, 02.01.1940, Brief an Hermann Staudinger, Archiv des Deutschen Museum München: NL 088/DII 18.27.

gegen war bereits wie Naturpfeffer integriert in die alltägliche Ernährung. Dies unterscheidet die Wahrnehmung und den Einsatz von „synthetischem Pfeffer" maßgeblich von synthetischem Vanillin. Im direkten Vergleich zu Kunstpfeffer erscheint eine Bezeichnung von Vanillin als Ersatzstoff somit eher ausgeschlossen.

3.2 Coffarom

Wie auch beim Kunstpfeffer wird die historische Entwicklung des synthetischen Kaffeearomas Coffarom an dieser Stelle nicht in aller Ausführlichkeit präsentiert und ausgearbeitet, sondern Coffarom wird Entwicklung und Einsatz hinsichtlich der Frage nach dem Ersatzstoffcharakter mit Kunstpfeffer und Vanillin verglichen. Für eine detailliertere Geschichte des sogenannten Coffaroms sei auf den Artikel von Claus Priesner „Ein synthetisches Kaffeearoma" aus *Chemie in Unserer Zeit* von 2014 verwiesen.[129]

Im 19. Jahrhundert begann in Deutschland sowie in ganz Europa die Entwicklung von Kaffee als Konsumgut. Kaffee war in Deutschland schon zu Beginn des Ersten Weltkriegs ein einem großen Teil der Bevölkerung bekanntes Getränk.[130] Für das ursprüngliche Getränk aus den Bohnen der Kaffeepflanze gab es auch Alternativen aus Getreide und anderen Pflanzenarten, da echter Bohnenkaffee kostspielig war und nicht alle sich diesen Luxus regelmäßig leisten konnten. Schon vor Kriegsbeginn wurde verhältnismäßig mehr Kaffee aus Zichorie konsumiert als echter Bohnenkaffee, allerdings wurden im Verlauf der Kriegszeit sowohl Bohnenkaffee als auch die gängigen Alternativen knapp. Dies geschah zum einen, weil diese teilweise aus dem Ausland stammten und nicht mehr problemlos importiert werden konnten, und zum anderen, weil die noch vorhandenen Rohstoffe der überlebenswichtigen Nahrung zugeführt werden mussten. Da die deutsche Bevölkerung jedoch nicht bereit war auf ihren Kaffee zu verzichten, wurde versucht, aus nahezu allem was vorhanden war, Ersatzgetränke zu entwickeln. Dazu zählten auch Ausgangsmaterial wie Aprikosenkerne und Maiskeimlinge.[131]

Die Forschung zu Analyse und Synthese von Kaffeearoma begann während des Ersten Weltkriegs, unternommen von Hermann Staudinger und seinem Assistenten Tadeuz Reichstein. Allerdings gestalteten sich die Arbeiten komplex und es konn-

---

129 Claus Priesner, „Ein synthetisches Kaffeearoma: Von Coffarom zu Nescafé", *Chemie in Unserer Zeit* 48, Nr. 1 (Februar 2014): 22–35.
130 Zur Geschichte des Kaffees siehe beispielsweise: Martin Krieger, *Kaffee: Geschichte eines Genussmittels* (Köln; Weimar; Wien: Böhlau, 2011).
131 August Skalweit, *Die deutsche Kriegsernährungswirtschaft* (Deutsche Verlagsanstalt; Yale University Press: Stuttgart, Berlin, Leipzig, New Haven: 1927), 52–56.

ten keine unmittelbaren Erfolge erzielt werden.[132] Verträge zur genaueren Ausarbeitung und Vermarktung des Kaffeearomas (der Schwerpunkt lag insbesondere auf dem Mokkaaroma des Kaffees) wurden in den 1920er Jahren zwischen Staudinger (der zum Zeitpunkt der Entwicklung des Coffaroms ausschließlich den Schweizer Pass besaß[133]) und der Internationalen Nahrungs- und Genussmittel-Aktiengesellschaft (INGA) in Schaffhausen geschlossen.[134] Ende der 1920er Jahre kam die INGA mit Haarmann & Reimer ins Gespräch und schloss mit den Holzmindenern einen Produktionsvertrag ab.[135] Zwar wurden die Arbeiten am Coffarom stetig fortgesetzt, allerdings blieb ein wesentlicher Durchbruch wegen mangelnder Geschmacksqualität aus.[136]

Wie auch beim Kunstpfeffer verstärkte sich das Interesse am synthetischen Kaffeearoma Coffarom in den 1930er Jahren unter den Nationalsozialisten. Die Versorgung mit Bohnenkaffee wurde kontinuierlich schlechter, die Bestände in den Kaffeelagern nahmen ab und noch vor Ausbruch des Zweiten Weltkriegs war die zivile Versorgung mit Bohnenkaffee von Mangel gekennzeichnet.[137] Die staatlich unterstützte Suche nach heimisch produzierbaren eigentlichen Importgütern beinhaltete konsequenterweise auch das beliebte Heißgetränk.

> Sollte das ‚Coffarom‘ von den hiesigen Fachleuten als gut beurteilt werden, so würde ich es auch für richtig halten, wenn ich [Hans Schmalfuß; Anm. PSG] die Probe nicht nur an das Staatsernährungsamt weiterleite, sondern einen Teil davon auch an das Oberkommando der Wehrmacht, weil ich, wie ich Ihnen vertraulich mitteilen kann, die dortige Anteilnahme für diese Frage kenne.[138]

Ebenso wie der Kunstpfeffer stellte das Coffarom in Ermangelung heimischer Naturpflanzen in Deutschland eine interessante Alternative dar. Allerdings gestaltete sich seine Entwicklung wegen der Komplexität des Kaffeearomas schwierig und zum damaligen Zeitpunkt waren lediglich Einzelkomponenten (unter anderem das

---

132 Prof. Dr. Hermann Staudinger, 16.11.1939, Brief an Hans Schmalfuß, Archiv des Deutschen Museum München: NL 088/DII 18.18.
133 Ohne Verfasser, 21.10.1946, Notiz für Inga über die Besprechung zwischen Prof. Staudinger und Herrn Baer, S. 1–6, hier S. 3, Archiv des Deutschen Museum München: NL 088/DII 19.10.
134 Prof. Dr. Hermann Staudinger; INGA, 30.04.1923, Vertrag, S. 1–12, Archiv des Deutschen Museum München: NL 088/ DII 19.1.
135 INGA, 01.06.1928, Einschreiben an Hermann Staudinger, S. 1–4, hier S. 2, Archiv des Deutschen Museum München: NL 088/DII 19.3.
136 siehe dazu: Priesner, „Ein synthetisches Kaffeearoma“.
137 Hinsichtlich der Forschung über die Bedeutung von Kaffee im nationalsozialistischen Deutschland siehe beispielsweise: Petrick-Felber, *Kriegswichtiger Genuss*, hier: 96–105.
138 Hans Schmalfuß, 12.12.1939, Brief an Hermann Staudinger, Archiv des Deutschen Museum München: NL 088/DII 18.25.

wichtige Furfurylmercaptan[139]) bekannt. Das Gesamtaroma hatte noch nicht entschlüsselt werden können.[140] Dies führte zu erheblichen Schwierigkeiten in der Geschmacksentwicklung, die deutlich hinter dem des Naturprodukts und den Anforderungen zurückblieb.[141]

Nichtsdestoweniger wurden Forschung und Entwicklung fortgeführt und das Aroma blieb von Interesse, auch für ausländische Unternehmen. Dieser Umstand lässt sich insbesondere am Umgang mit Coffarom im Jahr 1946 skizzieren. Auch wenn geschäftliche Korrespondenzen zwischen Deutschland und der Schweiz verboten waren, erreichten Informationen über die Vorgänge bei Haarmann & Reimer hinsichtlich Coffarom die INGA. Die Holzmindener ließen den Schweizern berichten:

> Am 16.8.1946 erschien ein Amerikaner in USA-Uniform namens Dr. E. A. Karas mit einer von der örtlichen Militärregierung ausgefertigten, an uns und eine andere Firma gerichteten Mitteilung, dass ihr Inhaber berechtigt sei ‚to investigate the premises of the firm'. [...] Wir verweigerten zunächst im Einvernehmen mit der örtlichen Militärregierung die Herausgabe von Rezepten und Verfahrensvorschriften und wandten uns an den Verband der chemischen Industrie in Hannover und übergeordnete Stellen der Militärregierung. [...] Wir haben bei allen Protesten geltend gemacht, dass das Coffarom betreffende Verfahren in Ihrem Eigentum stände, es wurde aber sowohl von der amerikanischen Abordnung, sowie der örtlichen Militärregierung ausdrücklich erklärt, dass dies gleichgültig sei. [...] Herr Kerschbaum führte noch aus, dass sie gegen die Beschlagnahmung der Coffarom-Verfahren lebhaft protestiert hätten, was aber gar nichts genützt habe. Ohne die Herausgabe derselben wären sie einfach eingesperrt worden.[142]

Haarmann & Reimer sah sich gezwungen die Rezepte für das synthetische Kaffeearoma herauszugeben und bemühte sich nun, die INGA davon in Kenntnis zu setzen. Diese sollte gegen die Beschlagnahmung Einspruch erheben, um eine völlige Offenbarung der Produktionsverfahren zu verhindern. Da die INGA ein Schweizer Unternehmen war und Hermann Staudinger zum Zeitpunkt der Entwicklung des Coffaroms ausschließlich den Schweizer Pass besessen hatte, konnte das Aroma unter Umständen als Schweizer Entwicklung ausgewiesen werden. Darin sahen die Holzmindener die einzige Möglichkeit, eine Beschlagnahmung abzuwenden und das Wissen innerhalb der Firma zu behalten. Allerdings musste dies wegen des

---

139 Prof. Dr. Hermann Staudinger, 20.10.1933, Brief an L. Lautenschläger, Archiv des Deutschen Museum München: NL 088/DII 18.3.
140 Prof. Dr. Hermann Staudinger; INGA, 30.04.1923, Vertrag, S. 1–12, hier S. 2, Archiv des Deutschen Museum München: NL 088/ DII 19.1.
141 Priesner, „Ein synthetisches Kaffeearoma".
142 Ohne Verfasser, 21.10.1946, Notiz für Inga über die Besprechung zwischen Prof. Staudinger und Herrn Baer, S. 1–6, hier S. 2–3, Archiv des Deutschen Museum München: NL 088/DII 19.10.

Korrespondenzverbots ohne Hinweise auf die Informationsquellen geschehen.[143] Staudinger selbst äußerte den Verdacht, dass das Interesse der US-Amerikaner für das Coffarom möglicherweise von industrieller Seite motiviert worden war. Deryck Lynham aus den USA hatte die INGA und die anderen Coffarom-Teilhaber kontaktiert, da ein Unternehmen in den USA, vertreten in London durch die International Chemical Company Limited,[144] reges Interesse an dem Aroma bekundet hatte.[145] Nun vermutete Staudinger, dass Lynham versuchen könnte, über den militärisch-politischen Weg lizenzfrei an das Rezept und die Herstellungsverfahren zu gelangen. Dies stellte sich jedoch als haltloser Vorwurf heraus, da die Beschlagnahmung durch das US-Militär bereits vor dem Kontakt mit Lynham stattgefunden hatte.[146] Bedauerlicherweise ließ die Quellenlage eine genaue Aufklärung der Entwicklung nicht zu, dennoch dürfte das Interesse am Coffarom deutlich geworden sein.

Produziert wurde der Aromastoff bei Haarmann & Reimer auch noch in den 1950er Jahren, was einen ersten spannenden Aspekt in der Frage aufwirft, inwieweit dieses Kaffeearoma als Ersatzstoff anzusehen ist. Im Vergleich zum Kunstpfeffer waren beide Stoffe vor allem in Mangelzeiten erfolgreich. Die geschmackliche Qualität des Naturprodukts wurde in beiden Fallbeispielen nicht erreicht, sodass das synthetische Produkt sich nicht nachhaltig gegen sein Naturpendant durchsetzen konnte. Sowohl Kunstpfeffer als auch Coffarom sollten ein verloren gegangenes beziehungsweise stark begrenztes Geschmackserlebnis durch alternative Mixturen erhalten und den Platz des fehlenden Naturprodukts einnehmen. Während sich der Kunstpfeffer jedoch schnell zurückzog, sobald Naturpfeffer wieder zugegen war, verhielt es sich bei Coffarom anders. Dieser Stoff wurde auch noch längere Zeit nach dem Zweiten Weltkrieg bearbeitet und verkauft, auch wenn es weniger das Gesamtaroma, sondern bestimmte Komponenten bediente. Im Gegensatz zum Kunstpfeffer war Coffarom kein Konsumgut, das direkt an die Verbraucher:innen verkauft wurde, sondern ein Aromastoff, der an Produzent:innen von Nahrungsmitteln geliefert wurde. Es handelte sich beim Coffarom nicht um eine Art Kunstkaffee, dies wäre eher bei einem mit Coffarom versetzten Zichorienkaffee der Fall gewesen. Coffarom konnte auch in anderen Produkten wie Schokolade als Geschmackskomponente Anwendung finden. Allerdings blieben die

---

143 Ohne Verfasser, 21.10.1946, Notiz für Inga über die Besprechung zwischen Prof. Staudinger und Herrn Baer, S. 1–6, Archiv des Deutschen Museum München: NL 088/DII 19.10.
144 International Chemical Company Limited, 03.02.1947, Schreiben an die INGA, Archiv des Deutschen Museum München: NL 088/DII 19.14.
145 INGA, 23.01.1947, Schreiben an Hans Grether, Archiv des Deutschen Museum München: NL 088/DII 19.13.
146 Ohne Verfasser, 22.10.1946, Notiz für Inga. Betr. Coffarom, Archiv des Deutschen Museum München: NL 088/ DII 19.10.

Möglichkeiten des synthetischen Kaffeearomas hinter den bei der Röstung von Kaffeebohnen entstehenden Aromen zurück. Coffarom erscheint zwar im Vergleich zum Kunstpfeffer weniger wie ein Ersatzstoff denn als ein Baustein, verglichen mit Vanillin aber ist die Bezeichnung als Ersatzstoff hier dennoch in gewisser Weise anwendbar. Zum einen, weil der Einsatz insbesondere in Mangelzeiten diskutiert und ausgebaut wurde und zum anderen, weil sich das synthetische Kaffeearoma nicht nachhaltig gegen das Naturprodukt hatte durchsetzen können. Coffarom kann in diesem Vergleich als eine Art Zwischenstufe zwischen Vanillin und Kunstpfeffer bezeichnet werden. Es besitzt die Eigenschaft von Vanillin, eine Aromakomponente eines Naturstoffs abzubilden und kein vollständiger Nachbau des Naturprodukts zu sein. Gleichzeitig ist es ähnlich wie Kunstpfeffer eine als Ersatzstoff zu bezeichnende Substanz.

3.3 „Codewort Tonol": Vanillin aus Sulfitablauge

Der Rohstoff für die erste Vanillin-Synthese stammte aus Holz. Es war das aus Nadelhölzern gewonnene Coniferin (siehe Teil I, Kapitel 2). Nicht verwunderlich also, dass in diese Richtung weiter geforscht wurde. Bereits 1904 gelang es Viktor Grafe bei seinen Experimenten mit Holz etwas Vanillin aus der beim Versuch entstandenen Sulfitablauge darzustellen.[147] Vierzehn Jahre später setzte Karl Kürschner diese Forschung fort und verfeinerte die Handhabung von Grafe. Kürschner gelang es bei den Untersuchungen von Fichtenlignin[148] ebenfalls, Vanillin mithilfe der Sulfitablauge darzustellen.[149] Doch auch wenn dieser Produktionsweg bekannt gewesen war, so hatte er zu Beginn des 20. Jahrhunderts noch keine industriell-ökonomische Relevanz. Die Ausbeuten waren zu gering und das Prozedere noch nicht ausreichend optimiert, sodass Eugenol und Guajakol bis in die 1930er Jahre in Deutschland weiterhin die bevorzugten Rohstoffe blieben.[150] Dennoch wurden zahlreiche Versuche unternommen, Sulfitablauge profitabel zu machen. Beispiel-

---

147 Viktor Grafe, „Untersuchungen über die Holzsubstanz vom chemisch-physiologischen Standpunkte", *Monatshefte für Chemie*, 1904, 987–1029.

148 Lignin ist ein Biopolymer (Molekülkette), das für die Verholzung bei Pflanzen zuständig ist. Der Begriff leitet sich vom lateinischen Lignum (Holz) ab. Durch seine Funktion werden Pflanzen stabiler und geschützter vor äußeren Einflüssen. In der Papierherstellung wird Lignin meistens von der Zellulose getrennt, da es vergilben würde. Mehr Informationen siehe: „Was ist eigentlich Lignin?", forstcast.net: Waldwissen zum Hören, https://www.lwf.bayern.de/wissenstransfer/forstcast net/232375/index.php, zuletzt geprüft am 02.08.2022.

149 Karl Kürschner, „Die Darstellung größerer Mengen von Vanillin aus Sulfitablauge", *Journal für Praktische Chemie*, 1928, 238–262.

150 Drake, 29.10.1937, Letter to Mc Clintock, Landesarchiv Sachsen-Anhalt (LASA): I532 Nr. 2728.

haft dafür sind die Bemühungen von Hermann Pauly anzuführen, der 1929 ehrgeizige Ziele formulierte:

> Von der Sulfitablauge ist soviel in Deutschland vorhanden, dass man jährlich 24 Millionen Ko Vanillin daraus nach unseren bisherigen Versuchen herstellen könnte. Eine solche Produktion würde die Weltforderung nach Vanillin heute sicher um das 40-fache übertreffen. Allein Aschaffenburg und Waldhoff/Rhein [sic][151] könnten mit ihrer Ablauge den Weltbedarf an Vanillin decken.[152]

Paulys Versuche mündeten schließlich in einem Patentierungsverfahren, gegen das Hoffmann-la-Roche Einspruch erhob. Der Baseler Konzern forderte, dass in dem Patent eine Höchsttemperatur für den Reaktionsablauf festgelegt werden sollte.[153] Nach Ansichten der I.G. Farben zweifelten die Schweizer dabei nicht die Patentierungsfähigkeit des Verfahrens an. Es schien vielmehr darum zu gehen, eine Tür für die eigene Produktion offen zu lassen, also das Patent zu schwächen.[154] Aber Paulys Resultate blieben hinter seinen Erwartungen zurück. Schon Ende 1931 wurde innerhalb der I.G. Farben die Meinung geäußert, „dass das Pauly-Patent eigentlich keine wirtschaftliche Relevanz hat."[155] Auch im darauffolgenden Jahr änderte sich diese Haltung nicht[156] und schon im Februar 1932 wurde die finanzielle Unterstützung mit der Begründung eingestellt,

> dass, zum mindesten bis zur Entscheidung über das Schicksal des Einspruchs, die von Ihnen in Angriff genommenen Wege zur Verbesserung der Wirtschaftlichkeit des Verfahrens für uns zunächst nicht von so wesentlicher Bedeutung erscheinen, dass wir weitere Aufwendungen für Ihre Durchführungen vertreten könnten.[157]

1933 folgte ein weiterer wirtschaftlicher Rückschlag für die Produktion von Vanillin aus Sulfitablauge. Bedingt durch sinkende Nelkenölpreise wurde die Sulfitablauge

---

151 Gemeint sind an dieser Stelle die Aschaffenburger Zellstoffwerke und die Zellstofffabrik Waldhof.

152 Prof. Dr. Hermann Pauly, 21.01.1929, Auszug aus einem Brief an Herrn Grimm, Landesarchiv Sachsen-Anhalt (LASA): I532 Nr. 2726.

153 Dr. May; Dr. Bröcker, 19.12.1931, Vanillin., Landesarchiv Sachsen-Anhalt (LASA): I532 Nr. 2726.

154 Aktiengesellschaft für Papierstoff- und Zellfabrikation, 20./21.01.1931, Vanillin.-Ihr Schreiben vom 19.12.31, Landesarchiv Sachsen-Anhalt (LASA): I532 Nr. 2726.

155 Dr. K/Schn., 14.12.1931, Vanillin., Landesarchiv Sachsen-Anhalt (LASA): I532 Nr. 2726.

156 Dr. May; Dr. Witzmann, 02.07.1932, Herstellung von Vanillin. Ihre Akt.-Nr. 326a, Landesarchiv Sachsen-Anhalt (LASA): I532 Nr. 2726.

157 Dr. May; Dr. Knorr, 26.01.1932, Vanillin., Landesarchiv Sachsen-Anhalt (LASA): I532 Nr. 2726.

gegenüber Eugenol noch unrentabler und damit irrelevant.[158] In der zweiten Hälfte der 1930er Jahre allerdings wuchs das Interesse an Vanillin aus Sulfitablauge wegen neuer US-amerikanischer Ansätze wieder. Am 17. Dezember 1936 berichteten Mitarbeiter:innen der I.G. Farben Standort Berlin ihren Kolleg:innen in Bitterfeld-Wolfen, dass sie von einem neuen Herstellungsverfahren für Vanillin aus den USA gehört hätten, wo die Marathon Paper Mills Company in Wisconsin Zellstoff als Ausgangsmaterial einsetzte und so ein preisgünstiges Vanillin produzierte.[159] Das Geheimnis der Marathon Paper Mills lag offenbar im sogenannten Howard-Prozess, der vom „chief chemist of the Marathon Paper Mills Company"[160] entwickelt worden war. Bei den firmeninternen Recherchen der I.G. Farben stellte sich heraus, dass die Marathon Paper Mills das bis dato einzige auf diese Weise produzierende Unternehmen war. Zwar hielte noch eine Firma in Kanada ein Patent, stellte aber mangels Lukrativität nicht selbst her.[161] Bei dieser Firma handelte es sich um die Howard Smith Paper Mills, die das von der McGill-University zur Verfügung gestellte Verfahren nach Harold Hibbert und George H. Tomlinson (A.P. 2 069 185),[162] genannt Hibbert-Verfahren, nutzte. Diese Monopolstellung der Marathon Paper Mills schien sich mit der Zeit zu ändern, da sich in späteren Quellen vor allem eine Kooperation und Kommunikation seitens der internationalen Vanillin-Konvention mit der kanadischen Firma finden lassen (siehe Kapitel 2.1.1.). Als papierverarbeitenden Unternehmen stand beiden der notwendige Rohstoff Sulfitablauge kostenfrei als Abfallprodukt zu Verfügung und „[d]ie Engländer jedenfalls waren über das Auftauchen dieses neuen Vanillin-Verfahrens sehr beunruhigt."[163]

Die Produktion von Vanillin aus Sulfitablauge, so schätzten Mitglieder der Vanillin-Konvention, ermöglichte einen Einstandspreis von maximal 6 Reichsmark,

158 Dr. May; Dr. Witzmann, 07.06.1933, Vanillin/Absolutierung von Alkohol, Landesarchiv Sachsen-Anhalt (LASA): I532 Nr. 2726.

159 I.G. Berlin SO 36, 17.12.1936, Herstellung von Vanillin aus Zellstoff, Landesarchiv Sachsen-Anhalt (LASA): I532 Nr. 2728.; Dr. Bollmann, 10.01.1938, Bericht über die Entwicklung der Angelegenheit Vanillin aus Sulfitablauge USA, Landesarchiv Sachsen-Anhalt (LASA): I532 Nr. 2728.

160 W. E. Weiss, 15.01.1938, Brief an Direktor Wilhelm Otto, Landesarchiv Sachsen-Anhalt (LASA): I532 Nr. 2728.

161 Wilhelm Otto, 22.12.1937, Letter No. 42, Landesarchiv Sachsen-Anhalt (LASA): I532 Nr. 2728.; Dr. Bollmann, 10.01.1938, Bericht über die Entwicklung der Angelegenheit Vanillin aus Sulfitablauge USA, Landesarchiv Sachsen-Anhalt (LASA): I532 Nr. 2728.

162 Richtzenhain, 18.02.1938, Bericht über die Versuche zur Gewinnung von Vanillin aus Sulfitablauge, S. 1–17, Landesarchiv Sachsen-Anhalt (LASA): I532 Nr. 2728.

163 Schill, 31.10.1936, Fabrikationsaufnahme von Vanillin in Canada, Bundesarchiv (BArch): R8128 17798.

was weit unter dem für die Produktionen aus Guajakol und Eugenol lag.[164] Ein paar Jahre später wurden an anderer Stelle die Preise wie folgt geschätzt: „Holzvanillin" zu 8 Reichsmark pro Kilogramm während Guajakol-Vanillin bei 12–14 Reichsmark lag.[165] Deswegen befürchteten die Mitglieder der Konvention, dass das „Sawdust-Vanillin", auch gelegentlich aus Sicherheitsgründen kodiert als „Tonol" bezeichnet,[166] eine „empfindliche Störung des Marktes"[167] verursachen könnte. Aus diesem Grund verständigte sich die Konvention darauf, „der Konkurrenz von Vanillin aus Sulfitablauge in allen Konventionsmärkten entgegenzutreten."[168] Als ein Mittel dazu wurde die verstärkte Bewerbung von Ethylvanillin diskutiert (siehe Kapitel 2.2.3).[169] Dass die Sorge vor einem preislichen Verfall nicht unbegründet war, untermauert ein Beitrag im November 1937 in *Chemical Industries*, in dem der Preisverfall von Vanillin aus Guajakol (3$) und Eugenol (3,1$) in Zusammenhang mit Vanillin aus Sulfitablauge thematisiert wurde. Innerhalb der I.G. Farben wurde die Vanillin-Preisentwicklung unter der Überschrift „Competition drives Vanillin Price down" zusammengefasst.[170]

Nun wurde genauer geprüft, ob das in den USA angewandte Verfahren auch in Deutschland zur Anwendung kommen könnte. Dazu sandte die I.G. Farben eine Probe ihrer eigenen Buchenholzsulfitablauge zur Überprüfung zur Marathon Paper Mills Company nach Wisconsin. Auch wenn das Resultat positiv ausfiel,[171] wurde in einem zusammenfassenden Bericht aus dem Jahr 1938 Buchenholzsulfitablauge als weniger geeignet für die Produktion im Vergleich zur Fichtenholzsulfitablauge beurteilt. Dies lag daran, dass bei der Verarbeitung von Ablauge aus Buchenholz kein reines Vanillin entstand, sondern ein Aldehydgemisch aus Vanillin und Syringaal-

---

164 I.G. Berlin SO 36, 09.06.1937, Vanillin aus Sulfitablauge. Unser gestriges Ferngespräch, Landesarchiv Sachsen-Anhalt (LASA): I532 Nr. 2728.

165 Sch/Ar, 29.02.1940, Anlage 1 zu B Betr.: Holzvanillin, Bundesarchiv (BArch): R8128 17855.

166 vermutlich Wilhelm Otto (Ohne Verfasser), 09.08.1937, Letter No. 28, Landesarchiv Sachsen-Anhalt (LASA): I532 Nr. 2728.

167 C. F. Boehringer & Soehne G.m.b.H., Mannheim-Waldhof, 23.07.1937, Vertrauliches Schreiben zum Sawdust-Vanillin, Landesarchiv Sachsen-Anhalt (LASA): I532 Nr. 2728.

168 Vanillin-Komitee, Protokoll über die am 21.05.1937 9 Uhr vormittags im Palasthotel in Brüssel stattgefundene Konferenz des Vanillin-Komitees (Übersetzung), Landesarchiv Sachsen-Anhalt (LASA): I532 Nr. 2728.

169 Dr. H. Oldenbourg, 06.04.1937, Bericht No. 36. Besprechung betr. Vanillin/Aethylvanillin auf dem Bureau von Roche Berlin zwischen den Firmen Waldhof, Roche Basel und Roche Berlin am 31. März 1937, 10 Uhr, S. 1–8, hier S. 4, Historisches Archiv Roche (HAR): MV.0.2.1. 102555b.

170 Chemical Industries, November 1937, Competition drives Vanillin Price down (Vol. 14, No. 5), Landesarchiv Sachsen-Anhalt (LASA): I532 Nr. 2728.

171 Dr. Bollmann, 11.12.1937, Brief an Bayer, New York, Landesarchiv Sachsen-Anhalt (LASA): I532 Nr. 2728.

dehyd.[172] Dies bedeutete doppelten Materialaufwand im Vergleich zur Fichten-holzablauge. Je nach Ausgangsmaterial und Methodenwahl konnten die Resultate anders sein und den Vanillin-Preis durch Material- und Verfahrenskosten beein-flussen. Derartige Faktoren waren für die Wahl des Produktionsverfahrens funda-mental. Im Falle Deutschlands aber wurde dies zeitweise anders gewichtet:

> Bei euch, wo ja der Preis erst in zweiter Linie eine Rolle spielt und die Selbstversorgung und Unabhängigkeitsmachung die Hauptrolle spielt würde es vielleicht am ratsamsten sein die Ablauge nach die Neutralisation erst zu konzentrieren, dies kann vielleicht mit der Druckbe-handlung mit Alkali verbunden werden und auf diese Weise gleichzeitig Dampf erzeugt wer-den. [...] In beiden Fällen würde eine vorherige Konzentrierung der Ablauge Kosten ersparen. [...] Eine vorherige Konzentration der Ablauge würde auch für die Wiedergewinnung der Chemikalien, d. h. des Alkalis und des Schwefels vorteilhafter sein.[173]

Obwohl die einheimischen Rohstoffe nicht ideal erschienen, wurden Nutzungspläne im Sinne der nationalsozialistischen deutschen Autarkiebestrebung weiter verfolgt und zu verbessern versucht. Durch ein Vanillin-Produktionsverfahren, das auf zusätzlichen einheimischen Rohstoffen aufbauen konnte, stünde Deutschland im Inland eine weitere Vanillin-Quelle zur Verfügung. Dies dürfte, neben der Sorge um die eigene Markmacht, eine Erklärung für das in den 1930er Jahren hervorste-chende und nicht nach wenigen Jahren wieder abflauende Interesse der I.G. Farben an dem neuartigen Verfahren sein.

Nicht nur bei der I.G. Farben wuchs das Interesse am neuen Produktionsver-fahren für Vanillin, sondern auch bei ihren langjährigen Konventionspartnern Boehringer Mannheim und Hoffmann-la-Roche. Dass das Sulfit-Vanillin nicht nur im internationalen Handel eine empfindliche Störung bedeuten konnte, sondern auch für den internen deutschen Markt, zeigten die Überlegungen dieser beiden Vanil-lin-Produzenten. „Der Waldhof [Boehringer Mannheim; Anm. PSG], der vor dem saw dust eine panische Angst hat, fürchtet, dass die I.G. den Uebergang auf Sulfit-Ablaugen vor hat."[174] Die I.G. Farben in ihrer mächtigen Marktposition vertrieb zahlreiche Rohstoffe für die Vanillin-Herstellung, darunter auch Anisidin, das für die Produktion von Vanillin aus Guajakol notwendig war. Boehringer Mannheim und Hoffmann-la-Roche verfolgten nunmehr zwei Ziele mit einer genaueren Prü-

---

172 Auch 3,5-Demethoxy-4-hydroxybenzaldehyd mit der Summenformel $C_9H_{10}O_4$; Syringaaldehyd besitzt eine Methoxygruppe mehr als Vanillin. In der Natur ist dieser Stoff unter anderem in Ananas und Rum zu finden.
173 Ohne Verfasser, 17.09.1937, Brief zur Frage nach Vanillin aus Sulfitablauge, Landesarchiv Sach-sen-Anhalt (LASA): I532 Nr. 2728.
174 Dr. H. Oldenbourg, 23.09.1937, Mitteilung. Vanillin aus Sulfitablaugen, Historisches Archiv Roche (HAR): PD.3.1.VAN 102603.

fung der Sulfit-Vanillin-Produktion: Zum einen wollten sie verhindern, dass die I.G. Farben allein auf das neue Verfahren umstieg und sich dadurch einen Vorteil verschaffte und zum anderen versuchten sie, Druck auf sie auszuüben, um den Anisidin-Preis zu senken. Eine solche Preissenkung würde das Sulfit-Vanillin im Vergleich zum gängigen Guajakol-Vanillin unlukrativ machen.[175] Boehringer Mannheim und Hoffmann-la-Roche hatten großes Interesse daran, sich von der I.G. Farben unabhängiger zu machen. „Vielleicht führt hier ein in unbegrenzten Mengen vorkommender Abfallstoff zur Erfüllung des Wunschtraumes."[176] Hinsichtlich der in Europa anvisierten Kosten dieses Verfahrens lohnte sich diese Form der Produktion nur in großem Ausmaß, was für Hoffmann-la-Roche Basel allerdings ein Hindernis darstellte. Der Gewinn durch den Verkauf von Vanillin betrug bei Hoffmann-la-Roche Basel im Jahr 1937 200.000 Schweizer Franken, während die Kosten für die Errichtung einer Anlage zur Produktion aus Sulfitablauge mehr als ein Viertel davon betrugen. Der Vanillin-Bedarf der Schweiz lag bei circa 500 kg im Jahr, sodass eine große Produktionsmenge hinsichtlich des Schweizer Marktes wenig sinnvoll gewesen wäre. Anders war es in Deutschland. Dort hatte der Absatzmarkt für Vanillin einen gänzlich anderen Charakter, da allein durch Dr. Oetker ein Bedarf von 30 t gedeckt werden musste.[177]

Während sich zwischen den drei großen Firmen Boehringer Mannheim, Agfa und Hoffmann-la-Roche bezüglich des Sulfit-Vanillins Interessenkonflikte zu Beginn der ernsten Auseinandersetzung mit dem neuen Verfahren ergaben, waren es eben diese Firmen, die sich zwischen Ende der 1930er und Anfang der 1940er Jahre zusammenschlossen, um in die aktive Produktion von Vanillin aus Sulfitablauge einzusteigen. Auch wenn unter anderem die I.G. Farben anfänglich noch zögerlich gewesen war, siegte jedoch die Sorge, den Anschluss an den Vanillin-Markt zu verlieren.[178] Überlegungen zu den Entwicklungen des Sulfit-Vanillins und möglichen Marktentwicklungen auch nach dem Krieg ließen die neue Produktionsmethode zu bedrohlich erscheinen, um ignoriert zu werden. Die drei Großunternehmen be-

---

175 Dr. H. Oldenbourg, 08.07.1938, Bericht No. 62. Besprechung betr. Saw Dust-Vanillin mit dem Waldhof in Basel, Verwaltungsgebäude vom 07.07.1938, S. 1–6, hier S. 3, Historisches Archiv Roche (HAR): PD.3.1.VAN 102603.
176 Dr. H. M. Wuest, 05.02.1937, Rapport. Vanillin aus Sulfitablaugen, S. 1–8, hier S. 1, Historisches Archiv Roche (HAR): PD.3.1.VAN 102603.
177 Dr. H. M. Wuest, 27.01.1938, Rapport. Vanillin aus Sulfitablauge No. 4, S. 3, Historisches Archiv Roche (HAR): PD.3.1.VAN 102603.; Dr. H. M. Wuest, 05.02.1937, Rapport. Vanillin aus Sulfitablaugen, S. 1–8, hier S. 6, Historisches Archiv Roche (HAR): PD.3.1.VAN 102603.
178 Schill, 09.02.1940, Niederschrift über die Besprechung, betreffend Holzvanillin, am 7. Februar 1940 in den Räumen der Agfa, Berlin, Bundesarchiv (BArch): R8128 17855.

schlossen, selbst aktiv zu werden und gründeten die Ligrowa GmbH zur Herstellung von Vanillin aus Sulfitablauge (siehe Kapitel 4.2).

Sulfit-Vanillin wurde mit Ablaugen aus der Zellstofffabrikation produziert. Dass sich diese Fabrikation in Nordamerika eher durchsetzte als in Deutschland, lag unter anderem an der dort besseren Ausgangslage der Papierproduktion.[179] Während die Konvention keine genauen Kenntnisse über die Vorgänge in Wisconsin hatte,[180] waren sie durch die englischen Mitglieder enger mit der Howard Smith Paper Mill in Kanada in Kontakt, die durch ein Abkommen über eine Übernahme bestimmter Mengen des Sulfit-Vanillins an die kanadische Firma gebunden waren. Eine Schwierigkeit beim Verkauf dieses Vanillins an die Kunden war das etwas andere Aussehen im Vergleich zum Konventions-Vanillin, obwohl die Qualität des kanadischen Vanillins nicht zu beanstanden war. Dennoch schienen aus diesem Grund manche Kund:innen eine Abnahme abzulehnen und das bekannte Konventions-Vanillin zu bevorzugen.[181] Dies erweckt zwar den Eindruck, dass der Konkurrenzdruck durch das Sulfit-Vanillin erst einmal gering war, jedoch nahmen die Konventionsmitglieder das aufstrebende Fabrikationsverfahren sehr ernst[182] und sie beobachteten die Entwicklungen sehr aufmerksam.

Vergleichend zum Kunstpfeffer und auch zum Coffarom kann beim Sulfit-Vanillin nicht unmittelbar von einem Ersatzstoff gesprochen werden. Es stellte ein mögliches weiteres Vanillin aus einem anderen Rohstoff dar. Im vorliegenden Fall wurde angedeutet, dass Sulfit-Vanillin wegen geringfügig anderer Eigenschaften (Aussehen) als das bekannte von der Konvention hergestellte Vanillin nicht gut bei manchen Abnehmer:innen ankam. Dieser Aspekt des Austausches von Vanillin-Typen unterschiedlicher Ausgangsstoffe bietet hinsichtlich der Ersatzstofffrage einen interessanten Ansatzpunkt. Vor allem im Zweiten Weltkrieg lassen sich Vorgänge und Reaktionen beobachten, die diesbezüglich neue Perspektiven auf die vorhandenen Vanillin-Typen eröffnen. Eugenol-Vanillin, Guajakol-Vanillin, Sulfit-Vanillin und auch Ethylvanillin standen in gewisser Weise bereits zuvor in Kon-

---

179 Dr. H. Oldenbourg, 08.07.1938, Bericht No. 62. Besprechung betr. Saw Dust-Vanillin mit dem Waldhof in Basel, Verwaltungsgebäude vom 07.07.1938, S. 1–6, hier S. 2, Historisches Archiv Roche (HAR): PD.3.1.VAN 102603.
180 Dr. H. Oldenbourg, 19.10.1937, Bericht No. 49. Bericht über eine Besprechung der Block-Konvention, sowie eine Sitzung der deutsch-schweizerischen Vanillin-Konvention in Berlin, Hôtel Esplanade, 14. & 15. Oktober 1937, S. 1–21, hier S. 4, Historisches Archiv Roche (HAR): MV.0.2.1. 102555b.
181 Dr. H. Oldenbourg, 25.03.1938, Bericht No. 60. Besprechung des Komitees der internationalen Vanillin-Konvention im Hôtel Scribe, Paris, am 24.3.38, S. 1–13, hier S. 8–9, Historisches Archiv Roche (HAR): MV.0.2.1 102555b.
182 Dr. H. Oldenbourg, 19.10.1937, Bericht No. 49. Bericht über eine Besprechung der Block-Konvention, sowie eine Sitzung der deutsch-schweizerischen Vanillin-Konvention in Berlin, Hôtel Esplanade, 14. & 15. Oktober 1937, S. 1–21, hier S. 12, Historisches Archiv Roche (HAR): MV.0.2.1. 102555b.

kurrenz zueinander, was vor allem mit den Ausrichtungen und Interessen der produzierenden Unternehmen zusammenhing. Das Verhältnis dieser Vanillin-Typen zueinander veränderte sich durch die Rahmenbedingungen des Kriegs und gibt der Frage nach einer Bezeichnung von Vanillin als Ersatzstoff eine spannende Wendung. Wie das folgende Kapitel zeigen wird, kann Ethylvanillin durchaus als Ersatzstoff bezeichnet werden, wenn es anstelle von Vanillin in Vanillinzucker eingesetzt wurde. Dies lag unter anderem an den etablierten Einsatzgebieten des Vanillins und an der bestehenden Gesetzeslage zur Herstellung von Nahrungsmitteln. Die Bezeichnung von Ethylvanillin als Ersatzstoff stärkte dabei den naturalisierten Charakter des Vanillins.

4 Vanillin während des Zweiten Weltkriegs: Einsatzgebiete und Produktion

4.1 Vanillin-Mangel beim Großabnehmer Dr. Oetker

Innerhalb der deutschen Vanillin-Konvention, die aus dem Ausscheiden der Schweizer Firmen während des Zweiten Weltkriegs hervorgegangen war, wurde zwischen vier Absatzgruppen unterschieden:

1) V.D.V. = Verkaufsstelle deutscher Vanillin-Hersteller, Berlin, Bereich: Deutschland einschließlich der neu hinzugekommenen Gebiete wie z. B. Warthegau, jedoch ausschließlich Gouvernement Polen
2) Oetker-Geschäft In- und Ausland.
3) Gemeinschaftsverkauf der deutschen Konventionsfirmen im Ausland, und zwar für Dänemark, Norwegen, Schweden, Belgien, Ungarn, Protektorat Tschechoslowakei.
4) Export nach den übrigen Ländern.[183]

Die Auflistung des Bielefelder Unternehmens als eigene Absatzgruppe unterstreicht die Wichtigkeit dieses Kunden und auch die Mengen, die dessen Produktion benötigte. Dass die Firma Dr. Oetker[184] bereits lange vor dem Zweiten Weltkrieg eine der wichtigsten, wenn nicht sogar die wichtigste, Kundin der deutschen Vanillin-Konvention gewesen war, wurde bereits bei der Vorstellung des Konventionsaufbaus deutlich (siehe Kapitel 2). Dr. Oetker gehörte zu den größten Abnehmern von Vanillin, ein Jahr vor Kriegsausbruch bezog das Unternehmen im ersten Halbjahr 1938

---

183 I.G. Farbenfabrik, Riechstoff-Abteilung, IG Berlin SO36, 22.01.1940, Vanillin/Aethylvanillin, S. 1–6, hier S. 1, Landesarchiv Sachsen-Anhalt (LASA): I532 Nr. 3034.
184 Für eine Geschichte des Bielefelder Unternehmens im Nationalsozialismus siehe beispielsweise: Finger, Keller und Wirsching, *Dr. Oetker und der Nationalsozialismus*.

18.550 kg des Aromastoffs, geliefert von Boehringer Mannheim, Agfa, Hoffmann-la-Roche Berlin und Haarmann & Reimer.[185] Im Jahr 1939 waren es insgesamt 33.354 kg Vanillin und 6023 kg Ethylvanillin. Der Bedarf für 1940 wurde auf 45.000 kg Vanillin und 8000 kg Ethylvanillin geschätzt.[186] Die erkennbare Steigerung des Aromastoffbedarfs, der sowohl bei Dr. Oetker als auch bei der Verkaufsstelle deutscher Vanillin-Hersteller (V.D.V.) beobachtbar war, wurde sowohl mit dem wachsenden Konsum entsprechend aromatisierter Lebensmittel begründet als auch mit dem notwendig werdenden Ersatz für Kakao. Dieser Mehrbedarf wäre dringend abzudecken, da er unter anderem für Lieferungen an die Wehrmacht benötigt wurde.[187] Auch die mögliche Abwanderung Dr. Oetkers bei ausbleibender Lieferung zu anderen Firmen musste verhindert werden. Wenig verwunderlich also, dass sich die Lieferant:innen von Dr. Oetker darum bemühten, die steigenden Forderungen der Bielefelder zu decken.[188]

Trotz der Anstrengungen kam es bei dem Nahrungsmittelhersteller bereits zu Beginn des Kriegs im Dezember 1939 vermehrt zu Sorgen um einen möglichen Engpass an Vanillin. Aus einem Gespräch mit der Hauptvereinigung der deutschen Kartoffelwirtschaft ging hervor, dass die Produktion von Vanillinzucker drastisch reduziert werden müsste (1943 war die Produktion gänzlich verboten[189]), da der allgemeine Bedarf an Vanillin für andere wichtige Produkte steigen werde. Es musste folglich eine Priorisierung von Vanillin-haltigen Produkten stattfinden, das Vanillin des Vanillinzuckers sollte auf die Puddingpulverproduktion umverteilt werden. Am 12. Dezember 1939 äußerte Richard Kaselowsky: „Auf die Idee, dass auch Vanillin knapp sein könnte, bin ich noch garnicht gekommen."[190] Während Zucker als wertvoller und einzusparender Stoff gegolten hat (Vanillinzucker wurde bereits zu Beginn des Kriegs vor allem des Zuckers wegen eingespart), stand es um Vanillin offenbar anders. Zumindest bei Dr. Oetker war sich der Unternehmensleiter nicht unmittelbar bewusst, dass auch der Aromastoff von erschwerten Pro-

---

185 Ohne Verfasser, 27.07.1939, Vanillinlieferungen, S. 1–7, hier S. 1, Historisches Archiv Roche (HAR): LG.DE 106768q.

186 I.G. Farbenfabrik, Riechstoff-Abteilung, IG Berlin SO36, 22.01.1940, Vanillin/Aethylvanillin, S. 1–6, hier S. 1, Landesarchiv Sachsen-Anhalt (LASA): I532 Nr. 3034.; ebenso gelistet in: Otto; Schill, 22.01.1940, Vanillin/Aethylvanillin, S. 1–6, hier S. 4, Bundesarchiv (BArch): R8128 17855.

187 Otto; Schill, 22.01.1940, Vanillin/Aethylvanillin, S. 1–6, hier S. 5, Bundesarchiv (BArch): R8128 17855.

188 Otto; Schill, 22.01.1940, Vanillin/Aethylvanillin, S. 1–6, hier S. 2, Bundesarchiv (BArch): R8128 17855.

189 Schill, 07.06.1943, Ergänzende interne Niederschrift über die Sitzung der Vanillin-Konvention vom 2. Juni 43 in Mannheim, S. 1–4, hier S. 1, Bundesarchiv (BArch): R8128 17855.

190 Dr. Richard Kaselowsky, 12.12.1939, Brief an Hans Crampe 12.12.1939, Unternehmensarchiv Dr. August Oetker KG (OeFa): P15 103.

duktionsbedingungen betroffen war. Dessen ungeachtet wurde Vanillin schon zu Beginn des Kriegs in Kreisen der Ernährungswirtschaft als ein wichtiger Stoff im Umgang mit Nahrungsmittelknappheit gehandelt, wie die Einsparungen und Umlagerungen des Aromastoffs andeuten. Angesichts der Bedeutung des Vanillins für die Kriegsernährung mutet die nachfolgende Schilderung der Vanillin-Knappheit und der geringen staatlichen Aufmerksamkeit diesbezüglich umso erstaunlicher an.

Im Januar 1940 kaufte Dr. Oetker, wahrscheinlich aus Sorge um die eigene Produktion, verstärkt Vanillin und Bourbonal (Ethylvanillin), was als „Hamster-kauf"[191] bezeichnet wurde. Doch schon im Juli zeigte sich, dass dieser „Hamster-kauf" nicht allzu übertrieben gewesen war, denn mittlerweile herrschte bei Dr. Oetker Vanillin-Mangel. Dieser verschärfte sich in den folgenden Kriegsjahren, während der Vanillin-Bedarf aber anstieg. In Zahlen ausgedrückt: Während die deutsche Vanillin-Konvention 1940 noch 169.929,625 kg Vanillin verkauft hatte, sank die Menge 1941 auf nur noch 39.399,715 kg.[192] Dies deutet auf die drastisch sinkende Verfügbarkeit für Dr. Oetker hin. Im Jahr 1943 war die Aromatisierung mit Vanillin und Ethylvanillin nur noch für kartenpflichtige Nahrungsmittel (zum Beispiel Puddingpulver) und für Wehrmachtslieferungen gestattet.[193] Doch das Oberheereskommando schien sich aus Sicht von Hans Crampe (Dr. Oetker) nach wie vor zu wenig für die Vanillin-Produktion zu interessieren.[194] Arbeitskräfte und Rohstoffe flossen in „kriegswichtigere Zwecke"[195] und fehlten somit in Vanillin-Produktionsstätten, wie zum Beispiel bei Haarmann & Reimer. Das mangelnde Engagement der Regierung ärgerte die zuständigen Mitarbeiter der Industrie. 1943 setzten sie schließlich ihre Hoffnung auf das Oberheereskommando, weil Vanillin auch für das von der Wehrmacht bestellte Puddingpulver zu fehlen drohte. Anfang Februar 1943 ging ein Schreiben an den Reichswirtschaftsminister (zu Händen von Herrn Ministerialdirigent Mulert):

> Nach den mir vorliegenden Berichten hat die Versorgung mit Vanillin und Äthylvanillin nunmehr einen Stand erreicht, der zu den größten Besorgnissen Anlaß gibt. Die beiden Erzeugnisse werden zum überwiegenden Teil zur Aromatisierung von Puddingpulver, daß den

---

191 Hans Crampe, 20.01.1940, Brief an Kaselowsky 20.01.1940, Unternehmensarchiv Dr. August Oetker KG (OeFa): P15 104.
192 Ohne Verfasser, unbekannt, Vanillin/Aethylvanillin-Umsätze, Bundesarchiv (BArch): R8128 17855.
193 Schill, 07.06.1943, Ergänzende interne Niederschrift über die Sitzung der Vanillin-Konvention vom 2. Juni 43 in Mannheim, S. 1–4, hier S. 1, Bundesarchiv (BArch): R8128 17855.
194 Hans Crampe, 29.01.1943, Brief an Richard Kaselowsky, Unternehmensarchiv Dr. August Oetker KG (OeFa): P15 107.
195 Hans Crampe, 06.11.1942, Brief an Kaselowsky 06.11.1942, Unternehmensarchiv Dr. August Oetker KG (OeFa): P15 107.

Versorgungsberechtigten auf den St-Abschnitten der Nährmittelkarte zusteht, benötigt. Darüberhinaus muß der Bedarf der Wehrmacht in erhöhtem Umfange (Stalingrad usw.) gedeckt werden. Ohne Aromatisierung kann Puddingpulver nicht verwandt werden. [...] Die Firma Dr. August Oetker, Bielefeld, teilte mir z.V. mit, daß ihr die Agfa im Februar nur noch 500 kg Vanillin liefern könne, während der Januarbezug 2.750 kg betrug. Die Puddingpulverherstellung der Firma Oetker muss daher Anfang Februar eingestellt werden.[196]

Möglicherweise änderte die Betonung des Wehrmachtbedarfs die nachlässige Haltung gegenüber der kritischen Situation in der Vanillin-Herstellung. Zumindest wurde einen Monat später der Wunsch des Ministeriums nach einer stabileren Puddingpulverproduktion ausgedrückt, die zwangsläufig auch eine ausreichende Vanillin-Produktion erforderte. Um den Bedarf der Wehrmacht zu decken, musste bei Dr. Oetker auch weiterhin Vanillinzucker eingespart werden. Puddingpulver war wichtiger. Dennoch wies Dr. Oetker darauf hin, dass auch Vanillinzucker Wichtiges in einer Küche leistete, in der es an anderen geschmackgebenden Mitteln fehlte. Entsprechend wertvoll wäre der Beitrag, den Vanillinzucker in der alltäglichen Nahrungsmittelversorgung leistete.[197]

Auffällig in der Argumentation von Dr. Oetker über den Stellenwert des Vanillins und anderer Vanillearomen ist die zuvor angesprochene Formulierung, dass „kriegswichtigere"[198] Produktionen Vorrang hätten. Auch wenn in den Quellen angedeutet wird, dass die beim Reichswirtschaftsministerium und beim Reichsernährungsministerium von der Vanillin-Konvention angestrebte offizielle Anerkennung des Vanillins als kriegswichtig[199] nicht erfolgreich war,[200] schienen Vanillin und auch Ethylvanillin einen besonderen Stellenwert zu haben. Durch sie konnten die von der Wehrmacht geforderten Puddingpulvermengen in genießbarem Zustand hergestellt werden und auch für die Zivilversorgung ermöglichten die vanilligen Aromastoffe entsprechende Produkte. Dass in solchen Fällen häufig allein von Vanillin die Rede war, obwohl es auch zahlreiche andere Aromastoffe gegeben hat, lag unter anderem an den sich durch Einsparung und Knappheit verändernden

---

196 Schuster, 02.02.1943, Vanillin und Äthylvanillin, Unternehmensarchiv Dr. August Oetker KG (OeFa): P15 107.

197 Richard Kaselowsky, 06.03.1943, Brief an Hans Crampe, Unternehmensarchiv Dr. August Oetker KG (OeFa): P15 107.

198 Hans Crampe, 06.11.1942, Brief an Kaselowsky 06.11.1942, Unternehmensarchiv Dr. August Oetker KG (OeFa): P15 107.

199 Schill, 19.10.1942, Interne Niederschrift über die Sitzung der deutschen Vanillin-Konvention am 23.9.42 in Würzburg, S. 1–5, hier S. 5, Bundesarchiv (BArch): R8128 17855.

200 Unternehmen Dr. Oetker, 29.01.1943, Einschreiben an die Hauptvereinigung der deutschen Kartoffelwirtschaft, Unternehmensarchiv Dr. August Oetker KG (OeFa): P15 107.

Trägersubstanzen. Durch veränderte Stärkemischungen für Puddingpulver beispielsweise

> halten sich eine ganze Anzahl der zarten Aromen, wie Himbeere, Zitrone, Ananas etc.
> nur schlecht, sodass wir, wenn der Pudding im Augenblick, in dem ihn die Hausfrau verwendet,
> überhaupt nach etwas schmecken soll, weit mehr Pudding mit Vanille-Geschmack herstellen
> müssen als früher.[201]

Um den Verlust an Geschmacksoptionen mit vanilligem Geschmack ausgleichen
zu können, wären 400 kg Ethylvanillin pro Monat notwendig gewesen, doppelt so
viel wie zu diesem Zeitpunkt an Lieferung vereinbart war. Als Alternative dazu
wurde vorgeschlagen, ein geschmackloses Puddingpulver zu vermarkten, bei dem
die Hausfrauen selbst durch Obstsäfte, Früchte oder auch Vanillinzucker etwas
Geschmack hätten hinzufügen müssen.[202] Ein eigentümlich anmutender Vorschlag,
wurde der Vanillinzucker doch in seiner Herstellung eingeschränkt. Zusätzlich zu
den nicht mehr verarbeitbaren Aromastoffen musste auch in ursprünglichen Ka-
kaoprodukten mehr Vanillin und Ethylvanillin eingesetzt werden, weil auch Kakao
zur Aromatisierung kaum noch zur Verfügung stand.[203] Vanillin sprang also nicht
nur in die Bresche für das allgemein kärgliche Geschmacksangebot, sondern es
übernahm auch die Aromatisierungsaufgabe der anderen Aromastoffe, die während des Kriegs nicht mehr zur Verfügung standen. Daraus ableitend entsteht der
Eindruck, Vanillin und Ethylvanillin könnten als eine Art Ersatzstoff für andere
Aromastoffe bezeichnet werden. Dies ist aber zu verneinen. Erstens waren sie
anders als klassische Ersatzstoffe im Vergleich zum eigentlichen Produkt nicht
von mangelhafter Qualität, sondern robuster und flexibler im möglichen Anwen-
dungsbereich als die zu ersetzenden geschmackgebenden Stoffe. Zweitens waren sie
insofern keine Ersatzstoffe im klassischen Sinne, da Vanillin und auch Ethylvanillin
bereits zuvor etablierte Zutaten gewesen waren, deren Einsatzgebiete und -mengen
lediglich ausgebaut wurden. Vanillin und Ethylvanillin hatten nicht zum Ziel, die
nicht mehr nutzbaren Aromastoffe geschmacklich in irgendeiner Form zu imitie-
ren. Aus diesem Grund erscheint die Nutzung des Begriffs „Ersatzstoff" irreführend,
sie sind vielmehr als „Auswechselspieler" zu sehen.

---

201 Richard Kaselowsky, 12.11.1942, Brief an Hans Crampe, Unternehmensarchiv Dr. August Oetker
KG (OeFa): P15 107.
202 Richard Kaselowsky, 12.11.1942, Brief an Hans Crampe, Unternehmensarchiv Dr. August Oetker
KG (OeFa): P15 107.
203 I.G. Farbenfabrik, Riechstoff-Abteilung, IG Berlin SO36, 22.01.1940, Vanillin/Aethylvanillin,
S. 1–6, hier S. 5, Landesarchiv Sachsen-Anhalt (LASA): I532 Nr. 3034.

Allerdings ist dies nicht die einzige Perspektive aus der Vanillin hinsichtlich der Ersatzstofffrage betrachtet werden kann. Besonders interessant für die Analyse des Ersatzstoffcharakters ist außerdem die Deklaration eines mit Ethylvanillin versetzten Vanillinzuckers. Während im Puddingpulver schon zuvor Ethylvanillin zur Anwendung gekommen war,[204] wurde beim Vanillinzucker ausschließlich Vanillin für die Herstellung verwendet. Der Einsatz von Ethylvanillin war dort verboten,[205] während des Kriegs aber musste bei Dr. Oetker zeitweise Vanillin mit Ethylvanillin im Zuckerprodukt gemischt werden. Dies machte eine veränderte Kennzeichnung erforderlich, die wie folgt gehandhabt wurde:

> Angesichts der bestehenden Knappheit an Vanillin, kann Vanillinzucker künftighin bis zum Erlass anderweitiger Bestimmungen unter Verwendung von mindestens 0,5 % Vanillin und mindestens 0,15 % sog. Aethyl-Vanillin hergestellt werden. [...] Die Kennzeichnung hat in diesem Falle zu lauten: Vanillinzucker 0,5 %ig (in Fettdruck) mit Zusatz von Vanille-Aroma (ebenfalls deutlich hervorgehoben).[206]

Hier wurde eine gewisse Form des Ersatzes der Vanillin-Typen untereinander suggeriert. Ethylvanillin wurde als Ersatz für Vanillin präsentiert. Zusätzlich unterstreicht die gewählte Formulierung die Etablierung und Naturalisierung von Vanillin in bestimmten Nahrungsmitteln. Es ist festzustellen, dass Ethylvanillin hier deklariert werden sollte als „Vanille-Aroma" in Abgrenzung zum Vanillin. Dies mag befremdlich erscheinen, da auch Vanillin eine Form von Vanillearoma ist. Umso stärker wird dadurch die Wirkung auf die Wahrnehmung von Ethylvanillin als Ersatzstoff für Vanillin. Die zu nutzende Aufschrift zeigt, dass das Ethylvanillin normalerweise keinen Platz im Vanillinzucker hatte und daher gesondert betont werden musste. Es ersetzte das knappe Vanillin. In diesem Kontext erscheint es tatsächlich plausibel, Ethylvanillin als Ersatzstoff zu bezeichnen. Dabei gründet sich dieses Verständnis allerdings nicht auf mangelhafter Qualität, sondern auf der Naturalisierung des Vanillins und dem Produktcharakter des Vanillinzuckers. Es war nun einmal Vanillinzucker und nicht Ethylvanillinzucker. Vanillin nimmt hier die Position des zu ersetzenden (Natur)Produkts ein. Um ein weiteres Mal den Vergleich zum Kunstpfeffer heranzuziehen: Vanillin und Naturpfeffer waren die beiden gängigen Alltagsprodukte und diese wurden jeweils durch ein, zuvor noch nicht in dieser Form naturalisiertes und in bestimmten Nahrungsmitteln eingesetztes, etabliertes Produkt ersetzt.

---

204 Richard Kaselowsky, 12.11.1942, Brief an Hans Crampe, Unternehmensarchiv Dr. August Oetker KG (OeFa): P15 107.

205 Vaupel, „Ersatz für die Naturvanille", 50.

206 Unternehmen Dr. Oetker, 24.07.1940, Betr. Vanillinzucker, Unternehmensarchiv Dr. August Oetker KG (OeFa): P5 90.

4.2 Deutsch-Schweizerisches Sulfit-Vanillin? Eine kurze Geschichte der Ligrowa GmbH

Bereits vor Kriegsausbruch hatte es einige Versuche zur kommerziellen Produktion von Vanillin aus Sulfitablauge gegeben (siehe Kapitel 3.3). Sowohl in Deutschland als auch in der Schweiz, den USA und anderen Ländern suchten Aromastoffproduzent:innen die Zusammenarbeit mit Zellstofffabriken, die die benötigte Sulfitablauge in großen Mengen als Abfallstoff produzierten. Während des Kriegs stieg der Bedarf an Vanillin kräftig an, wobei zeitgleich der Zugang zu benötigten Ausgangsmaterialien erschwert wurde. Umso mehr bemühten sich die Produzent:innen um eine effiziente Nutzung alternativer Rohstoffe. Davon ausgehend nahmen die großen Unternehmen Boehringer Mannheim, I.G. Farben und Hoffmann-la-Roche Berlin trotz der zahlreichen Schwierigkeiten während des Krieges zu Kriegsbeginn Verhandlungen auf, um eine neue Firma zu gründen. Dabei war Hoffmann-la-Roche Basel zwar in gewisser Weise in den Prozess involviert, kriegsbedingt jedoch wurde die Zusammenarbeit mit den Schweizern in Sachen Sulfit-Vanillin erst einmal abgebrochen und auf die Nachkriegszeit verlegt.[207] Ziel war es, Rohvanillin[208] aus Sulfitablauge, also mit dem darin enthaltenen Lignin, zu produzieren. Das Verfahren war seit den 1930er Jahren bekannt und wurde in Nordamerika kommerziell eingesetzt. Allerdings hatte sich dieses Produktionsverfahren in Deutschland noch nicht durchgesetzt, hier wurde weiterhin vor allem mit Eugenol und Guajakol gearbeitet. Durch den Zweiten Weltkrieg wuchs das Interesse an anderweitigen Rohstoffquellen und die Produktion von Vanillin aus Sulfitablauge war wieder verstärkt im Gespräch, denn Sulfitablauge als „volkswirtschaftlich wertlose[s] Abfallprodukt"[209] der Zellstofffabriken war eine bis dato ungenutzte mobilisierbare Ressource.

Die erste Sitzung des Gründungsauschusses fand am 24. Juli 1940 statt,[210] die Gründung der Ligrowa GmbH wurde ein Jahr später bestätigt. Der Name setzte sich zusammen aus den Buchstaben der Gründer (I.G. Farben, Waldhof (Boehringer Mannheim), Hoffmann-la-Roche), dem Hauptrohstoff für die Produktion (Lignin)

---

207 Dr. Veiel, 09.07.1941, Aktennotiz Betr. Sulfit-Vanillin, Historisches Archiv Roche (HAR): PD.3.1.VAN 102603.

208 Rohvanillin bezeichnet die Stufe des Vanillins, die noch nicht von Nebenprodukten oder ähnlichem gereinigt worden ist. Ist dies geschehen, wird von Reinvanillin gesprochen.

209 Schwabe, 07.01.1942, Schreiben an den Herrn Beauftragten des Generalbevollmächtigten für Sonderfragen d. chem. Erzeugung, Landesarchiv Sachsen-Anhalt (LASA): I532 Nr. 985.

210 Gründungsausschuß Ligrowa, 25.07.1940, Protokoll über Ausschußsitzung 1 in Mannheim, Mannheimer Hof, am 24.7.1940 der LIGROWA G.m.b.H., S. 1–4, Landesarchiv Sachsen-Anhalt (LASA): I532 Nr. 985.

und dem Produkt (Rohvanillin).[211] Das Stammkapital sollte 1,2 Millionen Reichsmark betragen, zu je einem Drittel getragen von den drei Gründerfirmen. Standort der zunächst geplanten Zwischenanlage sollte Mannheim Waldhof sein, direkt bei Boehringer Mannheim, da hier auch die Zellstofffabrik Waldhof (Zewa) ansässig und somit die unmittelbare Nähe zur Sulfitablauge gewährleistet war.[212] Die unterschiedlichen Vertragsvorschläge seitens der I.G. Farben und Boehringer Mannheim wurden im Rahmen der Beteiligung von Hoffmann-la-Roche Berlin auch mit der Muttergesellschaft in Basel diskutiert. Unter anderem wurde der Punkt, dass die Ligrowa ausschließlich Rohvanillin produzieren sollte, kritisiert. Aus Sicht von Emil Barrell (Hoffmann-la-Roche Basel) sollte sich die Ligrowa nicht schon vertraglich die Möglichkeit zur Produktion von Reinvanillin verbauen. Dies hätte für zukünftige Produktionen unvorteilhaft sein können. Primärer Diskussionsstoff aber war die Machtbalance zwischen den Partner:innen. Weder die Verteilung der Leitungspositionen noch die Festlegung der Einstimmigkeit bei Entscheidungsfindungen oder die Begünstigung bei der Nebenproduktabnahme sollten ein Unternehmen (insbesondere die I.G. Farben) in eine besondere Machtposition heben können. Des Weiteren betonte Barrell, dass Hoffmann-la-Roche Basel keinesfalls der Klausel zustimmen würde, dass sie, inklusive aller Tochtergesellschaften, auf die eigene Produktion von Vanillin verzichten würden. Maximal wäre ein Verzicht auf die Produktion von Lignin-Vanillin (Sulfit-Vanillin) innerhalb der Schweiz möglich.[213] Wie schon in der Vanillin-Konvention war die Zusammenarbeit beim Aufbau der Ligrowa von wirtschaftspolitischen Überlegungen geprägt. Einmal mehr wurden dabei auch die weitreichenden Netzwerke offenbar, in denen sich diese Firmen bewegten.

Ebenso wurden bereits das Kriegsende und die zukünftige Position der Ligrowa und ihre Stellung gegenüber der Konkurrenz mitgedacht. Dies wird unter anderem durch die Aktivitäten des Aroma- und Duftstoffproduzenten Firmenichs in der Schweiz deutlich. Im November 1942 wandte ich Firmenich mit der Frage an Hoffmann-la-Roche Basel, ob diese ihnen entweder Vanillin liefern oder eine Lizenz zur Produktion von Vanillin aus Sulfitablauge überlassen könnten. Firmenich ver-

211 Gründungsausschuß Ligrowa, 05.06.1940, Protokoll über die Besprechung am 05. Juni 1940 in Berlin, Landesarchiv Sachsen-Anhalt (LASA): I532 Nr. 985.
212 Gründungsausschuß Ligrowa, 11.09.1941, Protokoll über die 3. Ausschuß-Sitzung der LIGROWA G.m.b.H. in Berlin, Hotel Esplanade, am 9. September 1941, S. 1–7, hier S. 1–4, Landesarchiv Sachsen-Anhalt (LASA): I532 Nr. 985.
213 Dr. Barrell, 28.05.1940, Betreff Sulfitvanillin, Antwort auf No. 87 + 92, Historisches Archiv Roche (HAR): LG.DE 106768t.

brauchte laut eigener Aussage 500–1000 kg Vanillin pro Jahr,[214] hatte jedoch zunehmend Schwierigkeiten, die benötigten Mengen zu beschaffen.[215]

> Non seulement la VANILLINE manque actuellement en Suisse, mais les possibilités d'exportation seraient intéressantes. Les eaux mères sulfitiques sont les seules matières premières pour la VANILLINE que l'on obtienne avec facilité, en ce moment. [sic][216]

Wie auch in Deutschland war in der Schweiz Vanillin während der Kriegsjahre rar geworden und die Motivation war hoch, neue Rohstoffe und Verfahren für die Vanillin-Produktion zu nutzen. Hoffmann-la-Roche Basel, selbst betroffen von Rohstoffengpässen, musste nun entscheiden, wie mit dieser Anfrage zu verfahren war. Eine Lizenzerteilung hätte zur Folge, dass Firmenich auch nach Kriegsende das Wissen nutzen könnte und so würde ein neuer mächtiger Konkurrent im Vanillin-Geschäft geschaffen.[217] Dies sollte nach Möglichkeit verhindert werden, jedoch bestand nach Schweizer Patentrecht die Möglichkeit, drei Jahre nach der Patenteintragung unter bestimmten Umständen eine Zwangslizenz zu erwirken. Im Falle des Deutschen Reichspatents (DRP) 707427 bezüglich eines Verfahrens zur Herstellung von Vanillin aus Sulfitablauge träte dieser Umstand im August 1943 ein.[218] Eine Belieferung wäre demnach wünschenswerter. Dazu müsste Hoffmann-la-Roche Basel allerdings eine Produktion von Rohvanillin einrichten, um dies zur Weiterverarbeitung an Firmenich senden zu können. Dies stand aber im Widerspruch zu den Interessen der Ligrowa, weswegen mit den Partnerfirmen diesbezüglich Rücksprache gehalten werden musste. Vertreter der I.G. Farben hielten es ob dieser Situation für sinnvoll, wenn die Schweiz von Deutschland aus mit Vanillin beliefert werden würde.[219] Diese Verwicklungen und sich überkreuzenden Interessen legen nahe, dass die Gründung der Ligrowa nicht nur geplante große Auswirkungen auf die Produktion von Vanillin hatte, sondern auch auf Machtposition der involvierten Firmen sowie auf deren weitere Geschäfte. Einmal mehr wird dabei die starke Stellung der deutschen Firmen, die die treibende Kraft der Ligrowa waren, auf dem internationalen Vanillin-Markt deutlich.

---

214 Firmenich, 12.11.1942, Concerne Vanilline, Historisches Archiv Roche (HAR): PD.3.1.VAN 102603.
215 Firmenich, 05.11.1942, Concerne Vanilline, Historisches Archiv Roche (HAR): PD.3.1.VAN 102603.
216 Firmenich, 12.11.1942, Concerne Vanilline, Historisches Archiv Roche (HAR): PD.3.1.VAN 102603.
217 Ohne Verfasser, 10.11.1942, Notiz zu Gesuch von Firmenich, Historisches Archiv Roche (HAR): PD.3.1.VAN 102603.
218 I.G. Farben Aktiengesellschaft, 09.12.1942, Sulfitvanillin Ausübung des DRP 707427, Historisches Archiv Roche (HAR): PD.3.1.VAN 102603.
219 I.G. Farben Aktiengesellschaft, 09.12.1942, Sulfitvanillin Ausübung des DRP 707427, Historisches Archiv Roche (HAR): PD.3.1.VAN 102603.

Um die Ligrowa einsatzbereit zu machen, musste neben der Klärung firmeneigener Interessen auch die Patentlage hinsichtlich des Herstellungsprozesses von Vanillin aus Sulfitablauge geklärt werden. Ein kommerziell vielversprechendes Verfahren fand in den USA bei der Marathon Paper Mills Company seit Mitte der 1930er Jahre Anwendung. Nun konnten aber die von Boehringer Mannheim oder auch von der I.G. Farben angewandten Verfahren potentiell als Nachahmung der US-amerikanischen Methode ausgelegt werden, was eine legale Nutzung nahezu ausschloss.[220] Die US-Amerikaner hatten ihr Verfahren in Deutschland bereits zum Patent angemeldet, allerdings war weder vor noch zu Beginn des Kriegs noch in den 1940er Jahren ein gültiges Patent erteilt worden. Es war nun allerdings nicht klar, ob in solchen Fällen ein Ausübungsrecht erwirkt werden konnte. Im Fall einer Aussetzung des Patentverfahrens wäre nicht einmal ein Zwischennutzungsrecht möglich gewesen. Folglich war das Interesse der Ligrowa-Gründer groß, die Frage nach einem möglichen Ausübungsrecht zu klären und eine Aussetzung des Verfahrens zu verhindern.[221] Es stellte sich heraus, dass auch in diesem speziellen Fall die Beantragung eines Ausübungsrechtes möglich war,[222] sodass die Ligrowa hoffen konnte, auch nach dem Krieg eine gute Ausgangslage zu haben. Eine weitere Unsicherheit im Lauf der Gründung der Ligrowa stellten die Patente von Professor Freudenberg dar, der in Zusammenarbeit mit der Zellstofffabrik Waldhof an einem Verfahren zur Herstellung von Vanillin aus Sulfitablauge gearbeitet hatte.[223] Zwar wurde die Nützlichkeit des Verfahrens angezweifelt,[224] dennoch wurde in manchen Dokumenten geschildert, dass das Freudenberg-Verfahren im Vergleich zum US-amerikanischen Verfahren ca. 8 % mehr Ausbeute in Aussicht stellte.[225] Schließlich überwog aber die Ansicht, dass die Freudenberg-Patente keinen signifikanten Vorteil zum Beispiel hinsichtlich des Chemikalienverbrauchs böten. Dennoch sollten sie nicht aus den Augen verloren und im Bedarfsfall bereits Ansprüche darauf geltend

---

220 Dr. A. Frey, 17.09.1940, Rapport. Bemerkungen zu den I.G: und Boehringer & Soehne – Verfahren und Berechnungen betreffend Darstellung von Vanillin aus Sulfitablauge, Historisches Archiv Roche (HAR): PD.3.1.VAN 102603.

221 I.G. Farben Aktiengesellschaft, 05.01.1943, Anmeldung M 140463 der Marathon Paper Mills Company, Rothschild, Wisconsin (USA), Historisches Archiv Roche (HAR): PD.3.1.VAN 102603.

222 C. F. Boehringer & Soehne G.m.b.H., Mannheim-Waldhof, 07.01.1942 (gemeint 1943), Anmeldung M 140463 IVo/12o der Marathon Paper Mills Company, Rothschild, Wisconsin, Historisches Archiv Roche (HAR): PD.3.1.VAN 102603.

223 Dr. Gsell, 12.07.1939, Vanillin aus Sulfitablauge, Historisches Archiv Roche (HAR): PD.3.1.VAN 102603.

224 Prof. Dr. Rieche, Oktober 1939, Brief an Prof. Freudenberg, Landesarchiv Sachsen-Anhalt (LASA): I532 Nr. 3135.

225 Dr. Bollmann, 17.05.1939, Niederschrift über die Vanillin-Besprechung in Wolfen am 5.5.1939, Landesarchiv Sachsen-Anhalt (LASA): I532 Nr. 3135.

gemacht werden. Dies sollte mögliche Konkurrenzbildung im Sulfit-Vanillin-Geschäft bereits im Keim ersticken oder zumindest erschweren.[226] Während sich die Patentfragen augenscheinlich lösen ließen, bestand ein wesentlich schwerwiegenderes Hindernis anderer Art: Für den Bau einer neuen Fabrik benötigten die Ligrowa beziehungsweise ihre Gründerfirmen zahlreiche materielle und humane Ressourcen. Diese waren durch den anhaltenden Krieg rar und damit nicht ohne weiteres zu erhalten.

> Herr Direktor Bosch wird über Firma Oetker mit dem Reichsernährungsministerium die Fühlung wieder aufnehmen, um die Genehmigung für die noch benötigten Eisenmengen zu erhalten. Es soll darauf hingewiesen werden, dass es für die Aufrechterhaltung der Vanillinerzeugung dringend erforderlich ist, wegen der gefährdeten Rohstoffquelle (o-Anisidin/Kohle) ein zweites Ausgangsmaterial (Sulfitablauge) zu verwerten, abgesehen von der Tatsache, dass bei ungestörter Fortführung der jetzigen Vanillin-Produktion ein zusätzlicher Anfall von etwa 2500 kg Vanillin pro Monat für den Konsum sehr erwünscht wäre.[227]

An dieser Stelle tritt einmal mehr die aktive Funktion des Bielefelder Nahrungsmittelunternehmens im Vanillin-Geschehen hervor. Dr. Oetker hatte durch den eigenen großen Bedarf großes Interesse an einer kontinuierlichen und im besten Fall erhöhten Produktion des Aromastoffs. Durch ihre Kontakte zu den Produzent:innen hatte Dr. Oetker Kenntnis von der Planung der Ligrowa GmbH. Da aber die Gründerfirmen eine Beteiligung Dr. Oetkers ablehnten, schlossen die Bielefelder eine Unterstützung beim Aufbau der Fabrik zunächst aus. Allerdings schien die Lage Dr. Oetkers so ernst zu sein, „dass bei der Notlage alle Bedenken fallen müssen"[228] und sie sich schließlich doch bei der Beschaffung von Arbeitskräften einbrachten. 1942 setzte sich das Bielefelder Unternehmen mit den Zuständigen telefonisch in Verbindung und bat darum „die Facharbeiter zu nennen, die gebraucht werden, damit eventuell aus Gefangenenlagern diese Facharbeiter freigegeben werden."[229] Einige Monate später schien der Materialbedarf gesichert zu sein, während die Personalfrage ungeklärt blieb. Es bedurfte an Fachkräften noch „zwei Kupferschmiede

---

226 Prof. Dr. Rieche, 02.09.1941, Aktennotiz Stellungnahme zur Ligrowa-Sitzung am 9.9.1941, Landesarchiv Sachsen-Anhalt (LASA): I532 Nr. 2842.

227 Gründungsausschuß Ligrowa, 23.06.1943, Protokoll über die 4. Ausschuß-Sitzung der Ligrowa G.m.b.H. im Palasthotel Mannheimer Hof am 22. Juni 1943, 10 h, S. 1–4, hier S. 3, Landesarchiv Sachsen-Anhalt (LASA): I532 Nr. 985.

228 Hans Crampe, 10.11.1942, Brief an Kaselowsky 10.11.1942, Unternehmensarchiv Dr. August Oetker KG (OeFa): P15 107.

229 Hans Crampe, 10.11.1942, Brief an Kaselowsky 10.11.1942, Unternehmensarchiv Dr. August Oetker KG (OeFa): P15 107.

und zehn Rohrschlosser"[230] und Richard Kaselowsky wurde von Direktor Bosch nach Gesprächen mit Boehringer Mannheim gebeten, bei der Beschaffung dieser Arbeitskräfte behilflich zu sein, damit die Arbeit bald aufgenommen werden könnte.[231]

Die unternommenen Anstrengungen rund um die Ligrowa GmbH waren geprägt von den einflussreichen Unternehmen der deutschen chemischen und pharmazeutischen Industrie und der permanenten Betonung der Wichtigkeit von Vanillin im Krieg. Auch in der Öffentlichkeit wurde das Vorhaben thematisiert. In diversen Tageszeitungen, darunter die *Deutsche Ukraine-Zeitung* (Luck), *Die Wirtschaft* (Prag), *Die Deutsche Zeitung in Kroatien* (Agram), die *Kölnische Zeitung*, die *Rheinisch-westfälische Zeitung*, das *Hamburger Fremdenblatt* und der *Völkische Beobachter* brachten zwischen dem 21.–31. Juli 1942 kurze Artikel heraus. Betitelt wurden sie meistens mit „Vanillin aus Sulfitablauge",[232] aber auch mit „Vanille-Geschmack – chemisch erzeugt. Deutsche Fabrik wird den gesamten europäischen Vanillinbedarf decken"[233] und „Deutschland deckt den europäischen Vanillinbedarf".[234] Diese Überschriften repräsentieren das erklärte Ziel der Ligrowa: Es sollten Kapazitäten geschaffen werden, um nach dem Krieg Vanillin für ganz Europa zu produzieren. Die Vision der I.G. Farben aber ging weit über die Kriegsnotwendigkeit und den europäischen Markt hinaus. In einem internen Schreiben aus dem Jahr 1943 im Rahmen der Diskussion über mögliche Lizenzvergaben an andere Firmen hieß es seitens der I.G. Farben:

> Die Vergebung von Lizenzen für die Herstellung von Vanillin aus Lignin wird schon prinzipiell deshalb nicht infrage kommen, weil die bei der Ligrowa vorgesehene Anlage von vornherein so groß bemessen ist, daß der gesamte Weltbedarf damit gedeckt werden kann.[235]

---

230 Hans Crampe, 17.03.1943, Brief an Kaselowsky 17.03.1943, Unternehmensarchiv Dr. August Oetker KG (OeFa): P15 107.

231 Hans Crampe, 17.03.1943, Brief an Kaselowsky 17.03.1943, Unternehmensarchiv Dr. August Oetker KG (OeFa): P15 107.

232 Münchner Neueste Nachrichten Nr. 202, 21.07.1942, Vanillin aus Sulfitablauge, Landesarchiv Sachsen-Anhalt (LASA): I532 Nr. 985.; Rheinisch-westfälische Zeitung Nr. 367, 22.07.1942, Vanillin aus Sulfitablauge, Landesarchiv Sachsen-Anhalt (LASA): I532 Nr. 985.

233 B.Z. am Mittag, Berlin Nr. 173, 12.07.1942, Vanille-Geschmack – chemisch erzeugt. Deutsche Fabrik wird den gesamten europäischen Vanillinbedarf decken, Landesarchiv Sachsen-Anhalt (LASA): I532 Nr. 985.

234 Deutsche Ukraine-Zeitung, 22.07.1942, Deutschland deckt den europäischen Vanillinbedarf, Landesarchiv Sachsen-Anhalt (LASA): I532 Nr. 985.

235 Dr. Marx, 23.03.1943, Vanillin aus Sulfitablauge, Landesarchiv Sachsen-Anhalt (LASA): I532 Nr. 3135.

Die Pläne mit der Ligrowa waren groß. Um diese zu realisieren bedurfte es jedoch zahlreicher Rohstoffe, um im ersten Schritt die Anlage überhaupt errichten zu können. In Kriegszeiten die nötigen Materialien zu erhalten war nicht einfach und der Status von Vanillin konnte dabei eine wichtige Rolle spielen. Während aus Dokumenten von Dr. Oetker hervorging, dass Bemühungen um eine Anerkennung von Vanillin als kriegswichtig nicht erfolgreich gewesen waren, vermittelt ein Schreiben der I.G. Farben vom 26. August 1942 einen anderen Eindruck. Dort ging es um die Verknappung des Benzols und der davon betroffenen Vanillin-Produktion. Es wurde überlegt, inwiefern dadurch eine Beschleunigung des Anlagenbaus der Ligrowa erreicht werden könnte „da Vanillin ein kriegswichtiges Produkt ist".[236] Hier wurde Vanillin unmittelbar als kriegswichtig bezeichnet und es wurden dadurch sogar Vorteile in der Ressourcenzuteilung in Aussicht gestellt. Dies steht in Widerspruch zu den Aussagen bei Dr. Oetker, bestätigt aber die Wichtigkeit des Aromastoffs im Zweiten Weltkrieg umso mehr. Doch trotz aller Bemühungen und Visionen, scheinbar gesicherten Materialien und der Unterstützung durch Dr. Oetker bei der Arbeitskräftebeschaffung scheiterte das Vorhaben. Ende 1942, im Rahmen einer Lizenznutzungsdiskussion, schrieb die Firma Boehringer Mannheim an Hoffmann-la-Roche: „Eine Ausübung in Deutschland kann man an sich wohl behaupten, obgleich eine <u>Fabrikation</u> [sic] von Sulfitvanillin noch nicht stattfindet."[237] Vorbereitungen dazu wären allerdings im Gange und würden durch den Krieg lediglich verzögert.[238] Bei Kriegsende 1945 stellten die Alliierten in ihrem FIAT Report zur Herstellung von Vanillin aus Sulfitablauge fest: „No vanillin has yet been produced on a commercial scale from sulfite waste liquor."[239] Als Hauptursache wurden fehlende Ressourcen genannt, die einen Bau der Anlage unmöglich gemacht hätten. Nach Angaben des Berichts konnte das Vorhaben der Gründerfirmen Boehringer Mannheim, Hoffmann-la-Roche Berlin und I.G. Farben nicht erfolgreich umgesetzt werden, auch wenn zeitweise die Aussichten nicht allzu schlecht dargestellt worden waren. Dieser Rückschlag ändert allerdings nichts an der Wahrnehmung von Vanillin als essentiellem Aromastoff während des Zweiten Weltkriegs.

In diesem Kapitel 4 wurden drei wesentliche Faktoren in der Geschichte des Vanillins in den Kriegsjahren des Zweiten Weltkriegs herausgearbeitet. Erstens

---

236 I.G. Farbenfabrik, Zwischenprodukten-Abteilung, Wolfen, 26.08.1942, Schreiben an C. F. Boehringer, Landesarchiv Sachsen-Anhalt (LASA): I532 Nr. 985.

237 C. F. Boehringer & Soehne G.m.b.H., Mannheim-Waldhof, 05.12.1942, Sulfitvanillin Ausübung der D.R.P. 707427, Historisches Archiv Roche (HAR): PD.3.1.VAN 102603.

238 C. F. Boehringer & Soehne G.m.b.H., Mannheim-Waldhof, 05.12.1942, Sulfitvanillin Ausübung der D.R.P. 707427, Historisches Archiv Roche (HAR): PD.3.1.VAN 102603.

239 J. F. Saeman; E. G. Locke, 07.11.1945, FIAT Final Report Nr. 448, Archiv des Deutschen Museum München: 661.

zeigte sich einmal mehr, dass Vanillin nicht als Ersatzstoff zu bezeichnen ist. In seiner Funktion als geschmackgebende Zutat in Vanillinzucker stand der Aromastoff als normaler, natürlicher und etablierter Bestandteil neben dem neu dort hinzukommenden Ethylvanillin. Dieser war der Ersatz für knappes Vanillin. Dies bedeutet jedoch nicht, dass Ethylvanillin grundsätzlich als Ersatzstoff betitelt werden kann. Andernorts wurde dieser Aromastoff bereits seit längerem eingesetzt, auch wenn Vanillin problemlos erhältlich gewesen war (siehe Teil II, Kapitel 2). Inwiefern Ethylvanillin ähnlich wie Vanillin als etablierter und naturalisierter Konsumstoff bezeichnet werden kann, bleibt aber zu untersuchen. Im vorliegenden Fall des Vanillinzuckers trat Ethylvanillin als Ersatzstoff auf und verstärkte dadurch den natürlichen Charakter des synthetischen Vanillins. Zweitens wurde nachgezeichnet in welcher Weise sich der Ressourcenmangel auf die Produktion von Vanillin auswirkte. Ein vormals in Deutschland wenig interessanter und ungenutzter Rohstoff (die Sulfitablauge) gewann durch die knapp werdenden gängigen Ausgangsmaterialien an Wichtigkeit. Die Fabrikationsweise sollte umgestellt werden auf in ausreichenden Mengen verfügbare Stoffe, um die Produktion von Vanillin aufrechtzuerhalten. Dabei gingen die Visionen über eine reine Nutzung der alternativen Verfahren während der Kriegszeit hinaus. Geplant wurde der Aufbau einer noch nie dagewesenen großen Produktionsanlage, die den europäischen, wenn nicht sogar den globalen, Vanillin-Markt versorgen sollte. Allerdings wurde dieses Vorhaben von eben dem Motor, der es angetrieben hatte, gestoppt: dem Ressourcenmangel. Der Aufbau einer neuen Anlage war nicht möglich und so blieb die Ligrowa GmbH weit hinter den angestrebten Zielen zurück und scheiterte. Drittens wurde, wie auch für die Zeit des Ersten Weltkriegs, die wichtige Bedeutung des Aromastoffs für die Ernährung dargestellt. Selbst wenn der Kriegswichtigkeitsstatus des Vanillins aus den gesichteten Quellen nicht eindeutig hervorgeht, veranschaulichte unter anderem die Argumentation von Dr. Oetker die Wichtigkeit des Aromastoffs in der Nahrungsmittelproduktion. Das Einsatzgebiet des Vanillins war nicht beschränkt auf wegfallende Genussmittel, sondern erstreckte sich über alltägliche notwendige Versorgungsgüter, wie beispielsweise Puddingpulver. Dadurch und durch den Ausfall instabilerer Aromastoffe stieg der Bedarf an Vanillin und erhielt eine ähnliche Funktion wie im Ersten Weltkrieg: (Grund)Nahrungsmittel geschmacklich zugänglich zu machen.

5 Haarmann & Reimer im Zweiten Weltkrieg: Eine kleine Firmengeschichte

Anhand der Analyse der Entwicklung des Holzmindener Unternehmens werden in diesem Kapitel mögliche Schwierigkeiten von Aroma- und Duftstoffspezialisten im

Vergleich zu den Firmen der chemischen und pharmazeutischen Industrie präsentiert. Generalisten und Spezialisten brachten jeweils andere Voraussetzungen mit und somit unterschieden sich ihre Karrieren während des Zweiten Weltkriegs fundamental. Wie wurde der Aroma- und Duftstoffspezialist Haarmann & Reimer von den Bedingungen des Zweiten Weltkriegs beeinflusst? Wie unterschied sich dies im Vergleich zu Firmen der chemischen und pharmazeutischen Industrie? Um eine Antwort auf diese Frage zu geben, wird einmal mehr auf Vanillin und dessen Produktionsumstände während des Kriegs eingegangen. Basierend auf dieser Herangehensweise wird die Geschichte von Haarmann & Reimer im Zweiten Weltkrieg vermittelt, eine Firma, die in allen drei Teilen diese Forschungsarbeit aktive Handlungsträgerin ist und damit einen wichtige Rolle in der Geschichte des Vanillins und der Aroma- und Duftstoffindustrie einnimmt.

Die Firma Haarmann & Reimer wurde 1874 unter dem Namen Haarmann's Vanillinfabrik in Holzminden von Wilhelm Haarmann und Ferdinand Tiemann gegründet. 1876 stieg Karl Reimer in das Geschäft mit ein und die Firma wurde umbenannt in Haarmann & Reimer, eine Kommanditgesellschaft, die 1901 in eine GmbH transformiert wurde. Der dazugehörige Vertrag war mit kleinen Änderungen aus dem Jahr 1913 auch während des Zweiten Weltkriegs noch gültig.[240] Das ursprüngliche Stammkapital des Unternehmens lag bei 450.000 Reichsmark und wurde 1941 auf 2,2 Millionen Reichsmark angehoben, wobei es sich auf die verschiedenen Anteilseigner:innen verteilte.[241] Diese waren:

Tab. 3: Anteilseigner:innen von Haarmann & Reimer[242]

Erbengruppe	Personen	Anteile
Erbengruppe Haarmann	Dr. Wilhelm Haarmann Frau Luise Schröder geb. Haarmann Dr. Reinhold Haarmann	27½ %
Erbengruppe Tiemann	Frau Marga Tiemann Frau Marianne Klügmann geb. Tiemann Frau Lieselotte v. Werner	27½ %

---

240 Dr. Willy Muser, Januar 1944, Prüfungsbericht über das Geschäftsjahr 1942 der Firma Haarmann & Reimer GmbH Holzminden, S. 1–60, hier S. 4, Bundesarchiv (BArch): R87 1695.
241 Dr. jur. Hans Diesener, 24.07.1943, Antrag auf Bestellung eines Verwalters für das an der Firma Haarmann & Reimer chem. Fabrik zu Holzminden G.m.b.H. in Holzminden beteiligte französische Kapital, S. 1–4, hier S. 1, Bundesarchiv (BArch): R87 1695.
242 Dr. jur. Hans Diesener, 24.07.1943, Antrag auf Bestellung eines Verwalters für das an der Firma Haarmann & Reimer chem. Fabrik zu Holzminden G.m.b.H. in Holzminden beteiligte französische Kapital, S. 1–4, hier S. 1, Bundesarchiv (BArch): R87 1695.

Tab. 3: Anteilseigner:innen von Haarmann & Reimer *(Fortsetzung)*

Erbengruppe	Personen	Anteile
Gruppe der Franzosen	Madame de Laire Erben Gebrüder Max: Jules Max, Madame Marqueste, Jacques Robert	45 %

Die hier aufgeführten Herren Wilhelm und Reinhold Haarmann waren die Söhne des Firmengründers Wilhelm Haarmann und während des Zweiten Weltkriegs im Unternehmen in der Betriebsführung tätig. Beide trugen in den 1940er Jahren einen heftigen Streit aus. Der Geschäftsführer und Schwiegersohn Wilhelm Haarmanns, Paul Stade, der zunächst mit dem Einverständnis von Reinhold Haarmann als Geschäftsführer eingesetzt worden war, drängte selbigen zunehmend aus dem Unternehmen. Wilhelm Haarmann schlug sich dabei auf die Seite seines Schwiegersohns.[243] Die dadurch erzeugten internen Spannungen dauerten einige Jahre an und konnten erst mit dem Ausscheiden Stades aus der Firma im Jahr 1944 beendet werden. Die Kündigung erfolgte aufgrund seiner Einberufung in „einen Rüstungsbetrieb mit höchster Dringlichkeitsstufe".[244] Während diese internen Zwistigkeiten der Firma zwar schadeten, war ein anderer Faktor jedoch viel schwerwiegender für die Organisation und Handlungsfähigkeit des Holzmindener Aroma- und Duftstoffherstellers. Wie in Tabelle 3 ersichtlich wird, gehörte beinahe die Hälfte des Unternehmens französischen Staatsangehörigen. Diese enge Verbindung Haarmann & Reimers mit Frankreich ist durch den Firmengründer Ferdinand Tiemann zu erklären. Auf Basis seiner Arbeiten in Kooperation mit Georges de Laire wurden zwei Firmen aufgebaut: Haarmann & Reimer in Deutschland und ein Zweig der Société de Laire & Cie.[245] in Frankreich. Dadurch kam es zu einer gemischten Beteiligung der französischen Seite an der deutschen Firma und der deutschen Seite an der französischen Firma. Letztere wurden jedoch nach dem Ersten Weltkrieg

---

243 Dr. jur. Hans Diesener, 24.07.1943, Antrag auf Bestellung eines Verwalters für das an der Firma Haarmann & Reimer chem. Fabrik zu Holzminden G.m.b.H. in Holzminden beteiligte französische Kapital, S. 1–4, hier S. 2–3, Bundesarchiv (BArch): R87 1695.

244 Dr. jur. Hans Diesener; Gerhard Becker, 12.04.1944, Protokoll der Sitzung des Aufsichtsrats der Firma Haarmann & Reimer, chemische Fabrik zu Holzminden G.m.b.H. in Holzminden, S. 1–3, hier S. 2, Bundesarchiv (BArch): R87 1695.

245 La Société Georges de Laire & Cie. wurde aufbauend auf der Forschung zu und Produktion von synthetischen Farbstoffen 1876 gegründet. Allerdings wandte sich Georges de Laire früh den attraktiv erscheinenden synthetischen Aroma- und Duftstoffen zu und baute dazu eine neue Fabrik auf. Mehr Informationen siehe: Eugénie Briot und Robert de Laire, „Edgar de Laire (1860–1941)", in: Itinéraires de chimistes, 1857–2007: 150 ans de chimie en France avec les présidents de la SFC (Paris: EDP Science, 2007), 123–28.

enteignet, weshalb in den 1940er Jahren keine deutsche Beteiligung an de Laire mehr bestand.[246]

Der Zweite Weltkrieg stellte die Holzmindener nun vor zwei Herausforderungen hinsichtlich ihrer Betriebsführung. Erstens bestand der Aufsichtsrat zu Beginn des Kriegs aus Edgar de Laire, Kuno Tiemann (Sohn von Ferdinand Tiemann) und Wilhelm Haarmann (Sohn von Wilhelm Haarmann). Edgar de Laire war bereits seit Kriegsausbruch nicht mehr in der Lage, sein Amt in der deutschen Firma wahrzunehmen und sein Tod am 17. Februar 1941 ließ den Aufsichtsrat offiziell auf zwei Personen schrumpfen. Dies schränkte die Beschlussfähigkeit bereits sensibel ein (im strengen Sinn waren alle seit Kriegsausbruch gefassten Beschlüsse als ungültig zu betrachten[247]). Am 19. Mai 1943 verstarb auch Kuno Tiemann. Damit bestand der Aufsichtsrat nur noch aus Wilhelm Haarmann und eine Neubesetzung war unausweichlich.[248] Zur Aufrechterhaltung der Betriebsaktivitäten musste eine Gesellschaftsvollversammlung abgehalten werden, was sowohl hinsichtlich der bereits angedeuteten internen Streitigkeiten in der Geschäftsführung als auch hinsichtlich der juristisch tragbaren Beschlussfähigkeit erforderlich war.[249] Dieses Unterfangen wurde durch den Zweiten Weltkrieg und die französischen Anteile an der Firma erschwert. Am 15. Januar 1940 wurde in Deutschland die Verordnung über die Behandlung feindlichen Vermögens erlassen, sodass sich Haarmann & Reimer als Unternehmen mit feindlichem Vermögensanteil anmelden musste. Es durften keine Zahlungen an Feinde erfolgen, gleichzeitig war es nicht gestattet, über feindliche Vermögensanteile zu verfügen.[250] Da auch Frankreich zu den eindeutig definierten Feinden gehörte, stellte sich die Einberufung einer beschlussfähigen Vollversammlung als äußerst schwierig heraus. Die einzig verbliebene Möglichkeit war, die zwingende Notwendigkeit einer Aktivierung des feindlichen Vermögens für den laufenden Betrieb darzulegen und nachzuweisen, dass das Unternehmen „unter

---

246 Dr. iur. Karl Klügmann, 17.01.1941, Haarmann & Reimer G.m.b.H. in Holzminden – Chemische Fabrik de Laire in Paris, hier S. 1, Bundesarchiv (BArch): R87 1965.
247 Dr. jur. Hans Diesener, 24.07.1943, Antrag auf Bestellung eines Verwalters für das an der Firma Haarmann & Reimer chem. Fabrik zu Holzminden G.m.b.H. in Holzminden beteiligte französische Kapital, S. 1–4, hier S. 2, Bundesarchiv (BArch): R87 1695.
248 Gerhard Becker, 27.11.1943, Fa. Haarmann & Reimer Chem. Fabrik zu Holzminden G.m.b.H., S. 1–9, hier S. 6, Bundesarchiv (BArch): 87 1695.
249 Dr. jur. Hans Diesener, 24.07.1943, Antrag auf Bestellung eines Verwalters für das an der Firma Haarmann & Reimer chem. Fabrik zu Holzminden G.m.b.H. in Holzminden beteiligte französische Kapital, S. 1–4, hier S. 3, Bundesarchiv (BArch): R87 1695.
250 Der Vorsitzende des Ministerrats für die Reichsverteidigung Göring, Generalfeldmarschall; Der Generalbevollmächtigte für die Reichsverwaltung Frick; Der Generalbevollmächtigte für die Wirtschaft Walter Funk; Der Reichsminister und Chef der Reichskanzlei Dr. Lammers, Verordnung über die Behandlung feindlichen Vermögens, Reichsgesetzblatt Teil I: 16.1940, S. 191–195.

massgeblichem feindlichen Einfluss steht".[251] Auf diese Weise konnte ein Verwalter für die französischen Anteile bestellt werden. Im Fall der Firma Haarmann & Reimer wurde der Rechtsanwalt und Notar Gerhard Becker aus Hannover als Verwalter bestimmt.[252] Die Tiemann-Erbinnen Marga Tiemann und Lieselotte v. Werner ließen sich ihrerseits durch den Rechtsanwalt Marheine aus Braunschweig vertreten, der später auch die Interessenvertretung von Reinhold Haarmann übernahm, da dessen Rechtsanwalt Diesener zur Wehrmacht eingezogen wurde.[253] Auf diese Weise gelang es dem Holzmindener Unternehmen, sich während des Kriegs zumindest aus juristischer Perspektive handlungsfähig zu halten. Doch auch wenn die Beschlussfähigkeit in ausreichendem Maß erhalten werden konnte, so blieben dennoch wesentliche Einschränkungen hinsichtlich des Umgangs mit Firmenanteilen bestehen. Dies wurde bei Diskussionen über mögliche Verkäufe deutlich. Sowohl das Unternehmen der chemisch-pharmazeutischen Industrie Riedel-de Haën als auch der Nahrungsmittelfabrikant Dr. Oetker bekundeten während des Kriegs Interesse, Anteile an Haarmann & Reimer zu erwerben. Dieses Interesse bezog sich auch auf die französischen Anteile, die sich, laut einem diesbezüglichen Schreiben von Dr. Oetker, unterteilen ließen in:

1.) Erbengemeinschaft de Laire, Paris (arisch) mit 27½% = RM 605.000.–
2.) Erbengemeinschaft Alfred Max (jüdisch) mit 7% = RM 154.000.–
3.) Mme. Hélène Marqueste, Versailles, 2 rue Maurepas mit 5¼% = RM 115.500.–
   Der ursprüngliche Gesellschafter – Ehemann ihrer Schwester – Charles Max, war Jude.
4.) Jaques Robert, Brüssel, 14 rue Alphonse Renard mit 5¼% = RM 115.500.–
   Der ursprüngliche Gesellschafter – Ehemann seiner Grosstante – Eugène Max, war Jude.[254]

Einige Zeilen nach dieser Auflistung teilte das Bielefelder Unternehmen mit:

Ich gehe dabei von der Überlegung aus, dass es sich bei diesen [ausländische Anteile; Anm. PSG] nicht nur um feindliches Vermögen, sondern zum Teil um jüdisches bzw. jüdischem Einfluss unterliegendes Kapital handelt, das doch sicherlich eines Tages in arische Hände überzuleiten wäre.[255]

---

251 Dr. Willy Muser, Januar 1944, Prüfungsbericht über das Geschäftsjahr 1942 der Firma Haarmann & Reimer GmbH Holzminden, S. 1– 60, hier S. 5, Bundesarchiv (BArch): R87 1695.
252 Gerhard Becker, 11.08.1943, II 721/1987/40, Bundesarchiv (BArch): R87 1695.
253 Gerhard Becker, 27.11.1943, Fa. Haarmann & Reimer Chem. Fabrik zu Holzminden G.m.b.H., S. 1– 9, hier S. 1, Bundesarchiv (BArch): 87 1695.
254 August Oetker, 12.08.1944, Erwerb von Gesellschaftsanteilen der Haarmann & Reimer G.m.b.H., Holzminden, Bundesarchiv (BArch): R87 1695.
255 August Oetker, 12.08.1944, Erwerb von Gesellschaftsanteilen der Haarmann & Reimer G.m.b.H., Holzminden, Bundesarchiv (BArch): R87 1695.

Die Absichten der Bielefelder Nahrungsmittelfirma waren eindeutig. Da sie eine große Menge der von Haarmann & Reimer gefertigten Produkte für ihre eigene Produktion benötigte, war sie bestrebt, diesen Schritt direkt in ihre eigene Unternehmensstruktur zu integrieren. Eine mögliche Erklärung für die besonders in den Vordergrund gestellte Betonung der Feindlichkeit der Anteilseigner:innen und des ideologischen Wertes, deren Besitz in andere Hände zu geben, war die Schwierigkeit, ohne die direkte Beteiligung der französischen Anteilseigner:innen einen Verkauf in die Wege zu leiten. Um eben diesen zu planen, wollte Dr. Oetker detailliertere Einsicht nehmen in die geschäftlichen Tätigkeiten des Aromastoffspezialisten. Dies allerdings wurde vom Reichskommissar zur Behandlung feindlichen Vermögens untersagt, solange seitens der französischen Anteilseigner:innen keine Verkaufsbereitschaft signalisiert wurde.[256] Die Unterbindung möglicher Verkaufsgespräche verärgerte insbesondere die Erb:innengruppe Haarmann dahingehend, dass die Interessen der französischen Anteilseigner:innen sorgsam geschützt würden, während die deutsche Gruppe nach dem Ersten Weltkrieg alle Anteile an der französischen Firma de Laire nahezu ohne Entschädigung verloren hätte.[257] Es blieb jedoch dabei, zu einem Verkauf kam es nicht. Die Beteiligung französischer Staatsbürger:innen an Haarmann & Reimer bedeutete für das Unternehmen im Zweiten Weltkrieg fundamentale Einschnitte und juristische Hürden, die aber die Funktionsfähigkeit des Betriebs nicht grundsätzlich blockierten.

Weit schwerwiegendere Auswirkungen auf Existenz und Produktion hatten der Rohstoffmangel und die sich schwer gestaltende Eingliederung in die kriegswichtige Produktion. In den 1940er Jahren fehlte es bei Haarmann & Reimer nahezu an allem. Im Vergleich zu anderen Betrieben waren die Techniken veraltet,[258] die Produktionsmethoden modernisierungsbedürftig[259] und es gab weder genügend Rohstoffe noch Hilfs- und Betriebsstoffe, um die Produktion vernünftig durchführen zu können.[260] Besonders schwer wurde das Unternehmen von dem herrschenden Kohlemangel getroffen, da ihre Zuteilung „nicht in der Lage gewesen sein würde, auch nur die <u>Heizung</u> [sic] der Aromen- und Parfümerieabteilungsräume durch-

256 Dr. Hagemann, Februar 1946, Bericht über die Firma Haarmann & Reimer Chemische Fabrik zu Holzminden GmbH, S. 1–10, hier S. 8, Bundesarchiv (BArch): R87 1696.

257 Gerhard Becker, 21.08.1944, Haarmann & Reimer Chemische Fabrik zu Holzminden G.m.b.H., Bundesarchiv (BArch): R87 1695.

258 Der Reichskommissar für die Behandlung feindlichen Vermögens, 02.12.1943, Vermerk, Bundesarchiv (BArch): R87 1695.

259 Der Reichskommissar für die Behandlung feindlichen Vermögens, 05.09.1944, Vermerk betr. Haarmann & Reimer, Holzminden, Bundesarchiv (BArch): R87 1695.

260 Dr. Wilhelm Haarmann, Dezember 1942, Bericht der Haarmann & Reimer chemische Fabrik zu Holzminden G.m.b.H. Holzminden über das Geschäftsjahr 1942, S. 1–4, hier S. 1, Bundesarchiv (BArch): R87 1695.

zuführen".[261] Hinsichtlich der vorhandenen Produktionsmaterialien war die Situation für das Holzmindener Unternehmen denkbar schlecht. Erschwerend kam hinzu, dass die Arbeit von Haarmann & Reimer nicht unmittelbar zur kriegswichtigen Produktion gehörte und besonders bedroht war durch „Stilllegung und Einschränkungen der nicht rüstungsmässigen Fertigung."[262] Entsprechende Einschnitte folgten 1942, als

> [a]uf Anordnung des Reichsministers für Rüstung und Kriegsproduktion [...] die aus kriegsbedingten Gründen nicht benutzten Fabrikationsräume und –Einrichtungen für die Durchführung von Fertigungen der SS-Stufen u.a. für die Firma Riedel-de Haen [sic] Aktiengesellschaft sichergestellt [wurden]. Eine gleichartige Verfügung erging zu Gunsten des Reichsinstituts für Erdölforschung der Techn. Hochschule zu Hannover für die Benutzung eines separat gelegenen Laboratoriums-Gebäudes mit Nebenräumen.[263]

Die Holzmindener mussten sich mit beiden Einrichtungen arrangieren und absprechen. Die getroffenen Arrangements waren jedoch nicht zum ausschließlichen Nachteil für Haarmann & Reimer. „Durch die getroffenen gütlichen Vereinbarungen konnte allein die gänzliche Beschlagnahme der Betriebseinrichtungen der Firma Haarmann & Reimer und damit die Stilllegung aller ihrer Produktion abgewandt werden."[264] Mithilfe der Unterbringung insbesondere der Firma Riedel-de Haën, die einen Teil ihrer eigenen Werke durch Bombenangriffe verloren hatte,[265] gelang es Haarmann & Reimer, sich selbst ein wenig in die kriegswichtige Produktion einzuschalten und so das Überleben des Unternehmens zu sichern. Aus Sicht „der Geschäftsführung war der Abschluss des Vertrags mit der Firma Riedel-de Haen [sic] für die Kriegsdauer eine zwingende Notwendigkeit, um die Firma Haarmann &

261 Dr. Wilhelm Haarmann, Dezember 1944, Bericht der Haarmann & Reimer chemische Fabrik zu Holzminden G.m.b.H. Holzminden über das Geschäftsjahr 1943, S. 1–4, hier S. 2, Bundesarchiv (BArch): R87 1696.

262 Dr. Willy Muser, Januar 1944, Prüfungsbericht über das Geschäftsjahr 1942 der Firma Haarmann & Reimer GmbH Holzminden, S. 1–60, hier S. 10, Bundesarchiv (BArch): R87 1695.

263 Dr. Wilhelm Haarmann, Dezember 1942, Bericht der Haarmann & Reimer chemische Fabrik zu Holzminden G.m.b.H. Holzminden über das Geschäftsjahr 1942, S. 1–4, hier S. 3–4, Bundesarchiv (BArch): R87 1695.

264 Dr. Wilhelm Haarmann; Paul Stade, 28.01.1944, Protokoll der Gesellschafterversammlung der Firma Haarmann & Reimer, chemische Fabrik zu Holzminden, G.m.b.H. in Holzminden am Mittwoch, den 26. Januar 1944, S. 1–5, hier S. 4, Bundesarchiv (BArch): R87 1695.

265 Gerhard Becker, 30.06.1944, Bericht ueber die Führung der Verwaltung der feindlichen Beteiligung an der Firma Haarmann & Reimer chemische Fabrik zu Holzminden G.m.b.H., in Holzminden für die Zeit vom 1. März bis 30. Juni 1944, Bundesarchiv (BArch): R87 1695.

Reimer zu erhalten".[266] Außerdem bot diese Kooperation für den Aromastoffproduzenten neue Argumente für die Bemühungen um eine größere Kohlenzuweisung. Riedel-de Haën bezog den für ihre Produktion von Arzneimitteln notwendigen Dampf von Haarmann & Reimer, sodass ein verstärkter Kohlenbedarf ersichtlich und begründet war.[267] Tatsächlich hatte das Unternehmen Erfolg und konnte durch die zusätzlichen Kohlen ihre verbliebenen Lagerbestände in Ethylvanillin umsetzen, bevor wegen Rohstoffmangel die Produktion eingestellt werden musste.[268] Jedoch bedeutete die enge Verbindung mit Riedel-de Haën zeitgleich auch eine potentielle Gefahr. „Eine zunehmende betriebstechnische Infiltration des Werkgeländes und der chemisch-technischen Apparatur durch Anforderungen der erstgenannten Mieterin [Riedel-de Haën; Anm. PSG] ist festzustellen."[269] Es bestand offenbar die reale Bedrohung, dass Riedel-de Haën die gesamte Produktionsanlage übernehmen und damit Haarmann & Reimer doch noch ausschalten könnte,[270] was allerdings nicht passierte.

Den Unterhaltungen und Diskussionen in der Geschäftsleitung des Holzmindener Betriebs in den 1940er Jahren folgend war die Situation heikel. Zum einen mussten intern die Streitigkeiten bereinigt und die Produktionsmethoden modernisiert werden und zum anderen musste ein Umgang mit den von extern kommenden Einschränkungen und Bedrohungen gefunden werden. Die Bemühung um kriegswichtige Produktion seitens Haarmann & Reimer war in diesem Kontext weniger aus ideologischen oder patriotischen Motiven heraus motiviert, als vielmehr aus dem Bestreben, wirtschaftlich zu überleben. Auch wenn das Unternehmen einen Teil seiner bedeutenden Marktstellung durch den Krieg und veraltete Techniken verloren hatte,[271] wurde das Ziel zu Überleben erreicht.

---

266 Dr. jur. Hans Diesener; Gerhard Becker, 20.03.1944, Protokoll der Sitzung des Aufsichtsrats der Firma Haarmann & Reimer, chemische Fabrik zu Holzminden G.m.b.H. in Holzminden, am Montag, den 20. März 1944, S. 1–5, hier S. 3, Bundesarchiv (BArch): R87 1695.

267 Dr. Wilhelm Haarmann, Dezember 1944, Bericht der Haarmann & Reimer chemische Fabrik zu Holzminden G.m.b.H. Holzminden über das Geschäftsjahr 1943, S. 1–4, hier S. 2, Bundesarchiv (BArch): R87 1696.

268 Dr. Wilhelm Haarmann, Dezember 1944, Bericht der Haarmann & Reimer chemische Fabrik zu Holzminden G.m.b.H. Holzminden über das Geschäftsjahr 1943, S. 1–4, hier S. 1, Bundesarchiv (BArch): R87 1696.

269 Dr. Willy Muser, Dezember 1944, Prüfungsbericht über das Geschäftsjahr 1943 der Firma Haarmann & Reimer GmbH Holzminden, S. 1–97, hier S. 14, Bundesarchiv (BArch): R87 8852.

270 Der Reichskommissar für die Behandlung feindlichen Vermögens, 05.09.1944, Vermerk betr. Haarmann & Reimer, Holzminden, Bundesarchiv (BArch): R87 1695.

271 Dr. Hagemann, Februar 1946, Bericht über die Firma Haarmann & Reimer Chemische Fabrik zu Holzminden GmbH, S. 1–10, hier S. 1, Bundesarchiv (BArch): R87 1696.

Durch die kurze Geschichte des Holzmindener Unternehmens lassen sich einige Charakteristika der Herausforderungen für Aroma- und Duftstoffproduzent:innen während des Zweiten Weltkriegs herausarbeiten. Erstens stellte wenig überraschend der Rohstoffmangel für diese Betriebe eine große Hürde dar. Allerdings konnten sich die Spezialisten dieses Gebiets nicht wie ihre breiter aufgestellten Kollegen der chemischen Industrie auf die Kriegswichtigkeit ihrer Produkte (oder einiger ihrer Produkte) stützen. Auch die Wichtigkeit einer stabilen Vanillin-Produktion konnte Haarmann & Reimer in diesem Fall nicht helfen. Vanillin wurde in großem Stil auch von anderen Unternehmen produziert, die viel Unterstützung erfuhren (zum Beispiel die I.G. Farben). Der Aroma- und Duftstoffspezialist konnte sich an dieser Stelle kaum gegen deren Machtposition durchsetzen. Die Folge waren harte Konkurrenz und Kompromisse um Ressourcen. Bei Haarmann & Reimer lässt sich dieser Prozess an der Eingliederung anderer Firmen und Institutionen in ihre eigenen Produktionsanlagen beobachten. Einerseits wurde hier Haarmann & Reimer von übergeordneten Behörden genötigt Platz zu machen, andererseits konnte während dieses Balanceakts der eigene Betrieb über Umwege in kriegswichtige Produktion soweit eingegliedert werden, dass zeitweise genügend Materialien für die eigene Produktion zur Verfügung standen. Zweitens konnten die verzweigten internationalen Verbindungen in dieser speziellen Branche zum Problem werden, sofern die industrielle Nutzung des chemischen Wissens, wie im Falle von Haarmann & Reimer, zu internationalen Anteilseigner:innen geführt hatten. Durch die französischen Anteile der Holzmindener Firma sah sich das Unternehmen im Zweiten Weltkrieg besonderen Herausforderungen gegenüber, in denen trotz des Kriegs nicht ohne weiteres alle Rechte der ausländischen Anteilseigner:innen verloren gingen. Dass die Führungsebene zusätzlich intern wegen Familienzwistigkeiten den Betrieb belastete, war angesichts der übergeordneten kriegsbedingten Hindernisse ein kleiner wirkendes, aber dennoch lästiges Übel.

6 Machtspiel, Markt und Konkurrenz: Resümee

In „Machtspiel, Markt und Konkurrenz. Aromastoffe in den 1930er bis 1940er Jahren" wurden die wirtschaftlichen Entwicklungen des Vanillins und des Ethylvanillins präsentiert und analysiert. Das wirtschaftliche Netzwerk rund um die beiden Aromastoffe zu kennen und zu verstehen, ist unerlässlich, um ihre Entwicklung und ihre Produktion sowie ihren gesellschaftlichen Status nachvollziehen zu können. Dazu bieten die 1930er bis 1940er Jahre ein ideales Untersuchungsfeld. In diesem Zeitraum richtete sich die Vanillin-Konvention international aus und verstärkte ihre Marktmacht immens. Durch den zunehmenden Verbrauch verbreiteten sich Vanillin und Ethylvanillin in Nahrungsmitteln und erreichten eine immer größer werdende Anzahl an Verbraucher:innen. Zwar gab es in diesem Zeitraum nicht nur Vanillin und Ethylvanillin, sondern auch andere Aromastoffe, wie Zitronenaroma oder Himbeeraroma, jedoch war Vanillin zwischen den 1930er und 1940er Jahren der am meisten konsumierte Aromastoff (so wie er es auch in den späteren Jahrzehnten sein sollte). Hinzukommt, dass Vanillin im Zweiten Weltkrieg eine besondere Funktion zukam (unter anderem als Auswechselspieler für besagte Fruchtaromen). Als Stoff, mit dessen Produktion sich nicht nur Aromastoffspezialisten befassten, sondern auch namhafte Unternehmen der chemischen und pharmazeutischen Industrie, bedarf er einer besonderen Aufmerksamkeit in einer historischen Arbeit über die Geschichte der Aromastoffindustrie.

Zu Beginn dieses Teils wurden zwei Leitfragen formuliert. Erstens, in welcher Weise der Zweite Weltkrieg Machtkämpfe in der Industrie und Rohstoffbedingungen die Produktion und den Handel von Vanillin beeinflusste und zweitens, ob und wie Vanillin in den 1930er bis 1940er Jahren als Ersatzstoff zu klassifizieren ist. Im Rahmen der ersten Frage sind verschiedene Spezifika der Aromastoffproduktion zutage getreten. Zum einen wurde gezeigt, dass der vormals weniger interessante Rohstoff Sulfitablauge durch Rohstoffmangel attraktiv und daraufhin mit größter Energie als potentielle Ressource näher untersucht wurde. Der Krieg und auch die schon vorher einsetzende nordamerikanische Erschließung neuer Rohstoffe veränderten die Strategien und die Schwerpunkte der internationalen Vanillin-Konvention. Neue Situationen erforderten neue Verfahren und andere Handlungsweisen.

Welchen Hindernissen sich Aromastoffspezialisten im Zweiten Weltkrieg gegenüber sahen wurde am Beispiel der Holzmindener Firma Haarmann & Reimer präsentiert. Während bei ihr, ebenso wie bei zahlreichen anderen Unternehmen, der Rohstoffmangel deutlich spürbar war, traten hier zwei Besonderheiten auf, die auch auf den besonderen Status dieser Spezialisten an sich und im Vergleich zu den Konventionspartner:innen hinweisen. Zum einen befand sich beinahe die Hälfte des Unternehmens in französischem Besitz. Dies erschwerte eine reibungslose Betriebsführung, da feindliche Anteile nicht einfach übernommen werden durften, Kommunikation und Handel mit den Franzosen jedoch ebenfalls unterbunden wurden. Zum anderen war es Haarmann & Reimer kaum bis gar nicht möglich sich ohne weiteres als Firma der rüstungsgemäßen Produktion zu präsentieren. Dieser Schritt war für ihre Konventionspartner:innen wesentlich einfacher. Als Aroma- und Duftstoffspezialist konnten die Holzmindener eine Produktion unmittelbar kriegswichtiger Stoffe nicht vorweisen. Konsequenterweise kam es in Holzminden zur Eingliederung von Produktionsbereichen der Firma Riedel-de Haën, die zwar einerseits ein Risiko der vollständigen Übernahme durch Riedel-de Haën bedeutete, andererseits aber die einzige Chance war, den Betrieb zu erhalten und einen kleinen Teil der eigenen Produktion zeitweise fortführen zu können. Jedes Unternehmen hatte andere Voraussetzungen für ein wirtschaftliches Überleben im Zweiten Weltkrieg und wie der Fall von Haarmann & Reimer zeigte, waren diese für Spezialisten des Aroma- und Duftstoffsektors nicht die besten.

Die Antwort auf die Ersatzstofffrage hängt eng mit der Naturalisierung zusammen. Vanillin und Ethylvanillin waren in großen Mengen verwendete Aromastoffe, deren Verbrauch kontinuierlich zunahm. Die aktive internationale Vanillin-Konvention und insbesondere die deutsch-schweizerische Gruppe prägten den globalen Vanillin-Markt maßgeblich durch Preisbildung, Qualitätsnormierung und harte Konkurrenz. Dabei war der Wettbewerb nicht nur nach außen sondern auch nach innen spürbar. Auch innerhalb der Konvention bemühten sich die Mitglieder, sich gegenseitig zu übertrumpfen oder zu kontrollieren. Diese Machtkämpfe wurden global ausgetragen, beispielsweise in Lateinamerika. In Zusammenarbeit mit Dr. Oetker, dominierten die deutsch-schweizerischen Mitglieder der Vanillin-Konvention einen großen Teil des deutschen und europäischen Marktes und prägten so den Vanillegeschmack der Gesellschaft. Vanillin war zu diesem Zeitpunkt eine gängige Zutat. Während des Zweiten Weltkriegs veränderten sich die Produktionsbedingungen drastisch. In diesem Kontext offenbart sich der wahrgenommene Charakter des Aromastoffs: im Vergleich zu Produkten wie dem Kunstpfeffer oder dem Kaffeearoma Coffarom war Vanillin kein Ersatzstoff. Die natürliche beziehungsweise normale und etablierte Position des Vanillins wurde besonders deutlich, als Vanillinzucker mit Ethylvanillin versetzt und die Kennzeichnung entsprechend angepasst wurde. Diese unterstrich die Natur des Vanillins und den in diesem Fall erlebten Ersatzstoffcharakter des Ethylvanillins, der normalerweise nicht im Vanillinzucker zum Einsatz kam. Dass Vanillin als Ersatz für nicht mehr verwendbare Aromastoffe in Puddingpulver einspringen sollte, macht den Aromastoff nicht zu einem Ersatzstoff im klassischen Sinn. Vanillin ist weniger als Ersatzstoff, denn als „Auswechselspieler" hinsichtlich seines Einsatzes für nicht mehr verwendbare Aromastoffe und vor allen Dingen als Konsumstoff zu bezeichnen.

Teil III Natürlich, synthetisch, künstlich. Regulierung und Wahrnehmung von Aromastoffen in den 1950er bis 1980er Jahren

1 Natürlich, synthetisch, künstlich: Einführung

Während öffentliche Kritik an der Nahrungsmittelindustrie und ihren Produkten nicht ungewöhnlich ist, erscheint die Aroma- und Duftstoffindustrie selten in ähnlichem Rampenlicht. Eine Ausnahme bildet der Schoko-Streit zwischen Ritter Sport und der Stiftung Warentest von November 2013 bis September 2014.[1] Die Stiftung Warentest testete diverse Vollnuss-Schokoladen und versah das Produkt aus Stuttgart trotz guter Einzelbewertungen mit der Gesamtnote „mangelhaft". Der Auslöser war das auf der Verpackung deklarierte natürliche Aroma. Ritter Sport fügte seiner Vollnuss-Schokolade zur Geschmacksabrundung den Aromastoff Piperonal[2] hinzu. Die Stiftung Warentest wies diesen in ihren Analysen nach und ging von einem synthetischen Ursprung dieser Substanz aus. Folglich schien die Deklaration als natürliches Aroma unzulässig. Aus diesem Grund hieß es in der Dezemberausgabe des *test* von 2013:

> Im Zutatenverzeichnis wird nur ‚natürliches Aroma' genannt. Aber die Schokolade erfüllt dieses Versprechen nicht. Wir haben den chemisch hergestellten Aromastoff Piperonal nachgewiesen. Das täuscht den Verbraucher. Unser Urteil: mangelhaft.[3]

---

1 Für die öffentliche Berichterstattung siehe beispielsweise: Carsten Dierig: Beweislage der Stiftung Warentest war erbärmlich, *WELT*, https://www.welt.de/wirtschaft/article141406382/Beweislage-der-Stiftung-Warentest-war-erbaermlich.html; Martin Dowideit, Schokoladenstreit, *Handelsblatt*, https://www.handelsblatt.com/unternehmen/handel-konsumgueter/schokoladenstreit-aromahersteller-symrise-verlangt-neuen-test/9151676.html?ticket=ST-5333585-cZgqdLr0X5DE7SnEwsXL-cas01.example.org; Unbekannt, Schoko-Streit: Symrise will neuen Test, *Neue Westfälische*, https://www.nw.de/nachrichten/wirtschaft/9798926_Schoko-Streit-Symrise-will-neuen-Test.html. Alle zuletzt geprüft am 22.02.2023.

2 Piperonal, auch Heliotropin genannt, ist ein süßlich-fruchtiger Aromastoff, der unter anderem für Vanillegeschmack verwendet wird. In der Natur lässt sich Piperonal unter anderem in manchen Vanillesorten, in Pfeffer oder auch Melone nachweisen. Siehe dazu: Deutscher Verband der Aromenindustrie e.V. (DVAI), Fact Sheet: Piperonal, https://aromenverband.de/piperonal/, zuletzt geprüft am 11.08.2022.

3 Stiftung Warentest, „Zum Reinbeißen. Nussschokolade", *test* (2013): 20–25, 21.

Es folgte eine gerichtliche Auseinandersetzung, in der sich Ritter Sport gezwungen sah, ihren Aromastofflieferanten anzugeben. Das Holzmindener Unternehmen Symrise musste schließlich im Verlauf der Untersuchung seine Produktproben und Herstellungsweisen so weit wie nötig für die zuständigen Begutachter:innen zugänglich machen.[4] Letztlich verlor Stiftung Warentest den Prozess, da es sich bei dem beanstandeten Piperonal nachweislich um einen nach juristischen Maßstäben natürlichen Aromastoff handelte und die Beurteilung der Stiftung Warentest somit ungerechtfertigt war.[5] Ritter Sport hatte sich laut Gerichtsurteil bei der Deklaration nichts zu Schulden kommen lassen, ebenso wenig Symrise bei der Produktion. Der betreffende Testbericht von 2013 ist nach wie vor im Internet einsehbar,[6] allerdings mussten die fehlerhaften Stellen geschwärzt werden.

Ein weiteres Beispiel für ein öffentlich-gesellschaftliches Sichtbarwerden der Aroma- und Duftstoffindustrie ist das 1997 von Hans-Ulrich Grimm verfasste Buch *Die Suppe lügt*.[7] Darin wird die Aroma- und Duftstoffindustrie als heimlicher, im Hintergrund agierender Wirtschaftszweig dargestellt, der die Gesellschaft kontinuierlich mit seinen chemisch-industriellen Substanzen belastet. Verbraucher:innen hätten keine andere Wahl als diese tagtäglich zu konsumieren, da das „Labor-Aroma [...] die Leitsubstanz der modernen Lebensmittelproduktion [ist].“[8] Laut Grimm

> [leben wir], so eine Studie der Nürnberger Gesellschaft für Konsumforschung im Auftrag des Nahrungs-Multis Nestlé, im Zeitalter der ‚künstlichen Natürlichkeit‘, in der auch die Natur eine Natürlichkeit ‚aus zweiter Hand‘ sei.[9]

Das Ideal von Natur und Natürlichkeit wäre wegen der Vielzahl künstlicher Substanzen in einer industriell-technisierten Gesellschaft unerreichbar. Auch wenn *Die Suppe lügt* aus wissenschaftlicher Sicht kein verlässliches und zum Teil fehlerhaftes

---

4 Mitgeteilt im Rahmen eines Interviews mit Symrise. Reinhardt, Carsten; Gennermann, Paulina, Symrise, interviewte Personen: Bertram, Heinz-Jürgen; Kott, Bernhardt, Holzminden: 20.02.2020.
5 Klaus Roth, „Quadratisch, praktisch, natürlich?", *Chemie in Unserer Zeit* (2015): 336–344.
6 Siehe dazu: Stiftung Warentest, Nussschokolade. Jede dritte ist gut, https://www.test.de/Nussscho kolade-Jede-dritte-ist-gut-4633543-0/, zuletzt geprüft am 11.08.2022.
7 Dieses Buch, erstmals erschienen im Jahr 1997, wurde zuletzt 2015 neu aufgelegt. In dieser Publikation wird der bekannte, jedoch in der Form nicht korrekte Mythos aufgegriffen, natürliches Erdbeeraroma werde aus Sägespänen hergestellt. Für Informationen über die Produktion von Erdbeeraroma siehe beispielsweise: Deutscher Verband der Aromenindustrie e.V. (DVAI), Erdbeeraroma aus Sägespänen?, https://aromenverband.de/erdbeeraroma-aus-saegespaene/, zuletzt geprüft am 11.08.2022.
8 Hans-Ulrich Grimm, *Die Suppe lügt. Die schöne neue Welt des Essens* (Stuttgart: Klett-Cotta, 1997), 13.
9 Grimm, 21.

Werk ist,[10] verdeutlicht es ebenso wie der Schoko-Streit den gesellschaftlichen, hoch komplexen und seit Jahrzehnten aktuellen Diskurs über Natürlichkeit und Künstlichkeit von Nahrungsmitteln sowie ihren Inhaltsstoffen. Es ist an dieser Stelle allerdings zu fragen, von welcher Natur und Natürlichkeit hier gesprochen wird. Das Verständnis von Natürlichkeit ist eine der wesentlichen Fragen des vorliegenden Kapitels.

Das 20. Jahrhundert, insbesondere ab den 1950er Jahren, war geprägt von einer intensiven Ausbreitung chemisch-industrieller Stoffe in Umwelt und Gesellschaft.[11] Die Aromastoffregulierung ist in ihrer Entwicklung in enger Verbindung zur Regulierung dieser Stoffe zu verstehen, darunter beispielsweise Pharmazeutika, Pestizide und Farbstoffe. Dies liegt unter anderem an den beteiligten politischen, industriellen und wissenschaftlichen Strukturen. In den USA wurde 1906 die Food and Drug Administration (FDA) gegründet, die im Jahr 1938 den Food, Drug and Cosmetic Act erlassen hat. Eben diese Institution war auch an der Initiierung zur Regulierung von Aromastoffen und anderen Nahrungsmittelzusätzen beteiligt, als sie 1958 das Food Additives Amendment hinzufügte, was die Flavor and Extract Manufacturers Association (FEMA) dazu veranlasste, eine Liste mit für sicher befundenen Aromastoffen zu entwickeln, die sogenannte GRAS-Liste. Diese war nicht nur in den USA von Bedeutung, sondern wurde auch in Europa als Orientierung herangezogen. Wie der Name der FDA bereits andeutet, teilten (und teilen) sich Pharmazeutika und Aromastoffe für die Regulierung die institutionellen Strukturen. Zwar setzte die Regulierung von Pharmazeutika früher ein als die von Aromastoffen, dies bedeutete aber nicht zwangsläufig eine frühere effektive Handhabung der Stoffe. Sowohl in den USA als auch in Deutschland reichten die bestehenden Gesetzgebungen bis in die 1960er Jahre hinein nicht aus, um eine tiefgreifende Vorab-Sicherheitsprüfung neuer pharmazeutischer Präparate anzuordnen und durchzusetzen. Der Contergan-Skandal[12] führte in den 1960er Jahren zu einer Überarbeitung der Gesetzeslage hinsichtlich toxikologischer Untersuchungen vor Marktzulassung, allerdings wurden wirkmächtige Änderungen in Deutschland erst in den 1970er Jahren umge-

---

10 Roman Rossfeld, „Gepanschte Nahrung und gemischte Gefühle. Lebensmittelskandale, Ernährungskultur und Food-Design aus historischer Perspektive", in: *Verlangen nach Reinheit oder Lust auf Schmutz? Gestaltungskonzepte zwischen rein und unrein* (Wien: Passagen Verlag, 2003), 90 (Anmerkung 2).

11 Beat Bächi und Carsten Reinhardt, „Einleitung: Zur Geschichte des Regulierungswissens. Grenzen der Erkenntnis und Möglichkeiten des Handelns", *Berichte Zur Wissenschaftsgeschichte* 33, Nr. 4 (Dezember 2010): 348.

12 Siehe dazu beispielsweise: Thomas Grossbölting, Niklas Lenhard-Schramm und Anne Crumbach, Hrsg., *Contergan: Hintergründe und Folgen eines Arzneimittel-Skandals*, V&R Academic (Göttingen: Vandenhoeck & Ruprecht, 2017).

setzt.[13] Derartige Skandale und ihre gesellschaftlichen Folgen trieben die Regulierung chemisch-industrieller Stoffe voran und weiteten sie aus. Auch Aromastoffe wurden schließlich ins Visier der regulierenden Behörden genommen. Trotzdem war es keine Seltenheit, dass bei den getroffenen Maßnahmen gesundheitspolitische Aspekte und Verbraucher:innenwünsche hinter wirtschaftlichen Interessen zurückstanden. Inwiefern dies bei der Regulierung von Aromastoffen der Fall war, wird die folgende Analyse zeigen.

Arzneimittelskandale und auch Publikationen wie beispielsweise Rachel Carsons *Silent Spring* (1962) beeinflussten nicht nur die staatliche Regulierung,[14] sondern auch die öffentliche Wahrnehmung chemisch-industrieller Stoffe, zu denen auch Aromastoffe als industriell erzeugte Substanzen gehören. Kritische Stimmen gegenüber chemisch-industriellen Stoffen nahmen in der Öffentlichkeit zu und nötigten Regierungen und Industrien zu reagieren.[15] Neben Contergan sorgte beispielsweise auch der Appetithemmer Menocil 1968 in deutschen Medien für aufgeregte Diskussionen.[16] Nur wenige Jahre später stand Phentermin als weiterer Stoff dieser Art in negativen Schlagzeilen. Die Öffentlichkeit interessierte sich zunehmend für pharmakologische und gesundheitliche Fragen und äußerte sich in öffentlichen Medien dazu.[17] Chemische Stoffe, ihre Nutzung und ihre Nebenwirkungen nahmen dementsprechend verstärkt Raum auf gesellschaftlichen und politischen Bühnen ein. Willibald Steinmetz folgend kann im Fall von Contergan von einer „Politisierung" gesprochen werden.[18] Die Sicherheit chemisch-industrieller Stoffe wurde zu einem sozialen, kulturellen, wissenschaftlichen, wirtschaftlichen und politischen Thema, das sich über die verschiedenen Diskussions- und Beziehungsebenen verflochten hat und so in den unterschiedlichen Kreisen über sich gegenseitig verstärkende Rückkopplungen dynamisierend wirkte.

---

13 Arthur A. Daemmrich, *Pharmacopolitics: drug regulation in the United States and Germany*, Studies in social medicine (Chapel Hill: University of North Carolina Press, 2004), 21–42.

14 Nathalie Jas, „Public Health and Pesticide Regulation in France Before and After Silent Spring", *History and Technology* 23, Nr. 4 (Dezember 2007): 369–88.

15 Zum Thema Pestizide siehe: Jas.

16 Menocil war ein Präparat von Cilag-Chemie. Für einen zeitgenössischen Bericht siehe beispielsweise: Ohne Verfasser, Wie Zuckerl, *Der Spiegel* 52, https://www.spiegel.de/kultur/wie-zuckerl-a-eeff3f70-0002-0001-0000-000045865067, zuletzt geprüft am 22.02.2023.

17 Nils Kessel, „1971. Arzneimittelschäden zwischen Regulierung und Skandal. Das Beispiel des Appetithemmers Phentermin", in: *Arzneimittel des 20. Jahrhunderts: historische Skizzen von Lebertran bis Contergan* (Bielefeld: Transcipt Verlag, 2009), 284–93.

18 Willibald Steinmetz, „Ungewollte Politisierung durch die Medien? Die Contergan-Affäre", in: *Die Politik der Öffentlichkeit – die Öffentlichkeit der Politik: politische Medialisierung in der Geschichte der Bundesrepublik*, Veröffentlichungen des Zeitgeschichtlichen Arbeitskreises Niedersachsen (Göttingen: Wallstein, 2003), 195–228.

Im vorliegenden Teil „Natürlich, synthetisch, künstlich" sollen nun die unterschiedlichen Perspektiven für die Geschichte der Aromastoffe herausgearbeitet werden. Leitmotiv ist dabei die historische Entwicklung von Chemiekritik und Natürlichkeitsdiskurs. Der thematische Schwerpunkt wird auf die nationale und internationale Regulierung von Aromastoffen gelegt, die in besonderer Weise von eben diesen Diskursen geprägt wurde. Dazu wird zunächst die Antonymisierung der Begriffe „natürlich" und „künstlich" in der ersten Hälfte des 20. Jahrhunderts aufgegriffen, um die Chemiekritik der 1950er bis 1980er Jahre historisch herzuleiten. Im Anschluss wird eine kurze Einführung in die technischen Möglichkeiten der chemischen Analyse im entsprechenden Zeitraum gegeben. Dies dient dazu, bestimmte Argumentationen während der Regulierungsvorbereitung und ihrer Umsetzung in den 1960er bis 1980er Jahren einordnen und nachvollziehen zu können. Es werden die wichtigsten Apparaturen in ihren Funktionen vorgestellt und ihre Bedeutung hinsichtlich der Aromastoffforschung erläutert. Nach diesen beiden einführenden Kapiteln folgt die Analyse der nationalen und internationalen Regulierungsmaßnahmen und deren Vorbereitungen. Im Zentrum dieser Untersuchung stehen die Unterscheidung in natürliche und nicht-natürliche Aromastoffe und die Einführung des Begriffs „naturidentisch" als juristische Kompromissbildung und industrielle Strategie. Außerdem wird neben dem Natürlichkeitsdiskurs innerhalb von Industrie und Regulierung auch die Entwicklung dieses Diskurses auf gesellschaftlicher Ebene diskutiert.

2 Die Antonymisierung von „natürlich" und „künstlich" in der ersten Hälfte des 20. Jahrhunderts

Die Entwicklung von Protest- und Gegenbewegungen zu industriell hergestellten Produkten ist so alt wie die Industrialisierung selbst. Zwar eröffnete die Industrialisierung im 19. Jahrhundert neue Möglichkeiten, sie führte in der Folge aber auch zu Verunsicherung und Schwierigkeiten in unterschiedlichen Gesellschaftsgruppen. Bezogen auf Nahrungsmittel bedeutete die industrielle Produktions- und Vermarktungsweise eine grundlegende Beziehungsänderung von Verbraucher:innen zu ihren Nahrungsmitteln. Durch den steigenden Einsatz von Zusatzstoffen und eine Vorverarbeitung der Grundstoffe wurden die zu kaufenden Produkte zunehmend als eine Art Synthese, als Summe verschiedener Stoffe, empfunden und konnten daher von den Verbraucher:innen in ihrer Komplexität nicht mehr klar eingeordnet oder analysiert werden.[19]

> War die Beurteilung von Lebensmitteln traditionell mit den Sinnen – über das Aussehen, die Farbe, den Geschmack, das Aroma oder die Konsistenz eines Produktes – erfolgt, so fielen diese Möglichkeiten bei industriell verarbeiteten Produkten weitgehend weg. Die Industrialisierung führte nicht nur zu einer Rationalisierung, Versachlichung, Entpersonalisierung und Anonymisierung der Herstellung und Verarbeitung von Lebensmitteln, sondern auch zu einer – im materiellen wie kognitiven Sinn – zunehmenden *Intransparenz* [sic] der Produkte.[20]

Diese Form der Entfremdung und Intransparenz verunsicherte manche Verbraucher:innen und diese wandten sich nach Möglichkeit von industriell gefertigten Lebensmitteln ab und bemühten sich, zu traditionellen und bekannten Produkten zurückzukehren. In diesem Kontext entwickelten sich die Differenzierung und die Bewertung von natürlichen und künstlichen Stoffen. Es entstand eine Verknüpfung von „künstlich" mit industriell gefertigten und damit nicht mehr gänzlich verstandenen Produkten. Als Gegenpol dazu wurde die natürliche Ernährung verstanden, die als gesund und transparent (im Sinne von nachvollziehbar) dargestellt und erlebt wurde. Dieses kulturelle Phänomen der Antonymisierung natürlicher und künstlicher Stoffe lässt sich bereits seit der zweiten Hälfte des 19. Jahrhunderts beobachten. Dort entstand eine Bewegung, die die „natural diet"[21] und den natürlichen Lebensstil betonte. Dieser Trend, in dessen Entwicklung auch die noch heute bestehenden Reformhäuser eröffnet wurden,[22] präsentierte Natur und natürliche Ernährung als positiv und gesundheitsfördernd und industriell gefertigte Produkte demgegenüber als negativ und krankmachend.

Im Nationalsozialismus und während des Zweiten Weltkriegs veröffentlichte der NS-Anhänger Werner Kollath, Hygieniker, Verfechter der Vollwerternährung und Anhänger der Neuen Deutschen Heilkunde,[23] 1942 erstmals sein Werk *Die Ordnung unserer Nahrung*. In diesem Buch beschrieb Kollath nicht nur die aus seiner Sicht korrekte Ernährungsweise, sondern er unterteilte Nahrungsmittel,

---

19 Rossfeld, „Gepanschte Nahrung und gemischte Gefühle. Lebensmittelskandale, Ernährungskultur und Food-Design aus historischer Perspektive", 77 (nach Spiekermann).

20 Rossfeld, 79.

21 Corinna Treitel, *Eating Nature in Modern Germany: Food, Agriculture, and Environment, c. 1870 to 2000* (Cambridge: Cambridge University Press, 2017), 191.

22 Florentine Fritzen, *Gesünder leben. Die Lebensreformbewegung im 20. Jahrhundert* (Stuttgart: Franz Steiner Verlag, 2006), 43–46.

23 Robert Jütte, *Geschichte der alternativen Medizin: von der Volksmedizin zu den unkonventionellen Therapien von heute* (München: C.H. Beck, 1996), 58.

gemäß der Ansichten der ihm nahestehenden Lebensreformbewegung,[24] in zwei Hauptkategorien: Lebensmittel und Nahrungsmittel.[25] Während Lebensmittel, auch als „lebendige Nahrung" bezeichnet, Rohmaterialien, fermentativ oder mechanisch aufgeschlossene Materialien waren, waren Nahrungsmittel „tote Nahrung", also solche, die erhitzt, konserviert oder präpariert worden waren.[26] Aus diesem Grund verstand Kollath die „Kochkost" als „Mangelkost", da beim Erhitzen wesentliche Vitalstoffe wie Aroma- und Duftstoffe verloren gingen.[27] Wird die Spur der Aromastoffe in seinem Werk unter Berücksichtigung seiner Vorstellung von Natürlichkeit weiter verfolgt, so findet sich weiter hinten im Buch ein Abschnitt mit der Überschrift „Chemische Präparate als Nahrungsstoffe". Dort heißt es:

> Wollte man versuchen, die Aromastoffe in Form von Präparaten herzustellen, was sicher bald geschehen wird, so wird man damit eine weitere Künstlichkeit in die Ernährung einführen, der der Hygieniker nicht zustimmen kann.[28]

Auch wenn bei Kollath weit mehr Elemente als hier aufgeführt in sein Verständnis von „natürlich" und „künstlich" hineinspielten, so scheint es dennoch angemessen zu behaupten, dass ein wesentlicher Faktor die Trennung von industriell und nicht-industriell gefertigten Produkten gewesen war. Industrielle Aromastoffe, die es zum Zeitpunkt der Publikation bereits in größeren Mengen gegeben hatte, waren abzulehnen. Naturgemäß vorkommende Aromastoffe allerdings wurden von Kollath als positive Vitalstoffe klassifiziert, auf die nicht verzichtet werden sollte.

Zwar wurde im Nationalsozialismus eine natürliche und gesunde Ernährung besonders wertgeschätzt, aber die realen Möglichkeiten in einer Autarkiepolitik und im Krieg waren begrenzt. Eines der Ziele der nationalsozialistischen Regierung war es, eine Ernährungsautarkie Deutschlands zu etablieren, um nicht mehr von Importen abhängig zu sein. Dabei sollten beispielsweise deutsche Äpfel den importierten Orangen vorgezogen werden. Heimische Rohstoffe sollten effizient und ökonomisch genutzt und die Gesundheit durch eine natürliche Ernährung erhalten werden. Gerade hinsichtlich der Erhaltung der Gesundheit kam die Frage auf, ob synthetisch hergestellte Zusätze in Nahrungsmitteln, zum Beispiel zugesetzte Vitamine, ebenso gut waren wie naturbedingt vorhandene oder schlimmstenfalls schädlich sein könnten. Während die Proklamation von Naturnähe und von na-

---

24 Fritzen, *Gesünder leben. Die Lebensreformbewegung im 20. Jahrhundert*, 261.
25 In der vorliegenden Arbeit wird diese Unterscheidung nicht gemacht. Mit Nahrungsmitteln sind allgemein zum Verzehr gedachte Produkte gemeint.
26 Werner Kollath, *Die Ordnung unserer Nahrung* (Stuttgart: Hippokrates-Verlag, 1960 [1942]), 32–33.
27 Werner Kollath, *Die Ordnung unserer Nahrung* (Stuttgart: Hippokrates-Verlag, 1960 [1942]), 60.
28 Werner Kollath, *Die Ordnung unserer Nahrung* (Stuttgart: Hippokrates-Verlag, 1960 [1942]), 283.

turbelassener Ernährung nicht damit vereinbar schien und im Rahmen der sogenannten Vollwerternährung nicht geschätzt wurde, verschoben sich während des
Kriegs notgedrungen die Prioritäten. Die Knappheit an Nahrungsmitteln verdrängte
die Betonung einer natürlichen Ernährung beziehungsweise machte sie in der
Praxis schlicht unmöglich. Unter anderem Vitamine mussten schließlich synthetisch
hergestellt und zugeführt werden, da genügend Naturprodukte kaum noch zu bekommen waren. Die Notwendigkeiten des Krieges ließen die Ansichten über die
Höherwertigkeit von Naturprodukten allerdings nicht verstummen, sie traten lediglich hinter ihnen zurück. Die Natur war wichtig in der Debatte der NS-Biopolitik,
die Industrie war wichtig für den Krieg und beides musste nun mehr oder weniger
koexistieren.[29] Dadurch steigerte sich die wahrgenommene Spannung zwischen
Naturprodukten und Ersatzstoffen (siehe Teile I und II), zwischen natürlichen und
synthetischen Stoffen. Nach Pierre Bourdieu heißt es:

> Der Geschmack ist die Grundlage alles dessen, was man hat – Personen und Sachen –, wie
> dessen, was man für die anderen ist, dessen, womit man sich selbst einordnet und von den
> anderen eingeordnet wird.[30]

Auch wenn Bourdieu an dieser Stelle weniger vom physiologischen als vielmehr
vom ästhetischen Geschmack spricht, ist diese Aussage dennoch auf beide Wort-
sinne anwendbar. Wenn, ausgehend von der zuvor geschilderten Entwicklung in
der Wahrnehmung von nicht-natürlichen Stoffen, angenommen wird, dass synthetisch hergestellte Aromastoffe als künstliche Produkte und folglich als minderwertig angesehen wurden und die Natürlichkeit als Ideal galt, dann wäre eine
Assoziation synthetischer Aromastoffe mit Ersatz und Minderwertigkeit sowohl
produktqualitativ als auch wertbezogen zu erwarten. Dass dies für das Vanillin
nicht ganz zutreffend ist, wurde in den Teilen I und II erläutert, es ist dennoch
angemessen zu sagen: „synthetisch" und „künstlich" entsprachen überwiegend
minderwertig und schlecht, „natürlich" entsprach überwiegend hochwertig und
gut.

Allerdings gestaltet sich die Wahrnehmung von Aromastoffen erheblich komplexer, da sich sowohl chemische als auch soziale Argumente vermischen. Warren
Belasco identifiziert diesbezüglich zwei wesentliche Komponenten des Verständnisses von „natürlich": Erstens die Abwesenheit chemisch-industrieller Zusätze wie
beispielsweise Konservierungsmittel und zweitens betont er den traditionellen und

---

29 Treitel, *Eating Nature in Modern Germany*, 189–233.
30 Pierre Bourdieu, *Die feinen Unterschiede: Kritik der gesellschaftlichen Urteilskraft*, 26. Aufl.,
Suhrkamp-Taschenbuch Wissenschaft (Frankfurt/Main: Suhrkamp, 2018), 104.

nostalgischen Charakter natürlicher Nahrungsmittel.[31] Während die erste Komponente als chemisches Argument bezeichnet werden kann, ist das zweite Argument ein soziales. Im Falle der Ernährung lässt sich beobachten, dass insbesondere die Gewöhnung und die Sozialisierung mit bestimmen Düften und Geschmäckern eine essentielle Rolle für das Verständnis des Natürlichen spielen. So kann Vanillin im Pudding oder auch Erdbeeraroma im Fruchtjoghurt unsere Vorstellung davon, wie echte Vanille und echte Erdbeeren schmecken sollten maßgeblich beeinflussen. Es findet eine Inversion statt: Etwas ehemals „künstliches" wird in der Wahrnehmung und im Erleben mit der Zeit zu etwas „natürlichem".

Auslöser und Treiber der zunehmenden Aromatisierung von Nahrungsmitteln hatten zweierlei Gestalt:

– l'industrialisation de la production alimentaire fait appel à des techniques de production qui, tout en conservant à l'aliment pouvoir nutritif, tend à modifier le goût propre de l'aliment.
– l'évolution psychologique du consommateur dans les pays civilisés lui fait rechercher une nourriture raffinée qui ne satisfasse pas uniquement le besoin physiologique de nutrition mais apporte des satisfactions obtenues par une diversification des saveurs apportées par les arômes.[32]

Neben der voranschreitenden Industrialisierung des Nahrungsmittelsektors und dem Genussmoment des Essens, war historisch gesehen auch Ressourcenknappheit eine wesentliche Treiberin zur Verbreitung synthetischer Aromastoffe. Wie in den vorigen Teilen bereits erläutert wurde, war Deutschland bei einigen Gewürzen und Lebensmitteln von Importen abhängig. Vor allem während der beiden Weltkriege waren diese stark begrenzt und Bevölkerung und Industrie mussten sich notgedrungen anpassen. Es wurden Alternativen gesucht, um die Verluste auszugleichen, wobei auch die chemische Synthese unterstützte. Es bildete sich eine Art „Not-Geschmack" aus, um Bourdieus Ausdruck zu verwenden.[33] Da sich aber Geschmäcker erlernen und verinnerlichen lassen, konnte sich unter anderem auch deswegen das ein oder andere Produkt nach dem Krieg halten oder seine bereits bestehende Position in der Ernährung weiter festigen. Dieses Phänomen der Naturalisierung wurde in Teil I und Teil II bereits erörtert und wird nun im Rahmen des Natür-

---

31 Warren Belasco, „Food and the Counterculture: A story of Bread and Politics", in: *The cultural politics of food and eating: a reader*, Blackwell readers in anthropology (Malden, MA: Blackwell Pub, 2005), 221.
32 Bureau de liaison des syndicats europeens des produits aromatiques, 25.01.1966, Note introductive a la proposition de reglementation des substances aromatisantes, S. 1–8, hier S. 3, Historisches Archiv Roche (HAR): FE.1.GIV 103523n.
33 Bourdieu, *Die feinen Unterschiede*, 586–90.

lichkeitsdiskurses der 1950er bis 1980er Jahre weiter ausgeführt. Eine explizite Auseinandersetzung mit dem Thema Geschmacksprägung erfolgt in Kapitel 7.

Während des 20. Jahrhunderts, insbesondere in der zweiten Hälfte, erlebten die Chemie und die chemische Industrie „einen rapiden Schwund ihrer öffentlichen Glaubwürdigkeit",[34] um die Worte Ulrich Becks konkret auf diesen Fall anzuwenden. Die wissenschaftliche Forschung schritt kontinuierlich voran und dadurch wuchs das Wissen um potentielle gesundheitliche Risiken und Nebenwirkungen, vor allem bezüglich kanzerogener und mutagener Effekte. Die gesellschaftliche Angst vor derartigen Stoffen nahm zu und wurde durch Fälle wie dem Buttergelb-Skandal von 1949 verstärkt.[35] Der daraus resultierende Vertrauensverlust mündete in einer Situation, bei der faktisches Wissen und wissenschaftliche Wahrheit allein nicht mehr ausschlaggebend waren, sondern die Meinung der Gesellschaft ebenfalls einen wichtigen Einfluss auf das Geschehen nehmen konnte. „Geltung ist nämlich angesichts dieser Entwicklung nicht mehr allein eine Frage der Wahrheit, sondern auch eine Frage der gesellschaftlichen Akzeptanz, der ethischen Kompatibilität."[36] Bezogen auf Aromastoffe bedeutete dies, dass das Verständnis der Bevölkerung von „natürlich", „synthetisch" und „künstlich" auf die Regulierung Einfluss nehmen konnte.

Obwohl es zahlreiche, je nach Situation, Region, sozialer Gruppe oder Individuum unterschiedliche Einflussfaktoren gab, die sich auf die Bewertung chemisch-industrieller Produkte niedergeschlagen haben, spielte die – im Lauf des 20. Jahrhunderts zunehmend negative – Beurteilung eine wesentliche Rolle bei der Konsumentscheidung. Um einen synthetischen Stoff akzeptabel und attraktiv zu machen und im Idealfall seine völlige Naturalisierung zu erreichen, musste demnach bei Verbraucher:innen ein Gefühl von Natürlichkeit erzeugt und Vertrauen geschaffen werden. „The emphasis on nature was critical to overcoming the patina of 'substitute' and ‚chemical'",[37] formuliert es Carolyn de la Peña in ihrem Artikel über den steigenden Konsum des Süßungsmittels NutraSweet (Aspartam) in den USA der 1970er und 1980er Jahre. Ein Konsumartikel sollte weder als Ersatz noch als künstlich wahrgenommen werden, im besten Fall verfügte er über bessere Eigenschaften als das ursprüngliche Naturprodukt. Ausgehend von der Entstehungskette eines Produktes war ein mehrstufiges Zusammenspiel sozialer und industrieller

---

34 Ulrich Beck, *Risikogesellschaft: auf dem Weg in eine andere Moderne*, Edition Suhrkamp (Frankfurt/Main: Suhrkamp, 1986), 263.

35 Heiko Stoff, *Gift in der Nahrung: zur Genese der Verbraucherpolitik Mitte des 20. Jahrhunderts*, Wissenschaftsgeschichte (Stuttgart: Franz Steiner Verlag, 2015), 109.

36 Beck, *Risikogesellschaft*, 273 (nach Peter Weingart).

37 Carolyn de la Peña, „Just Like a Peach: Visions of Nature in U.S. NutraSweet Marketing", *Technikgeschichte* 78, Nr. 3 (2011): 213.

Faktoren notwendig, um diese Form der Akzeptanz und Naturalisierung zu erwirken. Für Produzent:innen waren in diesem Zusammenhang Forschung und Innovation zentral, mit Hilfe derer sie sich neue Produktionsmöglichkeiten erschlossen, die sich auf die juristische Definition und vorgesehene Deklaration auswirken konnten. Außerdem wurden unter anderem die Entwicklung von Markenbranding und die (zunehmend juristisch regulierte) Bereitstellung von Produktinformationen auf der Verpackung als Hilfsmittel herangezogen.[38] Die Industrie bemühte sich, den Verbraucher:innen ein Gefühl von Sicherheit, Natürlichkeit und Gesundheit zu vermitteln, das sich mit den jeweiligen Lebensgewohnheiten vereinbaren ließ, um sie vom Konsum der angebotenen Produkte zu überzeugen. Ein Beispiel dafür ist die im Rahmen der internationalen Regulierung von Zusätzen in Lebensmitteln in den 1960er Jahren stattfindende Diskussion über den Einsatz von Backverbesserungsmitteln in Brot. Der zur Debatte stehende Stoff war Kaliumbromat, der wegen seines geringeren Preises Ascorbinsäure (Vitamin C) vorgezogen würde. In diesem Kontext hieß es: „Ein Argument mehr ‚politischer' Natur wäre z. B. die ‚Natürlichkeit' des Brotes",[39] ein Argument, das sich gegen den Einsatz von Kaliumbromat aussprach. Hier waren der wirtschaftspolitische Faktor der Wahrnehmung seitens der Verbraucher:innen und deren mögliche negative Wahrnehmung von Kaliumbromat anstelle des Vitamin C ausschlaggebend.

Die hier beschriebene den Markt beeinflussende Verbraucher:innenentscheidung verdeutlicht das, was Veronika Settele und Norman Aselmeyer als „reflexive Handlung" und „kommunikative Praxis" von „Nicht-Essen" bezeichnen.[40] Durch die bewusste Ablehnung von nicht-natürlichen Inhaltsstoffen und durch den Konsum natürlicher Produkte brachten Verbraucher:innen ihre Präferenzen zum Ausdruck und nötigten Industrie und Politik zu handeln. Gleichzeitig aber ließ sich ein Phänomen beobachten, dass das Verständnis von „natürlich", „synthetisch" und „künstlich" zwar in den Vordergrund rückte, jedoch anfällig machte für Beeinflussung. „Die Lebensmittelindustrie und der entstehende großräumigere Lebensmittelhandel rüttelten am Verhältnis zwischen Konsument*in und einverleibtem Produkt, da herkömmliches Verbraucherwissen nicht mehr griff."[41] Auf diese Weise

---

38 Rossfeld, „Gepanschte Nahrung und gemischte Gefühle. Lebensmittelskandale, Ernährungskultur und Food-Design aus historischer Perspektive", 82–84.

39 Dr. G. Waldvogel, 16.05.1966, Protokoll einer Sitzung vom 6. Mai 1966, 08.00 Uhr, Sitzungszimmer 914 über „Unterlagen und Traktandenliste zur 3. Sitzung des Codex-Committee on Food Additives", S. 1–4, hier S. 1, Historisches Archiv Roche (HAR): FE.1.GIV 103523l.

40 Norman Aselmeyer und Veronika Settele, Hrsg., *Geschichte des Nicht-Essens: Verzicht, Vermeidung und Verweigerung in der Moderne*, Historische Zeitschrift / Beihefte (Neue Folge) (Berlin; Boston: De Gruyter Oldenbourg, 2018), 8.

41 Aselmeyer und Settele, 15.

konnte die Industrie Wissen und Wahrnehmung hinsichtlich der Natürlichkeitsfrage beeinflussen. Dieses komplexe Wechselspiel aus verschiedenen Einflüssen, Prägungen und Wahrnehmungen schlug sich auch im Umgang mit Lebensmittelzusatzstoffen und Aromastoffen nieder.

> Lebensmitteltechnologen versuchen die Quadratur des Kreises unterschiedlicher, ja widersprüchlicher Verbrauchererwartungen dadurch zu erreichen, daß sie in immer stärkerem Maße auf die Ergebnisse der Aromaforschung und der lebensmittelchemischen Forschung zurückgreifen.[42]

Die Widersprüchlichkeit der Erwartungen bestand insbesondere in der Forderung nach natürlichen, also nicht-industriellen und chemisch unbehandelten, Nahrungsmitteln, während Verbraucher:innen gleichzeitig zumeist eine lange Haltbarkeit und eine Einheitlichkeit ihrer Produkte erwarteten. Naturprodukte aber zeichnen sich gerade durch ihre Uneinheitlichkeit aus. Qualität und Zusammensetzung schwanken, da sie an die sich verändernden Bedingungen ihrer Umwelt gebunden sind.[43] Die gewünschten Eigenschaften wurden in der Lebensmittelindustrie durch entsprechende Zusätze erreicht. Doch nicht nur die Haltbarkeit und die Einheitlichkeit der Produkte konnten mithilfe der wachsenden Anzahl eingesetzter chemisch-industrieller Stoffe erreicht werden, auch die natürliche Erscheinung, beispielsweise Farbe und Geschmack wurde damit beeinflusst.[44] Chemisch-industrielle Stoffe interagierten somit in dem eigentlichen Natürlichkeitsrahmen, den Verbraucher:innen anwandten und den die Industrie durch die eigentlich abgelehnten Stoffe nachzubilden versuchte.

Die wachsende Unsicherheit und erstarkende Chemiekritik in der zweiten Hälfte des 20. Jahrhunderts machten eine strukturierte Überprüfung und klare Regulierung der verschiedenen Substanzen dringend notwendig. Dabei war es eine schwierige Aufgabe, zwischen den unterschiedlichen Interessengruppen zu vermitteln und einen gemeinsamen Nenner zu finden, da die Lebensmittelindustrie wegen ihrer Produktionsweisen kaum noch auf derartige Stoffe verzichten konnte und wollte. Ein Beispiel dafür waren Farbstoffe, die genutzt wurden, „um den verlorengegangenen natürlichen Farbton wiederzugewinnen."[45] Es wurden Grenzwertsysteme entwickelt,

---

42 Jörn Sieglerschmidt, „Die Mechanisierung der organischen Substanz", in: *Essen und kulturelle Identität: europäische Perspektiven*, Bd. 2, Kulturthema Essen (Berlin: Akademie Verlag, 1997), 349.
43 Jakob Vogel, *Ein schillerndes Kristall: eine Wissensgeschichte des Salzes zwischen Früher Neuzeit und Moderne*, Industrielle Welt (Köln: Böhlau, 2008), 447.
44 Angela N. H. Creager und Jean-Paul Gaudillière, „Introduction", in: *Risk on the table: food production, health, and the environment*, Environment in history (New York: Berghahn, 2021), 4.
45 Stoff, *Gift in der Nahrung*, 87.

um ein allgemeines Verbotsprinzip und reine Positivlisten (weitestgehend) zu vermeiden.[46] Denn in der industriellen Nahrungsmittelproduktion waren chemisch-industrielle Zusätze nicht mehr wegzudenken. Um die dadurch entstehenden Gefahrenquellen zu ermitteln und zu minimieren, musste die chemische Forschung herangezogen werden. Chemisch-industrielle Forschung und Produktion waren also sowohl Auslöser neuer Problematiken als auch ihre erhoffte Lösung. Oder, um es mit den Worten Ulrich Becks zu formulieren, „[das heraufziehende Zeitalter] einer wissenschaftsabhängigen und wissenschaftskritischen Risikogesellschaft"[47] rückte in diesem Fall die chemische Industrie in den Mittelpunkt. Lebensmittel ohne Zusätze waren ebenso problematisch wie Lebensmittel mit Zusätzen.

Dieses komplexe Netzwerk aus politischen, wirtschaftlichen, gesellschaftlichen und wissenschaftlichen Einflussfaktoren gilt es im Hinblick auf industriell gefertigte Aromastoffe zu entschlüsseln. Wie in Teil I und Teil II deutlich geworden ist, stand in der ersten Hälfte des 20. Jahrhunderts und insbesondere während der beiden Weltkriege die Ersatzstoffthematik im Vordergrund. In der zweiten Hälfte des 20. Jahrhunderts prägten insbesondere die Natürlichkeitsthematik und die Diskussion um synthetische und künstliche Stoffe die Debatte. Die Argumentation innerhalb beider Diskurse hing eng miteinander zusammen und ist bisweilen kaum zu trennen. In der Regulierung und im Verbraucher:innenschutz standen Aromastoffe häufig hinter den risikoreichen Farb- und Konservierungsstoffen zurück und fanden erst spät Beachtung. In einem Bericht der industrieinternen Dragoco Reports hieß es 1978: „Sie [Aromastoffe; Anm. PSG] sind die letzten Stoffe, die durch die Lebensmittel- und Gesundheitsbehörde einer genaueren Untersuchung unterzogen werden."[48] Ausgehend davon werden die unterschiedlichen Regulierungsetappen und Maßnahmen mit Blick auf Aromastoffe in der zweiten Hälfte des 20. Jahrhunderts dokumentiert und analysiert. Dazu werden die öffentliche Wahrnehmung und die gesellschaftliche Debatte bisweilen getrennt von der offiziellen Regulierung dargestellt. Zwar waren diese Aspekte eng miteinander verbunden und sind in ihrem Wechselspiel zu verstehen, aber für ein besseres Verständnis ist eine nach Möglichkeit separierte Darstellung vorteilhafter. Entsprechend werden im Anschluss an das folgende Kapitel eine Analyse der Regulierung und anschließend eine Diskussion der öffentlichen Wahrnehmung erfolgen.

---

46 Stoff, *Gift in der Nahrung.*
47 Beck, *Risikogesellschaft,* 279.
48 Kim Jones, „Entwicklungen im internationalen Aromenlebensmittelrecht", *Dragoco Bericht für geschmacksstoffe verarbeitende Industrien,* Nr. 2 (1978): 35–40, 39.

3 Technische Möglichkeiten in der Aromastoffanalyse in der zweiten Hälfte des 20. Jahrhunderts

No factor in the past century has had a greater impact on the flavor industry than the development of instrumental methods of analysis. It is equally true that no industries have been more strongly affected by this development than the flavor and fragrance industries.[49]

Ausgehend von dieser Aussage, verfasst im Rahmen des Hundertjährigen Jubiläums der Flavor and Extract Manufacturers Association (FEMA) im Jahr 2009 ist es ratsam, vor einer detaillierten Analyse der Aromastoffregulierung, technisch-methodische Innovationen des 20. Jahrhunderts näher in den Blick zu nehmen. Das Wissen über vorhandene analytische Möglichkeiten in der organischen Chemie erleichtert das Verständnis mancher Regulierungsdebatten und des Natürlichkeitsdiskurses im Rahmen von Aromastoffen. Erst vor dem Hintergrund der analytischen Möglichkeiten werden manche Argumentationen über natürliche, synthetische und künstliche Aromastoffe greifbar und durchschaubar. Im vorliegenden Kapitel werden deshalb einzelne Analysemethoden vorgestellt, insbesondere die Gaschromatographie (GC), die Massenspektrometrie (MS) und Kernmagnetische Resonanz (NMR).

Vor und auch noch während der 1930er und 1940er Jahre wurden in der Chemie hauptsächlich Methoden der sogenannten „wet chemistry" genutzt. Unter „wet chemistry" werden im Allgemeinen klassische Analysemethoden der Chemie gefasst, die in flüssiger Phase durchgeführt werden. Sie beinhalten außerdem, als der Analyse vorausgehende Auftrennungsmethoden, unter anderem die Vorgänge der Extraktion und Destillation.[50] Anhand chemischer und physikalischer Eigenschaften und bekannten spezifischen Reaktionen funktioneller Gruppen konnten dabei Substanzen bis zu einem gewissen Grad identifiziert werden.[51] Diese klassischen Analysemethoden erlaubten vor allem die Identifikation eines Stoffgemischs hinsichtlich bestimmter Stoffgruppen und nicht unbedingt hinsichtlich einzelner Mo-

---

49 Richard L. Hall; J. Walradt und P. G. Hoffmann, „The Development of Instrumental Methods of Analysis and Their Impact on the Flavor Industry", in: *FEMA 100. A Century of Great Taste* (United States: Flavor and Extract Manufactures Association 2009), 156–163, 156.

50 Für mehr Informationen über die „wet Chemistry" siehe: Semih Otles und Vasfiye Hazal Ozyurt, „Classical Wet Chemistry Methods", in: *Handbook of Food Chemistry*, Springer Reference (Berlin; Heidelberg: Springer, 2015), 133–49.

51 Richard L. Hall; J. Walradt und P. G. Hoffmann, „The Development of Instrumental Methods of Analysis and Their Impact on the Flavor Industry", in: *FEMA 100. A Century of Great Taste* (United States: Flavor and Extract Manufactures Association 2009), 156–163, 157.

leküle.[52] Allerdings waren jene im Rahmen der Aromastoffanalyse von besonderem Interesse. Mithilfe des Wissens über die genaue Zusammensetzung eines Aromagemischs konnten einzelne Komponenten in ihren Wirkungen und Funktionen untersucht werden und das Wissen um die genaue Struktur der einzelnen Moleküle ermöglichte den Nachbau im Labor. Aus diesem Grund bewirkte der technisch-methodische Wandel in der Chemie während des 20. Jahrhunderts eine Veränderung, die in der Chemie als besonders einschneidend wahrgenommen wurde. „Virtually every history of analytical chemistry notes the revolutionary character of the changes in analytical chemistry."[53] Durch die Einführung neuer instrumenteller Methoden wie der Gaschromatographie, der Massenspektrometrie und der Kernmagnetischen Resonanz verlagerte sich der Arbeitsschwerpunkt innerhalb der analytischen Chemie.

> With the introduction of instrumental methods of analysis, analytical chemists came to the focus on the physics of elemental properties as a means of identification rather than the chemistry of reactions as a means of separation.[54]

Doch trotz dieser, den Charakter der Chemie verändernden, Entwicklungen ist ein Kuhn'sches Verständnis ihres „revolutionären" Charakters in der Forschung[55] nicht allgemeiner Konsens. Während Peter J. T. Morris und Anthony S. Travis auf den sich vollziehenden Paradigmenwechsel zwischen den 1940er und 1960er Jahren hinweisen,[56] widerspricht Davis Baird einer Auslegung der Vorgänge als wissenschaftliche Revolution nach Thomas Kuhn. Während bei Kuhn das zentrale Element einer wissenschaftlichen Revolution der Paradigmenwechsel ist, dem ein unlösbares Problem vorausgeht und der mit dem Wandel einer Theorie und der Unübersetzbarkeit von Begriffen (Inkommensurabilität) verbunden ist, sieht Baird diese Elemente in der Entwicklung der analytischen Chemie nicht gegeben. Dieser

---

52 Albert P. van der Kloot; Robert I. Tenney und Vincent Bavisotto, „An Approach to Flavor Definition with Gas Chromatography", *Proceedings, annual meeting/ Amercian Society of Brewing Chemists (ASBC)*, Nr. 1, 1958, 96 – 103; K. P. Dimick und J. Corse, „Gas Chromatography – A New Method for The Separation and Identification of Volatile Materials in Foods", *Food Technology* (1956): 360 – 364.

53 Davis Baird, „Analytical Chemistry and the ‚Big' Scientific Instrumentation Revolution", in: *From classical to modern chemistry: the instrumental revolution* (Cambridge: The Royal Society of Chemistry in association with the Science Museum, London and the Chemical Heritage Foundation, 2002), 30.

54 Baird, 39.

55 Thomas S. Kuhn, *The structure of scientific revolutions*, 4. Aufl. (Chicago; London: The University of Chicago Press, 2012).

56 Peter J. T. Morris und Anthony S. Travis, „The Role of Physical Instrumentation in Structural Organic Chemistry", in: *Science in the Twentieth Century* (Amsterdam: Harwood Academic Publishers, 1997), 737.

habe vor allem auf einem Wandel der Methodik, der Verbesserung zum Teil bereits vorhandener Möglichkeiten und dem Eröffnen neuer Spielräume gelegen und nicht auf einem Wandel der Theorie. Davis folgend ließen sich die Ereignisse eher als eine Form der „Big Revolution" nach Ian Hacking beschreiben, in der neue Institutionen entstanden, die interdisziplinär wirkte und die einschneidende soziale Folgen hatte.[57] An dieser Stelle soll nun nicht tiefergehend auf die möglichen philosophischen Auslegungen der Entwicklungen eingegangen werden. Jedoch unterstreichen diese zusätzlich, wie gewichtig und wie komplex die Auswirkungen die Entwicklung neuer Analysemethoden waren und welchen Einfluss sie auf die Chemie hatten.

Auch in der Aromastoffforschung waren die Auswirkungen der technisch-methodischen Veränderungen gravierend, worauf das Eingangszitat bereits hinwies. Mithilfe neuer Apparaturen konnten bis dato bestehende Hindernisse in der Analyse überwunden werden und es eröffneten sich neue Handlungsspielräume. In den 1970er Jahren waren sie bereits als genutzte Methoden in die Aromastoffforschung integriert.[58]

Während die Ursprünge der hier besprochenen Instrumente in den frühen 1910er Jahren zu finden sind, haben sie sich maßgeblich während der 1930er und 1940er Jahre entwickelt und bahnten sich in den 1950er Jahren zunehmend den Weg in die organische und analytische chemische Forschung.[59] Im vorliegenden Kapitel liegt der Fokus nicht auf der allgemeinen Entwicklungsgeschichte dieser Instrumente, sondern auf deren Einfluss auf die Aromastoffforschung und -analyse. Für ein breiteres Studium der technisch-methodischen Entwicklungen innerhalb der Chemie seien hier beispielhaft die Arbeiten von Thomas Steinhauser zur Kernmagnetischen Resonanz, von Carsten Reinhardt zu physikalischen Methoden in der Chemie und von Apostolos Gerontas zur Gaschromatographie empfohlen.[60]

---

57 Baird, „Analytical Chemistry and the ‚Big' Scientific Instrumentation Revolution", 49–53.

58 Manfred Rothe, *Einführung in die Aromaforschung* (Berlin: Akademie-Verlag, 1978), 45.

59 Für mehr Informationen über die Entwicklungsgeschichte von GC, MS und NMR siehe beispielsweise: Apostolos Gerontas, „Chromatography", in: *Between making and knowing: tools in the history of materials research, A World Scientific encyclopedia of the development and history of material science* (New Jersey; London: World Scientific, 2020), 315–26; Joseph D. Martin, „Nuclear Magnetic Resonance Spectroscopy", in: *Between making and knowing: tools in the history of materials research, A World Scientific encyclopedia of the development and history of material science* (New Jersey; London: World Scientific, 2020), 561–69; Keith A. Nier, „Mass Spectrometry", in: *Between making and knowing: tools in the history of materials research, A World Scientific encyclopedia of the development and history of material science* (New Jersey; London: World Scientific, 2020), 527–38.

60 Apostolos Gerontas, „Creating New Technologists of Research in the 1960s: The Case of the Reproduction of Automated Chromatography Specialists and Practitioners", *Science & Education* 23, Nr. 8 (August 2014): 1681–1700; Thomas Steinhauser, *Zukunftsmaschinen in der Chemie: Kernmagnetische Resonanz bis 1980* (Frankfurt/Main: Peter Lang, 2014); Thomas Steinhauser, „The Synergy of

Eine kurze, aber gute Übersicht bietet außerdem das Kapitel „Research Fields and Boundaries in Twentieth-Century Organic Chemistry" von Morris, Travis und Reinhardt in dem Sammelband *Chemical sciences in the 20th century: bridging boundaries.*[61]

Im Folgenden werden nun mithilfe ausgewählter Beiträge aus dem fachspezifischen Umfeld der Aroma- und Duftstoffe die Bedeutung der neuen Möglichkeiten und etwaige Anwendungsschwierigkeiten erläutert und hinsichtlich ihrer Einflussnahme auf den Natürlichkeitsdiskurs untersucht. Die einzelnen Erklärungen von Funktionsweisen der Apparaturen und Methoden sind in ihren Grundlagen bis heute gültig. Aus diesem Grund werden die entsprechenden Passagen im Präsens formuliert, während die historischen Gegebenheiten weiterhin in der Vergangenheitsform geschildert werden.

Es war die Gaschromatographie, die als eine der ersten neuen Methoden die gängige „wet chemistry" weitestgehend abzulösen begann.[62] Sie ermöglichte es, insbesondere die flüchtigen Komponenten eines Stoffgemischs zu untersuchen, welche mit den klassischen Methoden kaum bis gar nicht erfasst und identifiziert werden konnten. Mithilfe der Gaschromatographie wurden erstmalig komplexe und flüchtige Gemische in ihre einzelnen Bestandteile aufgetrennt, um anschließend einzeln analysiert zu werden. Dabei wird das aufzutrennende Gemisch im gasförmigen Aggregatzustand in einem inerten (hier nicht-reaktiven) Trägergas gelöst. Dieses Gasgemisch wird anschließend durch eine Trennsäule geleitet, in der die im Trägergas befindliche Probe mithilfe eines Trennmittels in ihre einzelnen Bestandteile aufgetrennt wird. Ein Detektor am Ende des Aufbaus signalisiert die einzelnen Bestandteile, sodass das Ergebnis der Auftrennung für die Analyse

New Methods and Old Concepts in Modern Chemistry", in: *Objects of Chemical Inquiry* (Sagamore Beach, MA: Science History Publications/USA, a division of Watson Publishing International LLC, 2014), 259–80; Carsten Reinhardt, *Shifting and rearranging: physical methods and the transformation of modern chemistry* (Sagamore Beach, MA: Science History Publications/USA, 2006); Carsten Reinhardt, „Habitus, Hierarchien und Methoden: ‚Feine Unterschiede' zwischen Physik und Chemie", *NTM Zeitschrift für Geschichte der Wissenschaften, Technik und Medizin* 19, Nr. 2 (Juni 2011): 125–46.

61 Insbesondere der Abschnitt 1.2 in: Peter J. T. Morris, Anthony S. Travis, und Carsten Reinhardt, „Research Fields and Boundaries in Twentieth-Century Organic Chemistry", in: *Chemical sciences in the 20th century: bridging boundaries* (Weinheim; New York: Wiley-VCH, 2001), 14–42.

62 Michael H. Widmer, „Recent Developments in Instrumental Analysis", in: *Flavour science and technology. Proceedings of the 6th Weurman Symposium* (Chicago: John Wiley & Sons, 1990), 181–190, 183.

sichtbar wird.[63] Diese in den späten 1950er Jahren noch recht neue Methode erschien den Wissenschaftler:innen vielversprechend, sodass sie viel Forschungsarbeit in angepasste Anwendungen investierten.[64]

Eine besonders wichtige Eigenschaft eines Gaschromatographen ist seine Empfindlichkeit („Sensitivity"). Aromastoffgemische können aus zahlreichen Einzelbestandteilen zusammengesetzt sein, von denen manche nur in geringsten Mengen vorhanden sind. Für eine umfassende Analyse des Gemischs muss der Apparat auch kleinste Stoffmengen erfassen können. Aus diesem Grund versprach die feine Trennung durch einen Gaschromatographen nicht nur eine umfassende Aufklärung über die Beschaffenheit eines Stoffgemischs, sie versprach außerdem die Möglichkeit, von der Norm (auch nur leicht) abweichende Stoffproben zu identifizieren.[65] Schon 1959 deutete sich an, dass zukünftig die neue Methode der Gaschromatographie nicht nur auf dem Gebiet der Stoffaufklärung und Produktion, sondern auch auf dem Gebiet der Kontrolle und Regulierung eine wesentliche Funktion einnehmen könnte.

Doch nicht nur die Gaschromatographie veränderte die Aromastoffanalyse. Insbesondere in Kombination mit der Massenspektrometrie (GC-MS) bildeten beide Methoden „zweifellos die stärkste Waffe, um dem Ziel einer vollständigen Aromenanalyse näherzukommen."[66] Mithilfe der Massenspektrometrie konnten im Anschluss an eine Auftrennung während der Gaschromatographie die detektierten Stoffe anhand ihrer Masse identifiziert werden. Dieser Vorgang besteht aus drei Schritten: Der Ionisierung, der Ablenkung und der Detektion. Mithilfe einer Elektronenbestrahlung werden die Moleküle ionisiert, wobei es zu einer Fragmentierung (Aufspaltung) einiger Moleküle kommt. Die durch die Ionisierung entstehenden geladenen Teilchen werden beschleunigt und durch das Magnetfeld geleitet. Aufgrund ihrer Ladung werden sie im Magnetfeld abgelenkt, wobei die Stärke der Ablenkung sowohl von der Ladung als auch von der Masse abhängig ist. Diese Abhängigkeiten ermöglichen eine selektive Erfassung bestimmter Fragmente, die zur Identifikation in einem Massenspektrum dargestellt werden (siehe Abb. 4).

---

63 Für weiterführende Informationen zur GC siehe beispielsweise Kapitel 9.3.4 in: Georg Schwedt, *Analytische Chemie: Grundlagen, Methoden und Praxis*, 2., vollst. überarb. Aufl, Master (Weinheim: Wiley-VCH, 2008).

64 Albert P. van der Kloot; Robert I. Tenney und Vincent Bavisotto, „An Approach to Flavor Definition with Gas Chromatography", *Proceedings, annual meeting/ American Society of Brewing Chemists (ASBC)*, Nr. 1 (1958): 96–103

65 Albert P. van der Kloot und Fred A. Wilcox, „An Approach to Flavor Definition with Gas Chromatography. Part II", *Proceedings, annual meeting/ American Society of Brewing Chemists (ASBC)*, Nr. 1 (1959): 76–80, 76.

66 A. Kohler, „Gaschromatographie im Aromen-Laboratorium", *Gordian: internationale Zeitschrift für Lebensmittel und Lebensmitteltechnologie* (1973): 418–419, 422, 418.

Anhand der detektierten unterschiedlichen Fragmente kann auf die Molekülstruktur des zu identifizierenden Stoffs geschlossen werden.[67] Auf diese Weise konnten seit Mitte der 1950er Jahre mithilfe der Massenspektrometrie die Einzelkomponenten eines durch die Gaschromatographie aufgetrennten Stoffgemischs direkt im Anschluss analysiert und so die Zusammensetzung des Gemischs identifiziert werden.

Ein Vorreiter für den Einsatz der Massenspektrometrie in der Aroma- und Duftstoffforschung war Klaus Biemann. Der österreichische Chemiker vom Massachusetts Institute of Technology (MIT) spezialisierte sich auf die massenspektrometrische Analyse organischer Substanzen und ging in den späten 1950er Jahren eine vertragliche Kooperation mit dem Schweizer Aroma- und Duftstoffproduzenten Firmenich[68] ein, während der er ihm zugesandte Proben dieses Unternehmens analysierte. Firmenich war bereits im 20. Jahrhundert ein wichtiger Aroma- und Duftstoffproduzent und erkannte den potentiellen Nutzen der neuen Instrumente für die eigene Forschung und Arbeit.[69] 1965 konnte mithilfe der Massenspektrometrie der Aromastoff Furaneol® identifiziert werden, der auch heute noch zu den wichtigsten Produkten des Unternehmens gehört.

Gaschromatographie und Massenspektrometrie eröffneten der Aromastoffforschung zwei wesentliche neue Möglichkeiten. Erstens konnten nun flüchtige Stoffgemische in ihre Einzelbestandteile aufgetrennt werden und zweitens konnten diese Komponenten genauer bestimmt und identifiziert werden. Das Wissen um in der Natur vorhandene einzelne Aromastoffe nahm rasant zu und ermöglichte die Aufschlüsselung komplexer Aromasysteme wie beispielsweise von Erdbeeren, Kaffee, Whiskey oder auch Käse.[70] Dadurch konnte die Industrie ihre bestehenden Produkte weiterentwickeln, an den Markt anpassen und mithilfe neuer Synthesemöglichkeiten weitere Aromen synthetisieren.

Was Gaschromatographie und Massenspektrometrie allerdings zu diesem Zeitpunkt noch nicht möglich machten, war eine analytische Unterscheidung zwischen natürlichen und synthetischen Aromastoffen. In den 1960er Jahren wurde

---

67 Für weiterführende Informationen über Massenspektrometrie siehe beispielsweise den Abschnitt 7.5 in: Schwedt, *Analytische Chemie*.

68 Firmenich wurde 1895 in Genf unter dem Namen Chuit & Naef von Philippe Chuit und Martin Naef gegründet. Ort war zunächst der Garten von Charles Firmenich. 1934 wurde die Firma in Firmenich & Cie. umbenannt, die beiden Gründer waren einige Jahre zuvor in Rente gegangen. Firmenich gehört zu den größten Unternehmen für Aroma- und Duftstoffe weltweit. Mehr dazu siehe: https://www.firmenich.com/company/discover-our-story, zuletzt geprüft am 05.08.2022.

69 Reinhardt, *Shifting and rearranging*, 85–144.

70 Manfred Rothe, *Einführung in die Aromaforschung*, 58

industrieintern zwischen drei verschiedenen Typen von Aromastoffen unterschieden:

1. Aromastoffe, die durch physikalische Methoden aus Naturprodukten gewonnen wurden
2. Aromastoffe, die mithilfe von chemischer Synthese produziert wurden, aber zu denen aus Gruppe 1 identisch waren
3. Aromastoffe, die mithilfe von chemischer Synthese produziert wurden und für die noch kein bekanntes Pendant in der Natur nachgewiesen wurde

In der Industrie wurden Aromastoffe der Gruppe 1 als „natürlich", der Gruppe 2 als „synthetisch" und der Gruppe 3 als „künstlich" bezeichnet.[71] Hinsichtlich der analytischen Möglichkeiten war es in den 1950er bis 1980er Jahren nicht möglich, zwischen Aromastoffen aus Gruppe 1 und aus Gruppe 2 zu unterscheiden. Dies änderte sich, als 1971 der unterschiedliche Anteil von schweren Kohlenstoffatomen (C^{13}) zu leichten Kohlenstoffatomen (C^{12}) bei verschiedenen Pflanzentypen[72] entdeckt wurde.

> The bioelements[73] H, C, N, O and S are occuring as mixtures of stable isotopes. In general, the lightest isotope is by far dominant, and the mean natural abundance of the heavy isotopes does not exceed about one atom-percent. [...] The most important parameter for the isotope abundance of an organic molecule is the primary source of its atoms.[74]

In der Chemie wurden für die in der Natur vorkommenden Isotopenverhältnisse Standardwerte festgelegt, mit deren Hilfe schließlich Abweichungen identifiziert werden konnten. Zwar sind die möglichen Abweichungen von den festgesetzten Standardwerten äußerst gering (Promille-Bereich), trotzdem ermöglichen sie eine „[a]uthentication of products in terms of natural or synthetic character and even in

---

71 Dr. C. Caflisch, 01.10.1965, Schreiben an Dr. G. Waldvogel, Historisches Archiv Roche (HAR): FE.1.GIV 103523e.

72 Die Rede ist hier von C3- gegenüber C4-Pflanzen. Während sich C4- oder auch CAM-Pflanzen an (sub)tropisches Klima angepasst haben und bei höheren Temperaturen und intensiveren Lichtverhältnissen Photosynthese betreiben können, ist die Photosynthese bei C3-Pflanzen bei gemäßigten Bedingungen am effektivsten. Für eine kurze und verständliche Information siehe diesbezüglich „Kurzinformation. Einzelfragen zur Photosynthese von C3- und C4-Pflanzen" des Wissenschaftlichen Dienstes des Deutschen Bundestages, Fachbereich WD 8 (Umwelt, Naturschutz, Reaktorsicherheit, Bildung und Forschung).

73 Gemeint sind hier Wasserstoff, Kohlenstoff, Stickstoff, Sauerstoff und Schwefel.

74 H.-L. Schmidt; D. Weber; A. Rossmann und R. A. Werner, „The potential of intermolecular and intramolecular isotopic correlations for authenticity control", in: *Flavor Chemistry, Thirty years of progress* (New York: Springer Science+Business Media, 1999), 55–61, 56.

terms of botanical and geographical origin of the precursor."[75] Ende der 1980er Jahre bot schließlich die Kopplung aus Gaschromatographie und Isotope Ratio Mass Spectrometry (IRMS)[76] eine technische Möglichkeit, Stoffe auf ihr Isotopenverhältnis und damit auf ihre Herkunft beziehungsweise ihre Ausgangsmaterialien zu untersuchen. Ergänzt und verfeinert wurde diese Methode durch die Verbindung aus Kernmagnetischer Resonanz und Site specific Natural Isotope Fractionation (SNIF-NMR), die vor allem für die Qualitätskontrolle eine fundamentale Funktion einnahm, um beispielsweise die Herkunft und damit die Authentizität von Produkten zu überprüfen.[77] Mithilfe dieser Techniken konnten spezifische „isotopic fingerprints"[78] von einigen Aromastoffen ermittelt und so ihre Ursprünge bestimmt werden. Wissenschaftler:innen fanden heraus, dass sich in Vanillin-Molekülen das Isotopenverhältnis je nach Ausgangsmaterial verändert und einem bestimmten Rohstoff zuzuordnen ist.[79]

Es bleibt festzuhalten, dass sich die Techniken und Methoden in der Aromastoffanalyse in den 1950er bis 1980er Jahren rasant entwickelten und immer feinere Untersuchungen der Stoffgemische und ihrer Bestandteile ermöglichten. Insgesamt konnten durch GC-MS im Verlauf der zweiten Hälfte des 20. Jahrhunderts zahlreiche Aromen entschlüsselt werden. Die 1980er und auch 1990er Jahre wurden deswegen auch als „Golden Age" für die Aromastoffindustrie und -forschung bezeichnet.[80] Hinsichtlich des nun folgenden Kapitels über die nationale und internationale Regulierung von Aromastoffen ist jedoch zu betonen, dass die Möglichkeit einer Unterscheidung auf atomarer Ebene mithilfe von Isotopen in der Hauptphase der hier diskutierten Regulierung noch nicht möglich gewesen war, beziehungsweise noch in den Kinderschuhen steckte. Eine verstärkte Nutzung von SNIF-NMR und GC-IRMS erfolgte erst einige Zeit später.

---

75 Gérard J. Martin und Maryvonne L. Martin, „Thirty Years of Flavor NMR", in: *Flavor Chemistry. Thirty years of progress* (New York: Springer Science+Business Media, 1999), 19 – 30, 19.
76 H.-L. Schmidt; D. Weber; A. Rossmann und R. A. Werner, „The potential of intermolecular and intramolecular isotopic correlations for authenticity control".
77 Richard L. Hall; J. Walradt und P. G. Hoffmann, „The Development of Instrumental Methods of Analysis and Their Impact on the Flavor Industry", 161.
78 Gérard J. Martin und Maryvonne L. Martin, „Thirty Years of Flavor NMR", 24.
79 Gérard J. Martin und Maryvonne L. Martin, „Thirty Years of Flavor NMR", 26.
80 Eric Frérot und Laurent Wünsche, „50 years of mass spectrometry at Firmenich: a continuing love story", *CHIMIA International Journal for Chemistry* (2014): 160 – 163, 160.

4 Strukturierte Untersuchungen und gesetzliche Regulierung von Aromastoffen in den 1950er bis 1980er Jahren

Der globalisierte Lebensmittelhandel macht es erforderlich, die Regulierung von Aromastoffen national und international zu betrachten und zu verstehen. Entsprechend wichtig ist die Berücksichtigung internationaler Netzwerke bei der Analyse, da unterschiedliche nationale Aktivitäten aufeinander aufbauten oder sich aneinander orientierten. So war es beispielsweise der Fall mit bundesdeutschen Regulierungsmaßnahmen, deren Vorbilder US-amerikanische Aktivitäten waren. Diese Vorgänge werden nachfolgend über die 1950er bis 1980er Jahre dargestellt. In der Gesetzgebung der Bundesrepublik Deutschland ist in diesen Zusammenhängen ein fundamentaler Wandel im Umgang mit synthetischen Aromastoffen zu beobachten. Während in den späten 1950er Jahren synthetische Aromastoffe juristisch näher an künstliche Aromastoffe herangerückt wurden, wurden sie in den folgenden Jahrzehnten im Bereich natürlicher Aromastoffe positioniert. Diese entscheidende Veränderung ging nicht zuletzt auf die aktive Teilnahme der Industrie im Rahmen nationaler und internationaler Regulierungsvorgänge zurück. Dieses Kapitel thematisiert vorrangig die strukturierte Forschung hinsichtlich potentieller Risiken von Aromastoffen und gesetzlichen Maßnahmen in der Bundesrepublik Deutschland und in den USA. Darauf aufbauend erfolgt eine Analyse über die Ursachen der beobachtbaren Veränderungen und die Schwierigkeit im Umgang mit den unterschiedlichen Aromastofftypen.

4.1 Die Anfänge strukturierter Untersuchungen chemisch-industrieller Stoffe: Die DFG-Farbstoffkommission

Bereits zum Ende der 1940er Jahre vermuteten Wissenschaftler:innen, dass einige Azofarbstoffe krebserregend sein könnten. Aus diesem Grund wurde die Farbstoffkommission der Deutschen Forschungsgemeinschaft (DFG)[81] unter Vorsitz von Adolf Butenandt und später Hermann Druckrey damit beauftragt, entsprechende Stoffe zu evaluieren, ihre Gefährlichkeit zu analysieren und darauf aufbauend Empfehlungen zu ihrer Regulierung zu geben. Diese Kommission „war der Nukleus all jener Kommissionen, die sich in der Folge mit Lebensmittelzusatzstoffen befassten."[82] Dabei fielen nicht nur Farbstoffe in den Aufgabenbereich der Kommis-

---

81 Für die Geschichte des Umgangs der DFG mit chemischen Risiken siehe beispielsweise: Alexander von Schwerin, *Strahlenforschung: Bio- und Risikopolitik der DFG, 1920–1970*, Studien zur Geschichte der Deutschen Forschungsgemeinschaft (Stuttgart: Franz Steiner Verlag, 2015).
82 Stoff, *Gift in der Nahrung*, 92.

sion, sondern eine Vielzahl von (Lebensmittel-)Zusätzen. Es wurden Farbstoffe, Konservierungsmittel, Emulgatoren und weitere Substanzen analysiert und die Bemühungen um einen regulierten Einsatz intensivierten sich. Aromastoffe allerdings wurden in dieser Zeit nicht einbezogen. Eine mögliche Erklärung für ihre Vernachlässigung in diesem Kontext lässt sich in Aussagen der DFG-Farbstoffkommission aus dem Jahr 1955 finden. Während ihrer 11. Sitzung am 16. Dezember 1955 in der Stuttgarter Villa Reitzenstein wurde beschlossen, dass „[d]ie Frage der Aromen [...] zurückgestellt werden [soll].“[83] Als Begründung wurde festgehalten: „Es besteht vom Standpunkt des Toxikologen zur Zeit kein Grund, sich einzuschalten, da keine Anhaltspunkte für eine Gefährdung vorliegen.“[84] Farb- und Konservierungsstoffe beispielsweise gaben deutlich mehr Anlass zur Besorgnis und wurden daher priorisiert, während Aromastoffe bewusst hintenangestellt wurden. Wird die dünne Spur der Aromastoffe in der DFG-Farbstoffkommission weiterverfolgt, so findet sich während der 13. Arbeitstagung zu Beginn des Jahres 1958 die Aussage: „Dieses Gebiet [Aromastoffe; Anm. PSG] ist noch nicht bearbeitet worden, fällt jedoch in den Bereich der Farbstoff-Kommission.“[85] Die Kommission erkannte an, dass Aromastoffe zu ihrem Aufgabenbereich gehörten. Damit machte sie deutlich, dass es in ihrer Verantwortung lag, die Stoffe auf Risiken und Einsetzbarkeit zu prüfen und ihre Sicherheit zu bewerten. Dennoch blieben Aromastoffe wegen mangelnder Dringlichkeit in der umgesetzten Arbeit der Kommission unberücksichtigt.

Ein zentraler Treiber der Kommissionsarbeit war die 1958 anstehende Novellierung des deutschen Lebensmittelgesetzes. In diesem neuen Lebensmittelgesetz wurden unter anderem in §4a „fremde Stoffe“ definiert, die ausdrücklich zur Verwendung zugelassen werden mussten, um Lebensmitteln hinzugefügt werden zu dürfen. Allerdings verdienen in Bezug auf Aromastoffe, die intuitiv als Fremdstoffe gelten könnten, da sie meistens einem Lebensmittel extra zugesetzt werden, folgende Formulierungen Beachtung:

> (2) Fremde Stoffe im Sinne dieses Gesetzes sind Stoffe, die nach §1 zu Lebensmitteln werden und die keinen Gehalt an verdaulichen Kohlenhydraten, verdaulichen Fetten, verdaulichem Eiweiß oder **keinen natürlichen Gehalt an** Vitaminen, Provitaminen, **Geruchs- oder Ge-**

---

83 DFG-Farbstoffkommission, 1955, Protokoll 11. Arbeitssitzung der Kommission zur Bearbeitung des Lebensmittelfarbstoffproblems der „Deutschen Forschungsgemeinschaft“ am 16. Dezember 1955, Archiv der Deutschen Forschungsgemeinschaft: 6019 – 721, 9, Heft 9.

84 DFG-Farbstoffkommission, 1955, Protokoll 11. Arbeitssitzung der Kommission zur Bearbeitung des Lebensmittelfarbstoffproblems der „Deutschen Forschungsgemeinschaft“ am 16. Dezember 1955, Archiv der Deutschen Forschungsgemeinschaft: 6019 – 721, 9, Heft 9.

85 DFG-Farbstoffkommission, 1958, Protokoll 13. Arbeitstagung der Farbstoff-Kommission der „Deutschen Forschungsgemeinschaft“ vom 10. bis 11. Januar 1958 in Stuttgart in der Villa Reitzenstein, Archiv der Deutschen Forschungsgemeinschaft: 6019 – 721, 9.

schmacksstoffen [Hervorhebungen PSG] haben oder bei denen ein solcher Gehalt nicht dafür maßgebend ist, daß sie als Lebensmittel verwendet werden. [...]
(4) Die Absätze 1 und 3[86] gelten nicht für den Zusatz von Trink- und Tafelwasser, Wasserdampf, Luft, Stickstoff, Kohlensäure, Trinkbranntwein sowie von solchen Vitaminen, Provitaminen, **Geruchs- und Geschmacksstoffen, die den natürlichen in ihrem Aufbau chemisch gleich** [Hervorhebung PSG] sind.[87]

Abschnitt (4) klammerte diverse Aromastoffe aus der Definition von Fremdstoffen aus. Gesetzlich bot sich hier der Aroma- und Duftstoffindustrie die Möglichkeit, dem juristischen Stigma des Fremdstoffs für ihre Produkte zu entgehen, da die meisten ihrer Stoffe zwar synthetischen Ursprungs, aber strukturell identisch mit in der Natur vorkommenden Stoffen waren. Um sich die Umsetzung des neuen Lebensmittelgesetzes konkret im Hinblick auf Aromastoffe näher anzuschauen, wird nun zusätzlich die Essenzen-Verordnung vom 19. Dezember 1959[88] hinzugezogen.

Diese Verordnung macht auf mehrere Faktoren aufmerksam und regt zum Nachdenken an. Erstens wird bereits 1959 eine klare Trennung zwischen natürlichen und künstlichen Stoffen formuliert. Paragraph 5 legte fest, dass nur derartige Essenzen als

natürlich bezeichnet werden durften, die ausschließlich aus Stoffen mit einem natürlichen Gehalt an Geruchsstoffen oder Geschmacksstoffen einschließlich der natürlichen ätherischen Öle, auch in terpenfreiem Zustande, durch Mischen, Destillieren oder Extrahieren hergestellt sind.

Synthetische Aromastoffe (also chemisch gleich zu denen in der Natur, aber anders hergestellt) wurden hier nicht aufgeführt und fielen demnach nicht unter die Definition des Natürlichen. Weil alle anderen Substanzen als „künstlich" zu deklarieren waren, fielen auch synthetische Aromastoffe in diese Kategorie. Durch den Ausschluss von Formulierungen, die Natürlichkeit bei künstlichen Substanzen suggerieren könnten (wie zum Beispiel „natürlich, künstlich verstärkt" oder „naturnah"), wurde einer möglichen, durch die Industrie induzierten, Naturalisierung scheinbar Einhalt geboten. Zweitens wird durch eine Analyse der Anlage 2 deutlich, dass (wenn auch nur sehr wenige) Aromastoffe durchaus als „fremde Stoffe" defi-

---

86 Die Absätze 1 und 3 besagen, dass fremde Stoffe, die im Prozess der Nahrungsmittelherstellung mit selbigen in Kontakt kommen und ihm hinzugefügt werden, für diesen Zweck zugelassen sein müssen.

87 Bundestag, Gesetz zur Änderung und Ergänzung des Lebensmittelgesetzes, Bundesgesetzblatt: 46.1958, S. 950–955.

88 Bundesminister des Innern; Bundesminister für Ernährung, Landwirtschaft und Forsten, Verordnung über Essenzen und Grundstoffe (Essenzen-Verordnung), Bundesgesetzblatt: 25.1959, S. 747–750.

niert worden waren. Dazu gehörten unter anderem Ethylvanillin, Erdbeer-Aldehyd (Methylphenylglyceridsäureaethylester) und Hydroxycitronellal. Diese Substanzen bedurften demnach einer expliziten Zulassung, welche in der gleichen Verordnung direkt erteilt wurde. Eine sichtbare Einschränkung der Nutzung dieser Stoffe in der Nahrungsmittelproduktion entstand hier demnach nicht. Da bereits bei der Arbeit der DFG-Farbstoffkommission eine eindeutige Zurückstellung von Aromastoffen zu beobachten war, ist zu vermuten, dass sich die geringe Priorisierung auch in der Gesetzgebung niederschlug. Zwar waren sich die zuständigen Behörden des Einsatzes natürlicher und nicht-natürlicher Aromastoffe bewusst und es wurde als notwendig angesehen, ihren Einsatz gesetzlich zu regulieren, jedoch standen andere, akut gefährliche Stoffe im Vordergrund.

Das Lebensmittelgesetz von 1958 und die daran anknüpfende Essenzen-Verordnung von 1959 schlossen zum ersten Mal gezielt die verschiedenen Aromastofftypen in die gesetzliche Regulierung ein. Dabei spielte von vornherein die Unterscheidung in natürliche und nicht-natürliche Stoffe eine fundamentale Rolle, wobei eine klare Trennung zwischen natürlichen Aromastoffen einerseits und synthetischen sowie künstlichen Aromastoffen andererseits erfolgte. Zwar konnten Aromastoffe dem Stigma des Fremdstoffs entgehen, die juristische Klassifizierung von synthetischen Aromastoffen als „künstlich" wurde jedoch umgesetzt. Diese Differenzierung sollte sich im Lauf der 1970er und 1980er Jahre insbesondere durch die aktive Mitarbeit der Industrie entscheidend verändern. Die genauen Abläufe, Argumente und Akteure werden im Verlauf der folgenden Kapitel eingehend diskutiert.

Trotz der Unterscheidung zwischen natürlichen und nicht-natürlichen Aromastoffen in der Essenzen-Verordnung von 1959 fällt ein Aspekt besonders auf. Es geht um die Sonderbehandlung von Ethylvanillin und Vanillin. Beide Stoffe unterlagen eigentlich bestimmten Richtlinien, das Ethylvanillin als „fremder Stoff" und das Vanillin als zumeist synthetischer, und damit als „künstlich" zu deklarierender Stoff. Dennoch hieß es in § 4 Abs. 1:

> Essenzen und Grundstoffe, die in der Anlage 2 aufgeführte fremde Stoffe enthalten, sowie Lebensmittel nach § 3 Abs. 2 Nr. 2 müssen durch die Angabe ‚mit Aromastoff' kenntlich gemacht werden. Dieser Kenntlichmachung bedarf es nicht bei Essenzen oder Grundstoffen, denen Äthylvanillin zugesetzt ist, wenn ihnen hierdurch nicht der dem Äthylvanillin eigentümliche Geruch oder Geschmack verliehen wird.

Ethylvanillin konnte folglich in der Deklaration als „fremder Stoff" nahezu unsichtbar werden, solange dieser Aromastoff als Verfeinerung und nicht als Hauptkomponente diente. Zwar blieb Ethylvanillin ausgehend von den Vorgaben in §5 die Bezeichnung „künstlich" erhalten, jedoch mäßigte sich das Erscheinen als Fremdstoff beträchtlich.

Auch Vanillin erhielt eine Sonderstellung, festgelegt in § 5 Abs. 2:

> Durch Mitverwendung von Vanillin wird die Bezeichnung ‚natürlich' nicht ausgeschlossen, wenn der Essenz oder dem Grundstoff hierdurch nicht der dem Vanillin eigentümliche Geruch oder Geschmack verliehen wird.

Vanillin wurde an dieser Stelle von der eigentlich vorgesehenen Deklarierung als „künstlich" entbunden, sofern der Aromastoff in einer Mischung zwar enthalten, aber nicht die geschmackliche Hauptkomponente war.[89] Sofern also Ethylvanillin und Vanillin lediglich als Verfeinerungen beziehungsweise sekundäre Würzelemente eingesetzt wurden und nicht als Hauptkomponente auftraten, konnten beide den normalerweise vorgesehenen Deklarationen entgehen. In Anbetracht ihrer gesellschaftlichen Bedeutung sind diese Ausnahmen ein weiteres spannendes Indiz für die gesellschaftliche Wahrnehmung des Vanillins und seines geschmacksintensiveren Verwandten. Wie in Teil I und II erläutert, gehörten Vanillin und Ethylvanillin zu den in kontinuierlich steigenden Mengen konsumierten Stoffen. Während der Weltkriege wurden sie eingesetzt, um andernfalls ungenießbare Lebensmittel essbar zu machen und um im eingeschränkten Nahrungsangebot ein wenig Geschmack zu bieten. Dadurch hatte sich die auch außerhalb der Kriegszeiten beobachtbare Etablierung des Vanillins unter anderem in Form von Vanillinzucker und Pudding als gängiger Konsumstoff in der Ernährung verstärkt. Außerdem wurde Vanillin gern verwendet, um das Geschmackserlebnis zu verfeinern, wie beispielsweise bei Schokolade. Die juristische Sonderstellung von Vanillin und Ethylvanillin in der Essenzen-Verordnung von 1959 kann demnach als Ausdruck für die zuvor stattgefundene Integration und Naturalisierung dieser Stoffe und deren juristische Verankerung verstanden werden.

4.2 Die FEMA und der Umgang mit Aromastoffen in den USA in den 1950er bis 1970er Jahren

Die Flavor and Extract Manufacturers Association (FEMA) wurde 1909 gegründet, um die Interessen der in den USA zu Beginn des 20. Jahrhunderts wachsenden Aromastoffproduzenten zu vertreten. Außerdem sah sie sich im Laufe ihrer Entwicklung zunehmend in der Position, auch Verbraucher:inneninteressen zu vertreten.

---

89 Paragraphen 4 und 5 in: Bundesminister des Innern; Bundesminister für Ernährung, Landwirtschaft und Forsten, Verordnung über Essenzen und Grundstoffe (Essenzen-Verordnung), Bundesgesetzblatt: 25.1959, S. 747–750.

The growing demand for pure, high-quality flavorings helped FEMA quickly evolve into an organization that not only reflected its members' business concerns but also took the lead in protecting consumer interests. Sometimes, FEMA found it necessary to defend the integrity of the industry because its very mystique made it a victim of scurrilous press attacks or widespread misconceptions.[90]

Im Jahr 1958 veröffentlichte die US-amerikanische Regierung das sogenannte Food Additives Amendment zu dem 1938 eingeführten Food, Drugs, and Cosmetic Act.[91] Diese Ergänzung machte eine Sicherheitsprüfung von Zusatzstoffen vor einem Einsatz auf dem Markt notwendig. Als Lebensmittelzusatz galt „any substance that becomes, or may reasonably be expected to become, a component of food or otherwise affect the characteristics of food."[92] Ausgenommen von dieser Regelung aber waren Stoffe, die als „generally recognized as safe" (GRAS) galten.[93] Voraussetzung für das Erlangen des GRAS-Status war,

that [they] are recognized, among qualified experts, as having been adequately shown through scientific procedures (or, in the case of a substance used in food prior to January 1, 1958, through experience based on common use in food) to be safe under the conditions of their intended use.[94]

90 *FEMA, FEMA 100. A Century of Great Taste* (United States: Flavor and Extract Manufactures Association 2009), 18.

91 Dieses Gesetz erlaubte in den USA der Food and Drug Administration (FDA) erstmals ein regulierendes Eingreifen in genutzte medizinische Stoffe und Kosmetika. Außerdem erlaubte es eine von der FDA gesteuerte Einrichtung von Nahrungsmittelstandards. Siehe dazu: Jonathan Rees, *The chemistry of fear: Harvey Wiley's fight for pure food* (Baltimore: Johns Hopkins University Press, 2021), 227; Food and Drug Administration, 80 Years of the Federal Food, Drug, and Cosmetic Act, 2018, https://www.fda.gov/about-fda/fda-history-exhibits/80-years-federal-food-drug-and-cosmetic-act, zuletzt geprüft am 11.08.2022.

92 M.V. Smith, „FDA's Flavor and Spice Safety Review Program", in: *Fragrance and flavor substances, Proceedings of the 2. International Haarmann & Reimer Symposium on Fragrance and Flavor Substances (new products, processes and aspects of product safety), September 24–25, 1979,* (New York City: D&PS: Pattensen, 1980), 185–190, 185–186.

93 Für eine Studie über die Handhabung von Lebensmittelzusatzstoffen in den USA allgemein siehe: Maricel V. Maffini und Sarah Vogel, „Defining Food Additives. Origins and Shortfalls of the US Regulatory Framework", in: *Risk on the table: food production, health, and the environment*, Environment in history (New York: Berghahn, 2021), 274–96.

94 Paulette M. Gaynor; Richard Bonnette; Edmundo Garcia Jr.; Linda S. Kahl und Luis G. Valerio, FDA's Approach to the GRAS Provision: A History of Processes, FDA, https://www.fda.gov/food/generally-recognized-safe-gras/fdas-approach-gras-provision-history-processes, zuletzt geprüft am 31.01.2023.

Allerdings gab es bei dieser Ausnahme eine wesentliche Definitionslücke. „The food Additives Amendment does not specifically state how general recognition of safety is to be established, or who the qualified experts are to be."[95] Diese Lücke ermöglichte der Industrie, eigene Maßstäbe anzulegen. Um sich an der Klassifizierung von Aromastoffen zu beteiligen, begann die FEMA 1959 mit der Entwicklung eines FEMA GRAS Programms. Dieses Programm, im Jubiläumsband zum hundertjährigen Bestehen der FEMA auch als „FEMA's crown jewel"[96] bezeichnet, galt als ihr wichtigster internationaler Beitrag zum Umgang mit Aromastoffen in der Regulierung. Es stand „in the forefront of the concept of using science to demonstrate safety".[97] Für die Evaluation der verschiedenen Aromastoffe wurde das FEMA Expert Panel, bestehend aus sechs Mitgliedern (von denen etwa die Hälfte in oder für die Industrie tätig war[98]), ins Leben gerufen. Der dort zur Klassifizierung von Aromastoffen entwickelte FEMA Panel Approach war nach Patrick van Zwanenberg und Erik Millstone „knowingly intended by FEMA to serve, the interests of FEMA, and its members and their commercial customers in the food processing industry",[99] auch wenn die FEMA selbst das Panel als industrieunabhängig verstand.[100] Werden die als GRAS eingestuften Aromastoffe genauer betrachtet erscheint dieser Vorwurf naheliegend, da das 1965 veröffentlichte Dokument 1124 Aromastoffe (von circa 1400 verwendeten[101]) listet, die den GRAS-Status erhielten.[102] Es scheint, dass eine deutliche Tendenz zur Einschätzung der genutzten Aromastoffe als unbedenklich bestand. Auch wenn der Eindruck einer, im eigenen Interesse gestalteten, industriellen Selbstregulierung entsteht, wurde dies von der FDA nicht unterbunden. Ursächlich dafür war die geringe Priorisierung von Aromastoffen.[103] Im Vergleich zu anderen Zusätzen schienen sie hinsichtlich ihres potentiellen Risikos, ebenso wie in Deutschland, vernachlässigbar.

Dieser Trend änderte sich in den USA und international in den 1970er Jahren. In dieser Zeit begann „a shift from selfregulation to government-imposed regulation."[104] Unter anderem befeuert durch die Cyclamat-Kontroverse[105] wurde im

---

95 M. V. Smith, „FDA's Flavor and Spice Safety Review Program", 186.

96 FEMA, *FEMA 100. A Century of Great Taste*, 102.

97 FEMA, 18.

98 Patrick van Zwanenberg und Erik Millstone, „Taste and Power: The Flavouring Industry and Flavour Additive Regulation", *Science as Culture* 24, Nr. 2 (3. April 2015): 135–36.

99 van Zwanenberg und Millstone, 141.

100 van Zwanenberg und Millstone, 135–36.

101 M. V. Smith, „FDA's Flavor and Spice Safety Review Program", 186–187.

102 van Zwanenberg und Millstone, „Taste and Power", 136.

103 van Zwanenberg und Millstone, 143.

104 R. D. Middlekauf, „Changing Food Safety Principles Applied to Flavor Ingredients", in: *Fragrance and flavor substances, Proceedings of the 2. International Haarmann & Reimer Symposium on*

Rahmen dieses neuen Regulierungsgeschehens auch das GRAS Review Program gestartet, das eine Überprüfung aller als GRAS eingestuften Stoffe erforderlich machte. Der nachlässige Umgang mit Aromastoffen wurde während der 1950er Jahre in den 1970er Jahren korrigiert, was zu diesem Zeitpunkt mit der reaktiven chemischen Natur und der physiologischen Wirksamkeit von Aromastoffen begründet wurde.[106] Allerdings stellten ihre besonderen Charakteristika die Regulierung auch in den 1970er Jahren vor erhebliche Herausforderungen. Neben ihrem schon 1959 weitverbreiteten Einsatz, ihrer Wichtigkeit in Nahrungsmitteln und ihrer dabei dennoch sehr geringen Dosierung[107] gesellte sich nun eine konkretere und besser zu regelnde Unterscheidung in natürliche und nicht-natürliche Substanzen hinzu. Aromastoffe unterlagen der Besonderheit, dass sie sowohl künstlich, synthetisch als auch natürlich sein konnten (siehe Kapitel 3). Während es plausibel und einfach zu bewerkstelligen schien, künstliche Stoffe zu verbieten, sofern gesundheitsschädliche Nebenwirkungen entdeckt wurden, war die regulatorische Methode bei natürlichen und synthetischen Aromastoffen wegen ihrer strukturellen Gleichheit komplizierter. Vor dem Hintergrund der US-amerikanischen Delaney Clause von 1958, die jeden Einsatz von Zusatzstoffen mit nachgewiesener kanzerogener Wirkung auf Mensch oder Tier in Nahrungsmitteln untersagte, waren manche Aromastoffe beziehungsweise Aromastoffgemische problematisch.

> How should the FDA deal with natural flavoring substances which have a long history of use in food without any known deleterious effects but which are known to contain chemical components shown by themselves to be carcinogenic or in other ways deleterious?[108]

Ein Beispiel für einen solchen Fall war Safrol, ein Phenylpropanoid, das unter anderem auch in Kakao, schwarzem Pfeffer und Muskatnuss enthalten ist, und in bestimmten Mengen zu Lebertumoren bei Ratten führte. Daraufhin wurde Safrol als Lebensmittelzusatz verboten ebenso wie Substanzen, die in erster Linie Safrol einem Lebensmittel zuführten (zum Beispiel Sassafras Tee). Allerdings war es

---

Fragrance and Flavor Substances (new products, processes and aspects of product safety), September 24–25, 1979, (New York City: D&PS: Pattensen, 1980), 191–200, 193.

105 Cyclamat wurde 1937 in den USA entdeckt und konnte in den 1950er Jahren schließlich auch konsumiert werden. Der Verbrauch stieg in den Folgejahren stetig an, bis der Stoff 1969 in den USA wegen Verdacht auf Kanzerogenität verboten wurde. Siehe dazu: J. F. Lawrence, „Cyclamates", in: *Encyclopedia of food sciences and nutrition* (Amsterdam; Boston; Paris: Academic Press, 2003), 1712–14.

106 M. V. Smith, „FDA's Flavor and Spice Safety Review Program", 189.

107 Richard L. Hall, „Flavor Additives and the Food-Additives Amendment", *Food, Drug, Cosmetic Law Journal* (1960): 24–36.

108 M. V. Smith, „FDA's Flavor and Spice Safety Review Program", 188.

problematisch festzulegen, ab welchem Safrolgehalt eine natürliche Substanz „primarily for imparting safrole to another food"[109] genutzt wurde und in welcher Weise diese gesetzte Grenze im Hinblick auf die Delaney Clause zu rechtfertigen war.

Die Komplexität und Verworrenheit der Aromastoffregulierung in den USA wurde zusätzlich dadurch verstärkt, dass die FDA Richtlinien zur Unterscheidung zwischen natürlichen und künstlichen Aromastoffen entwickelte. Diese orientierten sich unter anderem an angewandten Produktionsmethoden, was mitunter zu bizarren Situationen führte. Ein Stoff, der zuvor als „natürlich" eingestuft worden war, konnte durch die neuen Richtlinien plötzlich aufgrund der eingesetzten Produktionsmethode als „künstlich" deklariert werden. An dieser Stelle wird die Relevanz und Komplexität der Begriffe „natürlich" und „künstlich" besonders deutlich. Je nachdem welche Definitionskriterien angewandt wurden, konnte derselbe Aromastoff sowohl als „natürlich" als auch als „künstlich" klassifiziert werden, ohne dass sich seine chemischen Eigenschaften veränderten. Die Aroma- und Duftstoffindustrie bemühte sich deswegen, ihre Produktionsmethoden an die „new regulatory language" anzupassen, „resulting in what we now called natural flavors manufactured by ingeniously new methods."[110] Der Produktionsweg veränderte sich, nicht aber das Produkt.

Ein weiteres Beispiel für die regulatorische Relevanz des zugrundeliegenden Natürlichkeitsbegriffs bietet der folgende Vorschlag für die Kategorisierung von Nahrungsmittelzusatzstoffen seitens Thomas P. Grumbly, einem Mitarbeiter des Food Safety and Quality Service. Ihm zufolge gab es drei Kategorien: „Traditional foods", „food contaminants" und „food additives". Unter „traditional foods" wären sowohl natürliche Aromastoffe als auch „flavors that are chemically indistinguishable from natural ones"[111] in den Mengen, in denen sie auch natürlicherweise vorkämen, zu fassen. Dadurch würde die Delaney Clause nicht greifen, da Aromastoffe nicht unter die „food additives" fallen würden, und die Regierung wäre in der Bringschuld, mögliche Risiken bestimmter Stoffe nachzuweisen. Bei „food additives", die nach der Definition des Food Additives Amendment Teil eines Nahrungsmittels würden, wäre eine Prüfung durch die Hersteller vor dem Inverkehrbringen notwendig und es würde die Delaney Clause greifen. Der Vorschlag von Grumbly „would permit scientific descretion rather than impose absolute prohibition."[112] Durch diesen Ansatz wären Aromastoffe in den meisten Fällen von der Delaney Clause und auch von strengeren Regulierungen hinsichtlich künstlicher Substanzen

---

109 M. V. Smith, „FDA's Flavor and Spice Safety Review Program", 188.
110 R. D. Middlekauf, „Changing Food Safety Principles Applied to Flavor Ingredients", 192.
111 Middlekauf, 198.
112 Middlekauf, 199.

unmittelbar ausgenommen gewesen. Während der genaue Ausgang dieser Debatte an dieser Stelle nicht im Zentrum stehen soll, ist die Bedeutung dieses Beispiels für den Umgang mit der Natürlichkeit synthetischer Aromastoffe ein interessantes Indiz. Nicht nur die erneut mögliche Ausnahmeregelung für Aromastoffe wird hier sichtbar, sondern auch die Zuordnung von Aromastoffen zu bestimmten Kategorien entsprechend der eigenen Vorteilsnahme. Auch synthetische Aromastoffe fielen an dieser Stelle in die Gruppe „traditional foods", wurden also markiert als klassische und gängige Bestandteile der täglichen Ernährung. Diese Feinheit ist ein weiterer Hinweis auf die mögliche, in diesem Fall auch von der Regulierungsseite induzierte, Naturalisierung synthetischer Aromastoffe. Des Weiteren zeigt sich dadurch einmal mehr die Ausweichstrategie gegenüber strengeren Regulierungsmaßnahmen und die Ermöglichung leichter Anwendung der eigenen Stoffe, indem die Kategorisierung von Rohstoffen möglichst vorteilhaft für die Industrie gewählt wurde.

Bereits in den ersten Ansätzen einer strengeren Aromastoffregulierung traten in den USA während der 1950er bis 1970er Jahre die Schwierigkeiten und die Intransparenz möglicher Begrifflichkeiten zu Tage, die auch die Regulierungsbemühungen in den 1960er bis zu den 1980er Jahren in Europa und international prägen sollten. Schon zu Beginn zeichnete sich an dieser Stelle die Bedeutung der Unterscheidung in natürliche und nicht-natürliche Aromastoffe ab. Wie die Vorgänge in den USA zeigten, sah die Differenzierung je nach Vorgehen anders aus. Die technisch-prozedurale Herleitung und die chemisch-strukturelle Herleitung führten zu einem uneinheitlichen Verständnis von natürlichen und synthetischen Aromastoffen. Ein Stoff konnte aus chemisch-struktureller Sicht, also ausgehend von seinen stofflichen und strukturellen Eigenschaften, als natürlich gelten, während die technisch-prozedurale Perspektive gleichzeitig eine andere Kategorisierung verlangte. Dadurch erfolgte eine Umkategorisierung mancher Substanzen, ohne dass sich deren stoffliche Eigenschaften veränderten. Dies erschwerte bis verunmöglichte die Trennung zwischen natürlichen und ihnen strukturell gleichenden synthetischen Aromastoffen.

4.3 Aromastoffe in der DFG: Die AG „Aroma/Essenzen"

Während sich in den 1970er Jahren auf europäischer und internationaler Ebene die Regulierung von Aromastoffen zunehmend entwickelte,[113] gab es auch in der BRD Veränderungen im rechtlichen Umgang mit Lebensmitteln und Lebensmittelzu-

---

113 Eine Untersuchung europäischer und internationaler Debatten erfolgt in den folgenden Kapiteln mit dem Schwerpunkt auf der Trennung natürlicher und nicht-natürlicher Aromastoffe.

sätzen. Sechzehn Jahre nach der Novellierung des Lebensmittelgesetzes von 1958 wurde am 20. August 1974 ein neues Nahrungsmittel- und Bedarfsgegenständegesetz erlassen. Eine nennenswerte Neuerung war die Einführung des Begriffs Zusatzstoff, der den Fremdstoffbegriff (siehe Kapitel 4.1) ablöste. Als Zusatzstoffe wurden Substanzen bezeichnet, die Lebensmitteln zugefügt wurden, um sie in ihrer Beschaffenheit zu beeinflussen und eine bestimmte Wirkung zu erzielen. Von dieser Definition allerdings ausgenommen waren Stoffe, „die natürlicher Herkunft oder den natürlichen chemisch gleich sind und nach allgemeiner Verkehrsauffassung überwiegend wegen ihres Nähr-, Geruchs- oder Geschmackswertes oder als Genußmittel verwendet werden".[114] Dies erinnert an die Formulierung aus dem Jahr 1958, bei dem diese Ausnahme schon für „fremde Stoffe" gemacht worden war. Auffällig ist weiterhin die Formulierung, dass Stoffe dann keine Zusatzstoffe waren, wenn sie „wegen ihres Geruchs- und Geschmackswertes"[115] eingesetzt wurden. Es scheint, dass zahlreiche Produkte der Aroma- und Duftstoffindustrie juristisch dem Stigma des Zusatzstoffs entgehen konnten, genauso wie sie sechzehn Jahre zuvor kaum unter die „fremden Stoffe" gefallen waren. Der Wechsel von Fremdstoffen zu Zusatzstoffen[116] war weniger ein wissenschaftlich-regulativer denn ein politischer Schachzug. Primäres Ziel war es, die wahrgenommene Negativität der dazugehörenden Stoffe zu mindern.[117] Nichtsdestoweniger blieb die öffentliche Skepsis gegenüber nicht-natürlichen Stoffen groß.

> Deklarationen („Frei von Zusatzstoffen!') und alternative Produktionsbedingungen veränderten dabei sukzessive den Lebensmittelmarkt: Reinheit und Natürlichkeit wurden zu Kaufangeboten, die allerdings erst zur Jahrtausendwende auch konkurrenzfähig wurden.[118]

Obschon die DFG-Farbstoffkommission bereits 1958 festgestellt hatte, dass zu Aromastoffen bisher wenig bis gar nicht gearbeitet worden war, dies aber in ihrem

---

114 Bundestag, Gesetz zur Neuordnung und Bereinigung des Rechts im Verkehr mit Lebensmitteln, Tabakerzeugnissen, kosmetischen Mitteln und sonstigen Bedarfsgegenständen (Gesetz zur Gesamtreform des Lebensmittelrechts), Bundesgesetzblatt: 95.1974, S. 1945–1966, hier S. 1946.
115 Bundestag, Gesetz zur Neuordnung und Bereinigung des Rechts im Verkehr mit Lebensmitteln, Tabakerzeugnissen, kosmetischen Mitteln und sonstigen Bedarfsgegenständen (Gesetz zur Gesamtreform des Lebensmittelrechts), Bundesgesetzblatt: 95.1974, S. 1945–1966, hier S. 1945.
116 Dies war auch in der DFG-Farbstoffkommission Diskussionsthema: DFG-Farbstoffkommission, 1961, Protokoll-Entwurf der 17. Arbeitstagung der Farbstoff-Kommission der Deutschen Forschungsgemeinschaft am 16. und 17. Oktober 1961 in Bad Godesberg, Archiv der Deutschen Forschungsgemeinschaft: 6019–721,9,4.
117 Heiko Stoff, „Hexa-Sabbat: Fremdstoffe und Vitalstoffe, Experten und der kritische Verbraucher in der BRD der 1950er und 1960er Jahre", *NTM Zeitschrift für Geschichte der Wissenschaften, Technik und Medizin* 17, Nr. 1 (2009): 203–4.
118 Stoff, 205.

Aufgabenbereich läge, lassen sich im Zeitraum zwischen den beiden Nahrungs-mittelgesetzen von 1958 und 1974 keine nennenswerten Spuren von umfangreicher Forschung zu Aromastoffen finden. Der Aufgabenbereich schien wie bereits in den 1950er Jahren zurückgestellt worden zu sein. Dies hätte sich mit der Gründung einer weiteren Kommission in den frühen 1960er Jahren ändern können. Damals nahm die „Kommission zur Prüfung fremder Stoffe bei Lebensmitteln" (Fremdstoffkom-mission) ihre Arbeit auf. Aufgrund des Kommissionsnamens ist anzunehmen, dass sie die Aufgabe der Aromastoffprüfung hätte übernehmen können, da es sich bei ihnen eher um Fremdstoffe denn um Farbstoffe handelte und auch wenn Aroma-stoffe juristisch gesehen selten als „fremde Stoffe" bezeichnet wurden, mussten sie einer Prüfungsinstanz zugeordnet werden. Doch ebenso wie in der Farbstoffkom-mission war auch in der Fremdstoffkommission zunächst keine Rede von Aroma-stoffen. Erst mit der Gründung der AG „Aroma/Essenzen" innerhalb der Fremd-stoffkommission wurden Aromastoffe gezielt in die Kommissionsarbeit in der BRD aufgenommen.

Die Aufgabe dieser AG war es, Daten über Aromastoffe zu sammeln, bestehende Literatur zusammenzutragen und zu sichten sowie analytische Methoden der Überprüfbarkeit zu erarbeiten.[119] Während ihres ersten Treffens am 15. März 1979 wurde festgestellt, dass davon auszugehen wäre, dass durch die stetig zunehmende großindustrielle Fertigung von Nahrungsmitteln der Einsatz von Aromastoffen in Zukunft weiter steigen und derartige Substanzen in größeren Mengen als manche Fremdstoffe verwendet würden. Ihre toxikologische Prüfung wäre deswegen un-bedingt erforderlich und mittlerweile unumgänglich. Die neu formierte Arbeits-gruppe bestand aus acht Teilnehmenden, darunter auch zwei Vertreter des Bun-desgesundheitsamts (BGA) und ein Mitglied der Firma Haarmann & Reimer. Die alleinige Teilnahme des Holzmindener Unternehmens als Aromastoffproduzent deutet einerseits auf den Bekanntheitsgrad, das Ansehen und den Einfluss dieser traditionsreichen Firma hin, andererseits auch auf ihr Interesse an einer Beteili-gung an Forschung und Regulierung. Während ein Großteil der Mitglieder dem akademischen Sektor angehörte und gesundheits-(regulatorische) Fragen vertrat, brachte sich durch diese Teilnahme auch die Industrie ein. An dieser Stelle könnte argumentiert werden, dass sich eine Beteiligung der direkt zu regulierenden In-dustrie bei einer Prüfung ihrer Substanzen nachteilig auswirken kann, sei es wegen einer möglichen Beeinflussung durch industrielle Interessen (Lobbyarbeit), sei es wegen eines Verlusts der öffentlichen Glaubwürdigkeit durch den Einbezug von

---

119 DFG-Fremdstoffkommission AG „Aroma/Essenzen", 1979, Niederschrift über die Sitzung der Senatskommission zur Prüfung fremder Stoffe bei Lebensmitteln (Fremdstoffkommission) der Deutschen Forschungsgemeinschaft am 26./27. April in Marburg, hier S. 7, Archiv der Deutschen Forschungsgemeinschaft: 60324, 1978–79, Bd. 26.

Industrievertreter:innen.[120] Dennoch gibt es Argumente, die für eine Beteiligung der Industrie sprechen. Um die für die Forschungsarbeiten der AG nötigen Daten zu erhalten, war eine Zusammenarbeit mit den Unternehmen notwendig. Sie verfügten über genaue Produktinformationen, kannten ihre Verkaufskreise und konnten die Verbreitung von Aromastoffen in Lebensmitteln besser einschätzen als Expert:innen von außerhalb des Produktionsprozesses. Deswegen war ein unmittelbarer Insider aus der Branche in dieser Hinsicht ein Gewinn für die DFG-Arbeitsgruppe und erleichterte eine teilweise Auflösung der bisherigen industriellen Intransparenz.

Um Aromastoffe im Rahmen der Regulierung nach den von der AG zu erarbeiteten Kriterien analysieren zu können, bedurfte es bestimmter Apparaturen wie zum Beispiel NMR-Geräten, Massenspektrometern und Gaschromatographen.[121] Als nun 1979 die AG „Aroma/Essenzen" 16 Gesundheitsämter nach ihren analytischen Möglichkeiten befragte, stellte sich heraus, dass die 14 antwortenden Ämter sowohl wegen hoher Anschaffungskosten[122] als auch wegen mangelnder Erfahrung im Umgang mit solchen Geräten nicht ausreichend ausgestattet waren. Zwar verfügten alle Ämter über High Performance Liquid Chromatography (HPLC) und Gaschromatographie, 11 Ämter besaßen eine GC-MS Apparatur, allerdings war nur in Münster ein NMR vorhanden. Eine regelmäßige und breite Analyse von Aromastoffen in den Ämtern war noch im Aufbau befindlich. In 8 von 14 Ämtern (circa 57 %) würden Aromen regelmäßig analysiert, in sechs Ämtern (circa 43 %) aromatisierte Lebensmittel. In den meisten anderen Ämtern wäre eine Intensivierung der Aromenanalytik vorgesehen.[123] Eine flächendeckende Überprüfung von Aromastoffen fand in der BRD folglich nicht statt.

---

120 Siehe dazu: Martin Carrier, „Facing the Credibility Crisis of Science: On the Ambivalent Role of Pluralism in Establishing Relevance and Reliability", *Perspectives on Science* 25, Nr. 4 (August 2017): 439 – 64; Saana Jukola, „Commercial Interests, Agenda Setting, and the Epistemic Trustworthiness of Nutrition Science", *Synthese*, 2019, 2629 – 2646.

121 Prof. Werner Baltes; Dr. A.-E. Harmuth-Hoene, 1979, (Anlage 3) Niederschrift über die Sitzung der Arbeitsgruppe „Aroma/Essenzen" der Senatskommission zur Prüfung fremder Stoffe bei Lebensmitteln (Fremdstoffkommission) der Deutschen Forschungsgemeinschaft am 15. März 1979 in Berlin, S. 1 – 6, Archiv der Deutschen Forschungsgemeinschaft: 60324, 1978 – 79, Bd. 26.

122 Prof. Werner Baltes; Dr. A.-E. Harmuth-Hoene, 1979, (Anlage 3) Niederschrift über die Sitzung der Arbeitsgruppe „Aroma/Essenzen" der Senatskommission zur Prüfung fremder Stoffe bei Lebensmitteln (Fremdstoffkommission) der Deutschen Forschungsgemeinschaft am 15. März 1979 in Berlin, S. 1 – 6, Archiv der Deutschen Forschungsgemeinschaft: 60324, 1978 – 79, Bd. 26.

123 Prof. Werner Baltes; Dr. A.-E. Harmuth-Hoene, 1980, Niederschrift über die Sitzung der Arbeitsgruppe „Aroma/Essenzen" der Senatskommission zur Prüfung fremder Stoffe bei Lebensmitteln am 6. Oktober 1980 in Holzminden, Archiv der Deutschen Forschungsgemeinschaft: 60320 1980 Bd. 19.

Während es zwar auf analytischer Ebene in der BRD noch Verbesserungspotential sowohl bei den Methoden als auch der Ausstattung der Gesundheitsämter gab, schritten die europäischen und innerdeutschen regulatorischen Bemühungen jedoch voran. Entsprechend ging Eugen Hieke (BGA)[124] davon aus, „daß in Zukunft mit einer gesetzlichen Regelung der Verwendung von Aromastoffen zu rechnen sei".[125] Er lag damit richtig. Eine neue Aromen-Verordnung, die die bis dato bestehende Essenzen-Verordnung ablöste, trat 1981 in Kraft. Um entsprechende Empfehlungen für eine gesetzliche Regulierung innerhalb der BRD zu erarbeiten, betonten die Mitglieder der AG – ebenso wie auch einige Jahre zuvor die Mitglieder des internationalen Joint FAO/WHO Expert Committee on Food Additives (JECFA) (siehe folgendes Kapitel) – die Wichtigkeit internationaler Zusammenarbeit. Einerseits stünden internationale Forschung und Richtlinien als Orientierung zur Verfügung und andererseits wäre dieses Thema bedingt durch den grenzüberschreitenden Lebensmittelhandel ohnehin ein international zu handhabendes Problem. Während die Aromastoffindustrie im Ausland stetig wuchs, hatte Deutschland aus Sicht der AG-Mitglieder die Forschung rund um Aromastoffe vernachlässigt.[126] Dieser Rückstand sollte nun aufgeholt werden, wobei sich eine Orientierung an den Arbeiten anderer Staaten wie beispielsweise an den USA und am internationalen JECFA anbot. Dies wurde in einer zweiten Sitzung der AG im September 1979 untermauert, als die Regulierungsmaßnahmen in den USA und deren GRAS-Liste besprochen wurden. Insgesamt gäbe es 12 GRAS-Listen mit annähernd 4000 gelisteten Stoffen, von denen 200–300 industriell interessant, aber noch nicht ausreichend untersucht worden wären. Ein Vorschlag der Europäischen Gemeinschaft (EG), der sich hauptsächlich auf Positivlisten (nur Stoffe auf diesen Listen wären zugelassen, alle anderen automatisch verboten) stützen wollte, wurde wie folgt im Rahmen der AG kommentiert und abgelehnt:

> Bedauerlicherweise habe sich jetzt auch die EG vordringlich dieses Problems angenommen. […] An sich solle man eine Positivliste haben. Sie erscheine jedoch nicht machbar. Es gäbe unter

---

124 Eugen Hieke war unter anderem Leiter der Kosmetik-Kommission des BGA. Er verstarb am 17. Oktober 1979. Siehe dazu: Günter Stüttgen, „Benefit und Risk der kosmetischen Mittel", *Journal of the Society of Cosmetic Chemists (Journal of Cosmetic Science)* (1981): 231–245, 231.

125 Prof. Werner Baltes; Dr. A.-E. Harmuth-Hoene, 1979, (Anlage 3) Niederschrift über die Sitzung der Arbeitsgruppe „Aroma/Essenzen" der Senatskommission zur Prüfung fremder Stoffe bei Lebensmitteln (Fremdstoffkommission) der Deutschen Forschungsgemeinschaft am 15. März 1979 in Berlin, S. 1–6, hier S. 3, Archiv der Deutschen Forschungsgemeinschaft: 60324, 1978–79, Bd. 26.

126 Prof. Werner Baltes; Dr. A.-E. Harmuth-Hoene, 1979, (Anlage 3) Niederschrift über die Sitzung der Arbeitsgruppe „Aroma/Essenzen" der Senatskommission zur Prüfung fremder Stoffe bei Lebensmitteln (Fremdstoffkommission) der Deutschen Forschungsgemeinschaft am 15. März 1979 in Berlin, S. 1–6, Archiv der Deutschen Forschungsgemeinschaft: 60324, 1978–79, Bd. 26.

den natürlichen Aromastoffen gewisse Substanzen, die im Tierversuch karzinogen sind. Zumindest für diese Substanzen sollten Toleranzen festgelegt werden.[127]

Begründet wurde die Ablehnung des EG-Vorschlags zu reinen Positivlisten mit dem in der BRD genutzten und gut bewährten Listen-Mischsystem (Positiv- und Negativliste), dessen Vorteile auch von Mitgliedern des JECFA erkannt wurden (siehe folgendes Kapitel). Außerdem wurde moniert, dass durch diesen europäischen Vorschlag ein unrealistischer Perfektionismus vorgetäuscht würde. Die Einhaltung und Kontrolle reiner Positivlisten wäre nach deutschem Recht kaum zu gewährleisten und könnte dadurch eine Qualitätsminderung von Lebensmitteln zur Folge haben. „Die Arbeitsgruppe ist der Meinung, daß durch diesen Vorschlag bewirkte Innovationshemmungen als auch die Unmöglichkeit der Kontrolle keinesfalls im Sinne des Verbrauchers sein kann.“[128] Diese Einstellung glich der des JECFA. Auch dort wurden reine Positivlisten als undurchführbar, zu belastend und wenig zielführend angesehen.

Die kritischen Stimmen aus der DFG-Arbeitsgruppe gegenüber reinen Positivlisten erinnern an die Ablehnung reiner Positivlisten und die Forderung nach Grenzwerten in den bereits früher geführten Debatten und durchgesetzten Regulierungen anderer Stoffe. Auch dort wurden Kompromisse mit der Lebensmittelindustrie geschlossen und (auch bedenkliche) Zusätze nicht allgemein verboten.[129] Außerdem kam in Sachen Aromaforschung und Lebensmittelproduktion das Argument der Innovationshemmung auf. Strikte Regulierungen und reine Positivlisten könnten die Geschwindigkeit der Forschung dahingehend beeinflussen, dass mehr in genaue und langwierige Sicherheitsprüfungen und in eine Vorabprüfung von Rohstoff- und Hilfsstoffverwendungen investiert werden müsste und dadurch die Entwicklung eines neuen Produkts länger dauern oder vielleicht sogar verhindert werden würde. Kurz gesagt, Forschung zu und Entwicklung von Aromastoffen würden sensibel eingeschränkt. Für einen Staat, indem einerseits zahlreiche neue (aromatisierte) Lebensmittel auf den Markt kamen, der sich andererseits aber auch im Innovationsrückstand befand, waren dies aus entwicklungstechnisch-industrieller Perspektive keine attraktiven Aussichten.

---

127 DFG-Fremdstoffkommission AG „Aroma/Essenzen", 1979, Auszug aus dem Protokoll der Sitzung vom 24. September 1979, Archiv der Deutschen Forschungsgemeinschaft: 60324, 1978–79, Bd. 26.

128 Prof. Werner Baltes; Dr. A.-E. Harmuth-Hoene, 1980, Niederschrift über die Sitzung der Arbeitsgruppe „Aroma/Essenzen" der Senatskommission zur Prüfung fremder Stoffe bei Lebensmitteln am 6. Oktober 1980 in Holzminden, S. 1–6, hier S. 3, Archiv der Deutschen Forschungsgemeinschaft: 60320 1980 Bd. 19.

129 Für mehr Informationen siehe beispielsweise die aufgeführten Publikationen von Heiko Stoff.

Zusätzlich erschwerend für die regulatorische Argumentation der AG „Aroma/Essenzen" war das bereits angesprochene fehlende wissenschaftliche Fachwissen um chemische, physikalische und toxische Eigenschaften von Aromastoffen.

> Herr Baltes [Institut für Lebensmittelchemie der Technischen Universität Berlin;[130] Anm. PSG] betont, daß bedingt durch die jahrelange Vernachlässigung der Aromaforschung in der Bundesrepublik Deutschland die Tätigkeit der Arbeitsgruppe Aroma/Essenzen nur dann erfolgreich sein könne, wenn sie in der Lage sei, auf eigenen Forschungsergebnissen aufzubauen.[131]

Deswegen stellten einige Teilnehmenden Anträge auf Fördermittel bei der DFG, um unter anderem Räucheraromen und künstliche Fruchtaromen wie beispielsweise Erdbeere, Himbeere, Ananas und Maracuja genauer zu analysieren.[132] Die AG legte dabei einen Schwerpunkt auf solche Analysen, die möglichen negativen Folgen wie karzinogene Wirkung und gesteigerte Täuschungsgefahr in der Lebensmittelproduktion entgegenwirken oder sie aufdecken könnten. Da sich wegen industrieller Nahrungsmittelproduktion und steigendem Absatz von Convenience Food Aromastoffe zunehmend verbreiteten, ist die Konzentration auf mögliche Risiken von Aromastoffen, die in den 1950er Jahren noch vernachlässigt worden war, plausibel. Auch die Fokussierung auf karzinogene und mutagene Wirkungen passt in den Kontext zeitgenössischer Forschungsschwerpunkte. Außerdem war die AG bedingt durch ihre Beraterfunktion für neue Regulierungen im Bereich Aromastoffe vorrangig an deren möglichen unerwünschten Nebenwirkungen interessiert. Aus diesem Grund hielt die Mehrheit der Teilnehmenden die Betonung potentiell negativer Aspekte für vertretbar, auch wenn Herr Dawert (Institut für chemisch-technische Analyse und chemische Lebensmitteltechnologie, Freising-Weihenstephan) der Ansicht war, „daß man die negativen Wirkungen der Aromastoffe nicht zu stark in den Vordergrund stellen solle, sondern auch ihre positiven Wirkungen berücksichtigen müsse."[133]

---

130 Werner Baltes hat unter anderem ein Springer Lehrbuch zur Lebensmittelchemie herausgegeben: Werner Baltes, *Lebensmittelchemie: mit 90 Tabellen*, 6. vollst. überarb. Aufl, Springer-Lehrbuch (Berlin; Heidelberg: Springer, 2007).
131 Prof. Werner Baltes; Dr. A.-E. Harmuth-Hoene, 1980, Niederschrift über die Sitzung der Arbeitsgruppe „Aroma/Essenzen" der Senatskommission zur Prüfung fremder Stoffe bei Lebensmitteln am 6. Oktober 1980 in Holzminden, S. 1–6, hier S. 1, Archiv der Deutschen Forschungsgemeinschaft: 60320 1980 Bd. 19.
132 Prof. Werner Baltes; Prof. R. Tressl, 27.07.1979, Antrag Gewährung einer Zuwendung, Archiv der Deutschen Forschungsgemeinschaft: 60320 1980 Bd. 19.
133 Prof. Werner Baltes; Dr. A.-E. Harmuth-Hoene, 1980, Niederschrift über die Sitzung der Arbeitsgruppe „Aroma/Essenzen" der Senatskommission zur Prüfung fremder Stoffe bei Lebensmit-

Um die gewünschten Grundlagenstudien durchführen zu können, bedurfte es der Kooperation der involvierten Industrien. Ausgehend von einer zeitnahen gesetzlichen Regelung betonte die AG, dass „es im Interesse der deutschen Nahrungsmittelindustrie wäre, dem Gesetzgeber Angaben über die verwendeten Substanzen zugängig zu machen."[134] Bereits während der ersten Sitzung der AG hatte sich Roland Emberger (Haarmann & Reimer) bereit erklärt, die Industrieverbände zu den am meisten genutzten synthetischen Aromastoffen zu befragen. Für seinen Bericht in der AG stützte er sich auf eine Studie von Haarmann & Reimer, „die 1977/ 1978 Daten über den Verbrauch an Aromen und über den Anteil aromatisierter Lebensmittel am gesamten Nahrungsmittelverbrauch" zusammengetragen hatte. Demnach lag der Gesamtanteil aromatisierter Lebensmittel in der BRD bei circa 13,5 %, wobei dies alle Formen der Aromatisierung einschloss, also von ätherischen Ölen und Gewürzextrakten bis hin zu synthetischen und künstlichen Aromen. Heruntergerechnet auf natürliche und synthetische Aromen lag der Anteil bei circa 12,5 %, wobei das Verhältnis 3:1 betrug. In Tonnen umgerechnet bedeutete dies einen Jahresverbrauch von synthetischen Aromen von 1500 t, umgerechnet circa 25 g im Jahr pro Verbraucher. Da diese Aromen in der verarbeitenden Industrie allerdings noch verdünnt würden, ließe sich ein pro Kopf Jahresverbrauch an reinen synthetischen Aromen in der BRD von circa 2,5 – 3,5 g angeben.[135] Emberger erläuterte auf Basis der Tischvorlage allerdings, dass diese Werte mit Vorsicht zu genießen wären. Die berechneten Mengenangaben nicht-aromatisierter Lebensmittel würden nur den Verbrauch von Männern einschließen und seien dadurch nicht ganz korrekt. Da der Verbrauch von Frauen unterhalb von dem der Männer läge, würde sich bei einem geschätzten pro Kopf Jahresverbrauch von 732 kg Lebensmitteln ein Anteil von aromatisierten 12 % ergeben.[136] Dabei würden für „Süßwaren, Bonbons und Bäckereihilfsstoffe" vor allem naturidentische (synthetische) Aromastoffe

---

teln am 5. Februar 1980 in Mainz, S. 1–6, hier S. 3, Archiv der Deutschen Forschungsgemeinschaft: 60320 1980 Bd. 19.

134 Prof. Werner Baltes; Dr. A.-E. Harmuth-Hoene, 1979, (Anlage 3) Niederschrift über die Sitzung der Arbeitsgruppe „Aroma/Essenzen" der Senatskommission zur Prüfung fremder Stoffe bei Lebensmitteln (Fremdstoffkommission) der Deutschen Forschungsgemeinschaft am 15. März 1979 in Berlin, S. 1–6, hier S. 3, Archiv der Deutschen Forschungsgemeinschaft: 60324, 1978–79, Bd. 26.

135 Haarmann & Reimer G.m.b.H., 18.09.1979, Verbrauchsdaten von Aromastoffen zur Weitergabe an die Arbeitsgruppe der Fremdstoffkommission der DFG, S. 1–5, Archiv der Deutschen Forschungsgemeinschaft: DFG 60320 1979–80 Bd. 18.

136 Prof. Werner Baltes; Dr. A.-E. Harmuth-Hoene, 11.10.1979, Niederschrift über die Sitzung der Arbeitsgruppe Aroma/Essenzen der Senatskommission zur Prüfung fremder Stoffe bei Lebensmitteln am 24. September 1979 in München, S. 1–10, hier S. 2, Archiv der Deutschen Forschungsgemeinschaft: DFG 60320 1979–80, Bd. 18.

eingesetzt.[137] Eine genaue Aufstellung zum Verbrauch der einzelnen Aromastoffe in Deutschland wäre laut Haarmann & Reimer kaum möglich, da Firmen der Aroma- und Duftstoffindustrie den Absatz nicht nach Einzelstaaten unterteilten. Neben der nur ungefähren Datenlage bestand außerdem die Schwierigkeit, dass in Bezug auf Spurenkomponenten jedes Unternehmen sein eigenes „ganz spezifisches know-how"[138] besäße.

> Die Firma Haarmann & Reimer ist aber daran interessiert, so gut wie möglich die Tätigkeit der Arbeitsgruppe zu unterstützen und stellt daher aus eigenem Datenmaterial die nachfolgenden Informationen als Grundlage zur Beurteilung der Bedeutung der einzelnen Aromastoffe zur Verfügung.[139]

Die Auflistung zeigte, dass 25–30 Stoffe allein über 90 % des Gesamtverbrauchs ausmachten. Unter diesen essentiellen Substanzen befanden sich neben dem unangefochtenen Spitzenreiter Vanillin (über 40 %) unter anderem: Ethylvanillin, Benzaldehyd, Citral, Heliotropin, Maltol und Menthol. 10–15 Komponenten erreichten einen Anteil von 1–10 %, weitere 15–20 Komponenten 0,5–1 %. Weitere 50 Komponenten wurden mit einem Anteil von 0,1–0,25 % angegeben, darunter auch Citronellol, Eugenol, Geraniol, Furfurol, alpha-Jonon und Linalool.

> Diese stark unterschiedliche Mengenverteilung rührt zu einem wesentlichen Teil davon her, daß die Unterschiede der Geschmacksintensitäten der einzelnen Stoffe so groß sind. Mit der Empfindlichkeitssteigerung der analytischen Nachweismethoden werden neue Stoffe in Naturaromen aufgeklärt, die im ppm-Bereich und darunter vorkommen. Unter diesen sind viele, die in dieser Konzentration noch deutlich über ihrem Geschmacksschwellenwert liegen und somit am Gesamtaroma beteiligt sind. Aus der Zusammensetzung der Naturaromen hat man gelernt, daß gerade die Anwesenheit dieser vielen Spurenkomponenten wesentlich zur Natürlichkeit des Geschmackscharakters beitragen. Aus diesem Grunde enthalten die heutigen Aromaformeln wesentlich mehr Einzelstoffe und insbesondere einen viel höheren Anteil an Spurenkomponenten als früher. Dies erklärt, daß über 50 % der für synthetische, sog. naturidentische Aromen eingesetzten Substanzen am Gesamtverbrauch aller Aromastoffe mit jeweils z.T. noch deutlich unter 0,02 % beteiligt sind.[140]

---

137 DFG-Fremdstoffkommission AG „Aroma/Essenzen", 1979, Auszug aus dem Protokoll der Sitzung vom 24. September 1979, Archiv der Deutschen Forschungsgemeinschaft: 60324, 1978–79, Bd. 26.

138 DFG-Fremdstoffkommission AG „Aroma/Essenzen", 1979, Auszug aus dem Protokoll der Sitzung vom 24. September 1979, Archiv der Deutschen Forschungsgemeinschaft: 60324, 1978–79, Bd. 26.

139 Haarmann & Reimer G.m.b.H., 18.09.1979, Verbrauchsdaten von Aromastoffen zur Weitergabe an die Arbeitsgruppe der Fremdstoffkommission der DFG, S. 1–5, hier S. 3, Archiv der Deutschen Forschungsgemeinschaft: DFG 60324 1979–80 Bd. 18.

140 Haarmann & Reimer G.m.b.H., 18.09.1979, Verbrauchsdaten von Aromastoffen zur Weitergabe an die Arbeitsgruppe der Fremdstoffkommission der DFG, S. 1–5, hier S. 5, Archiv der Deutschen Forschungsgemeinschaft: DFG 60324 1979–80 Bd. 18.

Diese Erklärung unterstreicht die Besonderheit von Aromastoffen, sowohl hinsichtlich ihrer Eigenschaften als auch ihre Anforderungen an eine effektive und durchsetzbare Regulierung.

Aus regulatorischer Sicht kann die Kooperation von Haarmann & Reimer mit der AG „Aroma/Essenzen" aus unterschiedlichen Perspektiven betrachtet werden. Haarmann & Reimer war als einziges Unternehmen der Aroma- und Duftstoffindustrie direkt durch einen Mitarbeiter in der DFG-Arbeitsgruppe vertreten. Dies hatte für das Unternehmen den Vorteil, in unmittelbarem Kontakt zu dem sich neu aufbauenden Netzwerk der Aromaregulierung zu stehen. Ein gewisses Maß an Einflussnahme durch die Bereitstellung bestimmter Informationen war potentiell gegeben. Während diese mögliche industriefreundliche Einflussnahme im Rahmen von Regulierungsforschung negativ erscheint, muss ausgleichend dazu erneut angemerkt werden, dass die AG auf Daten aus der Industrie angewiesen war. Die Kooperation von Haarmann & Reimer und ihr freiwilliges AG-internes Offenlegen ausgewählter Daten war in beiderseitigem Interesse. Doch trotz des bekundeten Kooperationsinteresses gestaltete sich eine Zusammenarbeit sowohl wegen der industrietypischen Geheimhaltung als auch wegen expliziter den Forderungen von Verbraucher:innen zuwiderlaufender Interessen der Industrie kompliziert. Dennoch blieb die Industrie eine wichtige Kooperationspartnerin. Wie die aktive industrielle Einflussnahme gestaltet war, wird in den folgenden Kapiteln näher erörtert.

Um das komplexe Netzwerk aus Wirtschaft, Wissenschaft und Politik im Rahmen der Aromaforschung und Lebensmittelregulierung in der BRD zu visualisieren, hilft eine 1980 aufgestellte Graphik zur Aufgabenverteilung (siehe Abb. 1).

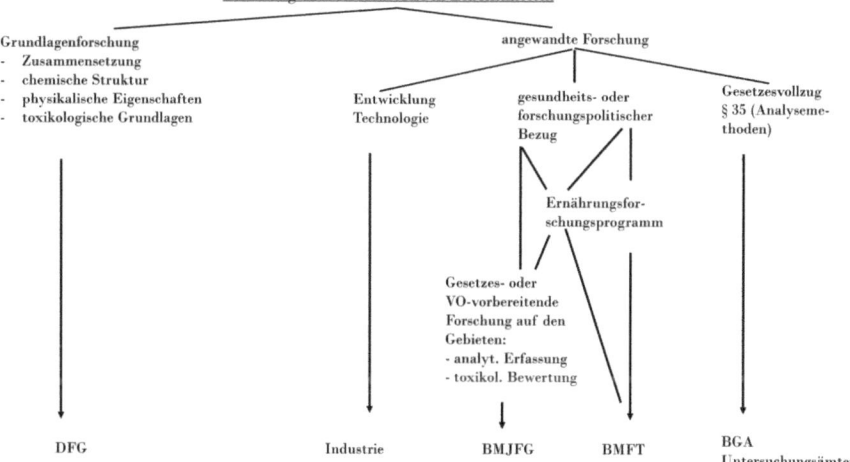

Abb. 1: Organisation und Aufbau der Aromaforschung in der BRD[141]

Grundlagenforschung, also die Sammlung von Wissen über chemische, physikalische und toxische Eigenschaften wurde der DFG zugeteilt. Der Bereich „Angewandte Forschung" wurde in drei Teile gegliedert: in Entwicklung und Technologie, Gesundheits- und Forschungspolitik sowie Gesetzgebung. Bezugnehmend auf den politischen Rahmen einschließlich Ernährungsprogrammen waren das Bundesministerium für Jugend, Familie und Gesundheit (BMJFG), das Bundesministerium für Forschung und Technologie (BMFT) und das Bundesgesundheitsamt (BGA) sowie die Untersuchungsämter zuständig. Entwicklung und Technologie lagen im Aufgabenbereich der Industrie. Wird diese Darstellung und Aufteilung grob zusammengefasst, war die akademische Wissenschaft für die Grundlagenforschung zuständig, die Industrie für die angewandte Wissenschaft, also für die technische und innovative Umsetzung, und die Politik für die juristische und gesellschaftspolitische Umsetzung. Diese trivial erscheinende Feststellung bietet jedoch die Möglichkeit der Industrie und ihren Aktivitäten einen legitimierten Platz innerhalb der AG „Aroma/ Essenzen" zuzusprechen. Denn sie verdeutlicht, dass die Industrie trotz ihrer Eigeninteressen eine anerkannte Expert:innenfunktion innehatte und als nützlicher komplementärer Strang zu der akademischen Forschung zu sehen ist.[142]

---

141 Bundesministerium für Jugend, Familie und Gesundheit (BMJFG), 13.11.1980, Protokoll Besprechung Aromenforschung 23. Oktober 1980, Archiv der Deutschen Forschungsgemeinschaft: 60320 1980 Bd. 19.
142 Zum Thema der komplementären Beziehung verschiedener Forschungszweige siehe: Carrier, „Facing the Credibility Crisis of Science".

5 Natürliche und nicht-natürliche Aromastoffe in Deklaration und Kontrolle: Europäische und internationale Debatten in den 1960er und 1970er Jahren

Die regulatorischen Entwicklungen in den 1960er Jahren vereinte die ansonsten individualistische Aroma- und Duftstoffindustrie in einer neuen Form. Als international agierende und vernetzte Industrie wurde es zur Durchsetzung der eigenen Interessen für die Aroma- und Duftstoffindustrie immer wesentlicher, über die Ländergrenzen hinweg als geschlossene Einheit aufzutreten und zu handeln und mit den unterschiedlichen Regulierungsvorgaben umzugehen.[143] Außerdem musste sie sich verändernden gesellschaftlichen Wahrnehmungen, Einstellungen sowie Interessen und den daraus resultierenden politischen und gesellschaftlichen (Re)Aktionen stellen. Angefacht durch Nahrungs- und Arzneimittelskandale wuchs die Angst der Gesellschaft vor chemisch-industriellen Substanzen, die sich insbesondere auf nicht-natürliche Stoffe und Produkte niederschlug. „It is, however, surprising but encouraging to note that in all the accidents of which there has been talk, and particularly in the most serious of all [Contergan; Amn. PSG], the synthetic flavor industry is beyond reproach."[144] Sie wurde von diesen Vorfällen insofern beeinträchtigt, als dass sich die Stimmung allgemein gegen chemisch-industrielle Produkte richtete und Regulierungsmaßnahmen ernster vorangetrieben wurden.

> Mr. LUTHY [Max Luthy, Givaudan (CH);[145] Anm. PSG]: Is the flavour industry in Europe under attack? Is there any reason why one cannot use synthetic flavours?

---

143 W. A. Busslinger, 03.07.1964, Minutes of the meeting of the european synthetic flavor and fragrance manufacturers, Geneva 12.06.1964, S. 1–28, hier S. 15, Historisches Archiv Roche (HAR): FE.1.GIV 103523e; W. A. Busslinger, 30.04.1965, Meeting of European Manufacturers of Flavors E.M.F., Amsterdam February 12th 1965, S. 1–17, hier S. 1, Historisches Archiv Roche (HAR): FE.1.GIV 103523e.
144 Roger Firmenich; W. A. Busslinger, 03.06.1964, Welcome Speech to the delegates by Roger Firmenich (Minutes of the meeting of the european synthetic flavor and fragrance manufacturers, Geneva 12.06.1964), S. 1–28, Historisches Archiv Roche (HAR): FE.1.GIV 103523e.
145 Givaudan ist ein Schweizer Aroma- und Duftstoffhersteller mit Sitz in Vernier, Genf. Gegründet wurde die Firma 1895 durch Léon und Xavier Givaudan, durch Übernahme anderer Unternehmen im Lauf ihrer Entwicklung reichen die historischen Wurzeln Givaudans bis 1768 zurück. Von 1963 bis 2000 gehörte Givaudan zu Roche. Givaudan zählt zu den größten Produzenten seiner Branche. Siehe dazu: Givaudan, Timeline 1768–2021, https://www.givaudan.com/our-company/rich-heritage/timeline, zuletzt geprüft am 11.08.2022; Ohne Verfasser, 2016 Flavor & Fragrance Leaderboard, Perfumer & Flavorist, 2016, https://www.perfumerflavorist.com/flavor/article/21856077/2016-flavor-fragrance-leaderboard.

Mrs. VERBEEK-INCKEL [E.M. Verbeek-Inckel, Naarden (NL);[146] Anm. PSG]: Yes, it is under attack, by Government agents.[147]

Die 1960er Jahre stellten zwei primäre Handlungsfelder für Unternehmen der Aroma- und Duftstoffindustrie in den Vordergrund: Erstens musste an der sich neu formierenden europäischen Regulierung aktiv teilgenommen und zweitens musste unmittelbar in diesem Zusammenhang der Negativität der Begriffe „synthetisch" und „künstlich" entgegengewirkt werden. Im Jahr 1964 wurde in diesem Kontext der Aufbau eines temporären Teams beschlossen, bestehend aus Angehörigen der unterschiedlichen Firmen, das die Einrichtung einer permanenten Arbeitsgruppe („European Flavour Manufacturers Working Party") zur Aufgabe hatte. Diese sollte sich beispielsweise um allgemeine toxikologische Fragen bezüglich Aromastoffen, die Einbeziehung unabhängiger Expert:innen und die Bewerbung von für die Industrie annehmbaren Regularien bei den zuständigen europäischen Behörden kümmern.[148] Insbesondere die gesellschaftliche Wahrnehmung und einzusetzende Regulierungsmethoden waren zwei umstrittene Punkte, da durch unterschiedliche Bedingungen in den verschiedenen europäischen Ländern beides ungemein komplex und dementsprechend undurchsichtig und schwierig war. Eine gemeinsame und geschlossene Herangehensweise wurde dadurch erschwert. Dies zeigt auch der Einwand Georg Kerschbaums (Haarmann & Reimer) 1965, als er sich gegen die vom „temporary working committee" geplanten Vorgehensweisen aussprach und stattdessen die Gründung einer „Vereinigung der wichtigsten europäischen Aromenfabrikanten ohne juristische Basis" vorschlug, da er der Ansicht war, dass „ein[e] locker[e] Vereinigung, die zum Ziel hätte, alle Probleme von wirklich gemeinsamen Interesse zu diskutieren und für jedes Mitglied annehmbare Lösungen auszuar-

---

146 Gegründet wurde die N.V. Chemische Fabrik Naarden im Jahr 1905. 1986 wurde das Unternehmen von Unilever übernommen, woraus Quest international hervorging. Diese Firma wiederum wurde 2007 von Givaudan gekauft. Siehe dazu: Unilever, 1980–2010-A bold change of strategy. 1986 – Unilever's business in fragrances and food flavours doubles, https://www.unilever.com/our-company/our-history-and-archives/1980-2010/, zuletzt geprüft am 11.08.2022; Kelly Frederick, „Givaudan Acquires Quest International", *Perfumer & Flavorist*, 2. Februar 2009, https://www.perfumerflavorist.com/home/news/21869916/givaudan-acquires-quest-international.; Horace George Franks, *Beeld van een bedrijf: „Naarden", Holland 1905–1965* (Naarden: Naarden Nieuws, 1965).
147 W. A. Busslinger, 03.07.1964, Minutes of the meeting of the european synthetic flavor and fragrance manufacturers, Geneva 12.06.1964, S. 1–28, hier S. 5–6, Historisches Archiv Roche (HAR): FE.1.GIV 103523e.
148 W. A. Busslinger, 03.07.1964, Minutes of the meeting of the european synthetic flavor and fragrance manufacturers, Geneva 12.06.1964, S. 1–28, hier S. 26, Historisches Archiv Roche (HAR): FE.1.GIV 103523e.

beiten" zweckdienlicher wäre.[149] Dem stimmten seine Kolleg:innen im Verlauf der Diskussion zu, zumal ebenfalls darauf hingewiesen wurde, dass in Brüssel bereits ein technisches Komitee existierte, welches sich mit technischen und legalen Fragen befasste und nicht noch ein weiteres Organ dieser Art gebraucht würde.[150]

Nicht nur die Positionen der einzelnen Länder und Unternehmen waren divers, auch die Struktur und Organisation verschiedener offizieller Gruppierungen und Komitees war von komplexer Gestalt. Neben den rein europäischen Gruppierungen gab es auch das internationale Joint FAO/WHO Expert Committee on Food Additives (JECFA). Auch dessen Arbeit beschäftigte sich seit den 1960er Jahren intensiver mit dem Thema Aromastoffe. Im Kern stand sowohl bei der europäischen als auch bei der internationalen Organisation zumeist die Frage nach dem zu differenzierenden Umgang mit künstlichen, synthetischen und natürlichen Aromastoffen. Aus diesem Grund werden nun beide Organisationen integriert hinsichtlich der Frage nach dem Umgang mit den verschiedenen Aromastofftypen betrachtet.

Das Joint FAO/WHO Expert Committee on Food Additives (JECFA) wurde um 1955 gegründet[151] und hatte zur Aufgabe, die verschiedenen nationalen und internationalen Ansätze und Ansichten zu der Gefährlichkeit von Lebensmittelzusatzstoffen zu bündeln und zu bewerten. Vor allem die zeitgenössisch starke und stetig wachsende Forschung zur Kanzerogenität chemischer Stoffe war dabei maßgeblich. Das JECFA „fixierte [...] den Grundsatz, dass die absolute Ungefährlichkeit eines Stoffes bewiesen werden müsse."[152] Doch im Lauf der Zeit passte sich das JECFA in seinem Vorgehen und seinen Beschlüssen den politischen und wirtschaftlichen Forderungen zunehmend an. Folge dieser Angleichung war insbesondere die Anwendung der ADI-Werte,[153] bindend gültig seit 1975, als Grundlage für den Umgang mit Lebensmittelzusatzstoffen. Dieses Konzept war 1956 von dem französischen Toxikologen René Truhaut entwickelt worden und sollte, ähnlich wie andere, in ähnlicher Weise funktionierende Konzepte, eine potentielle Handhabung bedenklicher Stoffe ermöglichen.[154] „However, these indicators were marked by their

---

149 Dr. W. Guex, 22.02.1965, PROTOKOLL über die Gründungsversammlung der europäischen Aromenfabrikanten in Amsterdam – 12. Februar 1965, S. 1–3, hier S. 1, Historisches Archiv Roche (HAR): FE.1.GIV 103523e.

150 Dr. W. Guex, 22.02.1965, PROTOKOLL über die Gründungsversammlung der europäischen Aromenfabrikanten in Amsterdam – 12. Februar 1965, S. 1–3, hier S. 2, Historisches Archiv Roche (HAR): FE.1.GIV 103523e.

151 Stoff, *Gift in der Nahrung*, 133.

152 Stoff, 133.

153 „ADI" kommt vom englischen „acceptable daily intake" und gibt Auskunft über die täglich akzeptable Höchstdosis eines Stoffes, die ein Mensch pro mg/kg aufnehmen kann, ohne gesundheitlichen Schaden davonzutragen.

154 Jas, „Public Health and Pesticide Regulation in France Before and After Silent Spring", 378.

conception within regulatory systems that sought to find ways of protecting public health while giving priority to the development of intensive agriculture."[155] Während Nathalie Jas hier auf die Priorisierung der Landwirtschaft in Frankreich eingeht, lässt sich dies beispielsweise auf Deutschland übertragen und die Landwirtschaft im Bedarfsfall durch eine andere Industrie (zum Beispiel Lebensmittelproduktion) austauschen. In jedem Fall wich die zuvor angestrebte Risikovermeidung einer Risikominimierung.[156] Die Kriterien nach denen sich der Einsatz von Lebensmittelzusätzen richtete, waren insbesondere „der Erhalt der Lebensmittelqualität, die intensivere Verwertung von Lebensmitteln, die Herstellung attraktiverer Lebensmittel sowie die Erleichterung der Lebensmittelverarbeitung."[157]

> It followed that a ban on any substance recognized as carcinogenic in foods became impossible from an economic point of view. The experts on this committee consequently sought to develop what they called a 'practical approach', attesting multiple difficult to compromises, if not impossibilities.[158]

Vor allem im Bereich industriell verarbeiteter Nahrungsmittel kam Zusatzstoffen die wichtige Aufgabe zu, bei der Verarbeitung verloren gegangene Eigenschaften zurückzugewinnen oder gewünschte Eigenschaften wie beispielsweise eine lange Haltbarkeit zu erreichen.

Um den internationalen Nahrungsmittelhandel zu vereinfachen, die Regulierung an aktuelle Bedingungen anzupassen und damit Nahrungsmittel sicherer zu machen, wurden in den 1960er Jahren eine internationale Vereinheitlichung und Überarbeitung der Regulierung von Nahrungsmittelzusätzen angestrebt. Die Food and Agriculture Organization of the United Nations (FAO) und die World Health Organization (WHO) organisierten dazu das Joint FAO/WHO Food Standards Programme, in dessen Rahmen der internationale Codex Alimentarius ausgearbeitet werden sollte. Die Organisationsstruktur setzte sich dabei aus verschiedenen Einheiten zusammen, darunter diverse Expert:innen-Komitees, ein Sekretariat, ein Exekutiv-Komitee, nationale Arbeitskomitees und nationale Komitees des Codex Alimentarius.[159] Insgesamt umfasste das Programm zu Nahrungsmittelstandards

---

155 Jas, 379.
156 Stoff, *Gift in der Nahrung*, 134.
157 Stoff, 133.
158 Nathalie Jas, „Adapting to ‚Reality': The emergence of an international expertise on food additives and contaminants in the 1950s and early 1960s", in: *Toxicants, Health and Regulation since 1945*, Studies for the Society for the Social History of Medicine (London: Pickering & Chatto, 2013), 64.
159 Dr. G. Waldvogel, 24.01.1966, Protokoll der Besprechung mit Herrn Dr. Borgeaud (Direktor von Nestlé) am 20. Januar 1966 in Bern, S. 1–3, hier S. 2, Historisches Archiv Roche (HAR): FE.1.GIV 103523l.

der FAO/WHO mehr als 20 Komitees.[160] In diesem umfangreichen Vorhaben wurde auch die Regulierung von Aromastoffen verhandelt. Vor allem ein Diskussionsthema stand auf der Agenda: Die Frage nach der Unterscheidung in natürliche und nicht-natürliche Aromastoffe. Diese Frage ließ sich in zwei verschiedenen Regulierungssträngen verfolgen: Einmal in der Deklaration auf Lebensmittelverpackungen und einmal in der toxikologischen Überprüfung und Zulassung. Während die Quellen vermuten lassen, dass die Aroma- und Duftstofffabrikanten (in den vorliegenden Quellen traten vor allem europäische und US-amerikanische Vertreter:innen auf) in den verschiedenen Strukturen des Codex Alimentarius aktiv gewesen sind und zahlreiche Vorschläge und Empfehlungen zur Diskussion gaben, wurde ihrerseits dennoch der Eindruck geschildert, „dass es sich bei derartigen Codex-Tagungen um Konferenzen von Regierungsvertretern handelt und die Industrie eigentlich ‚nur geduldet wird'.“[161] Inwiefern dies ihren tatsächlichen Einfluss schmälerte, wird zu prüfen sein.

5.1 Das Spannungsfeld zwischen „natürlich", „synthetisch" und „künstlich"

Um die Aktivitäten hinsichtlich der Regulierung nachvollziehen zu können erscheint es angebracht, zunächst die unterschiedlichen Auslegungen der Begriffe „synthetisch" und „künstlich" zu erläutern. Während sie auf den ersten Blick eindeutig erscheinen, sind Definition und Differenzierung im Laufe der Zeit und über verschiedene Gruppen hinweg vieldeutig, denn beide Begriffe wurden von verschiedenen Akteuren anders gebraucht und verstanden. Im Folgenden werden daher der Wortgebrauch der Industrie sowie die Wahrnehmung der Gesellschaft, basierend auf Beobachtungen von Industrieangehörigen, analysiert. Es ist festzustellen, dass sich beide Verständnisweisen fundamental voneinander unterscheiden.

Aromen und Aromastoffe wurden in den 1960er Jahren innerhalb der Aroma- und Duftstoffindustrie in drei Kategorien eingeteilt. Diese waren: Erstens natürliche Aromen, die mithilfe festgelegter Verfahren aus pflanzlichen (selten tierischen) Rohstoffen hergestellt wurden; zweitens synthetische Aromen, die mithilfe chemischer Synthese produziert wurden, aber deren Strukturen in der Natur vorhanden waren‚ und drittens künstliche Aromen, die mithilfe synthetischer Verfahren

---

160 Hh/ki, 26.08.1966, Joint FAO/WHO Codex Alimentarius Commission. Report of the Second Meeting of the Committee on Food Labelling, S. 1–9, hier S. 8, Historisches Archiv Roche (HAR): FE.1.GIV 103523l.

161 E. Hutter, 06.06.1966, Notiz über die 3. Sitzung des Codex-Komitees für Lebensmittelzusätze vom 9. bis 13. Mai 1966 in Den Haag, S. 1–5, hier S. 2, Historisches Archiv Roche (HAR): FE.1.GIV 103523l.

gewonnen wurden und deren Struktur in der Natur bisher nicht nachgewiesen wurde.[162] Diese Kategorisierung ist insofern interessant, da die Begriffe „synthetisch" und „künstlich" im Alltag häufig synonym benutzt wurden und werden. Hier allerdings nahm die Industrie eine deutliche Unterscheidung vor. Während künstliche Aromastoffe kein bekanntes Pendant in der Natur haben, sind synthetische Aromastoffe aus Sicht der Industrie quasi natürlich. „Die Tatsache, dass wir [Firmenich; Anm. PSG] diese durch Synthese neu schufen, ändert nichts an deren Natur."[163] Dieses Verständnis basierte zum einen auf der gleichen chemischen Struktur,[164] wurde zum anderen aber auch mit den zu diesem Zeitpunkt verfügbaren Analysemöglichkeiten begründet. Mithilfe der vorhandenen analytischen Methoden war es in den 1960er Jahren nicht möglich, zwischen natürlichen und synthetischen Aromastoffen zu unterscheiden. Dazu hätte bei entsprechender regulatorischer Differenzierung der gesamte Produktionsprozess überwacht werden müssen. Diese Erläuterung stammte sinngemäß aus der Feder der Associazione Nationale dell' Industria Chimica und wurde handschriftlich am Rand wie folgt kommentiert: „gute Begründung für synth = natürlich".[165] Außerdem würden bei natürlichen Produkten die gewünschten geruchlichen und geschmacklichen Eigenschaften ebenfalls erst durch chemische Prozesse erzeugt, zum Beispiel beim Backen oder Braten. Wie auch bei der Herstellung synthetischer Aromastoffe wären auch bei natürlichen Aromastoffen chemische Reaktionen und chemische Veränderungen vorhanden. Wenn überhaupt zwischen natürlich und synthetisch unterschieden werden sollte, müsste ganz genau definiert sein, was darunter jeweils zu verstehen wäre.[166] Doch im Allgemeinen war die Industrie der Ansicht, dass natürliche und synthetische Aromastoffe nicht zu trennen wären, wodurch sich folg-

---

162 Dr. C. Caflisch, 01.10.1965, Schreiben an Dr. G. Waldvogel, Historisches Archiv Roche (HAR): FE.1.GIV 103523e.

163 Firmenich, 1960er Jahre, Propagandaschrift Firmenich, Historisches Archiv Roche (HAR): FE.1.GIV 103523e.

164 Die Ansicht, dass die chemische Struktur die Eigenschaften eines Stoffs bestimmte und deswegen das Ausgangsmaterial in dieser Hinsicht zweitrangig war, ließ sich auch in den 1930er Jahren im Wettkampf von Bourbonal und Vanillose beobachten. Siehe dazu in Teil II den Abschnitt „Kampf um den Keks".

165 Cav. Gr. Cr. Gaetano Salamina, 09.12.1965, Progetto di regolamentazione comunitaria delle sostanze aromatizzanti per alimentari, S. 1–3, hier S. 2, Historisches Archiv Roche (HAR): FE.1.GIV 103523e.

166 Unter der Überschrift „Natural-Synthetic" zugehörig zu: European Group of principal Manufacturers of Flavours (E.M.F.), 12.10.1964, Minutes of the Meeting of the TEMPORARY TECHNICAL COMMITTEE held at the HOTEL INTERCONTINENTAL, GENEVA on OCTOBER 2nd and 3rd 1964, Historisches Archiv Roche (HAR): FE.1.GIV 103523e.

lich das industrielle Verständnis als natürlich = synthetisch beziehungsweise synthetisch = natürlich ableiten lässt.

Demgegenüber stand nun die Einschätzung der gesellschaftlichen, öffentlichen Wahrnehmung. Interessanterweise gingen diesbezüglich die Überzeugungen innerhalb der Industrie auseinander. F. H. Smee aus Großbritannien (Rayner & Co. Ltd.) beispielsweise äußerte den Eindruck: „The public are not particularly concerned with synthetic flavours"[167] und Kerschbaum betonte: „[P]eople get acquainted with natural and synthetic. People have to buy synthetic flavours for certain jobs. One has the choice, they know exactly what they buy. It is the taste that counts. People do not look for synthetic or natural."[168] Während Kerschbaum die Ansicht vertrat, dass sich in Deutschland Verbraucher:innen nicht dafür interessierten, ob ein Aromastoff natürlich oder synthetisch war, nahmen seine niederländischen Kolleg:innen die Situation anders wahr.

> Mr. KNOL [H.W. Knol, Naarden (NL); Anm. PSG]: [...] If you are in Germany and you talk in German to officials about artificial flavours, they look at you as though you were using four-letter words.
> Mr. KERSCHBAUM: We are not of the opinion that in Germany the word artificial has a bad reputation. The public doesn't care. Nobody looks at it. In the restaurants, they are not interested in what is in the food.
> Mrs. VERBEEK-INCKEL: Manufacturers in Germany always tell us that they want natural flavours. They ask us to make an artificial flavour natural.
> Mr. KERSCHBAUM: There is a difference. From the fact that the opinion is that the pure product is something good, one cannot say that the synthetic is bad.
> Mrs. VERBEEK-INCKEL: The pure is meant to be of good quality. It is of a higher price. That gives already an appreciation and depreciation for the synthetics.[169]

Tatsächlich erscheint die Haltung Kerschbaums an dieser Stelle unrealistisch. Denn die steigende öffentliche und gesellschaftliche Aufmerksamkeit hinsichtlich synthetischer Produkte und die einsetzende verstärkte Regulierung innerhalb der Länder sprechen tendenziell auch für ein wachsendes Interesse der Verbraucher:innen an den Inhaltsstoffen ihrer Nahrungsmittel und in der Folge stieg ebenfalls

---

167 W. A. Busslinger, 03.07.1964, Minutes of the meeting of the european synthetic flavor and fragrance manufacturers, Geneva 12.06.1964, S. 1–28, hier S. 6, Historisches Archiv Roche (HAR): FE.1.GIV 103523e.

168 W. A. Busslinger, 03.07.1964, Minutes of the meeting of the european synthetic flavor and fragrance manufacturers, Geneva 12.06.1964, S. 1–28, hier S. 6, Historisches Archiv Roche (HAR): FE.1.GIV 103523e.

169 W. A. Busslinger, 03.07.1964, Minutes of the meeting of the european synthetic flavor and fragrance manufacturers, Geneva 12.06.1964, S. 1–28, hier S. 11, Historisches Archiv Roche (HAR): FE.1.GIV 103523e.

das Interesse der weiterverarbeitenden Industrie an natürlichen Inhaltsstoffen. Auch die Erfahrungen von Frau Verbeek-Inckel bezüglich Anfragen und Preisgestaltung lassen eine allgemeine Steigerung des Ansehens des Natürlichen auf Kosten des Synthetischen vermuten.

Unterstützt wird diese Vermutung durch eine Erzählung des Herrn F. H. P. Trip (I.F.F., NL[170]), in der er die Wahrnehmung von Aromastoffen und ihrer Herstellung mit der von Duftstoffen verglich:

> The PRESIDENT said that each time he has to explain to a friend, who did not know what he was doing, that he helped to make flavours, he met with: 'Oh, those are the people who make all the substitutes and try to imitate nature'. He always felt that the general public had a very confused and incomplete idea of natural and synthetic flavours. It did not know that many manufacturers in the industry work on natural products as well and that much research is done in the synthetic field. There is a great discrepancy between the status of the perfumer and that of the flavourist. The perfumer is seen as an artist, as a man who brings beautiful things into the world. He creates wonderful products that everybody appreciates. The flavourist is seen as somebody who does something he actually should not do. [...][H]e could give examples of new stories in German papers that were enlightening. He had articles with headings such as 'Sie tragen den Tod in der Tasche' (you are carrying death in your bag). That titles referred to artificially flavoured products which a housewife had bought.[171]

In dieser Schilderung wird deutlich, dass sich die Gesellschaft durchaus kritisch mit synthetischen beziehungsweise nicht-natürlichen Aromastoffen beschäftigte. Gleichzeitig wurde aber auch herausgestellt, dass sie nicht viel von der Industrie und ihrer Arbeitsweise wusste, was zu entsprechenden Verwechslungen, Verwirrungen und Vermischungen mit anderen chemisch-synthetischen Stoffen und ihren negativen Wahrnehmungen führte. Besonders spannend ist hier die Beobachtung, dass, während der Flavorist verteufelt wurde, der Parfümeur als Künstler galt. Dabei arbeiteten beide mit ähnlichen Substanzen. Riechstoffe und Aromastoffe sind eng miteinander verwandt, wenn nicht sogar zum Teil identisch. In einem Versuch, Riechstoffe und Aromastoffe zu definieren, hieß es: „Riechstoffe sind Stoffe (chemische Verbindungen), die ihres angenehmen Geruchs wegen Verwendung finden. Aromastoffe sind Riechstoffe, die am Geschmacksempfinden mitbeteiligt sind.

---

170 Das Unternehmen International Flavors & Fragrances (IFF) entstand 1958 durch die Fusion der zwei global agierenden Firmen Polak & Schwarz und van Ameringen-Haebler (Ursprünge in den Niederlanden und den USA). IFF gehört zu den größten Aroma- und Duftstoffproduzenten weltweit. Siehe dazu: International Flavors & Fragrances (IFF), Our history, https://www.iff.com/about/history, zuletzt geprüft am 11.08.2022.

171 W. A. Busslinger, 30.04.1965, Meeting of European Manufacturers of Flavors E.M.F., Amsterdam February 12th 1965, S. 1–17, hier S. 14, Historisches Archiv Roche (HAR): FE.1.GIV 103523e.

[sic]"[172] Entsprechend unverständlich mag die starke Diskrepanz in der Wahrnehmung dieser Stoffe bei Parfümeuren und Flavoristen erscheinen. Ein möglicher Ansatzpunkt für eine Erklärung dieser Situation könnte in der Unterscheidung von äußerer und innerer Anwendung und Wirkung liegen. Während Parfums meistens auf Kleidung oder Haut aufgetragen werden, dringen sie weniger direkt ersichtlich durch unsere Körperbarriere durch. Aromastoffe werden in den Körper aufgenommen und entfalten dort ihre Wirkung. Diese unterschiedliche Wahrnehmung von äußerer und innerer Anwendung und dem damit verbundenen Risikoempfinden wandelt sich ebenfalls im Laufe der Zeit und stellt ein zusätzliches spannendes Forschungsfeld im Bereich der Aroma- und Duftstoffindustrie dar, das in diesem Projekt allerdings nicht zum Tragen kommt.

Synthetische Aromastoffe wurden häufig negativ wahrgenommen, da das Synthetische und das Künstliche selbst einen negativen Ruf genossen. Dieser Eindruck schlug sich auch in der Wahrnehmung von Regierungen nieder. „[J]eder Stoff, der aus einem Laboratorium herkommt ist im Auge des Gesetzgebers ein chemischer Stoff und deshalb verdächtig."[173] An diesem Punkt setzten nun die Aktivitäten der Aroma- und Duftstoffindustrie an. Ihre vorrangigen Ziele: Einfluss nehmen auf die Regulierung, Verbesserung der Reputation nicht-natürlicher Aromastoffe und Koordination toxikologischer Testungen ihrer Produkte.

Aber auch der Punkt Public Relations (PR)-Aktivitäten der Aroma- und Duftstoffindustrie gestaltete sich in internationaler Zusammenarbeit schwierig, bis nahezu unmöglich. Der Vorschlag zu einer organisierten PR-Aktion, nach dem Ideengeber „Programm Bonnot" benannt, deren Ziel es war „ganz generell vom Ausdruck ‚Synthetica' de[n] unangenehme[n] Beigeschmack"[174] zu nehmen, wurde von einigen Industrievertretern abgelehnt. Als Begründungen wurden neben der angezweifelten Notwendigkeit auch die Kosten einer solchen Unternehmung und der womöglich unpassende Zeitpunkt angeführt. Je nach nationaler Ausgangslage variierte die Haltung zum Thema PR-Aktivitäten. Trotz der Uneinigkeit hinsichtlich einer konkreten PR-Aktion, war eine Reputationsverbesserung zahlreichen Beteiligten wichtig. Eine mögliche Herangehensweise war die Anfertigung toxikologischer Datensammlungen, um mehr Informationen über Aromastoffe und ihre Wirkungen bereitzustellen. Während Knol (Naarden) der Ansicht war, Reputation

---

172 Ohne Verfasser, 1960er Jahre, Versuch einer Definition von Riechstoffen, Aromastoffen und Geschmacksstoffen, Historisches Archiv Roche (HAR): FE.1.GIV 103523e.

173 Bureau de liaison des syndicats europeens des produits aromatiques, 22.06.1965, Ansprache des Präsidenten, S. 1–6, hier S. 3, Historisches Archiv Roche (HAR): FE.1.GIV 103523e.

174 Dr. W. Guex, 22.02.1965, PROTOKOLL über die Gründungsversammlung der europäischen Aromenfabrikanten in Amsterdam – 12. Februar 1965, S. 1–3, hier S. 3, Historisches Archiv Roche (HAR): FE.1.GIV 103523e.

bedeute „to get something into somebody's mind. This is different from producing datas for a Government",[175] ließ Kerschbaum verlauten, dass der Weg einer verbesserten Reputation am besten über die Regierungsebene führen sollte. „The Government is under the influence of the industry."[176] Auch an dieser Stelle kam es somit zu Differenzen, da sich die Diskutierenden nicht einig waren, auf welcher Ebene erfolgreicher anzusetzen und wo eine größere Einflussnahme zu erwarten wäre.[177] Wichtig war es allen Beteiligten, sowohl Verbraucher:innen, Kund:innen der weiterverarbeitenden Industrie und Regierungen zu erreichen. Diesbezüglich schien es weniger auf eine gemeinsame als auf individuell-national angepasste Lösungen hinauszulaufen. Hier wird das Spannungsfeld einer internationalen Industrie mit zum Teil gemeinsamen Interessen bei gleichzeitigen eigenständigen, konkurrierenden und national-kulturell geprägten Umfeldvariablen deutlich. Eine einheitliche Abstimmung der Maßnahmen war unter diesen Bedingungen sehr schwierig bis unmöglich.

5.2 Die Frage nach der toxikologischen Überprüfung

In seiner Ausführung zum Thema Reputation nannte Knol einen weiteren wesentlichen Punkt auf der Agenda der Industrie, nämlich die toxikologische Analyse von Aromastoffen. Die Frage nach Organisation und Durchführung toxikologischer Untersuchungen war für die Aromastoffproduzent:innen knifflig und umstritten. Auch hier lassen sich zwei Positionen beobachten, die immer wieder miteinander konkurrierten und die bedingt waren durch die chemischen Eigenschaften der Aromastoffe. Während sich die europäische Industrie häufig an den US-amerikanischen FEMA-Methoden orientierte, erschienen diese jedoch nicht allen Beteiligten ausreichend. Gerade hinsichtlich möglicher Auseinandersetzungen mit Regierungen sollte eine umfassendere Dokumentation erfolgen. „Is there anyone here, who would swear on the Bible that they know from scientific tests that all these products

---

175 W. A. Busslinger, 03.07.1964, Minutes of the meeting of the european synthetic flavor and fragrance manufacturers, Geneva 12.06.1964, S. 1–28, hier S. 11, Historisches Archiv Roche (HAR): FE.1.GIV 103523e.
176 W. A. Busslinger, 03.07.1964, Minutes of the meeting of the european synthetic flavor and fragrance manufacturers, Geneva 12.06.1964, S. 1–28, hier S. 13, Historisches Archiv Roche (HAR): FE.1.GIV 103523e.
177 W. A. Busslinger, 30.04.1965, Meeting of European Manufacturers of Flavors E.M.F., Amsterdam February 12th 1965, S. 1–17, hier S. 14, Historisches Archiv Roche (HAR): FE.1.GIV 103523e.

are harmless?"[178] Diese kurze Frage von A. L. van Ameringen (I.F.F, NL) unterstrich, dass gründliche toxikologische Analysen von Aromastoffen bisher nur selten stattgefunden hatten (bei Firmenich begannen toxikologische Testungen in den 1950er Jahren, die kontinuierlich in Kooperation mit der Universität Genf ausgebaut wurden[179]). Es wurden zwar zahlreiche Stoffe verwendet, detaillierte toxikologische Untersuchungen standen aber noch aus.

> Nous sommes parfaitement conscients que la toxicologie des substances aromatiques est encore fort mal connue et qu'un gros travail reste à faire. [...] Néanmoins il ne faut pas oublier que la majeure partie des substances utilisées par notre industrie sont identiques aux substances aromatiques naturelles que l'on trouve dans notre nourriture quotidienne.[180]

Auch hier trat die Wichtigkeit chemischer Eigenschaften von Aromastoffen zu Tage. Die Strukturgleichheit synthetischer und natürlicher Stoffe stellte eine fundamentale Besonderheit in der Entscheidung über die Notwendigkeit toxikologischer Tests dar, für die schließlich auch einheitliche Methoden verbunden mit entsprechenden Kosten ausgearbeitet werden mussten.[181] Zusätzlich zur strukturellen Gleichheit erfolgte das an das US-amerikanische Vorgehen anknüpfende Argument der GRAS-Liste. Dort aufgeführte Aromastoffe wären anerkannt sicher. Besonders eingehend dargelegt wurden diese Punkte von J. P. K. van der Steur (Unilever). Er verwies auf die geringen eingesetzten Mengen von Aromastoffen und die daraus resultierenden schwierigen beziehungsweise nutzlosen toxikologischen Analysen. Gleichzeitig bezog er sich auf die Erfahrungen mit einer Vielzahl von Stoffen aus der Natur. Der Umgang mit GRAS-Listen hätte bisher keinen Anlass zur Sorge gegeben, jedoch würden Positivlisten sowohl die Kapazitäten der Labore sprengen als auch Betriebsgeheimnisse von Firmen bedrohen.[182] Diesen Ausführungen wurde jedoch ebenso wenig uneingeschränkt zugestimmt. Es gab vielmehr eindeutige Gegenrede.

---

178 W. A. Busslinger, 03.07.1964, Minutes of the meeting of the european synthetic flavor and fragrance manufacturers, Geneva 12.06.1964, S. 1–28, hier S. 9, Historisches Archiv Roche (HAR): FE.1.GIV 103523e.

179 Firmenich, 1960er Jahre, Propagandaschrift Firmenich, Historisches Archiv Roche (HAR): FE.1.GIV 103523e.

180 Georges Firmenich, 20.05.1965, à l'attention de Monsieur Mottier, Historisches Archiv Roche (HAR): FE.1.GIV 103523e.

181 Unter der Überschrift „Toxicity" zugehörig zu: European Group of principal Manufacturers of Flavours (E.M.F.), 12.10.1964, Minutes of the Meeting of the TEMPORARY TECHNICAL COMMITTEE held at the HOTEL INTERCONTINENTAL, GENEVA on OCTOBER 2nd and 3rd 1964, Historisches Archiv Roche (HAR): FE.1.GIV 103523e.

182 J.P.K. van der Steur, 06.10.1965, für die Regelung des Gebrauches von Aromastoffen in Lebensmitteln in den Mitgliedsländern der E.W.G., Historisches Archiv Roche (HAR): FE.1.GIV 103523n.

Weder eine Aufnahme in die GRAS-Liste noch ein allgemeiner Gebrauch in Nahrungsmitteln wären einwandfreie Garanten für Sicherheit. Auch das natürliche Vorkommen von Stoffen könnte mögliche Risiken nicht ausschließen. Hinsichtlich möglicher Gefahren müssten Aromastoffe, ebenso wie alle anderen Stoffe, toxikologisch überprüft werden. Nur dadurch könnte entsprechendes Wissen über Wirkweisen erlangt werden. Die Ausführungen des Herrn van der Steur sprächen weniger für als gegen nicht-natürliche Aromastoffe und gäben potentiell Anlass zu größtem Misstrauen gegenüber diesen Substanzen.[183] Ein eindeutiger erscheinendes Argument dafür, dass Aromastoffe hinsichtlich ihrer Regulierung anders zu handhaben wären als die zu dem Zeitpunkt aktiver kontrollierten Farb- und Konservierungsstoffe, die sehr leicht überdosiert werden konnten und daher eine reale Gefahr darstellten, war nach Ansicht von Georges Firmenich die Besonderheit von Aromastoffen „self-limiting in their dosage"[184] zu sein. Ihre chemische Eigenschaft als Riechstoff und der damit verbundenen intensiven Wahrnehmung durch den Menschen verhindere eine Überdosierung nahezu von vornherein. Die Gefahr einer Vergiftung durch zu hohe Mengen schien somit durch natürliche Sicherheitsfaktoren ausgeschlossen.

Die Argumentation hinsichtlich der Handhabung natürlicher und synthetischer Aromastoffe in Sachen Sicherheitskontrolle war auch innerhalb der internationalen Diskussionen im Rahmen des JECFA ein wesentlicher Bestandteil. Hinsichtlich des allgemeinen Trends wurde insbesondere bei künstlichen und synthetischen Stoffen nach ihrer Sicherheit gefragt, wobei sich die Beantwortung oftmals kompliziert gestaltete.[185] Da eine einwandfreie analytische Unterscheidung zwischen synthetischen und natürlichen Aromastoffen noch nicht möglich gewesen war und aus chemischer Sicht auch kein Grund zur Annahme einer unterschiedlichen Wirkung bei struktureller Gleichheit vorlag, bemühten sich Industrievertreter:innen darum, beide Gruppen regulatorisch gleichzustellen.[186] Im Rahmen der Deklaration konnte eine direkte Gleichstellung von natürlichen und synthetischen Aromastoffen nicht erreicht werden. Im Kontext von Testung und Zulassung aller-

---

183 Ohne Verfasser, 03.01.1966, Kritik an den Ausführungen des Herrn van der Steur, S. 1–3, Historisches Archiv Roche (HAR): FE.1.GIV 103523n.
184 W. A. Busslinger, 03.07.1964, Minutes of the meeting of the european synthetic flavor and fragrance manufacturers, Geneva 12.06.1964, S. 1–28, hier S. 8, Historisches Archiv Roche (HAR): FE.1.GIV 103523e.
185 Dr. W. Schlegel, 21.12.1966, Brief an Professor Högl, S. 1–3, hier S. 2, Historisches Archiv Roche (HAR): FE.1.GIV 103523l.
186 B. P. Vaterlaus, 07.02.1966, Codex Alimentarius. Etikettierung und Aufmachung von Lebensmittelpackungen/Zusätze zu Lebensmitteln, S. 1–3, hier S. 2, Historisches Archiv Roche (HAR): FE.1.GIV 103523l.

dings fiel das Argument strukturelle Gleichheit bei den Maßnahmen etwas mehr ins Gewicht. Dort hingen die Festlegung der Testdauer für Aromastoffe und die Zulassungsart (Listentyp) eng miteinander zusammen. Die zu diskutierende Anwendung von Positivlisten und Negativlisten bot unterschiedliche Vor- und Nachteile sowohl für die Industrie als auch für Verbraucher:innen und Regulierungsinstitutionen. Positivlisten führen auf, welche Stoffe für die Verwendung zulässig sind. Stoffe, die nicht auf der Positivliste stehen, sind automatisch verboten. Negativlisten dagegen legen fest, welche Stoffe verboten sind. Solche, die nicht gelistet sind, sind dadurch automatisch akzeptiert. Während Positivlisten den Umgang mit Aromagemischen erschweren, da jede einzelne Komponente individuell zugelassen werden muss, bieten Negativlisten einen geringeren Schutz von Verbraucher:innen.[187] Allgemein ging der Trend in den Debatten in Richtung Negativlisten. Wo diese eingesetzt wurden, erleichterten sie der Industrie den Einsatz zahlreicher Stoffe. Positivlisten würden insbesondere bei Aromastoffen eine massive Einschränkung bedeuten, sodass die Industrie viel Energie investierte, um sie zu verhindern.[188] Auch Otto Högl, Vorsitzender des Schweizer Nationalkomitees des Codex Alimentarius, sprach sich für eine Negativliste aus.[189] Während des dritten Treffens des Komitees für Nahrungsmittelzusatzstoffe wurde unter anderem die toxikologische Untersuchung von Aromastoffen diskutiert. Dazu wurde ein Papier der US-Delegation genutzt, das allerdings aus Sicht der Schweizer gänzlich unzureichend und unvorteilhaft war. Ausgehend von diesem Papier wurden lediglich drei Aromastoffe (Vanillin, Ethylvanillin und Methylsalicylat) als „toxikologisch genügend geprüft"[190] eingestuft. Die Sorge war nun, dass durch dieses Papier das JECFA ausschließlich Untersuchungen mit einer Testdauer von zwei Jahren als ausreichend ansehen würde, was maximal für rein künstliche, nicht aber für alle Aromastoffe handhabbar wäre.[191] Im Mai 1966: „[t]he establishment of a preliminary or tentative list, which would handicap the flavor industry, could be prevented, but it was agreed that a negative list should

---

187 Gary Reineccius, Hrsg., *Source book of flavors*, 2. Aufl. (New York: Chapman & Hall, 1994), 878–79.

188 Firmenich, 21.07.1966, Brief an Prof. Högl, S. 1–3, Historisches Archiv Roche (HAR): FE.1.GIV 103523I.

189 Dr. W. Schlegel, 21.02.1966, Besprechung mit Herrn Prof. Högl, Präsident der Schweizerischen Codex Alimentarius-Kommission und mit Herrn Dr. C. Vodoz, Firmenich, Historisches Archiv Roche (HAR): FE.1.GIV 103523I.

190 Dr. G. Waldvogel, 16.05.1966, Protokoll einer Sitzung vom 6. Mai 1966, 08.00 Uhr, Sitzungszimmer 914 über „Unterlagen und Traktandenliste zur 3. Sitzung des Codex-Committee on Food Additives", S. 1–4, hier S. 2, Historisches Archiv Roche (HAR): FE.1.GIV 103523I.

191 Dr. G. Waldvogel, 16.05.1966, Protokoll einer Sitzung vom 6. Mai 1966, 08.00 Uhr, Sitzungszimmer 914 über „Unterlagen und Traktandenliste zur 3. Sitzung des Codex-Committee on Food Additives", S. 1–4, hier S. 2–3, Historisches Archiv Roche (HAR): FE.1.GIV 103523I.

be prepared by the U.S. delegation."[192] Auch in weiteren Dokumenten lassen sich Indizien finden, dass Positivlisten und die damit zusammenhängenden toxikologischen Untersuchungen nicht umsetzbar und nicht wünschenswert wären. Detailliert ausgearbeitete und ausreichend kontrollierte Positivlisten könnten „wichtigere Aufgaben z. B. auf dem Pharma-Gebiet beeinträchtigen."[193]

Während sich die Herangehensweise im Rahmen des Aufbaus international einheitlicher Standards immer weiter in Richtung Negativlisten bewegte, wurde zeitgleich diskutiert, in welcher Weise Aromastoffe toxikologisch zu testen wären. Wie bereits erwähnt sprach sich die Industrie deutlich gegen eine Testdauer von zwei Jahren für alle Stoffe aus. Angesichts der oftmals geringen zugesetzten Menge von Aromastoffen (normalerweise lag der Einsatz bei 0,1–50 ppm[194]) und der chemischen Gleichheit von natürlichen und synthetischen Substanzen wurde Folgendes vorgeschlagen: künstliche Aromastoffe sollten, sofern sie in geringen Mengen eingesetzt würden, einer Testdauer von neunzig Tagen unterliegen, bei größeren Mengen von zwei Jahren. Für synthetische Aromastoffe sollten Tests grundsätzlich entfallen, da natürlich vorkommende Stoffe auch nicht getestet würden. Sie sollten lediglich dann getestet werden, wenn sie in größeren Mengen als in der Natur vorkommend eingesetzt würden.[195] Interessant wurde die genaue Differenzierung zwischen Naturstoffen und synthetischen Stoffen im Fall des Cumarins.[196] Cumarin ist ein Aromastoff, der beispielsweise in Waldmeister, Cassia-Zimt und der Tonkabohne vorkommt und in sehr großen Mengen gesundheitsschädlich wirkt.[197] Er war in den 1950er und 1960er Jahren zugelassen, bis in den USA 1969 ein Verbot wegen potentieller Gesundheitsschädlichkeit erlassen wurde.[198] Diese festgestellte Schädlichkeit von Cumarin war in den 1960er Jahren ein

---

192 Dr. W. Schlegel, 25.05.1966, 3rd Meeting of the FAO/WHO Codex Committee on Food Additives, S. 1–4, hier S. 3, Historisches Archiv Roche (HAR): FE.1.GIV 103523l.
193 Gesellschaft für chemische Industrie, 16.11.1966, Notiz über die Aussprache vom 28. Oktober 1966 mit dem Bureau de Liaison des Syndicats Européens (CEE) des produits aromatiques in Brüssel, S. 1–7, hier S. 5, Historisches Archiv Roche (HAR): FE.1.GIV 103523n.
194 Vo/Pi, 07.07.1966, Toxicological Tests for flavoring substances, S. 1–3, hier S. 2, Historisches Archiv Roche (HAR): FE.1.GIV 103523l.
195 Ohne Verfasser, 29.07.1966, Discussion de votre projet daté du 21 juillet 1966, Historisches Archiv Roche (HAR): FE.1.GIV 103523l.
196 Vo/Pi, 07.07.1966, Toxicological Tests for flavoring substances, S. 1–3, Historisches Archiv Roche (HAR): FE.1.GIV 103523l.
197 Nds. Landesamt für Verbraucherschutz und Lebensmittelsicherheit (LAVES), Cumarin in Zimt und zimthaltigen Lebensmitteln, 2016, https://www.laves.niedersachsen.de/startseite/lebensmittel/le bensmittelgruppen/gewuerze_aromen/cumarin-in-zimt-und-zimthaltigen-lebensmitteln-73478.html, zuletzt geprüft am 22.12.2021.
198 Lawrence, „Cyclamates".

wichtiges Thema innerhalb der Aromastoffbranche, was im Fall der Sicherheitsprüfung von Aromastoffen dennoch gelegentlich für Unverständnis sorgte:

> We cannot understand, for instance, the standpoint of some nations where COUMARINE as
> such is considered as dangerous, and forbidden for flavoring purposes and where, on the other
> hand, TONKA beans extract, which contain coumarine as their main component is considered
> as safe. [sic][199]

Grund für die Irritation könnte die an dieser Stelle nicht geklärte Frage gewesen
sein, wie natürlich vorkommende Mengen bestimmter Stoffe im Vergleich zu extra
hinzugefügten zu handhaben waren. Ein ähnlicher Fall lag im US-amerikanischen
Beispiel zum Umgang mit Safrol vor. Safrol wurde als Zusatzstoff verboten, während
dieser Stoff gleichzeitig Bestandteil einiger alltäglicher Naturprodukte war für die
nur in bestimmten Fällen ein Verbot ausgesprochen wurde.

Nicht nur im Rahmen konkreter Aktivitäten wie toxikologische Analysen war
das Hauptargument der chemischen Gleichheit präsent. Auch grundsätzlich in
den Debatten um unterschiedliche generelle Regulierungsmodelle wurde dieses
Thema aufgegriffen. Innerhalb der europäischen Gruppe der Industrievertreter:
innen wurden bestehende Ansätze und Regularien einzelner Länder besprochen
und miteinander verglichen. Dabei stellte jedes Land ein anderes Szenario dar, von
europäischer Einheitlichkeit war die Regulierung weit entfernt. Außerdem stand
die Industrie vor der Schwierigkeit, dass „the legal status of flavor […] not always
clearly defined"[200] war, was internationale Aktivitäten schnell unübersichtlich
werden ließ. In den Diskussionen bezüglich möglicher Positiv- und Negativlisten
stach in besonderer Weise während der Treffen zwischen 1964 und 1965 das deutsche System hervor, das viel Diskussionsstoff geboten hat. Denn obwohl das deutsche System von internationaler Seite im Vergleich zu anderen Ländern als streng
in Deklaration, Zulassung und Testung neuer Stoffe empfunden[201] und damit als
Einschränkung wahrgenommen wurde, so konnte es auch als ein Kompromiss

---

199 Vo/Pi, 07.07.1966, Toxicological Tests for flavoring substances, S. 1–3, hier S. 2, Historisches Archiv
Roche (HAR): FE.1.GIV 103523l.

200 Dr. G. Erlemann; Dr. E. Theiss; Dr. W. Schlegel, 01.06.1965, MEMO for RRMG June, 1965, Historisches Archiv Roche (HAR): FE.1.GIV 103523e.

201 European Group of principal Manufacturers of Flavours (E.M.F.), 12.10.1964, Minutes of the
Meeting of the TEMPORARY TECHNICAL COMMITTEE held at the HOTEL INTERCONTINENTAL,
GENEVA on OCTOBER 2nd and 3rd 1964, hier S. 3–5, Historisches Archiv Roche (HAR): FE.1.GIV
103523e.

angesehen werden.[202] Der Vorteil bestand im gemischte Listen-System, das darauf abzielte, rein künstliche Aromastoffe einer Positivliste zu unterwerfen und in der Natur nachweisbare Strukturen über eine Negativliste[203] zu gestatten. Im Fall nachgewiesener akuter Toxizität natürlicher Stoffe wurden diese nicht zugelassen.[204] Diese Handhabung erleichterte die Arbeit der Industrie und die Überprüfung einer Vielzahl von Stoffen. Künstliche Substanzen, also solche, die bis dato nicht in der Natur nachgewiesen worden waren, mussten durch die Positivliste vorab toxikologisch geprüft werden. Da solche Stoffe häufiger kritisch gesehen wurden, weil es zu ihnen keine Erfahrungswerte aus der Natur gab, erschien dieses Vorgehen sinnvoll. Bei synthetischen Stoffen lag der Fall anders. Diese waren aus der Natur bekannt und eine toxikologische Überprüfung vor dem Einsatz in Nahrungsmitteln würde hinsichtlich ihres natürlichen Vorkommens in verschiedenen Lebensmitteln schwer durchzusetzen sein. Mit einem gemischten System aber konnten die besonders hinterfragten Stoffe strenger kontrolliert werden, während die Hauptarbeit der Aromastoffindustrie ungehindert weiterlaufen konnte.

Im Vordergrund der Diskussionen über die vorteilhafteste Regulierungsmethode stand einmal mehr die Debatte um die Klassifizierung synthetischer Aromastoffe. Eine Verwendung von Positivlisten war an dieser Stelle aus Sicht der Industrie wenig sinnvoll, wenn nicht gar gefährlich. Denn ihr Einsatz würde aus Mangel an vorliegenden Daten zu einem Verbot vieler bis dato verwendeter Stoffe führen. Die meisten davon kämen aber ohnehin in alltäglichen Nahrungsmitteln vor. „Il faudrait donc par conséquent interdire aussi l'aliment naturel."[205] Die chemischen Charakteristika von Aromastoffen waren auch hier ein fundamentales Argument, welches die genaue Einteilung und Regulierung erschwerte. Dass die außer-industrielle Ablehnung alles Synthetischen jeglicher Grundlage entbehrte und auch nicht unbedingt durchgehalten werden konnte, untermauerte W. A. Busslinger (Firmenich) während eines Treffens in Genf im Juni 1964, wo er von einem Fall aus Südamerika erzählte. Dort habe Peru einige Jahre zuvor synthetische

202 W. A. Busslinger, 03.07.1964, Minutes of the meeting of the european synthetic flavor and fragrance manufacturers, Geneva 12.06.1964, S. 1–28, hier S. 12, Historisches Archiv Roche (HAR): FE.1.GIV 103523e.

203 In der Agenda zugehörig zu: European Group of principal Manufacturers of Flavours (E.M.F.), 12.10.1964, Minutes of the Meeting of the TEMPORARY TECHNICAL COMMITTEE held at the HOTEL INTERCONTINENTAL, GENEVA on OCTOBER 2nd and 3rd 1964, Historisches Archiv Roche (HAR): FE.1.GIV 103523e.

204 Firmenich, 1960er Jahre, Propagandaschrift Firmenich, Historisches Archiv Roche (HAR): FE.1.GIV 103523e.

205 Georges Firmenich, 20.05.1965, à l'attention de Monsieur Mottier, Historisches Archiv Roche (HAR): FE.1.GIV 103523e.

Aromen verboten und „two years later they had no good flavours on the market."[206] Die peruanische Regierung habe sich daraufhin bei der Industrie entschuldigt.[207] Aus diesem Beispiel schloss Busslinger, dass die Aroma- und Duftstoffindustrie stärker mit den einzelnen Regierungen kommunizieren und ihre Arbeit und Produkte erklären müsste,[208] um ähnlichen Fällen vorzubeugen und das Stigma des Synthetischen auszuräumen.

5.3 Die Frage nach der Deklaration

Der Umgang mit Aromastoffen war seit Beginn der Regulierung von zwei besonderen Faktoren geprägt. Erstens wurde sich um eine Abgrenzung von Aromastoffen zu anderen chemischen Zusatzmitteln wie Farb- oder Konservierungsstoffen bemüht. Da diese zu diesem Zeitpunkt besonders in der Kritik standen und toxikologisch geprüft wurden, erscheint die Bemühung um Abgrenzung verständlich. Aromastoffe sollten nicht automatisch aufgrund ihrer Herkunft aus der chemischen Industrie mit der gleichen Gefahrenwahrnehmung belegt werden. Die Unterscheidung verschiedener chemischer Stoffe war sowohl aus ökonomischer als auch aus wissenschaftlicher und gesellschaftlicher Sicht durchaus angebracht. Risikoeinschätzungen und Regulierungsmaßnahmen mussten den stoffspezifischen Gegebenheiten angepasst werden und konnten nicht ohne weiteres über Stoffgruppen hinweg generalisiert werden. Zweitens war die Differenzierung zwischen den drei verschiedenen Aromastofftypen ein zentrales und zugleich umstrittenes Thema. Während innerhalb der Industrie synthetische Aromastoffe aufgrund ihrer stofflichen Eigenschaften näher an die natürlichen herangerückt wurden, standen sie aus gesellschaftlicher Perspektive aufgrund ihrer technisch-chemischen Produktion eher in der Nähe zu den künstlichen Aromastoffen. Das Problem dieser fundamental unterschiedlichen Wahrnehmung vermittelte sich besonders anschaulich im Fall der Regulierung der Deklaration von Aromastoffen auf Nahrungsmittelverpackungen.

---

206 W. A. Busslinger, 03.07.1964, Minutes of the meeting of the european synthetic flavor and fragrance manufacturers, Geneva 12.06.1964, S. 1–28, hier S. 24, Historisches Archiv Roche (HAR): FE.1.GIV 103523e.

207 W. A. Busslinger, 03.07.1964, Minutes of the meeting of the european synthetic flavor and fragrance manufacturers, Geneva 12.06.1964, S. 1–28, hier S. 24, Historisches Archiv Roche (HAR): FE.1.GIV 103523e.

208 W. A. Busslinger, 03.07.1964, Minutes of the meeting of the european synthetic flavor and fragrance manufacturers, Geneva 12.06.1964, S. 1–28, hier S. 24, Historisches Archiv Roche (HAR): FE.1.GIV 103523e.

Im Vordergrund der Diskussionen hinsichtlich der Deklaration stand die Aufklärung der Verbraucher:innen. Die Angabe von Inhaltsstoffen sollte Verbraucher:innen ermöglichen, sich genau über ihr konsumiertes Produkt zu informieren und sie vor Täuschung zu schützen.[209] Es sollten Informationen über die Charakteristika des Produkts, dessen Zusammensetzung, der Mengenanteile sowie über die produzierenden beziehungsweise am Prozess beteiligten Unternehmen (zum Beispiel Exporteure/Importeure) kenntlich gemacht werden. Zur Vereinfachung wurden Inhaltsstoffkategorien gebildet, beispielsweise Antioxidantien, Stabilisatoren und Aromen.[210] Wie bereits erläutert unterteilte die Industrie Aromastoffe in drei Gruppen:

1. Aromastoffe, die durch physikalische Methoden aus Naturprodukten gewonnen wurden (natürlich genannt)
2. Aromastoffe, die mithilfe von chemischer Synthese produziert wurden, aber zu denen aus Gruppe 1 identisch waren (meistens als synthetisch bezeichnet)
3. Aromastoffe, die mithilfe von chemischer Synthese produziert wurden und für die noch kein bekanntes Pendant in der Natur nachgewiesen werden konnte (künstlich genannt)

> The question whether certain food additives should be qualified with the terms 'natural' and 'artificial' led to a very undesirable discussion, especially as far as flavours were concerned. It was agreed that, in general, it is not necessary to differentiate between 'natural' and 'artificial' food additives if the compounds are identical. However, in the case of food colours and flavours, it was felt that from the consumer's point of view a respective declaration might be desirable.[211]

Neben dem in ähnlicher Weise diskutierten Umgang von Aromastoffen und Farbstoffen hinsichtlich einer potentiell notwendigen begrifflichen Trennung fällt hier die Nutzung des Wortes „artificial" als Ausdruck für synthetisch und künstlich auf. An dieser Stelle kam es zu einer sprachlichen Überschneidung des Begriffs „künstlich", der sich hier vor allem auf synthetische Stoffe bezog. Zwar wird dieser Umstand unmittelbar erklärt und auf bestimmte strukturelle Eigenschaften bezogen, jedoch zeigt sich hier in Ansätzen die sprachliche Unsicherheit beziehungs-

---

209 E. Hutter, 25.07.1966, Notiz über die Codex-Sitzung vom 06. Juli 1966 in Bern, S. 1–8, hier S. 1, Historisches Archiv Roche (HAR): FE.1.GIV 1035231.

210 Ohne Verfasser, Juli/August 1966, Commission mixte FAO/OMS du Codex Alimentarius comité du Codex sur l'étiquetage des denrées alimentaires. Deuxième réunion, Ottawa (Canada), 25–29 juillet 1966, S. 1–11, hier S. 1–3, Historisches Archiv Roche (HAR): FE.1.GIV 1035231.

211 E. Hutter, 26.08.1966, Joint FAO/WHO Codex Alimentarius Commission. Report of the Second Meeting of the Committee on Food Labelling, S. 1–9, hier S. 2–3, Historisches Archiv Roche (HAR): FE.1.GIV 1035231.

weise Vielfältigkeit des Begriffs „künstlich" nicht nur bei Verbraucher:innen, sondern auch im Rahmen von Diskussionen über die Regulierung. Die Forderung der Schweizer Delegation, es mögen diese drei Begriffe eindeutig definiert werden, damit keine Missverständnisse, insbesondere hinsichtlich der Deklaration aufkommen könnten, erschient mehr als begründet.[212]

Während sich bei Farbstoffen gegen eine klare Unterscheidung zwischen natürlichen und synthetischen Stoffen entschieden wurde, beschloss das Committee on Food Labelling, zwischen natürlichen und nicht-natürlichen Aromen zu differenzieren. Dabei sollten sowohl synthetische als auch künstliche Aromen mit „künstlich" zu kennzeichnen sein. Dieser Vorschlag wurde insbesondere durch die US-Delegation vorangetrieben, während die Schweizer dagegen waren.[213] Givaudan sprach sich dafür aus, nicht zwischen synthetischen und natürlichen Aromastoffen zu unterscheiden. Für eine Kennzeichnung künstlicher Aromastoffe wurde die deklarative Bezeichnung „künstlich" abgelehnt und stattdessen eine Form wie etwa „enthält zugelassene Aromastoffe" vorgeschlagen.[214] Dazu kam es jedoch nicht, es wurde für eine sichtbare Differenzierung zwischen natürlichen und synthetischen Aromastoffen gestimmt. Diese wurde unter anderem damit begründet, dass es sich bei Aromen häufig nicht um einzelne klar definierte Substanzen handele, sondern um Mischungen. Diese Mischungen wären selten so in ihrer Form in der Natur auffindbar. Dass aber die einzelnen Stoffe der Mischung Pendants in der Natur hätten, schien nicht als ausreichendes Kriterium zu gelten.[215] Ebenso wenig wurde der angemerkte Umstand, dass Gemische natürlichen Ursprungs im Vergleich zu den synthetischen Gemischen weniger klar definierbar wären, als ausreichend empfunden. Durch synthetische Herstellung im Labor wäre die Zusammensetzung des entstehenden Aromagemisches wesentlich besser bekannt.[216] Dass sich

---

212 O. Roost, 04.10.1966, An die Teilnehmer der Codex-Etiketten-Konferenz, Historisches Archiv Roche (HAR): FE.1.GIV 103523l.

213 E. Hutter, 26.08.1966, Joint FAO/WHO Codex Alimentarius Commission. Report of the Second Meeting of the Committee on Food Labelling, S. 1–9, hier S. 3, Historisches Archiv Roche (HAR): FE.1.GIV 103523l.

214 B. P. Vaterlaus, 07.02.1966, Codex Alimentarius. Etikettierung und Aufmachung von Lebensmittelpackungen/Zusätze zu Lebensmitteln, S. 1–3, hier S. 3, Historisches Archiv Roche (HAR): FE.1.GIV 103523l.

215 E. Hutter, 26.08.1966, Joint FAO/WHO Codex Alimentarius Commission. Report of the Second Meeting of the Committee on Food Labelling, S. 1–9, hier S. 3, Historisches Archiv Roche (HAR): FE.1.GIV 103523l.

216 B. P. Vaterlaus, 07.02.1966, Codex Alimentarius. Etikettierung und Aufmachung von Lebensmittelpackungen/Zusätze zu Lebensmitteln, S. 1–3, hier S. 2–3, Historisches Archiv Roche (HAR): FE.1.GIV 103523l.

im Fall von Aromastoffen für eine Differenzierung ausgesprochen wurde nicht aber für Farbstoffe erscheint vor dem Hintergrund der dargestellten Diskussion unverständlich und nicht unmittelbar erklärbar. Einerseits sollte nicht zwischen beispielsweise natürlichem und synthetischem Carotin auf Verpackungen unterschieden werden, aber angesichts von Aromastoffen wurde argumentiert: „The consumer has the right to know the origin of the flavor".[217] Die Wichtigkeit des Ursprungs von Aromastoffen wurde an dieser Stelle anders bewertet als die von Farbstoffen. Dies scheint weder aus chemischer noch aus gesellschaftlicher oder regulatorischer Sicht plausibel.

Die Entscheidung für eine sichtbare Differenzierung von Aromastoffen machte wiederum eine Reduktion der anzugebenden Informationen über den Inhaltsstoff Aroma notwendig. Wie bereits angesprochen waren Aromakompositionen häufig das Ergebnis einer Mischung zahlreicher Einzelkomponenten. Sie alle auf einer Verpackung aufzuführen, würde den Rahmen des Etiketts sprengen und war daher nicht empfehlenswert. Außerdem ging die Erzeugung dieser Kompositionen mit einer Vielzahl von Forschungsstunden und Investitionen der Entwickler einher, sodass diese ihre jeweiligen Betriebsgeheimnisse verständlicherweise nicht offen auf die Verpackung drucken lassen wollten.[218] Eine Vereinfachung der Aroma-Deklaration gründete sich demnach sowohl auf praktischer Flächenverfügbarkeit als auch auf dem Bedürfnis industrieller Geheimhaltung. Verbraucher:innen würden dementsprechend nicht alle Informationen erhalten, sondern würden ausschließlich darüber informiert, welchen Ursprungs das zugesetzte Aroma war. Der transparent gestaltete Faktor blieb unter diesen Bedingungen der Charakter des Aromas in Bezug auf seine (Nicht-)Natürlichkeit.

Die Berichterstattung von Kim Jones (Dragoco[219]) in den firmeneigenen Veröffentlichungen gibt über den komplizierten und international uneinheitlichen Umgang mit Aromastoffen weiter Aufschluss. Darin ging es um Einsatz und Deklaration von Aromen in und auf Lebensmitteln. Anlässlich neu erlassener Regelungen in mehreren Ländern verfasste Jones eine kurze Zusammenfassung der wichtigsten

---

217 Hh/ki, 26.08.1966, Joint FAO/WHO Codex Alimentarius Commission. Report of the Second Meeting of the Committee on Food Labelling, S. 1–9, hier S. 3, Historisches Archiv Roche (HAR): FE.1.GIV 1035231.

218 Dr. W. Schlegel, 03.12.1965, Codex Alimentarius. Ganztägige Orientierungs- und Arbeitstagung über Codex-Probleme, Bern, 1. Dezember 1965, Historisches Archiv Roche (HAR): FE.1.GIV 1035231.

219 Dragoco wurde als Firma für Duftkompositionen 1919 in Holzminden von Carl-Wilhelm Gerberding gegründet und war ein bekanntes Unternehmen für Aroma- und Duftstoffe. Der heutige Global Player Symrise entstand 2003 durch die Fusion von Dragoco und Haarmann & Reimer. Siehe dazu: Symrise, Unsere Historie, https://www.symrise.com/de/unser-unternehmen/unsere-historie/#unsere-groessten-meilensteineN, zuletzt geprüft am 11.08.2022.

Neuerungen für die zweite Ausgabe der Dragoco Reports von 1975. Eine transparentere Deklaration von Inhaltsstoffen wäre vor allem von Verbraucherverbänden gefordert worden, da verpackte Lebensmittel nicht mit dem bloßen Auge sichtbar wären und daher täuschen könnten. Doch obwohl Nahrungsmittel importiert und exportiert wurden, hatte sich bis dato kein international einheitliches Vorgehen durchsetzen können. In Frankreich beispielsweise galten Aromen als Zusatzstoffe, ihre Gruppenbezeichnung lautete „Agent d'aromatisation" oder auch „Arôme". Neben der Angabe in der Zusatzstoffliste, war, sofern vorhanden, auch die EG-Nummer anzugeben. Hinzukam eine Aufteilung in „naturel", „artificiel" und „autorisé". Ähnlich wie in der deutschen Essenzen-Verordnung von 1959 wurde hier nicht zwischen synthetischen und künstlichen Aromastoffen unterschieden, beide fielen unter die „arômes artificiels". Unter „arôme autorisé" wurden bestimmte Mischungen aus natürlichen und naturidentischen Aromastoffen gefasst, die nach französischen Richtlinien genehmigt worden waren.[220] Eine weitere Zusammenfassung der internationalen Gesetzeslage ein Jahr später begann Jones mit den Worten:

> Aromen werden von Land zu Land verschieden beurteilt; in dem einen werden sie als Zusatzstoffe eingestuft, in dem anderen als Lebensmittel. Manche Länder haben keine Aromen-Verordnungen, andere dagegen sehr präzise Regelungen. Auch die Kennzeichnung von in Lebensmitteln enthaltenen Aromen wird sehr verschieden gehandhabt. In einem Land ist anzugeben, ob ein Aroma natürlich oder künstlich ist; in einem anderen nur, ob ein Lebensmittel überhaupt ein Aroma enthält, und in einem dritten werden keine Kennzeichnungen verlangt.[221]

Die Aufgabe des Codex Alimentarius und seiner Organe war es den internationalen Handel zu erleichtern, Nahrungsmittel sicherer zu machen und einheitliche Regelungen zu schaffen. Seit den 1960er Jahren bemühten sich das JECFA und die zugehörigen Untergruppen um international einheitliche Regularien, was jedoch weder in den 1960er Jahren[222] noch in den 1970er Jahre gelang. Es wurden im Ge-

---

220 Jones, Kim, „Deklaration von Aromen auf Etiketten vorverpackter Lebensmittel", *Dragoco Bericht für geschmackstoffe verarbeitende Industrien*, Nr. 2 (1975): 27–32.

221 Jones, Kim, „Der heutige Stand der Aromen- und Lebensmittelkennzeichnung, Gesetzgebung in der westlichen Welt", *Dragoco Bericht für geschmackstoffe verarbeitende Industrien*, Nr. 3 (1976): 55–68, 55.

222 E. Hutter, 06.06.1966, Notiz über die 3. Sitzung des Codex-Komitees für Lebensmittelzusätze vom 9. bis 13. Mai 1966 in Den Haag, S. 1–5, hier S. 3–4, Historisches Archiv Roche (HAR): FE.1.GIV 103523l.; E. Hutter, 26.08.1966, Joint FAO/WHO Codex Alimentarius Commission. Report of the Second Meeting of the Committee on Food Labelling, S. 1–9, hier S. 6, Historisches Archiv Roche (HAR): FE.1.GIV 103523l.

genteil Ansichten geäußert, dass die Arbeiten des Codex Alimentarius den internationalen Handel eher erschweren würden[223] und das oftmals nationale politische und wirtschaftliche Interessen dominierten und nicht die Sicherheit der Verbraucher:innen. Die dabei zentrale Frage nach der Unterteilung von Aromastoffen in unterschiedliche Typen riss nicht ab und blieb ein zentrales Thema.

Die große Frage nach einer Differenzierung zwischen natürlichen, synthetischen und künstlichen Aromastoffen stellte nach wie vor eines der größten, wenn nicht gar das größte Problem in ihrer Regulierung dar. Die strukturelle Gleichheit synthetischer und natürlicher Aromastoffe, die analytisch zu diesem Zeitpunkt nicht auseinanderzuhalten waren, erschwerten eine mögliche Überprüfung potentieller Regelungen und auch hinsichtlich des Aufwandes toxikologischer Untersuchungen stand dieses Argument im Mittelpunkt. Wie schwer die Strukturierung der Regulierung von Aromastoffen war, spiegelt sich besonders deutlich in der Debatte um die Deklaration der drei Aromastofftypen. Die Frage nach Natürlichkeit und Künstlichkeit sowie die Wahrnehmung dieser Kategorien waren essentiell für die Organisation internationaler Regulierungsansätze. Die Industrie kämpfte darum herauszustellen, „dass die Chemie der Aromen gar nicht so künstlich ist."[224] „As a matter of fact, nature is our model and we try to reproduce natural flavors with the greatest possible fidelity by using the chemicals our laboratories have found and which have been synthetized by our chemists."[225] Auch wenn eine strukturelle Gleichheit bestand und eine Unterscheidung aus Sicht zahlreicher Industrievertreter:innen daher unsinnig war, wurde andererseits betont, dass Verbraucher:innen nichtsdestoweniger Anrecht auf diese differenzierende Information hätten. Der Grund dafür lag in der unterschiedlichen Wahrnehmung von natürlichen und nicht-natürlichen Stoffen. Das gesellschaftliche und das industrielle Verständnis gingen diesbezüglich weit auseinander (siehe Abb. 2).

Während die Industrie synthetische Stoffe als nah verwandt mit natürlichen Stoffen ansah, liefen synthetische Stoffe in der Gesellschaft unter dem Verständnis von künstlichen Stoffen. Zu erklären ist dieser essentielle Unterschied mit den angesetzten Maßstäben für Natürlichkeit. Ausgehend von der gesellschaftlichen Wahrnehmung war die industrielle Herkunft und die chemische (will sagen synthetische) und industrielle Herstellungsweise der entscheidende Faktor, etwas als

---

223 H/gl, 15 – 12.1965, Notiz über die vom Schweizerischen Nationalen Komitee des Codex Alimentarius einberufene Orientierungs- und Arbeitstagung über Codex-Probleme vom Mittwoch, 1. Dezember 1965, S. 1–5, hier S. 2, Historisches Archiv Roche (HAR): FE.1.GIV 1035231.
224 Dr. W. Schlegel, 21.12.1966, Brief an Professor Högl, S. 1–3, hier S. 2, Historisches Archiv Roche (HAR): FE.1.GIV 1035231.
225 Vo/Pi, 07.07.1966, Toxicological Tests for flavoring substances, S. 1–3, hier S. 1, Historisches Archiv Roche (HAR): FE.1.GIV 1035231.

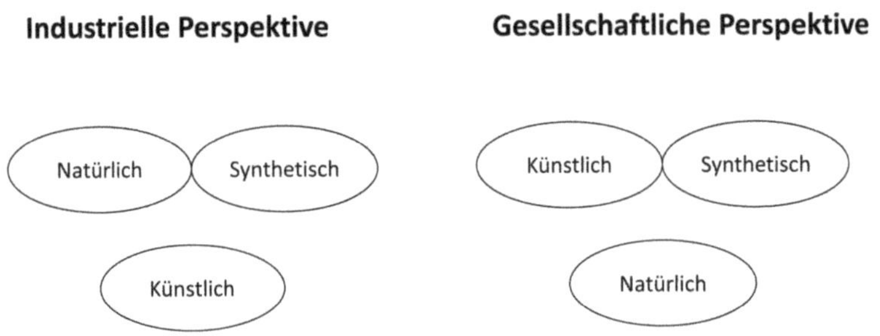

Industrielle Perspektive   **Gesellschaftliche Perspektive**

Abb. 2: Wahrnehmung von „natürlich", „synthetisch" und „künstlich" durch Industrie und Gesellschaft

künstlich und nicht als natürlich zu begreifen. Vertreter:innen der Aroma- und Duftstoffindustrie hingegen bezogen insbesondere chemische Stoffeigenschaften, vor allem die chemische Struktur in ihr Verständnis mit ein. Durch die strukturelle Gleichheit von natürlichen und synthetischen Aromastoffen bestand aus dieser Sicht kein Anlass für eine Unterscheidung. Es gab also unterschiedliche Ebenen im Rahmen des Natürlichkeitsdiskurses. Eine Ebene repräsentierte die wahrnehmenden Akteure oder die wahrnehmende Akteursgruppe, beispielsweise Verbraucher:innen, Unternehmen der Lebensmittelindustrie oder Angehörige der Aroma- und Duftstoffindustrie. Eine weitere Ebene beinhaltet die Herangehensweise an die Kategorisierung. So konnte die Wahrnehmung der Natürlichkeit von Aromastoffen aufgrund technisch-chemischer Prozeduren, aufgrund von Rohstoffen, aufgrund chemisch-stofflicher Eigenschaften oder auch basierend auf persönlichen Gewohnheiten oder Meinungen erfolgen. Der Gebrauch der Begriffe „natürlich", „synthetisch" und „künstlich" war (und ist) stark an diese Ebenen gebunden und immer in engem Bezug zu seinem Gebrauchskontext zu verstehen.

Diese komplexen Hintergründe und unterschiedlichen Ansichten machten sich im Fall der Deklaration auf Lebensmitteln eingehend bemerkbar. Welche Strategien in der Regulierung in diesem Zusammenhang angewandt worden sind, um nach Möglichkeit die Interessen der Industrie und der Gesellschaft zu wahren wird im folgenden Kapitel analysiert.

6 Naturidentisch: Juristischer Begriff und industrielle Strategie

Die Untersuchung zeigt, dass die Natürlichkeit von Aromastoffen vor allem aus drei Perspektiven heraus diskutiert und definiert werden kann: der chemisch-toxikologischen, der wirtschaftlich-industriellen und der gesellschaftlich-politischen Perspektive (siehe Abb. 3). Die Beteiligten versuchten, einen Umgang mit den unterschiedlichen Gruppen (zum Beispiel Verbraucher:innen, Industrie und politisch-gesellschaftliche Institutionen) zu finden, was sich grundsätzlich als schwierig erwies. Das Hauptargument aus der chemisch-toxikologischen und der wirtschaftlich-industriellen Perspektive war die chemisch-strukturelle Gleichheit von natürlichen und synthetischen Aromastoffen, die eine Unterscheidung unnötig machte, während aus gesellschaftlich-politischer Sicht das Recht der Verbraucher:innen betont wurde, den gänzlich natürlichen oder eben synthetischen Ursprung der konsumierten Produkte zu kennen. Aus chemisch-toxikologischer und wirtschaftlich-industrieller Perspektive wurde mit chemisch-stofflichen Eigenschaften und ihrer analytischen Differenzierung argumentiert. Dabei verwoben und ergänzten sich die analytisch-wissenschaftlichen Grenzen verfügbarer Methoden mit der wirtschaftlichen Kostenfrage und führten aus diesen Perspektiven zu einer Gleichsetzung natürlicher und synthetischer Aromastoffe in toxikologischer Kontrolle und Deklaration. Aus gesellschaftlich-politischer Perspektive hingegen wurde anhand von Rohstoffen und Produktionsmethoden argumentiert. Eine Gleichsetzung synthetischer und natürlicher Aromastoffe musste aber als Täuschung der Verbraucher:innen wahrgenommen werden, da bei synthetischen Aromastoffen nicht die erwarteten Rohstoffe zum Einsatz kamen. Ihr Verständnis von Natürlichkeit ließ eine solche Gleichsetzung nicht zu.

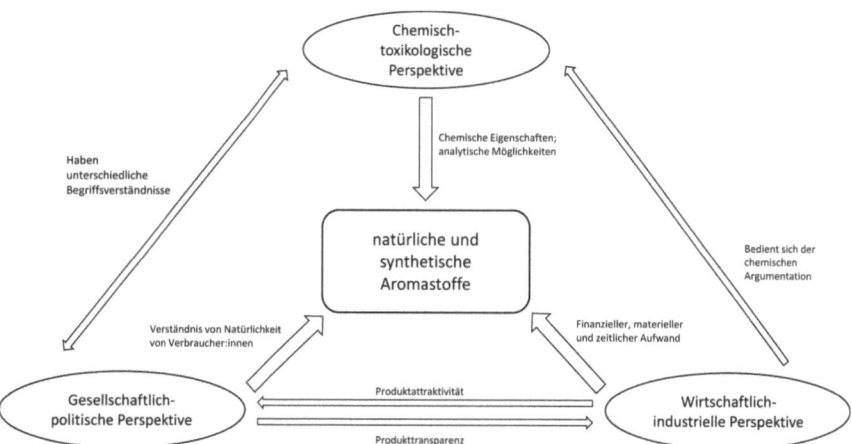

Abb. 3: Interessen und Spannungsverhältnisse dreier Perspektiven auf natürliche und synthetische Aromastoffe

Aromastoffe juristisch zu kategorisieren war angesichts der unterschiedlichen Verständnisweise nicht einfach und allen Perspektiven gerecht zu werden war nahezu unmöglich. Durch die Strukturgleichheit eines synthetisch hergestellten, aber aus der Natur isolierten und analysierten Stoffes verschwammen bei Aromastoffforschung und -produktion die Grenzen zwischen natürlich und nicht-natürlich. Nichtsdestotrotz wurde bereits in der deutschen Essenzen-Verordnung von 1959 zwischen natürlichen und nicht-natürlichen („künstlichen") Stoffen unterschieden. Dies geschah auf Basis des in der Natur Vorkommenden, denn als natürliche Aromen durften nur solche gelten, die tatsächlich auch aus entsprechenden Rohstoffen gewonnen worden waren. Künstliche Aromen waren Gemische, bei denen in der Produktion „fremde Stoffe" eingesetzt oder die synthetisch hergestellt worden waren. Grob gesagt bezog sich die Bewertung eines Aromas auf seine Herstellung und den Einsatz „fremder Stoffe". Waren „fremde Stoffe" im Sinne des Lebensmittelgesetzes von 1958 enthalten oder in der Produktion verwendet worden, galt ein Aroma als künstlich. Dementsprechend wichtig war die juristische Definition von Fremdstoffen. Diese enthielt allerdings eine spannende Ausnahme, denn sie galt, „nicht für den Zusatz von [...] solchen [...] Geruchs- oder Geschmacksstoffen, die den natürlichen in ihrem Aufbau chemisch gleich sind."[226] Die gleiche Ausnahme galt auch für die 1974 festgelegte Definition von Zusatzstoffen.[227] In dieser juristisch 1958 verwendeten und 1974 wiederholten Formulierung kann eindeutig das Argument der chemischen Gleichheit identifiziert und als Vorläufer für den später eingeführten Begriff „naturidentisch" eingeschätzt werden.[228] Denn genau diese Unterscheidung ist es, die in den 1970er Jahren auf internationaler Ebene für Deklarations- und Definitionsrichtlinien herangezogen wurde. Während der 10. Sitzung des Kodex-Komitees für Nahrungsmittelzusatzstoffe vom 02. bis 07. Juni 1975 wurde die Dreiteilung von Aromastoffen bestätigt. Die gewählten Kategorien waren „natürlich", „naturidentisch" und „künstlich". Ebenfalls in den 1970er Jahren begann auch die Europäische Gemeinschaft (EG) gezielt an einer neuen Aromastoff-Direktive zu feilen. Um diese auszuarbeiten, trat die dazu gegründete Arbeitsgruppe für

---

226 Bundestag, Gesetz zur Änderung und Ergänzung des Lebensmittelgesetzes, Bundesgesetzblatt: 46.1958, S. 950–955.

227 Bundestag, Gesetz zur Neuordnung und Bereinigung des Rechts im Verkehr mit Lebensmitteln, Tabakerzeugnissen, kosmetischen Mitteln und sonstigen Bedarfsgegenständen (Gesetz zur Gesamtreform des Lebensmittelrechts), Bundesgesetzblatt: 95.1974, S. 1945–1966.

228 Elisabeth Vaupel führt diese Dreiteilung in entsprechenden Benennungen bereits für die Essenzen-Verordnung von 1959 an. Ausgehend von der offiziellen juristischen Verwendung und den in dieser Arbeit präsentierten Debatten über den Umgang mit synthetischen Aromastoffen ist dies zeitlich jedoch nicht korrekt. Der Begriff „naturidentisch" wurde 1959 noch nicht in dieser Form genutzt. Der Begriff wurde im Verlauf der 1970er und 1980er Jahre entwickelt und in der Aromastoffregulierung als juristische Kompromissfindung und industrielle Strategie eingesetzt. Siehe dazu: Elisabeth Vaupel, „Ersatz für die Naturvanille: Rezeption und rechtliche Behandlung der Aromastoffe Vanillin und Ethylvanillin in Deutschland (1874–2011)", *Ferrum: Nachrichten aus der Eisenbibliothek. Stiftung der Georg Fischer AG* 89 (2017): 50.

Aromastoffe vom 12. bis 13. Januar 1976 erstmals zusammen und übernahm die bereits vom Kodex-Komitee vorgeschlagene Dreiteilung in „natürlich", „naturidentisch" und „künstlich" für die eigene europäische Regulierung und integrierte diese Trias in den Entwurf einer EG-Aromen-Direktive.[229]

Doch diese Dreiteilung gestaltete sich in ihrer genauen Umsetzung kompliziert und wurde auf internationaler Ebene kritisiert. Der Vorschlag für eine europäische Regelung von Aromastoffen sah folgende Einteilung vor:

- 'natural' when isolated from natural flavouring materials, natural flavouring preparations or foodstuffs by appropriate physical processes, (including distillation, solvent extraction),
- 'natural-identical' when obtained by chemical synthesis, or isolated by chemical processes and chemically identical to a substance occurring naturally in natural flavouring materials, natural flavouring preparations or foodstuffs,
- 'artificial' when not chemically identical to a substance occurring naturally in natural flavouring materials, natural flavouring preparations or foodstuffs[230]

Dieser Versuch zeigt anschaulich die unterschiedlichen Bewertungen und Einschätzungen physikalischer und chemischer Methoden. Während Destillation und Extraktion die Natürlichkeit eines Stoffes nicht beeinträchtigten, führten „chemische Prozesse" zu einem Verlust der Natürlichkeit. Da aber auch mit chemischen Methoden Substanzen hergestellt werden konnten, die auch in der Natur existierten, konnten diese nicht grundsätzlich als künstlich bezeichnet werden.

The term 'nature-identical' has been the source of considerable controversy. There are many who believe that it does not correctly describe a substance chemically identical to a substance occurring naturally in food or in a natural flavouring material, but which has been obtained either synthetically or extracted from these materials by chemical process. However this term is well known in international trade and is used by the FAO/WHO Codex Alimentarius. No more suitable alternative has been suggested for these isolated and chemically identified substances. Nevertheless although the term is considered adequate for these substances the Commission does not believe that it is appropriate for labelling of foodstuffs, where its use could be misleading.[231]

---

229 Jones, Kim, „Der heutige Stand der Aromen- und Lebensmittelkennzeichnung, Gesetzgebung in der westlichen Welt", in: *Dragoco Bericht für geschmackstoffe verarbeitende Industrien*, Nr. 3 (1976): 55–68.

230 Commission of the European Communities, 22.05.1980, Proposal for a Council Directive on the approximation of the Laws of the Member States relating to flavourings for use in foodstuffs and to source materials for their production, Archiv der Deutschen Forschungsgemeinschaft: 60320 1980 Bd. 19.

231 Commission of the European Communities, 22.05.1980, Proposal for a Council Directive on the approximation of the Laws of the Member States relating to flavourings for use in foodstuffs and to

Kritik gab es an allen drei Begriffen. Zusätzlich wurde die Differenzierung von künstlich als unnötig und von natürlich als ungenau kritisiert. Denn es bestünde berechtigter Einwand, dass eine Substanz, sobald sie Prozessen wie Extraktion und Destillation unterworfen worden war, nicht mehr als natürlich zu bezeichnen wäre. Hier wird einmal mehr die Problematik deutlich, Natürlichkeit zu definieren. Denn auch Destillation und Extraktion bedeuteten Eingriffe des Menschen in die Substanz, sodass diese anschließend nicht mehr in ihrer ursprünglichen Form im Natursystem vorlag.

Die Umsetzung einer internationalen Regulierung anhand dieser Dreiteilung war nicht ohne weiteres durchführbar. Dies lag auch daran, dass einzelstaatliche Regelungen große Schäden für den Handel bedeuten konnten, da sich die verwendeten Aromastoffe schwer würden kontrollieren lassen. Es gab zu viele verwendete Einzelkomponenten, als dass sie jede für sich und in den jeweiligen Kombinationen prüfbar waren, beispielsweise waren bereits an die 400 Komponenten für Erdbeeraroma bekannt. Aus diesem Grund favorisierte die Aromastoffindustrie tendenziell ein gemischtes Listensystem.

Trotz begründeter Kritik und Schwierigkeiten in der genauen Umsetzung wurde die aromatische Trias 1981 in die neue Aromen-Verordnung der BRD aufgenommen. Sie löste die bis dato gültige Essenzen-Verordnung ab. Diese neue Verordnung hielt fest, dass natürliche Aromastoffe aus natürlichen Ausgangsstoffen durch physikalische oder fermentative Verfahren gewonnen werden müssen. Wie diese Verfahren im Detail aussehen sollten, wurde an dieser Stelle jedoch noch nicht tiefergehend definiert. Als naturidentische Aromastoffe galten den natürlichen chemisch gleiche Stoffe und als künstliche Aromastoffe galten solche, die weder natürlich noch naturidentisch waren.[232] Spezifischere Vorgaben zu Produktionsmethoden enthielt die 1988 folgende Richtlinie des EG-Rates. Dort wurde festgelegt, dass Aromastoffe als „definierte chemische Stoffe mit Aromaeigenschaften" auf drei Arten gewonnen werden können:

> i) durch geeignete physikalische Verfahren (einschließlich Destillation und Extraktion mit Lösungsmitteln) oder enzymatische bzw. mikrobiologische Verfahren aus Stoffen pflanzlichen oder tierischen Ursprungs, die als solche verwendet oder mittels herkömmlicher Lebensmittelzubereitungsverfahren (einschließlich Trocknen, Rösten und Fermentierung) für den menschlichen Verzehr verarbeitet werden;

---

source materials for their production, Archiv der Deutschen Forschungsgemeinschaft: 60320 1980 Bd. 19.

232 Siehe dazu Artikel 22 in: Der Bundesminister für Jugend, Familie und Gesundheit (in Vertretung Fülgraff); Der Bundesminister für Ernährung, Landwirtschaft und Forsten (in Vertretung Rohr), Verordnung zur Neuordnung lebensmittelrechtlicher Kennzeichnungsvorschriften, Bundesgesetzblatt: 60. Teil I, 1981, S. 1625–1685.

ii) durch chemische Synthese oder durch Isolierung mit chemischen Verfahren, wobei seine chemische Beschaffenheit mit einer Substanz identisch ist, die in einem Stoff pflanzlichen oder tierischen Ursprungs im Sinne von Ziffer i) natürlich vorkommt;

iii) durch chemische Synthese, wobei jedoch seine chemische Beschaffenheit nicht mit einer Substanz identisch ist, die in einem Stoff pflanzlichen oder tierischen Ursprungs im Sinne von Ziffer i) natürlich vorkommt.[233]

Diese Formulierung war mit kleineren Abänderungen in der deutschen Aromen-Verordnung von 1991 wiederzufinden unter den Bezeichnungen „natürliche Aromastoffe" (i), „naturidentische Aromastoffe" (ii) und „künstliche Aromastoffe" (iii).[234] Zwischen den Verordnungen von 1981 und 1991 wurden also die genauen juristischen Anforderungen an die Bezeichnungen von „natürlich", „naturidentisch" und „künstlich" spezifiziert. Die Grenzen zwischen den drei Aromastoffarten wurden sowohl auf juristischer als auch auf industrieller Ebene eindeutiger gezogen und der Einsatz beziehungsweise die Deklaration auf Lebensmitteln konkreter reguliert.

Mithilfe des Begriffs „naturidentisch" wurde eine Möglichkeit geschaffen, dass große Differenzierungsproblem zwischen natürlichen und synthetischen Aromastoffen aufzulösen und vermeintlich die Forderungen aller drei Perspektiven in gewisser Weise zu erfüllen (siehe Abb. 4).

Ausgehend von der chemisch-toxikologischen Perspektive betonte „naturidentisch" die strukturelle Gleichheit synthetischer und natürlicher Stoffe. Der Begriff basierte auf den chemisch-strukturellen Eigenschaften der Aromastoffe und formulierte ihre Nähe zueinander. Aus wirtschaftlich-industrieller Perspektive ermöglichte der Begriff die Nutzung des positiven Signalwortes „Natur". Für die Industrie war es von Interesse, die natürlichen Charakterzüge ihrer Produkte zu betonen und synthetische, künstliche, also allgemein chemisch-industrielle Aspekte so gering wie möglich zu halten. Natürlichkeit steigerte die Attraktivität von Nahrungsmitteln, Künstlichkeit senkte sie. Gleichzeitig erhielt die gesellschaftlich-politische Perspektive insofern eine Produkttransparenz, als dass eine begriffliche Unterscheidung zwischen natürlichen und synthetischen Aromastoffen vollzogen wurde. Natürliche und synthetische Aromastoffe durften nicht begrifflich zusammengefasst werden. Dieses Vorgehen mag juristisch als durchdachter Kompromiss erscheinen, allerdings in an dieser Stelle ein gewichtigen Kritikpunkt ausgehend

---

233 Rat der Europäischen Gemeinschaft, Richtlinie des Rates vom 22. Juni 1988 zur Angleichung der Rechtsvorschriften der Mitgliedstaaten über Aromen zur Verwendung in Lebensmitteln und über Ausgangsstoffe für ihre Herstellung, 88/388/EWG, in: Amtsblatt der Europäischen Gemeinschaft: L 184/61.1988.

234 Bundesminister für Gesundheit, Verordnung zur Änderung der Aromenverordnung und anderer lebensmittelrechtlicher Verordnungen, Bundesgesetzblatt: 61. Teil 1, 1991, S. 2045–2050.

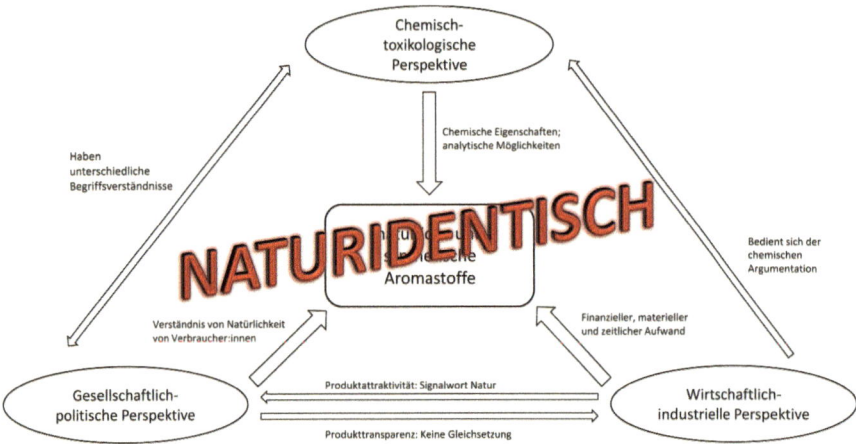

Abb. 4: Vermeintliche Auflösung der Spannungsverhältnisse der drei Perspektiven auf natürliche und synthetische Aromastoffe

vom Natürlichkeitsverständnis anzubringen. Durch die Nutzung des Begriffs „naturidentisch" wurde das industrielle Verständnis von Natürlichkeit in die juristische Kategorisierung von Aromastoffen eingeführt und dann über die Deklaration an Verbraucher:innen weitergegeben. Während die Angaben auf Nahrungsmittelverpackungen der Produkttransparenz und der Verbraucher:inneninformation dienen sollten, gelang dies durch „naturidentisch" nur in geringem Maße. Obwohl eine Unterscheidbarkeit von natürlichen und synthetischen Aromastoffen für Verbraucher:innen geschaffen wurde, kam es gleichzeitig zu einer Manipulation der gesellschaftlichen Wahrnehmung. Denn das in der Gesellschaft vorherrschende Natürlichkeitsverständnis wurde umgangen und stattdessen die industrielle Wahrnehmung anerkannt, angewandt und somit in die Gesellschaft getragen. Mithilfe dieser Strategie konnte das Verständnis von Verbraucher:innen, die synthetische Stoffe tendenziell mit künstlichen Stoffen gleichsetzten, beeinflusst und aufgeweicht werden, indem synthetische Stoffe durch die Bezeichnung „naturidentisch" im Sinn der Industrie näher an die natürlichen Stoffe herangerückt wurden (siehe Abb. 2). Eben dieser Prozess ist in der deutschen Gesetzgebung eindrucksvoll nachzuverfolgen. Während in der Essenzen-Verordnung die Bezeichnung „künstlich" sowohl für synthetische als auch für künstliche Aromastoffe vorgesehen gewesen war, änderte sich dies nun mit der aromatischen Trias und der Einführung des Begriffs „naturidentisch". 1959 war die Kennzeichnung näher an der Wahrnehmung der Verbraucher:innen als in den 1980er und 1990 Jahren. Eine Ursache für diese fundamentale Veränderung ist die in den 1960er bis 1980er Jahren beobachtbare aktive Teilnahme der Industrie an den Diskussionen hinsichtlich einer konkreter gestalteten Regulierung von Aromastoffen national und international.

Auch wenn aus Sicht der Industrie das eigene aktive Wirken in den Regulierungsorganen des JECFA als gering eingeschätzt wurde, so lassen die Analyseergebnisse auf etwas anderes schließen. Fachvertreter:innen der Aroma- und Duftstofffabrikanten haben intensiv mitdebattiert und Vorschläge an die Regulierungsinstanzen weitergegeben, auf deren Basis Gesetze und Verordnungen ausgearbeitet wurden. Zwar hat sich die Industrie nicht vollständig gegen fundierte und genaue Regulierungsmaßnahmen und Testungen durchsetzen können, jedoch kann von industriefreundlichen Kompromissen gesprochen werden. Um diese zu erreichen, bedienten sie sich einiger Elemente, die von Thomas O. McGarity und Wendy E. Wagner als potentielle „Tools for bending science"[235] beschrieben wurden. Im Prozess der Generierung wissenschaftlichen Wissens ist es an unterschiedlichen Stellen möglich, Einfluss auf den Aufbau, den Ablauf und damit auf die Resultate von Studien im Interesse der Einflussnehmenden auszuüben.[236] Während an dieser Stelle keine Analyse der philosophischen Auseinandersetzung zu diesem Thema erfolgt, werden im folgenden einzelne Aspekte des „bending science" näher erläutert und auf die historische Entwicklung der Regulierung von Aromastoffen angewandt.

Nicht selten wird in Abhandlungen über die Einflussnahme der Industrie auf wissenschaftliche Arbeiten die Tabakindustrie als Musterbeispiel angeführt. Diese beeinflusste das Gesehen intensiv, hinterfragte Evidenzen und nutze gesellschaftlich-öffentliche Zweifel, um dadurch ihre Produkte vor Einschränkungen zu schützen.[237] Als eine wirksame Methode stellte sich die Vermeidung von Forschung als probates Mittel gegen unerwünschte Regulierung heraus. „Ignorance is bliss."[238] Dies wurde in den USA und auch in Europa in der ersten Hälfte des 20. Jahrhunderts weitgehend genutzt, da sich dort die vorhandenen Regulierungsstrukturen und Regulierungsorgane noch nicht ausreichend mit dieser Form der Manipulation durch die Industrie befassten. Hinsichtlich der Aroma- und Duftstoffindustrie, die sich wie andere Zweige der chemischen Industrie auch zunehmend der Frage nach potentiellen schädlichen Wirkungen ihrer Substanzen stellen mussten, offenbarte die Analyse der Regulierungsvorgänge in den 1960er und 1970er Jahren Versuche, toxikologische Forschungen zu Aromastoffen möglichst zu vermeiden. Dies spricht

---

235 Thomas O. McGarity und Wendy E. Wagner, *Bending science: how special interests corrupt public health research* (Cambridge, MA: Harvard University Press, 2008), 10.
236 McGarity und Wagner, 291–92.
237 Zu diesem Thema siehe: McGarity und Wagner, *Bending science*; Naomi Oreskes und Erik M. Conway, *Merchants of doubt: how a handful of scientists obscured the truth on issues from tobacco smoke to global warming* (New York: Bloomsbury Press, 2010).
238 Zitat aufgeführt in: McGarity und Wagner, *Bending science*, 28.

sowohl für ein als gering eingestuftes Risiko seitens der Regulierenden, als auch für eine mögliche „bending" Strategie der Industrie. Als im Verlauf der internationalen und nationalen Regulierungsbemühungen die Strategie der Forschungsvermeidung nicht mehr aufrechterhalten werden konnte und das Gefährdungspotential der Stoffe zunehmend in den Blick genommen wurde, bemühte sich die Industrie darum, die Studien entsprechend vorteilhaft für ihre Produkte zu gestalten. Mit ökonomischen und stoffstrukturellen Argumenten wurde versuchte die Notwendigkeit tiefgreifender und langfristiger toxikologischer Untersuchungen von Aromastoffen infrage zu stellen. Die Diskussionen um solche Testungen und den damit direkt zusammenhängenden Positiv- und Negativlisten hielten zahlreiche Jahre an, sodass Regelungen über einen längeren Zeitraum hinweg uneindeutig blieben. Um es in den Worten von Naomi Oreskes und Erik M. Conway hinsichtlich ihrer Forschung zur Regulierung von Tabakwaren auszudrücken: „So long as there was doubt about the causal link, the tobacco industry would be safe from litigation and regulation."[239] Dies lässt sich teilweise auch auf die Aromastoffindustrie in der Zeit der sich aufbauenden und an neue Stoffe anpassenden Regulierung der 1950er bis 1980er Jahre anwenden. Besonders auffällig ist die Debatte der Naturalisierungs-thematik im Rahmen der Regulierung und der „bending" Strategien. Relativ schnell herrschte Einigkeit, dass bei künstlichen Stoffen eine ausgedehnte Testdauer von zwei Jahren erforderlich war,[240] wobei kompromissbildend eine Reduktion auf eine Testdauer von neunzig Tagen im Fall geringer Dosierung diskutiert wurde.[241] Doch auch wenn es klare Anzeichen dafür gibt, dass die Testzeiten so kurz wie möglich gehalten werden sollten, bestand Einigkeit über die Testnotwendigkeit bei künstli-chen Stoffen. Komplizierter wurde es im Umgang mit synthetischen und natürli-chen Substanzen. Hier folgten langwierige Debatten über ihre Unterscheidung in Deklaration und Überprüfung. Während es keinen Zweifel an der Differenzierung zwischen „natürlich" und „künstlich" gab, war dies für „natürlich" und „synthetisch" wesentlich schwieriger. Die strukturelle Gleichheit beider Stoffe schloss eine ana-lytische Unterscheidung mit den verfügbaren Technologien und Methoden zu dieser Zeit aus. Davon ausgehend wurde die Möglichkeit einer unterschiedlichen Wir-kungsweise auf den Menschen nahezu ausgeschlossen, was eine unterschiedliche Behandlung natürlicher und synthetischer Aromastoffe zusätzlich unnötig machte. Dieser Diskussionspunkt zog sich über Jahrzehnte und war somit einer der – wenn

---

239 Oreskes und Conway, *Merchants of doubt*, 5.
240 Dr. G. Waldvogel, 16.05.1966, Protokoll einer Sitzung vom 6. Mai 1966, 08.00 Uhr, Sitzungszimmer 914 über „Unterlagen und Traktandenliste zur 3. Sitzung des Codex-Committee on Food Additives", S. 1–4, hier S. 3, Historisches Archiv Roche (HAR): FE.1.GIV 1035231.
241 Vo/Pi, 07.07.1966, Toxicological Tests for flavoring substances, S. 1–3, hier S. 3, Historisches Archiv Roche (HAR): FE.1.GIV 1035231.

nicht sogar der – wichtigste Punkt der Regulierung, der zudem sehr anfällig für Zweifel und Unstimmigkeiten war.

Mithilfe des Begriffs „naturidentisch"[242] konnte eine Form der industriell induzierten Naturalisierung synthetischer Aromastoffe im Rahmen der Deklaration erfolgen. Neuartige künstliche (Mode-)Produkte haben durchaus ihren legitimen Platz in der Ernährung, sofern eine ausreichende Deklaration gewahrt wird, damit sich Verbraucher:innen bewusst dafür entscheiden können.[243] Der Aspekt der ausreichenden Deklaration, das hat die Analyse gezeigt, ist allerdings kritisch zu hinterfragen. Der Natürlichkeitsbegriff konnte je nach kulturellem, sozialem, wissenschaftlichem oder wirtschaftlichem Kontext anders verstanden werden. Dieser Sachverhalt wurde in der Deklaration seitens der Industrie zum eigenen Vorteil genutzt. Somit ist die Deklaration hinsichtlich des Natürlichkeitsbegriffs in der Regulierung während der zweiten Hälfte des 20. Jahrhunderts und insbesondere während der 1980er und 1990er Jahre eher unzureichend. Im folgenden Kapitel werden daher ausgehend von diesem Kritikpunkt die Entwicklung des Natürlichkeitsdiskurses in der Gesellschaft in der zweiten Hälfte des 20. Jahrhunderts diskutiert.

7 Der Natürlichkeitsdiskurs in Gesellschaft und Öffentlichkeit

7.1 Verbraucher:innen und Wissenschaft: Chemiekritik, Generalisierung und Expertentum

7.1.1 Die Angst vor „chemischen" Zusätzen in Nahrungsmitteln in den 1950er Jahren

„In den 1950er Jahren gab es im Bereich der Lebensmittelzusätze [...] überhaupt keine unschuldigen Stoffe mehr."[244] Bekannter werdende gesundheitsschädliche Wirkungsweisen bestimmter Stoffe und die immer aufmerksamere Gesellschaft

---

242 Der Begriff „naturidentisch" ist seit 2008 nicht mehr juristisch für die Deklaration synthetischer Aromastoffe vorgesehen. Inzwischen werden sowohl synthetische als auch künstliche Aromastoffe als „Aroma" deklariert. Sie werden also im Rahmen der Deklaration gleichbehandelt. Der Umgang mit natürlichen Aromen hingegen wurde in zwei verschiedene Typen aufgeteilt. Es gibt einerseits „natürliches Aroma" und andererseits „natürliches ‚Lebensmittel/Kategorie'-Aroma". Beide werden als „natürlich" bezeichnet, es liegen ihnen aber verschiedene Produktionsweisen beziehungsweise Rohstoffe zugrunde. Eine kurze Erklärung der juristischen Verwendung und der daraus resultierenden Folgen im Umgang mit dem Begriff „natürlich" erfolgt im Fazit.
243 Sieglerschmidt, „Die Mechanisierung der organischen Substanz", 355.
244 Stoff, „Hexa-Sabbat", 64.

führten zu einer sich intensivierenden (öffentlichen) Diskussion über Sinnhaftigkeit und Sicherheit derartiger Substanzen. Ein Beitrag in der Zeitschrift *Süßwaren* vom 01. September 1957 reagierte in deutlicher Weise auf einen im selben Jahr publizierten Beitrag in der TV-Zeitschrift *Bild + Funk* der letzten Maiwoche. In diesem wurde nach Ansicht von Chemierat Hellmut Ratz eine Vielzahl unrichtiger Behauptungen aufgeführt. Dementsprechend sah er sich genötigt, eine Richtigstellung zu verfassen. Während in dem von ihm kritisierten Beitrag unter anderem behauptet wurde, dass 1957 nach wie vor der Azofarbstoff Buttergelb, dessen kanzerogene Wirkung zu diesem Zeitpunkt bereits bekannt war, zum Färben von Butter eingesetzt würde, korrigierte Ratz, dass die Farbe inzwischen vom Farbstoff Carotin (zum Beispiel aus Karotten) herrührte. Des Weiteren beinhaltete der *Bild + Funk* Beitrag mehrere Bilder, darunter auch eines auf dem eine junge Frau erschrocken eine von einer anderen Frau gehaltenen Flasche mit durchsichtiger Flüssigkeit anschaut. Im Hintergrund sind auf einem Tisch Mehl und weitere Backzutaten und -utensilien zu sehen. Unter diesem Bild stand:

> Schrecken im Gesicht: Hier erfährt eine Hausfrau, daß ihr Mehl, das sie Tag für Tag verwendet, mit bis zu 30 (!) Chemikalien behandelt wird. Dabei kann kein Mensch mit Sicherheit sagen, ob die dazu benützten Präparate alle unschädlich sind. Wenn man dazu noch berücksichtig, daß die Wissenschaft rund 1000 krebsfördernde Fremdstoffe kennt, so wird das Entsetzen dieser Frau durchaus verständlich. Der Gesetzgeber hat Abhilfe versprochen[245]

Auch hierzu gab es drastische Gegenrede durch Ratz. Er wandte korrigierend ein, dass eine derartige Behandlung von Mehl gesetzeswidrig wäre und in diesem Zusammenhang lediglich Kaliumbromat genutzt werden dürfte. Dies wäre durch die am 27. Dezember 1956 verabschiedete Verordnung über chemisch behandelte Getreidemahlerzeugnisse festgelegt worden, in der zahlreiche Behandlungen verboten und als Verfälschung eingestuft worden wären. Lediglich vier Stoffe wären zu diesem Zeitpunkt zur Behandlung erlaubt, darunter Ascorbinsäure und Kaliumbromat.[246] Hinsichtlich der Menge gefährlicher Substanzen erwiderte Ratz, dass zwar eine Vielzahl von Chemikalien bekannt wäre und eingesetzt würde, aber nur ein Teil davon gefährlich wäre. Er beendete sein kritisches Werk mit den Worten:

---

245 Ohne Verfasser, 1957, Fremdstoffe in Lebensmitteln. Es ist nicht alles Gold, was glänzt, Bild + Funk Ausgabe S Nr. 22 26.05.-01.06.1957, S. 8–9, Scan zur Verfügung gestellt von Hubert Burda Media/ Burda Archiv.
246 Bundesminister des Innern; Bundesminister für Ernährung, Landwirtschaft und Forsten, Verordnung über chemische behandelte Getreidemahlerzeugnisse, unter Verwendung von Getreidemahlerzeugnissen hergestellte Lebensmittel und Teigmassen aller Art, Bundesgesetzblatt: 55. Teil 1, 1956.

Es ist daher unverantwortlich, durch unrichtige und unsachliche Berichterstattung die Bevölkerung in eine ‚Ernährungspanik‘ zu stürzen. Wer dauernd Feuer schreit, ohne daß es brennt, darf sich nicht wundern, wenn man ihm im Ernstfall keinen Glauben mehr schenkt.[247]

Angstschürende (Presse-)Beiträge zum Thema Lebensmittelsicherheit und chemischen Zusätzen in Nahrungsmitteln waren damals keine Seltenheit. Bereits 1955 während einer Bundestagssitzung bemerkte Käthe Strobel (SPD): „Wir erleben jede Woche in irgendeiner Illustrierten Publikationen, die den Hausfrauen sehr viel Sorge machen müssen, wenn alles, was da drinsteht, hundertprozentig ernst genommen wird."[248] Dies unterstrich auch Hans-Dietrich Cremer einige Jahre später. Der Ernährungsphysiologe und Direktor des Instituts für Ernährungswissenschaft der Justus-Liebig-Universität Gießen verfasste 1960 anlässlich der neu erlassenen Verordnungen 1959 im Rahmen der Lebensmittelgesetznovelle von 1958 einen kurzen Beitrag zur Erläuterung unterschiedlicher Verordnungen. Im Zuge seiner Ausführungen zur Kaugummi-Verordnung und der dort zugelassenen Anzahl an Fremdstoffen formulierte Cremer:

[Z]weifellos liegt sie erheblich unter Zahlen wie 1000 oder 800, mit denen Fanatiker operieren, die außerhalb der praktischen Gegebenheiten leben, die vielmehr aus der Angst der Menschheit vor ‚lebensgefährlichen Lebensmitteln‘ und dem ‚Tod im Kochtopf‘ für ihre ideellen und materiellen Interessen Kapital schlagen.[249]

Diese Aussagen unterstreichen die wachsende öffentliche und politische Auseinandersetzung mit dem Thema Lebensmittelsicherheit und der damit verbundenen Chemiekritik in der zweiten Hälfte des 20. Jahrhunderts, die von unterschiedlichen Akteuren gestaltet und geprägt wurden.

Vor diesem Hintergrund lohnt sich ein Blick auf die allgemeine Berichterstattung über den 3. Internationalen Vitalstoff- und Ernährungskonvent der Vitalstoffgesellschaft, der vom 18. bis 22. September 1957 in Bad Cannstatt bei Stuttgart stattfand. Die Vitalstoffgesellschaft, die zwischen 1953 und 1954 gegründet worden war, hatte sich zum Ziel gesetzt die öffentliche Gesundheit zu fördern und „Zivilisationskrankheiten" zu bekämpfen. Ein aus Sicht dieser Gesellschaft dafür probates Mittel war die Vollwert-Ernährung, die naturbelassene Nahrungsmittel bevorzugte

---

247 Hellmut Ratz, 1957, Gegen unrichtige Behauptungen, S. 1–3, hier S. 3, Bayer AG: Corporate History & Archives (BAL): 329–948–952.
248 Bundestag, 2. Deutscher Bundestag, 88. Sitzung, Bonn, Bonn, hier S. 4950.
249 Hans-Dietrich Cremer, „Die Situation auf dem Gebiet des Lebensmittelrechts (Nach Erlaß der Verordnungen zur Lebensmittelgesetznovelle)", *Ernährungs-Umschau* (1960): 45–48, 47–48.

und chemisch-industrielle Zusätze ablehnte.[250] Während die Details der Veranstaltung an dieser Stelle nicht thematisiert werden, sind die Titel der berichtenden Zeitungsartikel von besonderem Interesse. Unter Überschriften wie „Vergiften wir uns mit der Nahrung? Warnung des Internationalen Vitalstoff- und Ernährungskonvents in Stuttgart" (*Frankfurter Rundschau*), „Alle schädlichen Stoffe verbannen…Wenn es um die Ernährung geht: Ergebnisse des internationalen Vitalstoff-Konvents" (*Die Welt*), „Die Gefahr chemischer Fremdstoffe in der Nahrung. 700 Kapazitäten auf dem 3. Internationalen Vitalstoff- und Ernährungskonvent (*Stuttgarter Rundschau*) und „‚Schluss mit dem Chemie-Rummel' Internationaler Vitalstoffkonvent in Stuttgart für natürliche Ernährung" (*Westdeutsche Allgemeine*)[251] wurde in der Öffentlichkeit über dieses Ereignis in den Medien berichtet.

Auffällig bei den Pressebeiträgen ist das zugrundeliegende Verständnis der Begriffe „Chemikalie", „Chemie" und „chemisch". Cremer ging auf dieses Verständnis ein, indem er bezüglich der Diät-Verordnung die zugelassenen „fremden Stoffe" und ihre Bedeutung erläuterte. Er schrieb: „Sie sind keine ‚Chemikalien' im diffamierenden Sinne einer möglichen chronischen Vergiftung des Körpers"[252] und zielte damit auf den Kern des gesellschaftlichen Verständnisses des Chemikalienbegriffs. Im Nahrungsmittelkontext bedeutete Chemikalie gemeinhin in Gesellschaft und Öffentlichkeit eine nicht gewollte, schädliche und zu vermeidende Beimengung. Sie waren Produkte der chemischen Industrie und daher keine natürlichen Bestandteile der Ernährung. Zu eng war die hergestellte Verbindung zwischen chemischer Industrie, Ersatzstoffen und gesundheitsgefährdenden Zusatzstoffen, als dass Chemikalien im Kontext der Nahrungsmittelproduktion etwas Positives bedeuten konnten. Dies zeigte sich ebenfalls im Beitrag der *Bild + Funk*, indem gemutmaßt wurde, welche Maßnahmen durch die Regierung getroffen werden könnten:

> Um uns in Zukunft vor chemisch präparierten Nahrungsmitteln zu schützen, sollen die Hersteller gesetzlich verpflichtet werden, ihre Produkte entsprechend zu kennzeichnen. Entweder werden wir also den Vermerk: ‚Frei von Chemikalien' finden oder eine Angabe der Fremdstoffe.[253]

---

250 Weitere Informationen über die Vitalstoffgesellschaft siehe: Jörg Melzer, *Vollwerternährung: Diätetik, Naturheilkunde, Nationalsozialismus, sozialer Anspruch, Medizin*, Gesellschaft und Geschichte (Stuttgart: Franz Steiner Verlag, 2003), 303–19.

251 Zeitungsdienst Farbenfabriken Bayer, 1957, Pressespiegel zum 3. Internationalen Vitalstoff- und Ernährungskonvent, Bayer AG: Corporate History & Archives (BAL): 329–948–952.

252 Hans-Dietrich Cremer, „Die Situation auf dem Gebiet des Lebensmittelrechts (Nach Erlaß der Verordnungen zur Lebensmittelgesetznovelle)", 46.

253 Ohne Verfasser, 1957, Fremdstoffe in Lebensmitteln. Es ist nicht alles Gold, was glänzt, Bild + Funk Ausgabe S Nr. 22 26.05.-01.06.1957, S. 8–9, hier S. 9, Hubert Burda Media/Burda Archiv.

Chemisch-industrielle Stoffe hatten aus dieser Perspektive keinen rechtmäßigen Platz in einem Nahrungsmittel und waren etwas, vor denen Verbraucher:innen geschützt werden mussten.

In eben diesem Umfeld der Chemiekritik müssen nun die Wahrnehmung und die Positionierung von Aromastoffen untersucht und erklärt werden. Verunsicherung durch die Industrialisierung und damit einhergehende Veränderungen von Lebensweisen, der Einsatz einer immer größer werdenden Zahl von chemischen Zusätzen in Nahrungsmitteln und die noch präsenten Ernährungsproblematiken der vergangenen Kriegsjahre schlugen sich in unterschiedlicher Weise auf das Verständnis von Aromastoffen nieder. Einerseits waren manche Aromastoffe wie Vanillin bereits seit längerem etabliert und kaum bis gar nicht als Ersatzstoff gesehen worden, sondern als normales, gängiges Produkt. Andererseits fielen Aromastoffe unter die zunehmend kritisch betrachteten chemisch-industriellen Stoffe, die nicht mit einer natürlichen Lebensweise vereinbar schienen. Die Vorstellungen einer guten und gesunden Lebensart wurden verknüpft mit der Natur, der Natürlichkeit und dem natürlichen Ursprung von Produkten. Die Industrie und die industrielle Fertigung von Nahrungsmitteln hingegen wurden als Abkehr von natürlicher Ernährung verstanden. Die lebensreformerische Ansicht, ein der Natur abgewandtes Leben könnte dem Menschen schaden und ihn krank machen, wurde in der Nachkriegszeit hinsichtlich der Ernährung durch den Buttergelb-Skandal bestärkt. Außerdem kamen nach und nach gesundheitsschädliche Wirkungen von weiteren Zusatzstoffen ans Licht, die bis dato unbekannt oder zumindest nicht als ernsthafte Bedrohung eingestuft worden waren. Dass derartige Entdeckungen auch Auswirkungen auf die gesellschaftliche Bewertung anderer (nicht direkt betroffener) Stoffe hatten, bezeugte ein Zeitungsartikel aus *Diese Woche* vom 25. Juni 1949. Unter dem Titel „Riesengeschäfte mit Giften" ging es dort vor allem um die gesundheitsschädliche Wirkung von Buttergelb und um das Versagen der Regierung im angemessenen Umgang mit diesem Stoff. Außerdem wurde die Lebensmittelindustrie als Institution angeprangert, die sich nicht um die Gesundheit von Verbraucher:innen kümmere. Recht schnell wurde in dem Zeitungsartikel aber nicht mehr nur von Buttergelb und ähnlich gefährlichen Azofarbstoffen gesprochen, sondern es wurde die allgemeine schlechte Lage der Ernährung thematisiert, in der sich alltäglich und ohne dass Verbraucher:innen dies bewusst wahrnähmen oder gar möchten, „[e]ine Sintflut chemischer Substanzen und natürlicher Gifte"[254] ergießen würde. Dies reichte von Chlor im Trinkwasser, von gepökeltem, desinfiziertem oder gefärbtem Fleisch hin zu aromatisierenden Substanzen. Dabei standen

---

254 Ohne Verfasser, 25.06.1949, Riesengeschäfte mit Giften, Diese Woche, Bayer AG: Corporate History & Archives (BAL): 114–1.1.

nicht nur Stoffe der chemischen Industrie in der Kritik. Beim Fleischverzehr floss auch die Bemängelung eines übermäßigen Kochsalzkonsums mit ein. Die zu dieser Zeit vermuteten und zunehmend nachgewiesenen kanzerogenen Wirkungen bestimmter Azofarbstoffe wurden in direkten Zusammenhang mit anderen Zusätzen gestellt. Kritik am übermäßigen Konsum ansonsten unschädlicher (will meinen nicht kanzerogener oder unmittelbar giftiger) Substanzen wie Kochsalz, begründete Sorgen vor krebserregenden Farbstoffen und Kritik an allgemein verwendeten, aber bis dato nicht ebenso prominent diskutierten und als bedrohlich erkannten Aromastoffen, wurden hier miteinander vermischt. Die negativen und gefährlichen Eigenschaften des Buttergelbs wurden also nicht nur auf die Stoffgruppe der Azofarbstoffe übertragen, sondern es fand eine Generalisierung und Übertragung gesundheitsgefährdender Wirkweisen auf nicht-natürliche Lebensmittelzusätze statt. Ähnliches ist auch in dem zuvor diskutierten Beitrag aus der *Bild + Funk* von 1957 zu beobachten. Dieser begann mit dem konkreten Fallbeispiel der Verunreinigung von Hackfleisch mit schädlichem Natriumsulfit, für die ein Metzgermeister aus Hamburg verurteilt worden war.[255] Anschließend wurde Buttergelb als zusätzliche Unterfütterung schädlicher Substanzen im Essen und der nicht ausreichenden Regulierung herangezogen. Auch dieser Beitrag betonte das Versagen des Staates, schädliche Zugaben bei der Produktion von Nahrungmitteln zu entfernen oder fernzuhalten. Im Jahr 1957 gab es noch kein der Situation angemessenes Gesetz und ein verbessertes Gesetz wurde erst 1958 aufgelegt und 1959 in entsprechenden Verordnungen umgesetzt, was eine Kritik durchaus rechtfertigt. Anzumerken ist jedoch, dass sich Zeitungsberichte wie beispielsweise der *Bild + Funk* Beitrag einiger Fehlbehauptungen bedienten, die Leser:innen verunsichern und Empörung auslösen konnten, um die Medienwirksamkeit zu erhöhen. Eine ähnliche Wirkung erzielte der Artikel „Riesengeschäfte mit Giften" aus *Diese Woche* von 1949 durch den Einsatz katastrophisierender Metaphern wie der „Sintflut chemischer Substanzen",[256] die sich über Verbraucher:innen ergießen würde. Hier wurde durch starke Bildsprache die Medienwirksamkeit erhöht und eine emotionale Reaktion provoziert.

Dass auch Aromastoffe von diesen Darstellungen betroffen waren, zeigt der Artikel „Riesengeschäfte mit Giften" aus *Diese Woche* Dort hieß es:

---

255 Ohne Verfasser, 1957, Fremdstoffe in Lebensmitteln. Es ist nicht alles Gold, was glänzt, Bild + Funk Ausgabe S Nr. 22 26.05.-01.06.1957, S. 8–9, Hubert Burda Media/Burda Archiv.
256 Ohne Verfasser, 25.06.1949, Riesengeschäfte mit Giften, Diese Woche, Bayer AG: Corporate History & Archives (BAL): 114–1.1.

7. Das Verschönen von Konditoreiwaren mit Extrakten und Essenzen. Einige Tropfen oder Körnchen in die Backmasse und das Gebäck bekommt Wohlgeruch und Wohlgeschmack von Ananas, Aprikosen, Erdbeeren, Himbeeren, Apfelsinen – und es sind doch nur Gifte![257]

An dieser Stelle wurden Produkte der Aroma- und Duftstoffindustrie unmittelbar als Gift und damit als gefährlich bis tödlich bezeichnet. Insbesondere durch die thematische Verknüpfung mit dem Buttergelb-Skandal und gefährlichen Azofarbstoffen bewirken diese Beschreibung und die damit verbundene Wertung eine deutlich negative Gewichtung. Die Generalisierung im Rahmen der Chemiekritik wirkte sich infolgedessen auch negativ auf die Wahrnehmung und Bewertung von Aromastoffen aus.

7.1.2 Neue Herausforderungen für Verbraucher:innen und die Schwierigkeit der Expert:innenidentifikation

Auch mehr als dreißig Jahre später war das Thema nach wie vor aktuell. Im Jahr 1986, fünf Jahre nach dem Erlass einer neuen Aromen-Verordnung, betonte die Gesellschaft Deutscher Chemiker (GDCh), dass sich Verbraucher:innen hinsichtlich des Nahrungsmittelangebots neu orientieren und mit der sich ändernden Deklarationspflicht auseinandersetzen müssten. Diese Forderung deckt sich mit der von Barlösius formulierten Ernährungsverantwortung des Einzelnen. Es wurde zu einer Art moralischer Pflicht, eigenständig zwischen „gutem" und „schlechtem" Essen zu unterscheiden und Essen „zu einem reflexiven Akt" zu machen.[258] Ein Auslöser für die in den 1980er Jahren geforderte Eigenverantwortlichkeit der Verbraucher:innen im Umgang mit Nahrungsmitteln war der Beschluss der Europäischen Gemeinschaft, die Deklaration von Inhaltsstoffen in einer Zutatenliste verpflichtend zu machen. Eine überarbeitete Kennzeichnungs-Verordnung wurde in der BRD 1981 erlassen.[259] Diese Deklarationspflicht ermöglichte es der Nahrungsmittelindustrie eine Vielzahl von Nachahmerprodukten auf den Markt zu bringen. Während derartige Produkte vormals wegen mangelnder Deklaration schneller als Täuschungen bewertet wurden, ermöglichte die offene Information über die Produktzusam-

---

257 Ohne Verfasser, 25.06.1949, Riesengeschäfte mit Giften, Diese Woche, Bayer AG: Corporate History & Archives (BAL): 114–11.

258 Eva Barlösius, *Soziologie des Essens: eine sozial- und kulturwissenschaftliche Einführung in die Ernährungsforschung*, 3. durchges. Aufl, Grundlagentexte Soziologie (Weinheim; Basel: Beltz Juventa, 2016), 247.

259 Der Bundesminister für Jugend, Familie und Gesundheit (in Vertretung Fülgraff); Der Bundesminister für Ernährung, Landwirtschaft und Forsten (in Vertretung Rohr), Verordnung zur Neuordnung lebensmittelrechtlicher Kennzeichnungsvorschriften, Bundesgesetzblatt: 60. Teil I, 1981, S. 1625–1685.

mensetzung nun einen legalen Vertrieb. Die genaue Angabe von Inhaltsstoffen ermöglichte eine sichtbare Differenzierung trotz starker Ähnlichkeit. Aus diesem Grund müssten sich Verbraucher:innen der Wichtigkeit der Zutatenliste für genauere Produktinformationen bewusst werden, da sie zwar nun mehr Informationen über ihre Produkte erhielten, diese aber gleichzeitig unübersichtlich bis unverständlich wurden. Dadurch konnten Nachahmerprodukte mit Originalprodukten leicht verwechselt werden.[260] Eine eigenständige und informierte Auseinandersetzung mit Inhaltsstoffen und Angaben war daher notwendig. Verbraucher:innen wurde in gewissem Maß eine Eigenverantwortung auferlegt, sich mit den sich ändernden Gegebenheiten auseinanderzusetzen und dadurch informierte Konsumentscheidungen treffen zu können.

Da allerdings die Meinungen zum Thema Ernährung und Nahrungsmittelzusätze in der Gesellschaft sehr divers waren, waren auch Informationsbeschaffung sowie die Identifikation und Akzeptanz von Expert:innen durch Verbraucher:innen nicht eindeutig geregelt und wurden durch unterschiedliche Medien beeinflusst. Wie bereits mehrere Jahre zuvor Hans-Dietrich Cremer vor haltlosen „Fanatikern"[261] gewarnt hatte, mahnte auch der GDCh-Preisträger und Leiter des Ressorts Lebensmittelwissenschaft der Nestlé Maggi GmbH Hans Lange 1986 zur Vorsicht:

> Kritisch äußerte sich der Preisträger über ‚selbsternannte Experten', die unmittelbar nach dem Studium, ohne je wissenschaftlich gearbeitet zu haben, Horrorbücher über Lebensmittel schrieben. An die Adresse der Politiker ging seine Warnung, sich solcher ‚Experten' zu bedienen, wie es gerade in die politische Landschaft passe.[262]

Doch wer galt und gilt als Expert:in und welche Funktion hatten Expert:innen in der Entwicklung der Chemiekritik? Thomas Saretzki folgend werden Expert:innen dadurch definiert, dass sie ihr wissenschaftliches Wissen auf gesellschaftliche und politische Probleme und Fragen anwenden und dadurch einen konkreten Bezug zwischen Wissenschaft und Gesellschaft herstellen. Es ist demnach nicht allein ihre wissenschaftliche Kompetenz, sondern auch die Verknüpfung mit aktuell relevanten Thematiken und eine daraus resultierende aktuelle Anwendungsbezogenheit.[263]

---

260 Gesellschaft Deutscher Chemiker (GDCh), 19.09.1986, Auch der Verbraucher muß dazulernen, Bayer AG: Corporate History & Archives (BAL): 302–0024.

261 Hans-Dietrich Cremer, „Die Situation auf dem Gebiet des Lebensmittelrechts", 47.

262 Gesellschaft Deutscher Chemiker (GDCh), 19.09.1986, Sachverstand der Lebensmittelchemiker stärker nutzen. GDCh-Preisträger Lange: Warnung vor „selbsternannten Experten", Bayer AG: Corporate History & Archives (BAL): 302–0024.

263 Thomas Saretzki, „Welches Wissen – wessen Entscheidung? Kontroverse Expertise im Spannungsfeld von Wissenschaft, Öffentlichkeit und Politik", in: *Wozu Experten? Ambivalenzen der Beziehung von Wissenschaft und Politik* (Wiesbaden: VS Verlag für Sozialwissenschaften, 2005), 347–48.

Dabei gibt es unterschiedliche Formen von Expertise, deren Vielfalt sich zunehmend erweitert. Allerdings ist der Status der einzelnen Expertisearten nicht gänzlich geklärt,[264] was den Rahmen ihrer legitimen Einflussmöglichkeiten ebenso ungeklärt erscheinen lässt. Die öffentliche Wahrnehmung von Expertise und infolgedessen von Expert:innen wird dabei vor allem durch verschiedene Medien beeinflusst.[265] Diese wesentliche Funktion der Medien führte wiederum zu den erörterten öffentlichen (Fehl)Informationen und zu einem möglichen Spiel mit und Ausnutzen der gesellschaftlichen Unsicherheiten hinsichtlich nicht-natürlicher („chemischer") Substanzen in Nahrungsmitteln. (Massen)Medien waren und sind in der Lage, vorhandene Zweifel zu schüren oder Meinungen zu bilden, indem sie zum Beispiel Wissenschaftlichkeit vortäuschen und Evidenzen hinterfragen. Dass dieses Vorgehen funktioniert, ist unter anderem damit zu erklären, dass in der Gesellschaft das Verständnis von und Anforderungen an Wissenschaft nicht mit den tatsächlichen Möglichkeiten und Umsetzungen in der Wissenschaft übereinstimmen. Eine weitverbreitete Annahme sei, „that science provides certainty."[266] Jedoch biete Wissenschaft lediglich „the consensus of experts, based on the organized accumulation and scrunity of evidence."[267] Es ist möglich, dass neues Wissen neue Risiken offenbart und altes Wissen revidiert werden muss, wie beispielsweise der Einsatz des Azofarbstoffes Buttergelb unter Beweis gestellt hat. Der Charakter von Wissenschaft, der eben nicht absolute Sicherheit bedeutet, sondern den jeweiligen zeitgenössischen Wissensstand abbildet und weiterentwickelt, traf im Fall von Aromastoffen mit der bestehenden Unsicherheit gegenüber industriell gefertigten Nahrungsmitteln zusammen. Dies verstärkte die Unsicherheit und erleichterte eine Vermischung wissenschaftlicher Expertise mit medialer Aufbereitung hinsichtlich des Wissens um Aromastoffforschung, -produktion und -einsatz. Anhand des Natürlichkeitsdiskurses wird dieses Wissen und dessen Wahrnehmung in dieser Forschungsarbeit historisch aufgeschlossen. Dazu wurden bereits die Naturalisierungsprozesse synthetischer Aromastoffe in den 1910er bis 1940er Jahren beschrieben, die Bedeutung der Ersatzstofffrage erörtert und unterschiedliche Regulierungsmaßnahmen diskutiert. Als letzter Schritt erfolgt nun eine Analyse der Dynamiken zwischen Verbraucher:innen und Industrien und die Verortung von Aromastoffen im sozialen Gefüge.

---

264 Helga Nowotny, „Experten, Expertisen und imaginierte Laien", in *Wozu Experten? Ambivalenzen der Beziehung von Wissenschaft und Politik* (Wiesbaden: VS Verlag für Sozialwissenschaften, 2005), 34–37.
265 Nowotny, 38.
266 Oreskes und Conway, *Merchants of doubt*, 267.
267 Oreskes und Conway, 268.

7.2 Das Wechselspiel zwischen Verbraucher:innen und Industrien

Die Unterscheidung in natürliche und nicht-natürliche Stoffe und die sich heraus-kristallisierende Verknüpfung von nicht-natürlich beziehungsweise „chemisch" mit etwas Negativem spielten in der zweiten Hälfte des 20. Jahrhunderts eine immer größere Rolle. Um die gesellschaftliche Wahrnehmung und Meinung bezüglich bestimmter Nahrungsmittel oder auch bestimmter Inhaltsstoffe zu beeinflussen, setzten verschiedene Akteure, wie beispielsweise die Nahrungsmittelindustrie, die Aroma- und Duftstoffindustrie und die Medien, an eben dieser Stelle an. Ziel dieses Abschnitts ist es, die Beeinflussungsstrategien unterschiedlicher Akteure heraus-zuarbeiten und in ihrer Wirkung zu analysieren. Dabei wird außerdem die Aroma- und Duftstoffindustrie mit ihren Produkten als für die Gesellschaft eher unsicht-barer Akteur lokalisiert, in ihrer Einflussmöglichkeit charakterisiert und von der Nahrungsmittelindustrie abgegrenzt.

Wie im vorigen Kapitel erläutert, wurde das Thema Sicherheit von chemisch-industriellen Stoffen in verschiedenen Medienbeiträgen diskutiert. Dabei wurde jedoch nicht immer auf Evidenz gebaut, sondern stilistisch auf Angst gesetzt. Wie die dargestellten Eindrücke aus der Perspektive chemischer Fachkreise aufzeigten, konnte diese „Verteufelung"[268] die Gesellschaft nachhaltig prägen und die Glaub-würdigkeit der evidenzbasierten, wissenschaftlichen Forschung in der Öffentlich-keit schwächen. Einige Medienberichterstattungen erschwerten die Unterscheidung von tatsächlichen und selbsternannten Expert:innen, was eine Einschätzung des Sachverhalts in der gesellschaftlichen Wahrnehmung verkomplizierte und so zu einer Verunsicherung im Umgang mit chemisch-industriellen Stoffen beitrug. Diese Unsicherheit in Bezug auf chemische-industrielle Lebensmittelinhaltsstoffe über-trug sich auch auf synthetische und künstliche Aromastoffe, was die Industrie in ihren Strategien berücksichtigen musste.

Auch wenn die hier wiedergegebenen kritischen Eindrücke aus chemisch-in-dustrieller Perspektive bezüglich des gesellschaftlichen Umgangs mit chemisch-in-dustriellen Stoffen mit Vorsicht zu genießen sind, weisen sie dennoch auf wichtige Punkte hin. Es ist zwar hinsichtlich der lobbyistischen Einflussnahme kritisch zu hinterfragen, wenn Industrieangehörige oder (Lebensmittel)Chemiker:innen mit starker industrieller Verbindung auf gesellschaftliche Wahrnehmung und politisch-wirtschaftliche Regulierung einwirken, dennoch finden sich in ihren Aussagen wesentliche Hinweise auf den gesellschaftspolitischen Umgang mit Nahrungsmit-teln und ihren Inhaltsstoffen. Ebenso bietet diese Perspektive die Möglichkeit, die

---

268 Begrifflich angelehnt an: Marc-Denis Weitze, Joachim Schummer und Thomas Geelhaar, Hrsg., *Zwischen Faszination und Verteufelung: Chemie in der Gesellschaft* (Berlin: Springer Spektrum, 2017).

industrielle Wahrnehmung von gesellschaftlichen Vorstellungen natürlicher und nicht-natürlicher Nahrungsmittel darzustellen und mögliche Reaktionen zu analysieren.

Das Risiko, das von wissenschaftlich ungenauen, nicht evidenzbasierten und angstschürenden Pressebeiträgen und Publikationen ausging, war und ist ebenfalls gesellschaftlich problematisch. Derartige Beiträge konnten von Verbraucher:innen unter Umständen als vertrauenswürdiges Wissen eingestuft werden. Durch die Einschätzung solcher Publikationen als Expert:innenwissen, liefen Verbraucher: innen Gefahr, Fehlinformationen oder vereinfachten und dramatisierten Darstellungen Glauben zu schenken und diese in ihr Verständnis von guter und gesunder Ernährung zu integrieren. Die Antonymisierung von „natürlich" und „künstlich" und die Verteufelung chemisch-industrieller Nahrungsmittelzusätze konnte zunehmen, basierend auf wissenschaftlichen Erkenntnissen und begründeter Kritik, die sich mit übertriebenen und gegebenenfalls fehlerhaften Meldungen vermischen konnten.

Da sich Gesellschaft und Öffentlichkeit sowie Fachinterne in ihrem Verständnis von „synthetisch", „künstlich" und „natürlich" gegenüberstanden, wird anschließend an die Erläuterung des Umgangs und der Einflussnahme durch öffentlich-mediale Stimmen noch einmal die industrielle Einflussnahme aufgegriffen und hinsichtlich ihrer gesellschaftlichen Relevanz erörtert und kritisch hinterfragt.

Die Aroma- und Duftstoffindustrie bemühte sich darum, das negative Stigma chemischer Stoffe von ihren Produkten zu lösen. Dazu bedienten sie sich der Argumentation, dass natürliche und synthetische Stoffe strukturell identisch und demzufolge gleich waren. Stoffliche Eigenschaften, in diesem Fall die Struktur, und damit dem Verständnis nach auch ihre Wirkung, dienten als Hauptargument für die Naturalisierung synthetischer Aromastoffe. Hinsichtlich der Deklaration und der Begriffsverwendung wurde, nachdem eine völlige Gleichsetzung nicht durchgesetzt werden konnte, mithilfe des Terminus „naturidentisch" eine Möglichkeit geschaffen, innerhalb der beschlossenen Dreiteilung (natürlich, synthetisch, künstlich) das Stigma zu umgehen oder zumindest abzuschwächen. Indem Industrie und Regulierungsorgane mit dem Naturbegriff spielten und ihn gezielt platzierten, konnte das Synthetische näher an das Natürliche herangerückt und vom Künstlichen weggerückt werden. Das Synthetische wurde begrifflich naturalisiert. Welche Folgen diese Codierung für die Gesellschaft und ihr Geschmackserleben hatte, wird nun erläutert.

Wie andere menschliche Sinne auch können Geruch und Geschmack[269] erlernt und beeinflusst werden. Im Lauf des Lebens gewöhnen sich Menschen an be-

---

269 Informationen über die biologischen und neurologischen Funktionsweisen der Sinne siehe

stimmte Gerüche und Geschmäcker und verknüpfen diese mit bestimmten Lebensmitteln. Auf diese Weise entwickeln Individuen bestimmte Vorstellungen, wie etwas natürlicherweise riechen und schmecken sollte. Gleichzeitig bilden sich so Präferenzen von Geschmacksmustern, die sich in der Auswahl von Speisen niederschlagen. Ein Beispiel dafür ist die in Großbritannien beliebte Gewürzpaste Marmite. Während sie dort als Brotaufstrich beliebt ist, stößt ihr Geschmack bei erwachsenen Kontinentaleuropäer:innen eher auf Ablehnung. Sie waren in jungen Jahren nicht mit dem besonderen Geschmack in Kontakt gekommen und konnten deswegen den Genuss des Nahrungsmittels nicht erlernen.[270] Er war und blieb ihnen fremd. Hier weisen Stephan Frings und Frank Müller auf einen wesentlichen Aspekt in der Ausbildung des Geruchs- und Geschmackssinns hin: Er ist kulturell geprägt. Gesellschaft formt Geschmack. In ihrer Monographie *Macht-Mythos-Utopie. Die Körperbilder der SS-Männer* beschreibt Paula Diehl das verflochtene Beziehungsnetz von körperlich-sinnlicher Wahrnehmung, gemachten Erfahrungen und sozialer Bedeutung. Mithilfe der Aussage des Politikers Cem Özdemir von 1997, dass Heimat für ihn den Geruch von Apfelkuchen bedeute, erläutert sie die drei Ebenen des Beziehungsnetzes:

> Diese Assoziation stellt genau die Verbindung sinnlich (der Geruch von Apfelkuchen) – emotional (das damit assoziierte Gefühl der Geborgenheit von Heimat) – kognitiv (die Zugehörigkeit zu Deutschland – da das Zeichen Apfelkuchen kulturell codiert ist und einen symbolischen Charakter für die deutsche Gemütlichkeit bekommt) dar.[271]

Der Geruchs- und Geschmackssinn ist ein essentieller Teil dieses erlernbaren und gesellschaftlich geprägten Beziehungsnetzes. Er bildet die sinnesphysiologische Grundlage, also die Wahrnehmung externer körperlicher Reize, die die Assoziationsprozesse auslösen. Dass Geruch und Geschmack erlernbar, kulturell geprägt und mit emotionalen und kulturellen Assoziationen verbunden sind, war (und ist nach wie vor) wesentlich für die Nahrungsmittelindustrie, da Geruch und Geschmack ebenfalls (und möglicherweise auch unter anderem deswegen) fundamental für die Qualitätswahrnehmung eines Nahrungsmittelprodukts sind.[272] Dies wurde auch von der Darstellung der „Duft- und Schmeckstoffe" im *Dr. Oetker Schulkochbuch für den Elektroherd* aus dem Jahr 1971 untermauert. Dort hieß es:

---

beispielsweise: Stephan Frings und Frank Müller, *Biologie der Sinne: vom Molekül zur Wahrnehmung*, 2. korr. aktual. Aufl (Berlin; Heidelberg: Springer, 2019).

270 Frings und Müller, 99.

271 Paula Diehl, *Macht, Mythos, Utopie: die Körperbilder der SS-Männer*, Politische Ideen (Berlin: Akademie Verlag, 2005), 174–75.

272 Manfred Rothe, *Einführung in die Aromaforschung*, 4.

Eine Kost mag noch so reich sein an Eiweiß und Fetten, an Vitaminen und Mineralsalzen – wenn sie ‚nach nichts' schmeckt und duftet, ißt sie auf die Dauer kein Mensch. [...] Die Duft- und Schmeckstoffe machen das Eiweiß-Fett-Kohlenhydrat-Vitamin-Mineralgemisch der Nährstoffe erst zu genießbaren Nahrungsmitteln und das Essen erst zu einer erfreulichen Beschäftigung.[273]

Die parallel ablaufende sinnliche Wahrnehmung des Essens und die emotionale Wahrnehmung der sozialen Situation währenddessen werden im Gehirn verknüpft und lösen entsprechende Emotionen wie Geborgenheit, Freude oder auch Ablehnung aus.[274]

Doch auch wenn der Mensch durch dieses Beziehungsnetz geprägt wird und die erlernten Assoziationen beim Umgang mit Neuem abruft, ist es dennoch kein statisches System. Soziale Wahrnehmungen, kulturelle Codierungen und gesellschaftliche Werte verändern sich. Begriffe können ihre Bedeutung oder Gewichtung ändern, soziale Werte können durch neue ersetzt werden. Ebenso verhält es sich mit der Wahrnehmung und Bewertung von natürlichen, synthetischen und künstlichen Stoffen und Produkten. Diese veränderten sich im Verlauf des späten 19. und des 20. Jahrhunderts maßgeblich. Konnte zu Beginn eine Form der Chemieeuphorie und der positiven Bewertung nicht-natürlicher Stoffe innerhalb der Gesellschaft beobachtet werden, schlug diese zunehmend in eine Chemiekritik um. Je nach Kontext konnte dabei der Stoff selbst oder ein ihn beinhaltendes Produkt im Zentrum der Aufmerksamkeit stehen. Plastik beispielsweise wurde in Form von Tupperware in den 1950er Jahren in den Haushalt und die soziale Lebensweise integriert. Durch die Plastikdosen erschlossen sich neue soziale Räume und neue Handlungsweisen im Umgang mit Nahrungsmitteln. Hier bekam der nicht-natürliche Stoff in seiner Form und seiner sozialen Einbindung eine positive Konnotation.[275] Anders verhielt es sich im Umgang mit Farbstoffen. Die in dem Bereich wachsenden Erkenntnisse zu gesundheitlichen Risiken und damit verbundene öffentliche Skandale prägten in negativer Weise den Umgang mit nicht-natürlichen Stoffen. Während Tupperware in der Wahrnehmung als außerhalb des eigenen Körpers verbleibend und als ein praktisches Hilfsmittel in der Küche angesehen wurde, bedeuteten Farbstoffe in Lebensmitteln eine unmittelbare Aufnahme in und Wirkung am eigenen Körper. Die Überwindung der Körperbarriere durch Lebensmittel kann als ein Faktor be-

---

273 Unternehmen Dr. Oetker, 1971, Dr. Oetker Schulkochbuch für den Elektroherd, 17. verbesserte Auflage, hier S. 21, Unternehmensarchiv Dr. August Oetker KG (OeFa).

274 Für eine interessante TV-Dokumentation zu diesem Thema siehe beispielsweise: Regie: Doris Tromballa, Warum essen wir, was wir essen?, Arte.11.12.2021, https://www.arte.tv/de/videos/101940-005-A/42-die-antwort-auf-fast-alles/, zuletzt geprüft am 15.12.2021.

275 Siehe dazu: Alison J. Clarke, *Tupperware: the promise of plastic in 1950s America* (Washington, DC: Smithsonian Institution Press, 1999).

trachtet werden, der hier die intensive Aufmerksamkeit auf eben diesen Bereich erklärt. Die unmittelbare Nähe, die Verbindung von Körper und Produkt, ließ mögliche Gefahren besonders nah erscheinen, erzeugte gegebenenfalls auch körperliche und psychische Reaktionen (zum Beispiel Widerwillen und Ekel) und verstärkte so die Debatte.[276]

Bezogen auf Aromastoffe bedeutete dies, dass ein natürliches Produkt, ein natürlicher Stoff, aus Sicht der Verbraucher:innen (insbesondere seit den 1950er Jahren) von höherer Qualität war als ein synthetischer oder künstlicher. Für eine erfolgreiche Vermarktung ihrer Produkte musste die Lebensmittelindustrie also psychisch und körperlich den natürlichen Geschmack der Verbraucher:innen ansprechen und sich den erlernbaren Charakter des Geruchs- und Geschmackssinns zunutze machen, um die Wahrnehmung von Natürlichkeit zu beeinflussen. Es wurde bereits eingehend erläutert, inwiefern der Begriff „naturidentisch" und das damit verbundene Spiel mit dem Signalwort „Natur" dabei eine Rolle spielten. Mithilfe dieses Begriffs wurde Natürlichkeit suggeriert. Angesichts unterschiedlicher Bewertungen natürlicher und nicht-natürlicher Stoffe stellte Jean Baudrillard 1968 eine bemerkenswerte Frage:

> L'opposition substances natures/substances de synthèse […] n'est qu'une opposition morale. Objectivement, les substances sont ce qu'elles sont: il n'y en a pas de vraies ou de fausses, de naturelles ou d'artificielles. Pourquoi le béton serait-il moins « authentique » que la pierre?[277]

Baudrillard formuliert einen wesentlichen Charakterzug der Antonymisierung zwischen „natürlich" und „künstlich", nämlich die zugrundeliegende Werteinstellung. Dies deckt sich mit der Aussage von Eva Barlösius, dass das Verständnis von Natürlichkeit kulturell geprägt und definiert wird.[278] Die historische Analyse der Entwicklung dieser Antonymisierung lässt dies plausibel erscheinen. Durch die Vermischung der Thematiken Ersatzstoffe, Produkte der chemischen Industrie und ihrer möglichen gesundheitlichen Nebenwirkungen verbanden sich die Begriffe „natürlich" mit gesund und „chemisch", „künstlich", „synthetisch" mit gefährlich und ungesund. Angefeuert durch einschneidende Skandale verstärkte sich das Stigma des gefährlichen Chemischen. Gesellschaftlich gesehen ist dementsprechend zu bestätigen, dass die Differenzierung zwischen natürlichen und synthetischen

---

276 Es gibt auch Fälle, bei denen die Abwesenheit von Zusätzen ebenso Ablehnung auslösen kann. Ein mir privat bekannter Metzger bot seinerzeit eine ungefärbte Fleischwurst/Mortadella an. Dadurch wurde sie durch ihr „unnatürliche" gräuliche anstelle der „natürlichen" rosanen Färbung den Kund:innen suspekt. Sie bevorzugten die gewohnte gefärbte Fleischwurst.

277 Jean Baudrillard, *Le système des objets* (Ligugé: Gallimard, 1968), 53.

278 Barlösius, *Soziologie des Essens*, 257.

Stoffen und die intensive Ablehnung letzterer vor allem auf moralisch-wertenden Anschauungen basierten (in manchen Fällen unterstützt durch wissenschaftliches Wissen). Weniger leicht auf Aromastoffe anzuwenden ist die Frage nach der Authentizität verschiedener Stoffe. Während es einfach erscheint zwischen Beton und Stein als verschiedene und eigenständige Substanzen zu unterscheiden, liegt der Sachverhalt bei Aromastoffen anders. Während eine solche Unterscheidung zwischen natürlichen und künstlichen Aromastoffen durchaus denkbar ist, ist dies hinsichtlich natürlicher und synthetischer Aromastoffe erheblich schwerer. Das besondere Charakteristikum dieser beiden ist die inzwischen viel besprochene strukturelle Gleichheit. Sie unterscheiden sich zwar in ihren Ausgangsmaterialien, Herstellungsprozessen und Isotopenverhältnissen. Jedoch haben diese Faktoren nach heutigem Wissensstand geringsten bis keinen Einfluss auf die sensorischen Effekte. Die gesellschaftliche Abwertung synthetischer Aromastoffe basierte auch auf der emotionalen und sozialen Abwertung chemisch-industrieller Fabrikation, ausgelöst unter anderem durch die Intransparenz der Produktion und der daraus resultierenden Verunsicherung.

Neben der begrifflichen Suggestion von Natürlichkeit im Rahmen der Regulierung gab es noch weitere Strategien, die Naturnähe eines Produktes zu suggerieren. So konnte auch das Verpackungsdesign von Nahrungsmittelprodukten eingesetzt werden, um Verbraucher:innen ein bestimmtes Maß an Natürlichkeit zu vermitteln, indem Kontraindikatoren bewusst in den Hintergrund gestellt wurden. Als Beispiel seien unterschiedliche Verpackungs- und Plakatdesigns von Dr. Oetker Produkten aus den 1930er bis 1960er Jahren aufgeführt:

Abb. 5: Verpackungsansicht Dr. Oetker Puddingpulver mit Vanillegeschmack, circa 1932[279]

279 Unternehmen Dr. Oetker, circa 1932, Puddingpulver mit Vanillegeschmack, Unternehmensarchiv Dr. August Oetker KG (OeFa): S4 137.

Abb. 6: Verpackungsansicht Dr. Oetker Puddingpulver mit Zitronengeschmack, circa 1946[280]

---

280 Unternehmen Dr. Oetker, circa 1946, Puddingpulver. Das gute Kindernährmittel Zitrone, Unternehmensarchiv Dr. August Oetker KG (OeFa): S10 225.

Abb. 7: Plakatwerbung Dr. Oetker Puddingpulver mit Vanillegeschmack, circa 1960[281]

Während das Puddingpulver mit Zitronengeschmack (siehe Abb. 6) zusätzlich ein Gefühl von Sicherheit und Unschädlichkeit durch die Betonung des Produkts als gut für Kinder vermittelt, ähneln sich alle drei Verpackungen in einem bestimmten Element, nämlich der Hervorhebung der jeweiligen Frucht, deren Geschmackserlebnis das Produkt mit sich bringt. Die Bezeichnungen „Vanille" und „Zitrone" stehen im Vordergrund und werden vom Auge als zentrale Punkte der Verpackung

---

281 Unternehmen Dr. Oetker, circa 1960, Puddingpulver mit Vanillegeschmack, Unternehmensarchiv Dr. August Oetker KG (OeFa): S12 1539.

wahrgenommen. Dabei tritt das darunter befindliche Wort „Geschmack" in den Hintergrund. Dies jedoch ist das Signalwort für den nicht-natürlichen Charakter des Geschmacksstoffs im Produkt. Es bedeutet, dass sich in dem Puddingpulver weder Vanilleschoten noch Zitronen befinden, sondern der Geschmack derselben. Dieser beruhte häufig auf synthetischen Aromastoffen, die hier zugunsten der Betonung der eigentlichen Frucht in den Hintergrund gerückt wurden. Ein ähnliches Vorgehen ist in Rezeptbüchern aus den 1950er bis 1970er Jahren zu beobachten. In den dort zu findenden Rezepten „Vanillesoße", „Vanille-Quarkcreme",[282] „Vanilleeis" und „Himbeereis"[283] wurde ausschließlich mit Vanillin beziehungsweise mit Himbeeraromen gearbeitet, ohne Verwendung der entsprechenden Früchte. Durch den vordergründigen Gebrauch der Fruchtbezeichnungen rückt der synthetische Charakter der geschmacksgebenden Stoffe in den Hintergrund und infolgedessen können die Grenzen zwischen synthetisch und natürlich in Geschmackswahrnehmung und Geschmacksvorstellungen der Verbraucher:innen verschwimmen. Gleichzeitig fanden auf diesem Weg die jeweiligen Geschmackskompositionen Eingang in das Beziehungsnetz aus Sinneseindruck, Kognition und Emotion.

8 Natürlich, synthetisch, künstlich: Resümee

Das Ziel in Teil III „Natürlich, synthetisch, künstlich. Die Regulierung und die gesellschaftliche Wahrnehmung von Aromastoffen in den 1950er bis 1980er Jahren" war, die historischen Entwicklungen der gesellschaftlichen Chemiekritik und des Natürlichkeitsdiskurses in Politik und Gesellschaft darzustellen und zu untersuchen. Insbesondere nationale und internationale Regulierungsmaßnahmen und in diesem Zusammenhang stattfindende öffentlich-gesellschaftliche Diskussionen Aromastoffe betreffend dienten als Leitfaden für die Analyse.

Während andere chemisch-industrielle Stoffe bereits früher genauer überprüft und reguliert worden waren, blieben ähnliche Untersuchungen für Aromastoffe lange Zeit vernachlässigt. Erste entscheidende Schritte einer offiziellen Regulierung erfolgten in den 1950er Jahren. Die US-amerikanische FEMA GRAS-Liste als industrielle Reaktion auf das 1958 erlassene Food Additives Amendment war eine der ersten Listungen von als sicher eingeschätzten Aromastoffen. Sie beruhte auf der industriellen Reaktion, schnellstmöglich auf die neuen Regulierungsbestrebungen einzuwirken, um eigene Interessen von vornherein in die Regulierung einfließen

---

282 Unternehmen Dr. Oetker, 1971, Dr. Oetker Schulkochbuch für den Elektroherd, 17. verbesserte Auflage, Unternehmensarchiv Dr. August Oetker KG (OeFa).
283 Unternehmen Dr. Oetker, 1952, Dr. Oetker Schulkochbuch. Ausgabe G, Unternehmensarchiv Dr. August Oetker KG (OeFa).

zu lassen. Somit waren die ersten Schritte in der Aromastoffregulierung auch die ersten Schritte der industriellen Teilhabe an dieser Regulierung. Die GRAS-Liste diente später auch in Europa als Orientierung für dortige Regulierungsvorhaben.

Einer der dominantesten Aspekte der Regulierungsbestrebungen in den 1950er bis 1980er Jahren sowohl in der BRD als auch international war die Debatte über die Kategorisierung von Aromastoffen in „natürlich", „synthetisch" und „künstlich". Vor allem die Unterscheidung zwischen natürlichen und synthetischen Stoffen wurde zum Kernpunkt zahlreicher Diskussionen und Entscheidungen. Dieser Umstand macht zwei Punkte deutlich: Erstens zeigt er, dass sich der Natürlichkeitsdiskurs im Zentrum der Aromastoffregulierung befand. Zweitens weist er eindrücklich auf die unterschiedliche Wahrnehmung und das unterschiedliche Verständnis von „natürlich", „synthetisch" und „künstlich" bei verschiedenen Akteuren hin. Während aus chemischer und industrieller Perspektive „natürlich" tendenziell mit „synthetisch" gleichzusetzen war, standen sich aus Verbraucher:innensicht „synthetisch" und „künstlich" wesentlich näher. Hierin liegt ein Grund für die beobachtbaren Kommunikationsschwierigkeiten zwischen Chemie sowie chemischer Industrie und der Gesellschaft. Des Weiteren konnten anhand dieser Kategorisierungsfrage auch die unterschiedlichen nationalen Regulierungs- und Wirtschaftskulturen nachgezeichnet werden, weil sich die Meinungen hinsichtlich der genauen Umsetzung von Regulierung und Deklaration ebenfalls unterschieden. Eine Vereinheitlichung auf internationaler Ebene war kaum umsetzbar. Ebenso konnten anhand dieses Diskurses die Bedeutung vorhandener analytischer Methoden verdeutlicht werden. Eine Unterscheidung zwischen natürlichen und synthetischen Aromastoffen war aus Verbraucher:innenperspektive und hinsichtlich der Produkttransparenz wünschenswert, jedoch konnte im Zeitraum der Diskussion nicht präzise zwischen beiden unterschieden werden. Dazu reichten die technisch-methodischen Möglichkeiten nicht aus. Eine offizielle Überprüfung der Einhaltung von Deklarationsvorschriften oder zur Differenzierung der vorhandenen Inhaltsstoffe war kaum bis gar nicht möglich.

Nichtsdestoweniger konnte sich die Dreiteilung durchsetzen. Allerdings wurde das Wort „synthetisch" durch den Begriff „naturidentisch" ersetzt. Diese Wortschöpfung ermöglichte es in gewisser Weise alle drei Perspektiven, die chemisch-toxikologische Perspektive, die wirtschaftlich-industrielle Perspektive und die gesellschaftlich-politische Perspektive miteinander zu verbinden. Dabei konnte aus chemischer Sicht die Betonung der strukturellen Gleichheit zwischen natürlichen und synthetischen Aromastoffen gewahrt werden, aus wirtschaftlicher Sicht konnte das negative Reizwort „synthetisch" vermieden und stattdessen das positive Signalwort „Natur" verwendet werden und die der gesellschaftlich-politischen Perspektive wichtige Produkttransparenz wurde gehalten, in dem eine begriffliche Trennung erhalten blieb und „synthetisch" nicht einfach mit „natürlich" gleichgesetzt wurde. Es war allerdings an den Verbraucher:innen sich mit den neuen Deklarationsvorschriften und Begrifflichkeiten auseinanderzusetzen und dadurch festzustellen, dass die Verwendung des Signalwortes „Natur" in „naturidentisch" nicht unbedingt ihrem Verständnis des Begriffs entsprach.

Aromastoffe haben in der Ernährung eine fundamentale Funktion. Sie sorgen für Geruch und Geschmack des Essens und damit für Genuss oder Ablehnung. Während dies auf den ersten Blick wenig aufregend erscheint, konnte die Darstellung der gesellschaftlichen Wahrnehmung und der öffentlich stattfindenden Diskussionen zu diesem Thema zeigen, dass sich Aromastoffe im Zentrum des sozialen Lebens befanden (und nach wie vor befinden). Geruch und Geschmack sind eng verbunden mit der Entwicklung von Emotionen und dem Erlernen sozialer und kultureller (Inter)Aktionen. Durch das Beziehungsnetz von körperlich-sinnlicher Wahrnehmung, gemachten Erfahrungen und sozialer Codierung sind Aromastoffe durch ihre Wirkung nicht nur chemisch-physiologisch, sondern auch sozial zu verstehen. Es ist diese besondere Eigenschaft von Aromastoffen, die sie zu einem wichtigen Faktor nicht nur in sinnesphysiologischen und biologischen Abläufen unseres Lebens macht, sondern sie zu einem wichtigen Element unserer sozialen und kulturellen Entwicklung werden lässt.

Eine Geschichte mit Geschmack: Fazit

De gustibus non est disputandum. Über Geschmack (weder über den ästhetischen noch den physiologischen) lässt sich bekanntermaßen nicht streiten. Oder doch? Es kommt wohl auf den Rahmen und den angesetzten Maßstab an. Geschmackswahrnehmung ist etwas sehr Individuelles und daher nicht in den Kategorien „richtig" und „falsch" zu fassen. Wenn allerdings im Kontext einer wissenschaftshistorischen Forschungsarbeit die Entwicklung von Aromastoffen untersucht und dabei insbesondere die Frage nach Natürlichkeit und Nicht-Natürlichkeit gestellt wird, dann kann über Geschmack durchaus gestritten beziehungsweise diskutiert werden. Denn in diesem Rahmen geht es um die Ausbildung, die Entwicklung und die Prägung von Geschmacksvorstellungen und Geschmackswahrnehmungen in der Gesellschaft und um den Umgang mit geschmackgebenden Stoffen unterschiedlicher Herkunft. Die dabei ablaufenden Prozesse und Argumentationsweisen bieten interessante Ausgangspunkte für Diskussionen über die gesellschaftlichen und industriellen Ursprünge des (physiologischen) Geschmacks, über den im Allgemeinen laut Volksmund nicht gestritten werden kann.

Eben diese Prozesse und Argumentationsweisen wurden in *Eine Geschichte mit Geschmack* herausgearbeitet und analysiert. Aromastoffe haben eine essentielle Bedeutung für die menschliche Kultur und sind tagtäglich präsent. Sie dienen nicht nur der Orientierung im Umgang mit Nahrungsmitteln, mit ihnen verknüpfen wir auch Emotionen und Erinnerungen. Durch ihre sozialen und kulturellen Effekte einerseits und ihre physiologischen Wirkungen andererseits bewegen sich Aromastoffe auf der Grenze zwischen Natur und Kultur[1] und lassen beide Elemente des menschlichen Lebens miteinander in Verbindung treten. Doch trotz dieser fundamentalen Bedeutung und ihres großen Einflusses bleiben Aromastoffe zumeist unsichtbar. Sie werden selten bewusst wahrgenommen und ihre potentielle Einflussnahme auf Entscheidungen und Wahrnehmungen bleibt oft unreflektiert. Auch in der historischen Wissenschaftsforschung waren Aromastoffe bis dato unterrepräsentiert. Wenngleich sie als chemisch-industriell gefertigte Stoffe in das Forschungsfeld der intensiv bearbeiteten chemischen und pharmazeutischen Industrie gehören, standen sie hinter anderen Stoffen zumeist zurück. Die vorliegende Dissertationsschrift integriert nun auch Aromastoffe in die aktive historische Wissenschaftsforschung und füllt die bestehende Forschungslücke.

---

1 Bezüglich der Grenzposition von Essen zwischen Natur und Kultur siehe: Eva Barlösius, *Soziologie des Essens: eine sozial- und kulturwissenschaftliche Einführung in die Ernährungsforschung*, 3. durchges. Aufl, Grundlagentexte Soziologie (Weinheim; Basel: Beltz Juventa, 2016).

Im Zentrum stand die Frage nach Natürlichkeit. Wahrnehmung und Verständnis von natürlichen und nicht-natürlichen Stoffen sind Grundsteine für den Umgang mit Aromastoffen. Anhand des Ersatzstoffdiskurses und des Natürlichkeitsdiskurses wurde die Entwicklung von Produktion, Verbreitung, Konsum und Regulierung dieser Stoffe nachgezeichnet und in ihren Spezifika analysiert. Vanillin, als der erste chemisch-industriell synthetisierte und als der am meisten verbrauchte Aromastoff, bot sich in besonderer Weise für eine solche Untersuchung an. Anhand von Aromastoffen traten die sich verändernden und sich zwischen unterschiedlichen Interessengruppen unterscheidenden Bedeutungen der Begriffe „natürlich", „synthetisch" und „künstlich" zu Tage. Des Weiteren wurde gezeigt, dass der Natürlichkeitsdiskurs, der sich vor allem seit der zweiten Hälfte des 20. Jahrhunderts finden ließ, und der Ersatzstoffdiskurs, der insbesondere die Zeiten des Ersten und Zweiten Weltkriegs prägte, nicht zwingend als zwei verschiedene Diskurse zu verstehen sind. In beiden Diskursen finden sich Elemente der Natürlichkeitsfrage, sodass der Ersatzstoffdiskurs und der Natürlichkeitsdiskurs vielmehr als ein sich entwickelnder und verändernder Strang desselben Diskurses, also derselben „Vorstellungswelt"[2] auftreten.

Um die Frage nach der Wahrnehmung von Natürlichkeit durch unterschiedliche Akteure beziehungsweise Akteursgruppen und den daraus resultierenden Konsequenzen zu beantworten und gleichzeitig die Entwicklung der Vanillin-Produktion und der Vanillin-Verbreitung sowie wichtige Elemente der Geschichte der Aroma- und Duftstoffindustrie zu skizzieren, wurde die Arbeit in drei chronologisch und thematisch aufgebaute Hauptteile gegliedert. Auf diese Weise wurden die Geschichte der Aroma- und Duftstoffindustrie und ihrer Produkte chronologisch präsentiert und gleichzeitig die wichtigsten Debatten und Ereignisse gezielt hervorgehoben. Das komplexe Geflecht aus Wirtschaft, Wissenschaft, Politik und Gesellschaft wurde vor dem Hintergrund der Natürlichkeitsfrage in wesentlichen Teilen entschlüsselt und zugänglich gemacht.

Synthetische Aromastoffe im 20. Jahrhundert: Vanillin als naturalisierter synthetischer Konsumstoff

Für eine umfassende Analyse der Entwicklung von Herstellung, Verbreitung, Konsum und Regulierung von Aromastoffen wurden methodische und theoretische Ansätze aus unterschiedlichen Bereichen herangezogen. *Eine Geschichte mit Ge-*

---

2 Universität Leipzig Methodenportal, „Was ist ein Diskurs?", 19. August 2022, https://home.uni-leipzig.de/methodenportal/was-ist-ein-diskurs/, zuletzt geprüft am 22.02.2023.

schmack orientierte sich an der Chemie- und Innovationsgeschichte, der Industriegeschichte, der Regulierungsgeschichte und der Konsumgeschichte. Durch eine Verknüpfung von Elementen all dieser unterschiedlichen Ansatzpunkte wurden Aromastoffe im Allgemeinen und insbesondere Vanillin in den jeweiligen Kontexten und Dynamiken verortet und in ihrer Bedeutung und ihrem Einfluss herausgearbeitet. Der geographische und perspektivische Fokus lag auf dem deutschschweizerischen Raum. Von diesem Standpunkt ausgehend erfolgte eine Studie der Produktions- und Verkaufsbedingungen für beteiligte deutsche und Schweizer Firmen. Da es sich bei der Aroma- und Duftstoffindustrie sowie der chemischen und pharmazeutischen Industrie im Untersuchungszeitraum bereits um eine global agierende und vernetzte Industrie handelte, wurden auch internationale Vorgänge und Zusammenhänge aus der gewählten Perspektive in die Analyse einbezogen. Verschiedene Fallbeispiele dienten dazu das übergeordnete Ziel, die Dichotomie des Natürlichen und Nicht-Natürlichen zu erschließen und dabei außerdem die Entwicklung der Aroma- und Duftstoffindustrie und ihrer Produkte im Geflecht von Innovation, Regulierung und Wahrnehmung darzulegen.

In Teil I „Gestaltung, Etablierung, Naturalisierung. Aromastoffe in den 1910er bis 1920er Jahren" lag der Fokus auf der beginnenden Naturalisierung des synthetischen Vanillins und dem sich aufbauenden industriellen Netzwerk der Vanillin-Produzenten. Die Gestaltung des industriellen Vanillin-Netzwerks, stattfindende Interaktionen, Strategien und Argumente im Rahmen der Naturalisierung und Einflüsse auf den Umgang mit dem Aromastoff im Ersten Weltkrieg wurden untersucht. In diesem Zusammenhang fand die Erörterung einer möglichen Einordnung von Vanillin in den Ersatzstoffdiskurs statt. Es stellte sich heraus, dass, obwohl die Industrie (und die mit ihr zusammenarbeitenden Autor:innen von Rezeptbüchern) zu diesem Zeitpunkt die industrielle Herkunft des Vanillins offen ansprachen, eine bestimmte Strategie zur Etablierung und Naturalisierung eben dieses Stoffs verfolgt wurde. Hauptargumente waren die einfache Handhabung, der günstige Preis, die ausgezeichnete (und reine) Qualität sowie die heimische Produktion. Diese Kombination aus wirtschaftlichen, sozialen und wissenschaftlichen Argumenten rückte synthetisches Vanillin in eine ebenbürtige bis bessergestellte Position im Vergleich zur Vanilleschote. Gleichzeitig wurden auf sprachlicher Ebene die Grenzen zwischen dem Naturprodukt Vanilleschote und dem chemisch-industriellen Vanillin, dem Schlüsselaromastoff der Vanille, verwaschen. Vanillin wurde sprachlich zu Vanille, der synthetisch hergestellte Aromastoff mit diesen verschwimmenden Grenzen in den gängigen Lebensmittelkonsum integriert und dadurch naturalisiert. Darauf aufbauend ergab die Analyse des potentiellen Ersatzstoffcharakters des Vanillins, dass der synthetische Aromastoff im Rahmen der 1910er und 1920er Jahre nicht als Ersatzstoff zu bezeichnen ist. Ein Ersatzstoff im klassischen Sinn hing zumeist mit einer Qualitätsminderung gegenüber dem eigentlichen Produkt zusammen und konnte sich infolgedessen nicht langfristig gegen letzteres durchsetzen. Beim Vanillin verhielt es sich anders. Erstens war Vanillin schon vor dem Ersten Weltkrieg ein bekannter und verwendeter Stoff und musste kein fest etabliertes und breit genutztes Produkt ersetzen. Zweitens war keine unmittelbar wahrgenommene Qualitätsminderung im Vergleich zur Vanilleschote zu beobachten und drittens konnte das Vanillin langfristig mit der Vanilleschote konkurrieren. Es ist vielmehr von einem Konsumstoff als von einem Ersatzstoff zu sprechen.

Der durch den steigenden Verbrauch des Aromastoffs stetig wachsende und sich entwickelnde Vanillin-Markt wurde maßgeblich geprägt von bekannten Unternehmen der chemischen und pharmazeutischen Industrie, darunter die Agfa, Boehringer Mannheim und Hoffmann-la-Roche. Diese expandierten auch auf dem Markt des synthetischen Vanillins und traten dadurch in ernsthafte Konkurrenz zu Aroma- und Duftstoffspezialisten wie dem Holzmindener Unternehmen Haarmann & Reimer. Durch ihren gut ausgebauten Zugang zu in der Vanillin-Produktion benötigten Rohstoffen konnten die Generalisten sich in diesem Feld etablieren. Doch auch wenn sich die Firmen zu einer gemeinsamen Konvention zusammengeschlossen hatten, blieb interne Konkurrenz um Marktanteile und Machtpositionen erhalten und prägte dadurch die Vanillin-Produktion und -Verbreitung in entscheidender Weise.

In Teil II „Machtspiel, Markt und Konkurrenz. Aromastoffe in den 1930er bis 1940er Jahren" setzten sich die in Teil I gewählten Themenschwerpunkte des Auf- und Ausbaus des industriellen Netzwerkes und der Ersatzstofffrage hinsichtlich des Vanillins fort. Ähnlich wie in Teil I waren es vor allem Unternehmen der chemischen und pharmazeutischen Industrie, die den Vanillin-Markt dominierten und nach ihren Interessen zu strukturieren versuchten. Dabei setzten sich die internen Konflikte und ausgeprägten Eigeninteressen der an der Vanillin-Konvention beteiligten Firmen fort. Auch hinsichtlich der Ersatzstofffrage ließen sich Kontinuitäten herausarbeiten. Wie auch in den 1910er und 1920er Jahren ist Vanillin in den 1930er und 1940er Jahren nicht als Ersatzstoff zu bezeichnen. Der Aromastoff hatte einen etablierten Platz im alltäglichen Nahrungsmittelkonsum, Nachfrage und Verbrauch stiegen stetig. Vanillin ist auch in den 1930er und 1940er Jahren nicht als Ersatzstoff, sondern als Konsumstoff zu bezeichnen. Zwar ist er synthetischen Ursprungs, seine Wahrnehmung allerdings entsprach weniger dem eines Ersatzstoffs als vielmehr einer bekannten und gängigen Zutat in alltäglichen Nahrungsmitteln. Dieser Eindruck wurde besonders durch den Umgang mit Vanillin und Ethylvanillin während des Zweiten Weltkriegs bestärkt. Hinsichtlich der Produktion dieses nachgefragten Aromastoffs allerdings gab es durch die Kriegssituation für Aromastoffspezialisten besondere Schwierigkeiten im Vergleich zu Generalisten. Während die Vanillin produzierenden Generalisten durch ihre Hauptsparten wenig

Schwierigkeiten hatten, ihre Arbeit als kriegswichtig einstufen zu lassen und dadurch besser an knappe Ressourcen zu kommen, gestaltete sich dies für das Holzmindener Unternehmen komplizierter. Eine unmittelbare Eingliederung in kriegswichtige Produktion gelang nicht und so musste der Spezialist andere Wege für ein wirtschaftliches Überleben finden. Die kleine Firmengeschichte von Haarmann & Reimer erlaubte einen Einblick in die Geschichte des in allen Teilen der vorliegenden Arbeit präsenten Unternehmens, sowie eine Auseinandersetzung mit potentiellen Schwierigkeiten für Spezialisten der Aroma- und Duftstoffindustrie im Vergleich zu Generalisten der chemischen und pharmazeutischen Industrie. Dadurch bot sich ein tiefergehendes Verständnis der Akteure der Vanillin-Herstellung und des industriellen sowie politisch-gesellschaftlichen Umgangs mit Vanillin. Zusätzlich zu der Naturalisierung des Aromastoffs wurde durch diese Analyse dessen wirtschaftliche (und daraus folgernd auch dessen gesellschaftliche) Relevanz und Potenz deutlich, die sich durch anhaltende Bemühungen um die Produktionsaufrechterhaltung und eines (wenn auch gescheiterten) Aufbaus einer neuen Produktionsanlage während des Krieges auszeichnete.

In Teil III „Natürlich, synthetisch, künstlich. Regulierung und Wahrnehmung von Aromastoffen in den 1950er bis 1980er Jahren" wechselte der thematische Schwerpunkt von den wirtschaftlich-industriellen Entwicklungen des Netzwerkes rund um Vanillin hin zu der Regulierung von Aromastoffen im Allgemeinen. Im gesellschaftlichen und damit auch industriellen Umgang mit chemisch-industriellen Stoffen verlagerte sich der Diskussionsschwerpunkt von Ersatzstoffen zu Natürlichkeit. Natürliche Stoffe wurden in der Gesellschaft zumeist als gesund und positiv bewertet, während ihnen künstliche Stoffe als riskant und negativ gegenübergestellt wurden. Im Kontext einer prominenter werdenden Chemiekritik erfolgte schrittweise die Regulierung von Aromastoffen. Diese war eng an die Frage nach dem Umgang mit natürlichen und nicht-natürlichen Stoffen geknüpft. Als zentrales Problem der Regulierung sowohl auf nationaler als auch auf internationaler Ebene kristallisierte sich die Unterscheidung in natürliche und synthetische Stoffe heraus. Natürliche Aromastoffe waren nach industriellem Verständnis solche, die durch physikalische Methoden aus Naturprodukten gewonnen wurden; synthetische Aromastoffe wurden mithilfe chemischer Synthese hergestellt, waren strukturell aber identisch zu natürlichen Aromastoffen. Es war die strukturelle Gleichheit beider Aromastofftypen, die die Handhabung sowohl bei toxikologischen Untersuchungen und bei der Zulassung als auch bei der Deklaration komplex werden ließ. Während Verbraucher:innen tendenziell synthetische und künstliche Stoffe (durch chemische Synthese hergestellt und noch nicht aus der Natur bekannt) zusammenrückten und natürliche Stoffe als besondere eigene Kategorie ansahen, war dies für die Industrie genau anders herum. Diese verstand künstliche Stoffe als eigene Kategorie, während synthetische Stoffe tendenziell mit natürlichen gleichzusetzen waren. Um nun diese beiden gegenläufigen Ansichten im Rahmen der Deklaration miteinander zu vereinbaren, ohne weder die aus gesellschaftlich-politischer Perspektive geforderte deutliche Produkttransparenz noch die wirtschaftlich-industriell angestrebte Produktattraktivität zu beschädigen, wurde ein neuer Begriff für synthetische Aromastoffe entwickelt. Unter der Bezeichnung „naturidentisch" konnten synthetische Aromastoffe auf Lebensmitteln deklariert werden. Dieser Begriff, der einerseits als juristische Kompromissfindung und andererseits als industrielle Strategie verstanden werden kann, ermöglichte eine sichtbare begriffliche Trennung von natürlichen und synthetischen Aromastoffen, während die Nutzung des positiven Signalwortes „Natur" möglich blieb. Mithilfe von „naturidentisch" konnte sowohl das unmittelbare negative Stigma synthetischer Stoffe umgangen als auch das industrielle Verständnis synthetischer Stoffe im Rahmen der Deklaration an Verbraucher:innen vermittelt werden.

Durch Naturalisierung und Etablierung von Geschmackskomponenten wie beispielsweise Vanillin übte die Industrie auf fundamentale Bestandteile des gesellschaftlichen und kulturellen Lebens Einfluss aus. Geschmackswahrnehmungen und Geschmacksvorstellungen werden im Verlauf der menschlichen Entwicklung erlernt und wirken sowohl biologisch-physiologisch als auch psychologisch und kulturell. Das macht Geschmack zu einem essentiellen Bestandteil des menschlichen Lebens, sowohl aus kultureller als auch aus natureller Sicht. Auf diesen Faktor kann die Industrie mithilfe von Aromastoffen einwirken und ihn nachhaltig prägen.

Ausgehend von der analysierten Dichotomie des Natürlichen und Nicht-Natürlichen ist auf eine Besonderheit in der Entwicklung von natürlich zu synthetisch zu natürlich in der Aromastoffindustrie und im Umgang mit ihren Produkten hinzuweisen. Bezugnehmend auf die Arbeit von Eva Barlösius hängt die Wahrnehmung von Natürlichkeit eng mit dem jeweiligen kulturellen Kontext zusammen. Das macht eben diese Wahrnehmung wandelbar. Aus diesem Grund ist die zu Beginn dieser Arbeit gegebene Beschreibung des Wandels der Aroma- und Duftstoffindustrie vom Natürlichen zum Synthetischen zum Natürlichen nicht als rein zirkuläre Entwicklung zu verstehen. Während am Anfang der Entwicklung der „natürlichen" Aromastoffproduktion insbesondere Extraktion und Destillation von ätherischen Ölen oder ähnlichem aus den jeweiligen Pflanzen im Vordergrund standen, entwickelte sich im 20. Jahrhundert eine „natürliche" Aromastoffproduktion aus organischem (zumeist pflanzlichem) Material, das allerdings nicht zwangsläufig das jeweilige Lebensmittel sein musste, dessen Geschmack erreicht werden sollte. Beide Produktionsweisen sind in ihren Voraussetzungen verschieden, aber beide tragen das Attribut „natürlich". Es handelt sich jedoch um zwei verschiedene Verständnisweisen des Begriffs. Aus Verbraucher:innenperspektive steht die erste Variante, also die Gewinnung der Geschmacksstoffe aus dem jeweiligen Lebensmittel, näher am zugrundeliegenden Verständnis des Natürlichen.

Zwar handelt es sich auch um industriell gefertigte Stoffe, jedoch sind diese unmittelbar mit dem Naturprodukt verbunden, wohingegen die zweite Variante dem Industrieverständnis von „natürlich" entspricht, das sich in der Regulierung der 1960er bis 1980er Jahren ausdrückte.

Interessanterweise sind beide Verständnisweisen des Begriffs „natürlich" in der aktuell gültigen Regulierung von Aromastoffen gebräuchlich. Es gibt „natürliche Aromen" und es gibt „natürliche ‚Lebensmittel/Ausgangsstoff'-Aromen". Während letztere Formulierung ausdrückt, dass mindestens 95 % des verwendeten Rohmaterials aus dem Namensgeber des Aromas stammen müssen (zum Beispiel muss Orangen-Aroma zu mindestens 95 % aus Orangen gewonnen werden), legt die erste Kategorie lediglich fest, dass bestimmte physikalische oder enzymatische Verfahren und ausschließlich organische Rohstoffe verwendet werden dürfen. Ein „natürliches Aroma" mit Orangengeschmack muss folglich nicht zwangsläufig aus Orangen gewonnen werden. Auch wenn in der aktuellen Gesetzgebung synthetische Aromen nicht mehr als naturidentisch bezeichnet werden und gemeinsam mit den künstlichen Aromen nur noch als „Aroma" deklariert werden,[3] ist die Schwierigkeit der unterschiedlichen Begriffsverständnisse und der möglichen strategischen Nutzung dieser Differenzen nicht ausgeräumt. Dieses Phänomen wurde im 21. Jahrhundert lediglich von den synthetischen Aromastoffen auf natürliche Aromastoffe verlagert.

Aromastoffe in der historischen Wissenschaftsforschung und darüber hinaus

Aromastoffe, seien sie natürlich, synthetisch oder künstlich, leisten einen wichtigen Beitrag zur globalen Nahrungsmittelversorgung. Durch begrenzte Ressourcen, aber große Nachfrage, ermöglichen sie einer Vielzahl an Menschen Geschmackserlebnisse, die sonst nur Wenigen zugänglich wären. Gleichzeitig sind es aber auch Stoffe, die in der Gesellschaft kritisch betrachtet und in ihren chemisch-industriellen Wurzeln hinterfragt werden. Im Zentrum der Kritik und Unsicherheit im Umgang

---

3 Siehe dazu: Deutscher Verband der Aromenindustrie e.V. (DVAI), Die Kennzeichnung „natürliches Aroma" – Nennung des Ausgangsstoffes, https://aromenverband.de/informationenleitlinien/kennzeichnung-natuerliches-aroma/, zuletzt geprüft am 02.09.2022.; Der Präsident H.-G. Pöttering (Europäisches Parlament); Rat der Europäischen Union (Der Präsident B. Le Maire), Verordnung (EG) Nr. 1334/2008 des Europäischen Parlaments und des Rates vom 16. Dezember 2008 über Aromen und bestimmte Lebensmittelzutaten mit Aromaeigenschaften zur Verwendung in und auf Lebensmitteln sowie zur Änderung der Verordnung (EWG) Nr. 1601/91 des Rates, der Verordnung (EG) Nr. 2232/96 und (EG) Nr. 110/2008 und der Richtlinie 2000/13/EG, Amtsblatt der Europäischen Union, S. L354/34-L354/50, hier S. L354/42.

mit Aromastoffen steht das Natürlichkeitsverständnis beziehungsweise der Konflikt zwischen unterschiedlichen Verständnisweisen von natürlichen und nicht-natürlichen Stoffen. Durch verschiedene Herangehensweisen von Industrie, Gesellschaft, Politik und Wissenschaft entstehen Missverständnisse und Verbraucher: innen können Informationen als irreführend empfinden, auch wenn sie aus juristischer Sicht legal sind. Dies führte und führt zu Konflikten zwischen Gesellschaft, Industrie und Politik. Gleichzeitig aber prägen die oftmals kritisierten Aromastoffe bereits seit langem die jeweilige Geschmackswahrnehmung und Geschmackserwartung, sodass ihr Fehlen ebenfalls unerwünscht wirkt. Der Umgang mit Aromastoffen gestaltet sich vielschichtig und ist nicht einfach zu durchschauen. Aus diesem Grund ist eine Analyse der und ein reflektierter Umgang mit den verschiedenen Wahrnehmungsweisen erforderlich, um sowohl hinsichtlich von Aromastoffen als auch im Umgang mit chemisch-industriellen Produkten allgemein gesellschaftliche Unsicherheiten abzubauen und sich in unterschiedlichen (Forschungs)Kontexten der jeweilig zugrundeliegenden Begriffsbedeutungen bewusst zu werden.

Irwin Hornstein, Mitherausgeber des Sammelbandes *Flavor Chemistry. Thirty years of Progress*, gab seiner Faszination über Aromastoffe in einem Gedicht Ausdruck:

AROMAS MOST BEGUILING

Food we eat is most appealing.
Gives us a delightful feeling.
When aromas most beguiling
Leave us sated, happy, smiling.

The chemist's lot is to expose
What magic so delights our nose.
Thus, in the lab one toils apace.
Examining, analyzing,
Identifying, synthesizing.
Duplicating-based on these clues,
All Nature's most bewitching brews.

These proceedings encapsulate
Progress that has been made to date.
The Flavor Subdivision salutes
All pioneers and new recruits,
Who bring this goal within our sight.
Each meal a tailor-made delight![4]

---

4 Publiziert in: Roy Teranishi; Emily L. Wick und Irwin Hornstein, *Flavor Chemistry. Thirty years of progress* (New York: Springer Science+Business Media, 1999).

Doch nicht nur für Chemiker:innen stellen Aromastoffe ein spannendes Forschungsfeld dar. Auch für Wissenschaftler:innen anderer Disziplinen bieten diese unsichtbaren, aber wirkungsvollen Stoffe zahlreiche Andockpunkte und Fragen, die es zu diskutieren gilt. So bleibt aus (wissenschafts)historischer Perspektive zu antworten:

Aroma bleibt oft unsichtbar
unbemerkt oftmals sogar
doch ihre mächtige Natur
harrt keinesfalls im Dunkeln nur
denn was den Menschen prägt und ziert
durch Geschichte sichtbar wird.

Quellen- und Literaturverzeichnis

Eine Geschichte mit Geschmack: Einführung

Quellen

Publizierte Quellen

Deutscher Verband der Aromenindustrie e.V. (DVAI), Erdbeeraroma aus Sägespänen?, https://aromen verband.de/erdbeeraroma-aus-saegespaene/.

Deutscher Verband der Aromenindustrie e.V. (DVAI), #5 Mythos Erdbeeraroma, 2021, https://aromen verband.de/aromawissen-kompakt/.

TV-Beiträge

Wissen vor Acht Werkstatt, Stecken Holzspäne im Erdbeerjoghurt?, ARD, 12.12.2012, https://www.youtu be.com/watch?v=TX8rUepTLQ0.

Literatur

Aselmeyer, Norman und Veronika Settele, Hrsg. *Geschichte des Nicht-Essens: Verzicht, Vermeidung und Verweigerung in der Moderne.* Historische Zeitschrift/Beihefte (Neue Folge), Beiheft 73. Berlin; Boston: De Gruyter Oldenbourg, 2018.

Bächi, Beat. *Vitamin C für alle! Pharmazeutische Produktion, Vermarktung und Gesundheitspolitik; (1933–1953).* Interferenzen. Zürich: Chronos-Verlag, 2009.

Barlösius, Eva. *Soziologie des Essens: eine sozial- und kulturwissenschaftliche Einführung in die Ernährungsforschung.* 3. durchges. Aufl. Grundlagentexte Soziologie. Weinheim; Basel: Beltz Juventa, 2016.

Bensaude-Vincent, Bernadette. *Matière à penser: essais d'histoire et de philosophie de la chimie.* Saint-Cloud: Presses universitaires de Paris Ouest, 2008.

Berenstein, Nadia. „Designing Flavors for Mass Consumption". *The Senses and Society* 13, Nr. 1 (Januar 2018): 19–40.

Berenstein, Nadia. „Making a Global Sensation: Vanilla Flavor, Synthetic Chemistry, and the Meanings of Purity". *History of Science* 54, Nr. 4 (Dezember 2016): 399–424.

Blondel-Mégrelis, Marika. *Le chimiste, la nature et l'homme.* Paris: l'Harmattan, 2021.

Blum, Deborah. *The poison squad: one chemist's single-minded crusade for food safety at the turn of the twentieth century.* New York: Penguin Press, 2019.

Braudel, Fernand. „Alimentation et Catégories de l'histoire". *Annales. Histoire, Sciences Sociales* 16, Nr. 4 (August 1961): 723–28.

Briot, Eugénie. „De l'Eau Impériale aux Violettes du Czar: Le jeu social des élégances olfactives dans le Paris du XIXe siècle". *Revue d'Histoire Moderne et Contemporaine* 55, Nr. 1 (2008): 28–49.

Briot, Eugénie. „From Industry to Luxury: French Perfume in the Nineteenth Century". *Business History Review* 85, Nr. 2 (2011): 273–94.

Briot, Eugénie. „La chimie des élégances : la parfumerie parisienne au XIXe siècle : naissance d'une industrie du luxe". These de doctorat, Paris, CNAM, 2008. http://www.theses.fr/2008CNAM0611.

Burr, Chandler. *The Emperor of Scent: A True Story of Perfume and Obsession.* New York: Random House Trade Paperbacks, 2004.

Classen, Constance, David Howes und Anthony Synnott. *Aroma: the cultural history of smell.* London; New York: Routledge, 1994.

Cobbold, Carolyn. *A rainbow palate: how chemical dyes changed the West's relationship with food.* Synthesis. Chicago: University of Chicago Press, 2020.

Corbin, Alain. *Le miasme et la jonquille: l'odorat et l'imaginaire social, XVIIIe – XIXe siècles.* Champs. Paris: Flammarion, 2016.

Davis, Belinda. „Konsumgesellschaft und Politik im Ersten Weltkrieg". In: *Die Konsumgesellschaft in Deutschland 1890 – 1990: ein Handbuch,* 232 – 49. Frankfurt/Main: Campus Verlag, 2009.

Demortain, David. „Expertise, Regulatory Science and the Evaluation of Technology and Risk: Introduction to the Special Issue". *Minerva* 55, Nr. 2 (Juni 2017): 139 – 59.

Diehl, Paula. *Macht, Mythos, Utopie: die Körperbilder der SS-Männer.* Politische Ideen. Berlin: Akademie Verlag, 2005.

Fritzen, Florentine. *Gesünder leben. Die Lebensreformbewegung im 20. Jahrhundert.* Stuttgart: Franz Steiner Verlag, 2006.

Ganong, William F. „Geruchs- und Geschmackssinn". In: *Lehrbuch der Medizinischen Physiologie: Die Physiologie des Menschen für Studierende der Medizin und Ärzte,* 140 – 46. Berlin; Heidelberg: Springer, 1974.

Guston, David H. „Boundary Organizations in Environmental Policy and Science: An Introduction". *Science, Technology, & Human Values* 26, Nr. 4 (Oktober 2001): 399 – 408.

Hierholzer, Vera. *Nahrung nach Norm: Regulierung von Nahrungsmittelqualität in der Industrialisierung 1871 – 1914.* Kritische Studien zur Geschichtswissenschaft. Göttingen: Vandenhoeck & Ruprecht, 2010.

Holmes, Bob. *Flavour: The Science of Our Most Neglected Sense.* London: WH Allan/Penguin Random House, 2017

Homburg, Ernst. „Chemistry and Industry: A Tale of Two Moving Targets". *Isis* 109, Nr. 3 (September 2018): 565 – 76.

Janich, Peter, und Christoph Rüchardt. *Natürlich, technisch, chemisch: Verhältnisse zur Natur am Beispiel der Chemie.* Philosophie und Wissenschaft, transdisziplinäre Studien. Berlin; New York: Walter de Gruyter, 1996.

Jas, Nathalie. „Public Health and Pesticide Regulation in France Before and After Silent Spring". *History and Technology* 23, Nr. 4 (Dezember 2007): 369 – 88.

Jütte, Robert. *Geschichte der Sinne: von der Antike bis zum Cyberspace.* München: C. H. Beck, 2000.

König, Wolfgang. *Kleine Geschichte der Konsumgesellschaft: Konsum als Lebensform der Moderne.* Stuttgart: Franz Steiner Verlag, 2008.

Koop, Christel und Martin Lodge. „What Is Regulation? An Interdisciplinary Concept Analysis". *Regulation & Governance* 11, Nr. 1 (März 2017): 95 – 108.

Korsmeyer, Carolyn. *Making sense of taste: food & philosophy.* Ithaca, NY: Cornell University Press, 1999.

Krist, Sabine und Wilfried Grießer. *Die Erforschung der chemischen Sinne: Geruchs- und Geschmackstheorien von der Antike bis zur Gegenwart.* Frankfurt/Main: Peter Lang, 2006.

Landau, Ralph, Basil Achilladelis, und Alexander Scriabine Hrsg. *Pharmaceutical Innovation: Revolutionizing Human Health.* The Chemical Heritage Foundation Series in Innovation and Entrepreneurship. Philadelphia: Chemical Heritage Press, 1999.

Landwehr, Achim. *Historische Diskursanalyse.* 2. Aufl. Historische Einführungen. Frankfurt/Main: Campus Verlag, 2009.

Langreiter, Nikola. „Auf den Geschmack kommen. Geschmackserfahrungen in Lebensgeschichten". In: *Sinne und Erfahrung in der Geschichte,* 135 – 54. Innsbruck: Studien-Verlag, 2003.

Le Guérer, Annik. *Die Macht der Gerüche: eine Philosophie der Nase.* Stuttgart: Klett-Cotta, 1992.

Luxbacher, Günther. „„Für bestimmte Anwendungsgebiete best geeignete Werkstoffe…finden': Zur Praxis der Forschung an Ersatzstoffen für Metalle in den deutschen Autarkie-Phasen des 20. Jahrhunderts". *NTM Zeitschrift für Geschichte der Wissenschaften, Technik und Medizin* 19, Nr. 1 (Februar 2011): 41 – 68.

Merki, Christoph Maria. *Zucker gegen Saccharin: zur Geschichte der künstlichen Süßstoffe.* Frankfurt/Main: Campus Verlag, 1993.

Pybus, David H. und Charles S. Sell. *The Chemistry of Fragrances. From Perfumer to Consumer.* 2. Aufl. Cambridge: RCS Publishing, 2006.

Reinhardt, Carsten. *Forschung in der chemischen Industrie: die Entwicklung synthetischer Farbstoffe bei BASF und Hoechst, 1863 bis 1914.* Freiberger Forschungshefte D Wirtschaftswissenschaften, Geschichte 202. Freiberg: Technische Universität Bergakademie, 1997.

Reinhardt, Carsten. „The Olfactory Object. Toward a History of Smell in the 19th Century". In: *Objects of Chemical Inquiry,* 321 – 41. Sagamore Beach, MA: Science History Publications/USA, a division of Watson Publishing International LLC, 2014.

Rossfeld, Roman. „Ernährung im Wandel: Lebensmittelproduktion und -konsum zwischen Wirtschaft, Wissenschaft und Kultur". In: *Die Konsumgesellschaft in Deutschland 1890 – 1990: ein Handbuch,* 27 – 45. Frankfurt/Main: Campus Verlag, 2009.

Rossfeld, Roman. „Gepanschte Nahrung und gemischte Gefühle. Lebensmittelskandale, Ernährungskultur und Food-Design aus historischer Perspektive". In: *Verlangen nach Reinheit oder Lust auf Schmutz? Gestaltungskonzepte zwischen rein und unrein,* 75 – 96. Wien: Passagen Verlag, 2003.

Roth, Klaus. „Das Geheimnis des Weihnachtsdufts. Von Anisplätzchen bis Zimtstern". *Chemie in Unserer Zeit* 44, Nr. 6 (Dezember 2010): 414 – 33.

Roth, Klaus. „Ein Gerücht geht um. Ist Pudding mit Vanille-Geschmack mutagen?" *Chemie in unserer Zeit* 50, Nr. 4 (August 2016): 226 – 32.

Sarasin, Philipp. „Diskursanalyse". In: *Handbuch Wissenschaftsgeschichte,* 45 – 54. Stuttgart: J.B. Metzler Verlag, 2017.

Shapin, Steven. „Changing Tastes: How Foods Tasted in the Early Modern Period and How They Taste Now: The Hans Rausing Lecture, 2011", 2011. https://dash.harvard.edu/handle/1/37147004.

Sieglerschmidt, Jörn. „Die Mechanisierung der organischen Substanz". In: *Essen und kulturelle Identität: europäische Perspektiven,* 2:336 – 55. Kulturthema Essen. Berlin: Akademie Verlag, 1997.

Smith, Mark M. *Sensing the past: seeing, hearing, smelling, tasting, and touching in history.* Berkeley: University of California Press, 2007.

Spektrum Akademischer Verlag, Heidelberg. „Chemische Sinne: Lexikon der Biologie", 1999. https://www.spektrum.de/lexikon/biologie/chemische-sinne/13325.

Spiekermann, Uwe. *Künstliche Kost: Ernährung in Deutschland, 1840 bis heute.* Umwelt und Gesellschaft. Göttingen: Vandenhoeck & Ruprecht, 2018.

Stoff, Heiko. *Gift in der Nahrung: zur Genese der Verbraucherpolitik Mitte des 20. Jahrhunderts.* Wissenschaftsgeschichte. Stuttgart: Franz Steiner Verlag, 2015.

Stoff, Heiko. „Hexa-Sabbat: Fremdstoffe und Vitalstoffe, Experten und der kritische Verbraucher in der BRD der 1950er und 1960er Jahre". *NTM Zeitschrift für Geschichte der Wissenschaften, Technik und Medizin* 17, Nr. 1 (2009): 55–83.

Stoff, Heiko. *Wirkstoffe: eine Wissenschaftsgeschichte der Hormone, Vitamine und Enzyme, 1920–1970.* Studien zur Geschichte der Deutschen Forschungsgemeinschaft. Stuttgart: Franz Steiner Verlag, 2012.

Taylor, Margaret R., Edward S. Rubin und David A. Hounshell. „Regulation as the Mother of Innovation: The Case of SO_2 Control". Special Issue on Regulation and Business Behavior. *Law & Policy* 27, Nr. 2 (2005): 348–78.

Travis, Anthony S. *The Rainbow Makers: The Origins of the Synthetic Dyestuffs Industry in Western Europe.* Bethlehem; London: Lehigh University Press, 1993.

Travis, Anthony S., Harm G. Schröter, Ernst Homburg, und Peter J. T. Morris, Hrsg. *Determinants in the evolution of the European chemical industry, 1900–1936: new technologies, political frameworks, markets, and companies.* Chemists and chemistry, Dordrecht; Boston: Kluwer, 1998.

Treitel, Corinna. *Eating Nature in Modern Germany: Food, Agriculture, and Environment, c. 1870 to 2000.* Cambridge: Cambridge University Press, 2017.

Universität Leipzig Methodenportal. „Was ist ein Diskurs?", 19. August 2022. https://home.uni-leipzig.de/methodenportal/was-ist-ein-diskurs/.

Vaupel, Elisabeth. „Ersatz für die Naturvanille: Rezeption und rechtliche Behandlung der Aromastoffe Vanillin und Ethylvanillin in Deutschland (1874–2011)". *Ferrum: Nachrichten aus der Eisenbibliothek. Stiftung der Georg Fischer AG* 89 (2017): 44–55.

Vaupel, Elisabeth. „Hermann Staudinger und der Kunstpfeffer. Ersatzgewürze". *Chemie in Unserer Zeit* 44, Nr. 6 (Dezember 2010): 396–412.

Vogel, Jakob. *Ein schillerndes Kristall: eine Wissensgeschichte des Salzes zwischen Früher Neuzeit und Moderne.* Industrielle Welt. Köln: Böhlau, 2008.

Wengenroth, Ulrich. „Die Flucht in den Käfig: Wissenschafts- und Innovationskultur in Deutschland 1900–1960". In: *Wissenschaften und Wissenschaftspolitik: Bestandsaufnahmen zu Formationen, Brüchen und Kontinuitäten im Deutschland des 20. Jahrhunderts*, 52–59. Wiesbaden: Franz Steiner Verlag, 2002.

Zwanenberg, Patrick van, und Erik Millstone. „Taste and Power: The Flavouring Industry and Flavour Additive Regulation". *Science as Culture* 24, Nr. 2 (3. April 2015): 129–56.

Teil I

Quellen

Archivquellen

A. Reimann, 17.09.1925, No. 14. Vanillin-Sitzung am 17. Sept.1925 im Büro der Chemischen Werke Grenzach, Berlin., Historisches Archiv Roche (HAR): PD.3.1.VAN 100718a.

A. Reimann, März 1926, No. 35 Anisidin-Guajakol-Besprechung in Griesheim am 1. März 1926 in Frankfurt a/M, Historisches Archiv Roche (HAR): PD.3.1.VAN 100718a.

A. Reimann, 11.03.1926, No. 37. Vanillin-Sitzung am 11. März 1926 in Berlin, Historisches Archiv Roche (HAR): PD.3.1.VAN 100718a.

Agfa Pharmaceutische Abteilung SO36 Berlin, 30. 04. 1919, Vanillin, Landesarchiv Sachsen-Anhalt (LASA): I532 Nr. 2683.

Agfa Pharmaceutische Abteilung SO36 Berlin, 19. 08. 1920, Vanillin!, Landesarchiv Sachsen-Anhalt (LASA): I532 Nr. 2683.

Agfa Pharmaceutische Abteilung SO36 Berlin, 22. 09. 1920, Vanillin der Agfa, Landesarchiv Sachsen-Anhalt (LASA): I532 Nr. 2683.

Bergische Arbeiterstimme, 20. 04. 1918, Kunstpfeffer, Stadtarchiv Solingen, https://archivewk1.hypothe ses.org/tag/kunstpfeffer.

Burk, 09. 09. 1925, Bericht über die Besprechung mit Grießheim in Frankfurt im Büro von Grießheim am 08. September 1925, Historisches Archiv Roche (HAR): PD.3.1.VAN 100718a.

Burk, 10. 09. 1925, Bericht No. 13a. Vanillin und Guajakol, Historisches Archiv Roche (HAR): PD.3.1.VAN 100718a.

Burk, 12. 09. 1925, Bericht No. 13c. Besprechung mit Herrn Dr. Schmidt von Haarmann & Reimer am 11. September 1925 abends 7:30 im Fürstenhof, Berlin, Historisches Archiv Roche (HAR): PD.3.1.VAN 100718a.

C. F. Boehringer & Soehne G.m.b.H., Mannheim-Waldhof, 1920er Jahre, Vanillin „Boehringer", Historisches Archiv Roche (HAR): LG.DE.MA 108474 6/824.

Carl Duisberg, 08. 03. 1917, Gutachten zur Benzolfrage, Bayer AG: Corporate History & Archives (BAL): 250 – 007.

Chemiker-Zeitung, 27. 01. 1919, Vanille und Vanillin, Landesarchiv Sachsen-Anhalt (LASA): I532 Nr. 2683.

Chemiker-Zeitung, 05. 02. 1919, Vanillin, Landesarchiv Sachsen-Anhalt (LASA): I532 Nr. 2683.

Dr. Clausen, 02. 10. 1928, Bericht No. 49. Reisebericht Holzminden/Frankfurt/Main, Historisches Archiv Roche (HAR): PD.3.1.VAN 100718a.

Dr. Clausen, 02. 10. 1928, Bericht No. 50. Verhandlung zwischen der Fa. Haarmann & Reimer, Holzminden und den Chemischen Werken Grenzach A.-G., Berlin am 26. 09. 1928 in Holzminden, Historisches Archiv Roche (HAR): PD.3.1.VAN 100718a.

Dr. Clausen, 02. 10. 1928, Bericht No. 52. II. Verhandlung in Holzminden am 29. 9. 1928 betr. Bestätigung des Vanillin-Abkommens, Historisches Archiv Roche (HAR): PD.3.1.VAN 100718a.

Dr. Clausen; Dr. Reuss, 02. 10. 1928, Bericht No. 51. Verhandlung der I.G. und Agfa einerseits und Hoffmann-la-Roche, Böhringer und Söhne G.m.b.H. und Chemische Werke Grenzach andererseits betreffs Anisidin und dessen Derivate, Historisches Archiv Roche (HAR): PD.3.1.VAN 100718a.

Dr. Gsell, 25. 04. 1930, Rapport von Dr. R. Gsell, Historisches Archiv Roche (HAR): PE.2.GSR 102165a,b.

Dr. May, 07. 02. 1921, Bericht über die Versuche zur Herstellung von Vanillin. nach dem Verfahren von Herrn Dr. Haakh, Landesarchiv Sachsen-Anhalt (LASA): I532 Nr. 2683.

Dr. May, 07. 02. 1921, Guajakol-Versuche, ausgeführt von Herrn Herbert, Landesarchiv Sachsen-Anhalt (LASA): I532 Nr. 2683.

Dr. Reuss, 30. 10. 1928, Bericht No. 64. Sitzung der Vanillin-Konvention am 25. Oktober 1928 in Berlin, Hotel Continental (nachm. 4 Uhr 40), Historisches Archiv Roche (HAR): PD.3.1.VAN 100718a.

Dr. Reuss, 11. 12. 1928, Bericht No. 74 betr. Sitzung der Vanillin-Konvention in Frankfurt/M. am 5. Dezember 1928, Historisches Archiv Roche (HAR): PD.3.1.VAN 100718a.

Dr. Schmidt, 28. 12. 1925, Niederschrift über die am 23. Dezember 1925 gehabte Besprechung betr. Vanillin, Landesarchiv Sachsen-Anhalt (LASA): I532 Nr. 3407.

Dr. Schmidt, 23. 01. 1926, Bericht über die Besprechung am 6. Januar 1926, Landesarchiv Sachsen-Anhalt (LASA): I532 Nr. 3407.

Dr. Schmidt, März 1926, Erster Bericht über Laboratoriumsversuche betr. das in der Farben-Abteilung in Anwendung stehende Verfahren zur Herstellung von Vanillin, Landesarchiv Sachsen-Anhalt (LASA): I532 Nr. 3407.

Dr. Weissenborn, 21. 02. 1934, Neubearbeitung eines Verfahrens zur Herstellung von Vanillin aus Guajakol und Formaldehyd mittels Nitrobenzolsulfolsäure und Zink (Geigy-Verfahren), Landesarchiv Sachsen-Anhalt (LASA): I532 Nr. 3412.

Haarmann & Reimer Chemische Fabrik zu Holzminden G.m.b.H., 05. 03. 1917, Anfrage bezüglich eines Gutachtens, Bayer AG: Corporate History & Archives (BAL): 250 – 007.

J. Mc. Lang, 03. 07. 1925, Darstellung von Vanillin. Gewinnung aus Nelkenöl, Landesarchiv Sachsen-Anhalt (LASA): I532 Nr. 2830.

Lina Morgenstern, circa 1900, Kochrecepte mit Anwendung von Haarmann & Reimer's patent. Vanillin, Scan zur Verfügung gestellt aus externem Privatbesitz.

Max Römer, 07. 03. 1917, Brief an Carl Duisberg, Bayer AG: Corporate History & Archives (BAL): 250 – 007.

Ohne Verfasser, Aktennotiz, Bayer AG: Corporate History & Archives (BAL): 009-L.

Ohne Verfasser, 17. 02. 1917, Abschrift zu Nr. 1509 D.P.d.K.G., Bayer AG: Corporate History & Archives (BAL): 250 – 007.

Ohne Verfasser, 28. Februar 1917, Abschrift zu N. 67. D.P.d.D.E.A., Bayer AG: Corporate History & Archives (BAL): 250 – 007.

Ohne Verfasser, Oktober 1925, Niederschrift über die Besprechung am 23. Okt. 1925 in Frankfurt/Main betr. Vanillin, Historisches Archiv Roche (HAR): PD.3.1.VAN 100718a.

Prof. Dr. Hermann Pauly, 28. 08. 1919, Schreiben an die Direktion der Agfa, Landesarchiv Sachsen-Anhalt (LASA): I532 Nr. 2683.

Reichsverteilungsstelle für Nährmittel und Eier, 09. 03. 1917, Anfrage Benzol zur Vanillin-Produktion durch Haarmann & Reimer, Bayer AG: Corporate History & Archives (BAL): 250 – 007.

Unternehmen Dr. Oetker, 1894, Vanillinzucker 1894, Unternehmensarchiv Dr. August Oetker KG (OeFa).

Unternehmen Dr. Oetker, circa 1900, Preisgekrönte Rezepte zu Dr. Oetker's Fabrikaten, Unternehmensarchiv Dr. August Oetker KG (OeFa).

Unternehmen Dr. Oetker, 1901, Dr. Oetkers Vanillin-Zucker 1901, Unternehmensarchiv Dr. August Oetker KG (OeFa).

Unternehmen Dr. Oetker, 1907, Dr. Oetkers Vanillin-Zucker 1907, Unternehmensarchiv Dr. August Oetker KG (OeFa): P1 603.

Unternehmen Dr. Oetker, 1910, Rezeptbuch B, Unternehmensarchiv Dr. August Oetker KG (OeFa): S3 40.

Publizierte Quellen

August Skalweit, *Die deutsche Kriegsernährungswirtschaft.* Stuttgart; Berlin; Leipzig; New Haven: Deutsche Verlagsanstalt; Yale University Press, 1927.

Bell Flavors & Fragrances, Zukunftsorientierte Düfte und Aromen entstehen dank richtungsweisender Kreation und hochmoderner Anlagen heute dort, wo im 19. Jahrhundert Rosenfelder die Landschaft prägten, https://www.bell-europe.com/de/unternehmen/geschichte.html.

Christian Sprenger, Lina Morgenstern 1830 – 1909. Sozialaktivistin und Frauenrechtlerin, Stiftung Haus der Geschichte der Bundesrepublik Deutschland; Deutsches Historisches Museum; Das Bundesarchiv, 14. 09. 2014, https://www.dhm.de/lemo/biografie/lina-morgenstern.

Ferdinand Tiemann. „Ueber die der Coniferyl- und Vanillinreihe angehörigen Verbindungen". *Berichte der deutschen chemischen Gesellschaft*, 1876, 409 – 423.

Ferdinand Tiemann. „Ueber eine Bildungsweise der Vanillinsäure und des Vanillins aus Eugenol, sowie über die Synthese der Ferulasäure". *Berichte der deutschen chemischen Gesellschaft*, 1876, 52 – 54.

Ferdinand Tiemann und Wilhelm Haarmann. „Ueber das Coniferin und seine Umwandlung in das aromatische Princip der Vanille". *Berichte der deutschen chemischen Gesellschaft*, 1874, 608 – 623.

Ferdinand Tiemann und Wilhelm Haarmann. „Ueber die Bestandtheile der natürlichen Vanille". *Berichte der deutschen chemischen Gesellschaft*, 1876, 1287 – 1292.

Ferdinand Tiemann und R. Kraaz. „Zur Constitution des Eugenols". *Berichte der deutschen chemischen Gesellschaft*, 1882, 2059 – 2069.

Ferdinand Tiemann. „Ueber Isoeugenol, Diisoeugenol und Derivate derselben". *Berichte der deutschen chemischen Gesellschaft*, 1891, 2870 – 2877.

Haarmann & Reimer Chemische Fabrik zu Holzminden G.m.b.H., Eigenschaften und Verwendung unserer Erzeugnisse 1874 – 1924, Holzminden: Hüpke und Sohn, vermutlich 1924.

Haarmann & Reimer Chemische Fabrik zu Holzminden G.m.b.H., Eigenschaften und Verwendung unserer Erzeugnisse 1874 – 1934, vermutlich Holzminden: Haarmann & Reimer, 1934.

Klaus-Peter Klingelschmitt (KPK), La Roche kauft Boehringer Mannheim, TAZ, S. Wirtschaft und Umwelt S. 6, https://taz.de/La-Roche-kauft-Boehringer-Mannheim/!1399066/.

Roche, Roche Meilensteine, https://www.roche.de/ueber-roche/unternehmenshistorie/.

Unternehmen Dr. Oetker, Vanillin-Zucker, https://www.oetker.de/unsere-produkte/backzutaten/vanillinzucker-tuetchen.

Unternehmen Dr. Oetker, Von Damals bis Heute – Unternehmen | Dr. Oetker, https://www.oetker.de/von-damals-bis-heute#m057-anchorwallpaper-anchor-168684.

Literatur

Berenstein, Nadia. „Making a Global Sensation: Vanilla Flavor, Synthetic Chemistry, and the Meanings of Purity". *History of Science* 54, Nr. 4 (Dezember 2016): 399 – 424.

Bieri, Alexander. „Roche im Ersten Weltkrieg: die Genese einer globalen Unternehmenskultur". *Basler Zeitschrift für Geschichte und Altertumskunde* 114 (2014): 101 – 14.

Blaszczyk, Regina L. „Designing Synthetics, Promoting Brands: Dorothy Liebes, DuPont Fibres and Post-War American Interiors". *Journal of Design History* 21, Nr. 1 (Januar 2008): 75 – 99.

Borkin, Joseph, *Die unheilige Allianz der I.G. Farben: eine Interessengemeinschaft im Dritten Reich*. 3. Aufl. Frankfurt: Campus Verlag, 1981.

Campbell, Neil A., und Jane B. Reece. *Biologie*. 8. aktualis. Aufl. Pearson Studium – Biologie. München: Pearson, 2009.

Davis, Belinda. „Konsumgesellschaft und Politik im Ersten Weltkrieg". In: *Die Konsumgesellschaft in Deutschland 1890 – 1990: ein Handbuch*, 232 – 49. Frankfurt/Main: Campus Verlag, 2009.

Ecott, Tim. *Vanilla: Travels in Search of the Ice Cream Orchid*. New York: Grove Press, 2004.

Fengler, Silke. *Entwickelt und fixiert: zur Unternehmens- und Technikgeschichte der deutschen Fotoindustrie, dargestellt am Beispiel der Agfa AG Leverkusen und des VEB Filmfabrik Wolfen (1945 – 1995)*. Bochumer Schriften zur Unternehmens- und Industriegeschichte. Essen: Klartext, 2009.

Fischer, Ernst Peter. *Wissenschaft für den Markt: die Geschichte des forschenden Unternehmens Boehringer Mannheim*. München: Piper, 1991.

Fritzen, Florentine. *Gesünder leben Die Lebensreformbewegung im 20. Jahrhundert.* Stuttgart: Franz Steiner Verlag, 2006.

Hartmann-Schreier, Jenny. „Guajacol, RD-07 – 02087". In: *RÖMPP [Online].* Stuttgart: Georg Thieme Verlag, 2003. https://roempp.thieme.de/lexicon/RD-07-02087.

Hayes, Peter. *Industry and Ideology: IG Farben in the Nazi Era.* 2. Aufl. Cambridge: Cambridge University Press, 2001.

Hochreiter, Walter. „Roche in Basel und Westeuropa". In: *Roche in der Welt 1869 – 2021: Eine globale Geschichte*, 16 – 361. Basel: Editiones Roche, 2021.

Jahn, Ullrich, und Bernhard Westermann. „Anisidine, RD-01 – 02516". In: *RÖMPP [Online].* Stuttgart: Georg Thieme Verlag, 2011. https://roempp.thieme.de/lexicon/RD-01-02516.

Johnson, Jeffrey Allan. „Military-Industrial Interactions in the Development of Chemical Warfare, 1914 – 1918: Comparing National Cases Within the Technological System of the Great War". In: *One Hundred Years of Chemical Warfare: Research, Deployment, Consequences*, 135 – 49. Cham: Springer International Publishing/Springer Nature, 2017.

Jovović, Thomas. „Deutschland und die Kartelle – Eine unendliche Geschichte". *Jahrbuch für Wirtschaftsgeschichte / Economic History Yearbook* 53, Nr. 1 (Mai 2012): 237 – 73.

Jung, Bettina. *August Oetker.* Berlin: Ullstein, 1999.

Karlsch, Rainer, und Helmut Maier, Hrsg. *Studien zur Geschichte der Filmfabrik Wolfen und der IG Farbenindustrie AG in Mitteldeutschland.* Bochumer Studien zur Technik- und Umweltgeschichte. Essen: Klartext, 2014.

Karlsch, Rainer, und Paul Werner Wagner. *Die AGFA-ORWO-Story: Geschichte der Filmfabrik Wolfen und ihrer Nachfolger.* Berlin: Verlag für Berlin-Brandenburg, 2010.

Kißener, Michael. *Boehringer Ingelheim im Nationalsozialismus: Studien zur Geschichte eines mittelständischen chemisch-pharmazeutischen Unternehmens.* Historische Mitteilungen – Beihefte. Stuttgart: Steiner, 2015.

Kubik, Stefan. „Substituent, RD-19 – 04595". In: *RÖMPP [Online]*, 2005. https://roempp.thieme.de/lexicon/RD-19-04595.

Lindner, Stephan H. *Hoechst: ein I.G. Farben Werk im Dritten Reich.* München: C. H. Beck, 2005.

Lützen, Arne. „Glucoside, RD-07 – 01390". In: *RÖMPP [Online].* Stuttgart: Georg Thieme Verlag, 2009. https://roempp.thieme.de/lexicon/RD-07-01390.

Luxbacher, Günther. „„Für bestimmte Anwendungsgebiete best geeignete Werkstoffe...finden': Zur Praxis der Forschung an Ersatzstoffen für Metalle in den deutschen Autarkie-Phasen des 20. Jahrhunderts". *NTM Zeitschrift für Geschichte der Wissenschaften, Technik und Medizin* 19, Nr. 1 (Februar 2011): 41 – 68.

Pohl, Hans, Hrsg. *Kartelle und Kartellgesetzgebung in Praxis und Rechtsprechung vom 19. Jahrhundert bis zur Gegenwart.* Nassauer Gespräche der Freiherr-vom-Stein-Gesellschaft. Stuttgart: Franz Steiner Verlag, 1985.

RÖMPP-Redaktion. „Coniferin, RD-03 – 02434". In: *RÖMPP [Online].* Stuttgart: Georg Thieme Verlag, 2002. https://roempp.thieme.de/lexicon/RD-03-02434.

Rossfeld, Roman. „Ernährung im Wandel: Lebensmittelproduktion und -konsum zwischen Wirtschaft, Wissenschaft und Kultur". In: *Die Konsumgesellschaft in Deutschland 1890 – 1990: ein Handbuch*, 27 – 45. Frankfurt/Main: Campus Verlag, 2009.

Schröter, Harm G. „Das Kartellverbot und andere Ungereimtheiten. Neue Ansätze in der internationalen Kartellforschung". In: *Regulierte Märkte: Zünfte und Kartelle: corporations et cartels = Marchés régulés*, 199 – 212. Schweizerische Gesellschaft für Wirtschafts- und Sozialgeschichte. Zürich: Chronos, 2011.

Schröter, Harm G. „Kartelle als Form industrieller Konzentration: Das Beispiel des internationalen Farbstoffkartelles von 1927 bis 1939". *Vierteljahrschrift für Sozial- und Wirtschaftsgeschichte 74*, Nr. 4 (1987): 479 – 513.

Schröter, Harm G. „Kartellierung und Dekartellierung: 1890 – 1990". *Vierteljahresschrift für Sozial- und Wirtschaftsgeschichte* 81, Nr. 4 (1994): 457 – 93.

Sell, Charles S. und David H. Pybus. „The History of Aroma Chemistry and Perfume". In: *The Chemistry of Fragrances*, 3 – 23, 2006.

Spiekermann, Uwe. *Künstliche Kost: Ernährung in Deutschland, 1840 bis heute.* Umwelt und Gesellschaft. Göttingen: Vandenhoeck & Ruprecht, 2018.

Stanzl, Klaus. *Die Entstehung der Riechstoffindustrie im 19. Jahrhundert.* Stuttgart: Stanzl (Druck und Vertrieb: epubli), 2019.

Torp, Claudius. „Das Janusgesicht der Weimarer Konsumpolitik". In: *Die Konsumgesellschaft in Deutschland 1890 – 1990: ein Handbuch*, 250 – 67. Frankfurt/Main: Campus Verlag, 2009.

Torp, Claudius. *Wachstum, Sicherheit, Moral: politische Legitimationen des Konsums im 20. Jahrhundert.* Das Politische als Kommunikation. Göttingen: Wallstein, 2012.

Vaupel, Elisabeth. „Betört von Vanille. Seit 500 Jahren begehrt – und immer noch Forschungsthema". *Kultur & Technik*, 2002, 47 – 51.

Vaupel, Elisabeth. „Chemie und Krieg". *Kultur & Technik*, Nr. 2 (2014): 57 – 63.

Vaupel, Elisabeth. „Hermann Staudinger und der Kunstpfeffer. Ersatzgewürze". *Chemie in Unserer Zeit* 44, Nr. 6 (Dezember 2010): 396 – 412.

Vaupel, Elisabeth. „Seit 500 Jahren als Gewürz begehrt". *Pharmazeutische Zeitung*, Nr. 38 (16. September 2002). https://www.pharmazeutische-zeitung.de/inhalt-38-2002/titel-38-2002/.

Weinhold, Birgit. „Emulsin, RD-05 – 00977". In: *RÖMPP [Online]*. Stuttgart: Georg Thieme Verlag, 2006. https://roempp.thieme.de/lexicon/RD-05-00977.

Teil II

Quellen

Archivquellen

Aktiebolaget Anilinkompaniet, 08.04.1937, Göteborgs Kexfabrik, Landesarchiv Sachsen-Anhalt (LASA): I532 Nr. 3022.

Aktiebolaget Anilinkompaniet, 29.04.1937, Göteborgs Kexfabrik Aethylvanillin, Landesarchiv Sachsen-Anhalt (LASA): I532 Nr. 3022.

Aktiebolaget Anilinkompaniet, 03.06.1937, Firma C. W. Hagelberg & Co., Göteborg, Landesarchiv Sachsen-Anhalt (LASA): I532 Nr. 3022.

Aktiebolaget Anilinkompaniet, 05.06.1937, C. W. Hagelberg & Co., Göteborg, Landesarchiv Sachsen-Anhalt (LASA): I532 Nr. 3022.

Aktiengesellschaft für Papierstoff- und Zellfabrikation, 20./21.01.1931, Vanillin.-Ihr Schreiben vom 19.12.31, Landesarchiv Sachsen-Anhalt (LASA): I532 Nr. 2726.

August Oetker, 12.08.1944, Erwerb von Gesellschaftsanteilen der Haarmann & Reimer G.m.b.H., Holzminden, Bundesarchiv (BArch): R87 1695.

Axt; Dr. R. Schmidt, 12.02.1931, Vanillin. Vanillin-Fabrik, Hamburg, Bundesarchiv (BArch): R8128 17849.

B.Z. am Mittag, Berlin Nr. 173, 12.07.1942, Vanille-Geschmack – chemisch erzeugt. Deutsche Fabrik wird den gesamten europäischen Vanillinbedarf decken, Landesarchiv Sachsen-Anhalt (LASA): I532 Nr. 985.

Bell Flavors & Fragrances, Unternehmenswebsite, https://www.bell-europe.com/de/.

Burk, 09.09.1925, Bericht über die Besprechung mit Grießheim in Frankfurt im Büro von Grießheim am 08. September 1925, Historisches Archiv Roche (HAR): PD.3.1.VAN 100718a.

C. F. Boehringer & Soehne G.m.b.H., Mannheim-Waldhof, 02.06.1936, Vanillin/Aethylvanillin, Bundesarchiv (BArch): R8128 17794.

C. F. Boehringer & Soehne G.m.b.H., Mannheim-Waldhof, 03.06.1936, Vanillin/Aethylvanillin. Preisgleichheit im Auslande, Bundesarchiv (BArch): R8128 17794.

C. F. Boehringer & Soehne G.m.b.H., Mannheim-Waldhof, 03.06.1936, Vorschläge für Lokopreise Ungarn inclusive Phasenumsatzsteuer, Bundesarchiv (BArch): R8128 17794.

C. F. Boehringer & Soehne G.m.b.H., Mannheim-Waldhof, 04.06.1936, Vanillin/Aethylvanillin. Mengen- und Erlösausgleich in der deutsch-schweizerischen Konvention, Bundesarchiv (BArch): R8128 17794.

C. F. Boehringer & Soehne G.m.b.H., Mannheim-Waldhof, 06.06.1936, Vanillin. Rumänien/Noratan & Soehne G.m.b.H., Mannheim-Waldhof, Bundesarchiv (BArch): R8128 17794.

C. F. Boehringer & Soehne G.m.b.H., Mannheim-Waldhof, 10.06.1936, Vanillin. Vanillin-Fälschungen, Bundesarchiv (BArch): R8128 17794.

C. F. Boehringer & Soehne G.m.b.H., Mannheim-Waldhof, 10.06.1936, Vanillin/Aethylvanillin. Preisgleichheit im Auslande, Bundesarchiv (BArch): R8128 17794.

C. F. Boehringer & Soehne G.m.b.H., Mannheim-Waldhof, 30.06.1936, Vanillin/Aethylvanillin. Verkaufsgemeinschaft Deutschland, Bundesarchiv (BArch): R8128 17794.

C. F. Boehringer & Soehne G.m.b.H., Mannheim-Waldhof, 19.04.1937, Aethylvanillin., Landesarchiv Sachsen-Anhalt (LASA): I532 Nr. 3022.

C. F. Boehringer & Soehne G.m.b.H., Mannheim-Waldhof, 23.07.1937, Vertrauliches Schreiben zum Sawdust-Vanillin, Landesarchiv Sachsen-Anhalt (LASA): I532 Nr. 2728.

C. F. Boehringer & Soehne G.m.b.H., Mannheim-Waldhof, 07.01.1942 (gemeint 1943), Anmeldung M 140463 IVo/12o der Marathon Paper Mills Company, Rothschild, Wisconsin, Historisches Archiv Roche (HAR): PD.3.1.VAN 102603.

C. F. Boehringer & Soehne G.m.b.H., Mannheim-Waldhof, 05.12.1942, Sulfitvanillin Ausübung der D.R.P. 707427, Historisches Archiv Roche (HAR): PD.3.1.VAN 102603.

Chemical Industries, November 1937, Competition drives Vanillin Price down (Vol. 14, No. 5), Landesarchiv Sachsen-Anhalt (LASA): I532 Nr. 2728.

Der Reichskommissar für die Behandlung feindlichen Vermögens, 02.12.1943, Vermerk, Bundesarchiv (BArch): R87 1695.

Der Reichskommissar für die Behandlung feindlichen Vermögens, 05.09.1944, Vermerk betr. Haarmann & Reimer, Holzminden, Bundesarchiv (BArch): R87 1695.

Deutsche Ukraine-Zeitung, 22.07.1942, Deutschland deckt den europäischen Vanillinbedarf, Landesarchiv Sachsen-Anhalt (LASA): I532 Nr. 985.

Dr. A. Frey, 17.09.1940, Rapport. Bemerkungen zu den I.G: und Boehringer & Soehne – Verfahren und Berechnungen betreffend Darstellung von Vanillin aus Sulfitablauge, Historisches Archiv Roche (HAR): PD.3.1.VAN 102603.

Dr. Barrell, 28.05.1940, Betreff Sulfitvanillin, Antwort auf No. 87 + 92, Historisches Archiv Roche (HAR): LG.DE 106768t.

Dr. Bollmann, 13.04.1937, Aethylvanillin Göteborgs Kexfabrik, Landesarchiv Sachsen-Anhalt (LASA): I532 Nr. 3022.

Dr. Bollmann, 05.05.1937, Göteborgs Kexfabrik, Landesarchiv Sachsen-Anhalt (LASA): I532 Nr. 3022.

Dr. Bollmann, 11.12.1937, Brief an Bayer, New York, Landesarchiv Sachsen-Anhalt (LASA): I532 Nr. 2728.

Dr. Bollmann, 10.01.1938, Bericht über die Entwicklung der Angelegenheit Vanillin aus Sulfitablauge USA, Landesarchiv Sachsen-Anhalt (LASA): I532 Nr. 2728.

Dr. Bollmann, 17.05.1939, Niederschrift über die Vanillin-Besprechung in Wolfen am 5.5.1939, Landesarchiv Sachsen-Anhalt (LASA): I532 Nr. 3135.

Dr. Gsell, 21.01.1931, Vanillin. Verhandlungen mit der Vanillin-Fabrik, Hamburg, Bundesarchiv (BArch): R8128 17849.

Dr. Gsell, 12.07.1939, Vanillin aus Sulfitablauge, Historisches Archiv Roche (HAR): PD.3.1.VAN 102603.

Dr. Gsell; Girard, 10.02.1931, Vanillin. Vanillin-Fabrik, Hamburg, Bundesarchiv (BArch): R8128 17849.

Dr. H. M. Wuest, 05.02.1937, Rapport. Vanillin aus Sulfitablaugen, Historisches Archiv Roche (HAR): PD.3.1.VAN 102603.

Dr. H. M. Wuest, 27.01.1938, Rapport. Vanillin aus Sulfitablauge No. 4, Historisches Archiv Roche (HAR): PD.3.1.VAN 102603.

Dr. H. Oldenbourg, 27.09.1935, Bericht No. 5. Internationale Vanillin-Sitzung in Köln, Hotel Excelsior, vom 25.9.35, Historisches Archiv Roche (HAR): MV.0.2.1 102555a.

Dr. H. Oldenbourg, 21.10.1935, Bericht No. 9. Sitzung der Gruppe 1 der Vanillin-Konvention am 16. Oktober 1935, vormittags 11 Uhr, in Berlin, Hôtel Esplanade, Historisches Archiv Roche (HAR): MV.0.2.1 102555a.

Dr. H. Oldenbourg, 12.11.1935, Bericht No. 10. Sitzung der Guajacol- und Guajacolcarbonat-Konvention vom 8. November 1935, Hôtel Europäischer Hof, Heidelberg, Historisches Archiv Roche (HAR): MV.0.2.1 102555a.

Dr. H. Oldenbourg, 02.04.1936, Bericht No. 15. Sitzung der internationalen Vanillin-Konvention vom 27. März 1936 in Basel, Hôtel Drei Könige, Historisches Archiv Roche (HAR): MV.0.2.1 102555a.

Dr. H. Oldenbourg, 30.10.1936, Bericht No. 25. Sitzung der deutsch-schweizerischen Vanillin-Konvention in London, Hôtel Savoy, 22.10.36, Historisches Archiv Roche (HAR): MV.0.2.1 102555a.

Dr. H. Oldenbourg, 03.11.1936, Bericht No. 26. Sitzung der internationalen Vanillin-Konvention in London, Hôtel Savoy, 23.10.36, Historisches Archiv Roche (HAR): MV.0.2.1 102555a.

Dr. H. Oldenbourg, 07.12.1936, Bericht No. 28. Sitzung der in der Auslands-Verkaufsgemeinschaft für Vanillin zusammengeschlossenen Firmen in Köln, Hotel Excelsior, am 2. Dezember 1936, Historisches Archiv Roche (HAR): MV.0.2.1 102555a.

Dr. H. Oldenbourg, 06.04.1937, Bericht No. 36. Besprechung betr. Vanillin/Aethylvanillin auf dem Bureau von Roche Berlin zwischen den Firmen Waldhof, Roche Basel und Roche Berlin am 31. März 1937, 10 Uhr, Historisches Archiv Roche (HAR): MV.0.2.1. 102555b.

Dr. H. Oldenbourg, 14.04.1937, Bericht No. 37. Bericht über die Sitzung der deutsch-schweizerischen Vanillin-Konvention in Berlin, Hotel Esplanade, Donnerstag, den 1. April 1937, Historisches Archiv Roche (HAR): MV.0.2.1. 102555b.

Dr. H. Oldenbourg, 16.04.1937, Bericht No. 38. Bericht über die Sitzung der internationalen Vanillin-Konvention am 7. April 1937 in Paris, Hotel Royal-Monceau, Historisches Archiv Roche (HAR): MV.0.2.1. 102555b.

Dr. H. Oldenbourg, 23.09.1937, Mitteilung. Vanillin aus Sulfitablaugen, Historisches Archiv Roche (HAR): PD.3.1.VAN 102603.

Dr. H. Oldenbourg, 19.10.1937, Bericht No. 49. Bericht über eine Besprechung der Block-Konvention, sowie eine Sitzung der deutsch-schweizerischen Vanillin-Konvention in Berlin, Hôtel Esplanade, 14. & 15. Oktober 1937, Historisches Archiv Roche (HAR): MV.0.2.1. 102555b.

Dr. H. Oldenbourg, 25.03.1938, Bericht No. 60. Besprechung des Komitees der internationalen Vanillin-Konvention im Hôtel Scribe, Paris, am 24.3.38, Historisches Archiv Roche (HAR): MV.0.2.1 102555b.

Dr. H. Oldenbourg, 08.07.1938, Bericht No. 62. Besprechung betr. Saw Dust-Vanillin mit dem Waldhof in Basel, Verwaltungsgebäude vom 07.07.1938, Historisches Archiv Roche (HAR): PD.3.1.VAN 102603.

Dr. H. Oldenbourg, 09.02.1939, Bericht No. 77. Sitzung der Gruppe 1 der internationalen Vanillin-Konvention am 3. Februar 1939 in Basel, Hôtel Drei Könige, Historisches Archiv Roche (HAR): MV.0.2.1 102555c.

Dr. H. Oldenbourg, 10.02.1939, Bericht No. 78. Sitzung der internationalen Vanillin-Konvention am 7. Februar 1939 in Basel, Hôtel Drei Könige, Historisches Archiv Roche (HAR): MV.0.2.1 102555c.

Dr. Hagemann, Februar 1946, Bericht über die Firma Haarmann & Reimer Chemische Fabrik zu Holzminden GmbH, Bundesarchiv (BArch): R87 1696.

Dr. iur. Karl Klügmann, 17.01.1941, Haarmann & Reimer G.m.b.H. in Holzminden – Chemische Fabrik de Laire in Paris, Bundesarchiv (BArch): R87 1965.

Dr. jur. Hans Diesener, 24.07.1943, Antrag auf Bestellung eines Verwalters für das an der Firma Haarmann & Reimer chem. Fabrik zu Holzminden G.m.b.H. in Holzminden beteiligte französische Kapital, Bundesarchiv (BArch): R87 1695.

Dr. jur. Hans Diesener; Gerhard Becker, 20.03.1944, Protokoll der Sitzung des Aufsichtsrats der Firma Haarmann & Reimer, chemische Fabrik zu Holzminden G.m.b.H. in Holzminden, am Montag, den 20. März 1944, Bundesarchiv (BArch): R87 1695.

Dr. jur. Hans Diesener; Gerhard Becker, 12.04.1944, Protokoll der Sitzung des Aufsichtsrats der Firma Haarmann & Reimer, chemische Fabrik zu Holzminden G.m.b.H. in Holzminden, Bundesarchiv (BArch): R87 1695.

Dr. K/Schn., 14.12.1931, Vanillin., Landesarchiv Sachsen-Anhalt (LASA): I532 Nr. 2726.

Dr. Marx, 23.03.1943, Vanillin aus Sulfitablauge, Landesarchiv Sachsen-Anhalt (LASA): I532 Nr. 3135.

Dr. May; Dr. Bröcker, 19.12.1931, Vanillin., Landesarchiv Sachsen-Anhalt (LASA): I532 Nr. 2726.

Dr. May; Dr. Knorr, 26.01.1932, Vanillin., Landesarchiv Sachsen-Anhalt (LASA): I532 Nr. 2726.

Dr. May; Dr. Witzmann, 02.07.1932, Herstellung von Vanillin. Ihre Akt.-Nr. 326a, Landesarchiv Sachsen-Anhalt (LASA): I532 Nr. 2726.

Dr. May; Dr. Witzmann, 07.06.1933, Vanillin/Absolutierung von Alkohol, Landesarchiv Sachsen-Anhalt (LASA): I532 Nr. 2726.

Dr. Molfenter, 13.06.1939, Bericht No. 639 über die internationale Sitzung der Vanillin-Aethylvanillin-Konvention am 9. Juni 1939, vormittags 11 Uhr 30 im Hotel des Indes im Haag, Historisches Archiv Roche (HAR): LG.DE 106768q.

Dr. Molfenter, 30.10.1939, Bericht No. 739 über die Sitzung der deutsch-schweizerischen Vanillin-Konvention am Freitag, den 27. Oktober 1939 in Berlin, Hotel Esplanade, vormittags 10 Uhr, Historisches Archiv Roche (HAR): LG.DE 106768q.

Dr. Reuss, Aethylvanillin Göteborgs Kexfabrik, Landesarchiv Sachsen-Anhalt (LASA): I532 Nr. 3022.

Dr. Richard Kaselowsky, 12.12.1939, Brief an Hans Crampe 12.12.1939, Unternehmensarchiv Dr. August Oetker KG (OeFa): P15 103.

Dr. Veiel, 09.07.1941, Aktennotiz Betr. Sulfit-Vanillin, Historisches Archiv Roche (HAR): PD.3.1.VAN 102603.

Dr. Wilhelm Haarmann, Dezember 1942, Bericht der Haarmann & Reimer chemische Fabrik zu Holzminden G.m.b.H. Holzminden über das Geschäftsjahr 1942, Bundesarchiv (BArch): R87 1695.

Dr. Wilhelm Haarmann, Dezember 1944, Bericht der Haarmann & Reimer chemische Fabrik zu Holzminden G.m.b.H. Holzminden über das Geschäftsjahr 1943, Bundesarchiv (BArch): R87 1696.

Dr. Wilhelm Haarmann; Axt, 21.10.1930, Vanillin. Verhandlungen mit der Vanillin-Fabrik, Hamburg, Bundesarchiv (BArch): R8128 17849.

Dr. Wilhelm Haarmann; Axt, 05.02.1931, Vanillin. Verhandlungen mit der Vanillin-Fabrik, Hamburg, Bundesarchiv (BArch): R8128 17849.

Dr. Wilhelm Haarmann; Paul Stade, 28.01.1944, Protokoll der Gesellschafterversammlung der Firma Haarmann & Reimer, chemische Fabrik zu Holzminden, G.m.b.H. in Holzminden am Mittwoch, den 26. Januar 1944, Bundesarchiv (BArch): R87 1695.

Dr. Willy Muser, Januar 1944, Prüfungsbericht über das Geschäftsjahr 1942 der Firma Haarmann & Reimer GmbH Holzminden, Bundesarchiv (BArch): R87 1695.

Dr. Willy Muser, Dezember 1944, Prüfungsbericht über das Geschäftsjahr 1943 der Firma Haarmann & Reimer GmbH Holzminden, Bundesarchiv (BArch): R87 8852.

Drake, 29.10.1937, Letter to Mc Clintock, Landesarchiv Sachsen-Anhalt (LASA): I532 Nr. 2728.

F. Hoffmann-La Roche & Co. AG Berlin, 07.02.1931, Vanillin. Betr.: Vanillinfabrik, Hamburg, Bundesarchiv (BArch): R8128 17849.

F. Hoffmann-La Roche & Co. AG Berlin, 02.06.1936, Vanillin/Aethylvanillin. Normierung, Bundesarchiv (BArch): R8128 17794.

Firmenich, 05.11.1942, Concerne Vanilline, Historisches Archiv Roche (HAR): PD.3.1.VAN 102603.

Firmenich, 12.11.1942, Concerne Vanilline, Historisches Archiv Roche (HAR): PD.3.1.VAN 102603.

Fritzsching; Kockzius, 10.02.1931, Betr. Vanillin-Fabrik Hamburg, Bundesarchiv (BArch): R8128 17849.

Fritzsching; Kockzius, 13.02.1931, Vanillin. Vanillin-Fabrik, Hamburg, Bundesarchiv (BArch): R8128 17849.

Gerhard Becker, 11.08.1943, II 721/1987/40, Bundesarchiv (BArch): R87 1695.

Gerhard Becker, 27.11.1943, Fa. Haarmann & Reimer Chem. Fabrik zu Holzminden G.m.b.H., Bundesarchiv (BArch): 87 1695.

Gerhard Becker, 30.06.1944, Bericht ueber die Führung der Verwaltung der feindlichen Beteiligung an der Firma Haarmann & Reimer chemische Fabrik zu Holzminden G.m.b.H., in Holzminden für die Zeit vom 1. März bis 30. Juni 1944, Bundesarchiv (BArch): R87 1695.

Gerhard Becker, 21.08.1944, Haarmann & Reimer Chemische Fabrik zu Holzminden G.m.b.H., Bundesarchiv (BArch): R87 1695.

Gründungsausschuß Ligrowa, 05.06.1940, Protokoll über die Besprechung am 05. Juni 1940 in Berlin, Landesarchiv Sachsen-Anhalt (LASA): I532 Nr. 985.

Gründungsausschuß Ligrowa, 25.07.1940, Protokoll über Ausschußsitzung 1 in Mannheim, Mannheimer Hof, am 24.7.1940 der LIGROWA G.m.b.H., S. 1–4, Landesarchiv Sachsen-Anhalt (LASA): I532 Nr. 985.

Gründungsausschuß Ligrowa, 11.09.1941, Protokoll über die 3. Ausschuß-Sitzung der LIGROWA G.m.b.H. in Berlin, Hotel Esplanade, am 9. September 1941, S. 1–7, Landesarchiv Sachsen-Anhalt (LASA): I532 Nr. 985.

Gründungsausschuß Ligrowa, 23.06.1943, Protokoll über die 4. Ausschuß-Sitzung der Ligrowa G.m.b.H. im Palasthotel Mannheimer Hof am 22. Juni 1943, 10 h, Landesarchiv Sachsen-Anhalt (LASA): I532 Nr. 985.

Haarmann & Reimer Chemische Fabrik zu Holzminden G.m.b.H., 02.10.1936, Vanillin/Aethylvanillin. Tschechoslowakei/Vanillin-Verfälschungen, Bundesarchiv (BArch): R8128 17798.

Hamburger Anzeiger, 1955, Todesanzeige, Universitätsarchiv Hamburg: 361 – 6_I 361.

Hamburgische Universität. Mathematisch-naturwissenschaftliche Fakultät; Hans Schmalfuß, 1924, Habilitationsakte, Universitätsarchiv Hamburg: 361 – 6_IV 2254.

Hans Crampe, 20.01.1940, Brief an Kaselowsky 20.01.1940, Unternehmensarchiv Dr. August Oetker KG (OeFa): P15 104.

Hans Crampe, 06.11.1942, Brief an Kaselowsky 06.11.1942, Unternehmensarchiv Dr. August Oetker KG (OeFa): P15 107.

Hans Crampe, 10.11.1942, Brief an Kaselowsky 10.11.1942, Unternehmensarchiv Dr. August Oetker KG (OeFa): P15 107.

Hans Crampe, 29.01.1943, Brief an Richard Kaselowsky, Unternehmensarchiv Dr. August Oetker KG (OeFa): P15 107.

Hans Crampe, 17.03.1943, Brief an Kaselowsky 17.03.1943, Unternehmensarchiv Dr. August Oetker KG (OeFa): P15 107.

Hans Schmalfuß, 26.05.1939, Antrag auf Ernennung zum außerplanmäßigen Professor, Universitätsarchiv Hamburg: 361 – 6_IV 2254.

Hans Schmalfuß, 13.11.1939, Brief an Hermann Staudinger, Archiv des Deutschen Museum München: NL 088/DII 18.17.

Hans Schmalfuß, 20.11.1939, Brief an Hermann Staudinger, Archiv des Deutschen Museum München: NL 088/DII 18.19.

Hans Schmalfuß, 12.12.1939, Brief an Hermann Staudinger, Archiv des Deutschen Museum München: NL 088/DII 18.25.

I.G. Agfa Riechstoff-Abteilung Berlin SO36, 24.06.1936, Betr.: Vanillin, Bundesarchiv (BArch): R8128 17794.

I.G. Berlin SO 36, 17.12.1936, Herstellung von Vanillin aus Zellstoff, Landesarchiv Sachsen-Anhalt (LASA): I532 Nr. 2728.

I.G. Berlin SO 36, 09.06.1937, Vanillin aus Sulfitablauge. Unser gestriges Ferngespräch, Landesarchiv Sachsen-Anhalt (LASA): I532 Nr. 2728.

I.G. Farben Aktiengesellschaft, 19.01.1931, Betr. Vanillin/Aethylvanillin, Bundesarchiv (BArch): R8128 17849.

I.G. Farben Aktiengesellschaft, 19.01.1931, Verhandlungen mit der Vanillin-Fabrik, Hamburg, Bundesarchiv (BArch): R8128 17849.

I.G. Farben Aktiengesellschaft, 09.12.1942, Sulfitvanillin Ausübung des DRP 707427, Historisches Archiv Roche (HAR): PD.3.1.VAN 102603.

I.G. Farben Aktiengesellschaft, 05.01.1943, Anmeldung M 140463 der Marathon Paper Mills Company, Rothschild, Wisconsin (USA), Historisches Archiv Roche (HAR): PD.3.1.VAN 102603.

I.G. Farbenfabrik, Riechstoff-Abteilung, IG Berlin SO36, 03.05.1937, Göteborgs Kexfabrik, Landesarchiv Sachsen-Anhalt (LASA): I532 Nr. 3022.

I.G. Farbenfabrik, Riechstoff-Abteilung, IG Berlin SO36, 04.06.1937, C. W. Hagelberg & Co., Göteborg Aethylvanillin, Landesarchiv Sachsen-Anhalt (LASA): I532 Nr. 3022.

I.G. Farbenfabrik, Riechstoff-Abteilung, IG Berlin SO36, 22.01.1940, Vanillin/Aethylvanillin, Landesarchiv Sachsen-Anhalt (LASA): I532 Nr. 3034.

I.G. Farbenfabrik, Zwischenprodukten-Abteilung, Wolfen, 26.08.1942, Schreiben an C. F. Boehringer, Landesarchiv Sachsen-Anhalt (LASA): I532 Nr. 985.

INGA, 01.06.1928, Einschreiben an Hermann Staudinger, Archiv des Deutschen Museum München: NL 088/DII 19.3.

INGA, 23.01.1947, Schreiben an Hans Grether, Archiv des Deutschen Museum München: NL 088/DII 19.13.

International Chemical Company Limited, 03.02.1947, Schreiben an die INGA, Archiv des Deutschen Museum München: NL 088/DII 19.14.

J. F. Saeman; E. G. Locke, 07.11.1945, FIAT Final Report Nr. 448, Archiv des Deutschen Museum München: 661.

Kockzius, 25.09.1930, Vanillin. Vanillin-Fabrik G.m.b.H., Hamburg, Bundesarchiv (BArch): R8128 17849.

Möllmann, circa 03.07.1930, Niederschrift über die Unterredung mit Herrn Hans Dieckmann, Geschäftsführer der Vanillin-Fabrik G.m.b.H., Hamburg-Billbrook, am 27.6.30, Bundesarchiv (BArch): R8128 17849.

Möllmann, 02.02.1931, Akten-Notiz. Betr. Verhandlungen mit der Vanillin-Fabrik, Hamburg, Bundesarchiv (BArch): R8128 17849.

Münchner Neueste Nachrichten Nr. 202, 21.07.1942, Vanillin aus Sulfitablauge, Landesarchiv Sachsen-Anhalt (LASA): I532 Nr. 985.

Ohne Verfasser, unbekannt, Vanillin/Aethylvanillin-Umsätze, Bundesarchiv (BArch): R8128 17855.

Ohne Verfasser, 20.02.1931, Vertrag Übersetzung, Bayer AG: Corporate History & Archives (BAL): 19-A.524–529.

Ohne Verfasser, 28.03.1932 (vermutlich), Entwurf Betr. Vanillin aus Guajacol, Historisches Archiv Roche (HAR): LG.DE 101848k.

Ohne Verfasser, 03.10.1936, Entwurf eines Briefes an Firma Polak & Schwarz, Zaandam. Vanillin/Aethylvanillin, Bundesarchiv (BArch): R8128 17794.

Ohne Verfasser, 17.09.1937, Brief zur Frage nach Vanillin aus Sulfitablauge, Landesarchiv Sachsen-Anhalt (LASA): I532 Nr. 2728.

Ohne Verfasser, 27.07.1939, Vanillinlieferungen, Historisches Archiv Roche (HAR): LG.DE 106768q.

Ohne Verfasser, 27.10.1939, Vanillin/Aethylvanillin-Sitzung der deutsch-schweizerischen Konvention, Bundesarchiv (BArch): R8128 17855.

Ohne Verfasser, 10.11.1942, Notiz zu Gesuch von Firmenich, Historisches Archiv Roche (HAR): PD.3.1.VAN 102603.

Ohne Verfasser, 21.10.1946, Notiz für Inga über die Besprechung zwischen Prof. Staudinger und Herrn Baer, Archiv des Deutschen Museum München: NL 088/DII 19.10.

Ohne Verfasser, 22.10.1946, Notiz für Inga. Betr. Coffarom, Archiv des Deutschen Museum München: NL 088/ DII 19.10.

Otto; Möllmann, 20.01.1931, Verhandlungen mit der Vanillin-Fabrik, Hamburg, Bundesarchiv (BArch): R8128 17849.

Otto; Schill, 22.09.1930, Vanillin. Verhandlungen mit der Vanillin-Fabrik G.m.b.H., Hamburg-Billbrook, Bundesarchiv (BArch): R8128 17849.

Otto; Schill, 22.01.1940, Vanillin/Aethylvanillin, Bundesarchiv (BArch): R8128 17855.

Prof. Dr. Hermann Pauly, 21.01.1929, Auszug aus einem Brief an Herrn Grimm, Landesarchiv Sachsen-Anhalt (LASA): I532 Nr. 2726.

Prof. Dr. Hermann Staudinger, 30.08.1933, Brief an L. Lautenschläger, Archiv des Deutschen Museum München: NL 088/DII 18.1.

Prof. Dr. Hermann Staudinger, 20.10.1933, Brief an L. Lautenschläger, Archiv des Deutschen Museum München: NL 088/DII 18.3.

Prof. Dr. Hermann Staudinger, 16.11.1939, Brief an Hans Schmalfuß, Archiv des Deutschen Museum München: NL 088/DII 18.18.

Prof. Dr. Hermann Staudinger, 11.06.1943, Brief an Prof. Dr. Lautenschläger, Archiv des Deutschen Museum München: NL 088/DII 18.33.

Prof. Dr. Hermann Staudinger; E. Pohl & Co., 10.02.1940, Vertrag, Archiv des Deutschen Museum München: NL 088/EI 4.

Prof. Dr. Hermann Staudinger; INGA, 30.04.1923, Vertrag, Archiv des Deutschen Museum München: NL 088/ DII 19.1.

Prof. Dr. L. Lautenschläger, 18.01.1934, Brief an Hermann Staudinger, Archiv des Deutschen Museum München: NL 088/DII 18.5.

Prof. Dr. L. Lautenschläger, 15.04.1935, Brief an Hermann Staudinger, Archiv des Deutschen Museum München: NL 088/DII 18.13.

Prof. Dr. L. Lautenschläger, 19.02.1937, Brief an Hermann Staudinger, Archiv des Deutschen Museum München: NL 088/DII 18.16.

Prof. Dr. L. Lautenschläger, 01.12.1939, Brief an Hermann Staudinger, Archiv des Deutschen Museum München: NL 088/DII 18.21.

Prof. Dr. L. Lautenschläger, 02.01.1940, Brief an Hermann Staudinger, Archiv des Deutschen Museum München: NL 088/DII 18.27.

Prof. Dr. Rieche, Oktober 1939, Brief an Prof. Freudenberg, Landesarchiv Sachsen-Anhalt (LASA): I532 Nr. 3135.

Prof. Dr. Rieche, 02.09.1941, Aktennotiz Stellungnahme zur Ligrowa-Sitzung am 9.9.1941, Landesarchiv Sachsen-Anhalt (LASA): I532 Nr. 2842.

Rheinisch-westfälische Zeitung Nr. 367, 22.07.1942, Vanillin aus Sulfitablauge, Landesarchiv Sachsen-Anhalt (LASA): I532 Nr. 985.

Richard Kaselowsky, 12.11.1942, Brief an Hans Crampe, Unternehmensarchiv Dr. August Oetker KG (OeFa): P15 107.

Richard Kaselowsky, 06.03.1943, Brief an Hans Crampe, Unternehmensarchiv Dr. August Oetker KG (OeFa): P15 107.

Richtzenhain, 18.02.1938, Bericht über die Versuche zur Gewinnung von Vanillin aus Sulfitablauge, Landesarchiv Sachsen-Anhalt (LASA): I532 Nr. 2728.

Sch/Ar, 29.02.1940, Anlage 1 zu B Betr.: Holzvanillin, Bundesarchiv (BArch): R8128 17855.

Schill, 31.10.1936, Fabrikationsaufnahme von Vanillin in Canada, Bundesarchiv (BArch): R8128 17798.

Schill, 09.02.1940, Niederschrift über die Besprechung, betreffend Holzvanillin, am 7. Februar 1940 in den Räumen der Agfa, Berlin, Bundesarchiv (BArch): R8128 17855.

Schill, 19.10.1942, Interne Niederschrift über die Sitzung der deutschen Vanillin-Konvention am 23.9.42 in Würzburg, Bundesarchiv (BArch): R8128 17855.

Schill, 07.06.1943, Ergänzende interne Niederschrift über die Sitzung der Vanillin-Konvention vom 2. Juni 43 in Mannheim, Bundesarchiv (BArch): R8128 17855.

Schill; Möllmann, 06.01.1931, Vanillin/Aethylvanillin. Vertrag., Bundesarchiv (BArch): R8128 17849.

Schimmel & Co., 10.06.1936, Vanillin/Aethylvanillin. Rumänien/Noratan & Söhne, G.m.b.H., Mannheim-Waldhof, Bundesarchiv (BArch): R8128 17794.

Schuster, 02.02.1943, Vanillin und Äthylvanillin, Unternehmensarchiv Dr. August Oetker KG (OeFa): P15 107.

Schwabe, 07.01.1942, Schreiben an den Herrn Beauftragten des Generalbevollmächtigten für Sonderfragen d. chem. Erzeugung, Landesarchiv Sachsen-Anhalt (LASA): I532 Nr. 985.

Unternehmen Dr. Oetker, 24.07.1940, Betr. Vanillinzucker, Unternehmensarchiv Dr. August Oetker KG (OeFa): P5 90.

Unternehmen Dr. Oetker, 29.01.1943, Einschreiben an die Hauptvereinigung der deutschen
   Kartoffelwirtschaft, Unternehmensarchiv Dr. August Oetker KG (OeFa): P15 107.
Vanillin-Fabrik G.m.b.H., 17.01.1931, Betr.: Vanillin/Aethylvanillin, Bundesarchiv (BArch): R8128 17849.
Vanillin-Komitee, Protokoll über die am 21.05.1937 9 Uhr vormittags im Palasthotel in Brüssel
   stattgefundene Konferenz des Vanillin-Komitees (Übersetzung), Landesarchiv Sachsen-Anhalt
   (LASA): I532 Nr. 2728.
vermutlich Wilhelm Otto (Ohne Verfasser), 09.08.1937, Letter No. 28, Landesarchiv Sachsen-Anhalt
   (LASA): I532 Nr. 2728.
W. E. Weiss, 15.01.1938, Brief an Direktor Wilhelm Otto, Landesarchiv Sachsen-Anhalt (LASA): I532
   Nr. 2728.
Wilhelm Otto, 22.12.1937, Letter No. 42, Landesarchiv Sachsen-Anhalt (LASA): I532 Nr. 2728.

Publizierte Quellen

August Skalweit. *Die deutsche Kriegsernährungswirtschaft.* Stuttgart; Berlin; Leipzig; New Haven:
   Deutsche Verlagsanstalt; Yale University Press, 1927.
Der Vorsitzende des Ministerrats für die Reichsverteidigung Göring, Generalfeldmarschall; Der
   Generalbevollmächtigte für die Reichsverwaltung Frick; Der Generalbevollmächtigte für die
   Wirtschaft Walter Funk; Der Reichsminister und Chef der Reichskanzlei Dr. Lammers, Verordnung
   über die Behandlung feindlichen Vermögens, Reichsgesetzblatt Teil I: 16.1940, S. 191–195.
Karl Kürschner. „Die Darstellung größerer Mengen von Vanillin aus Sulfitablauge". *Journal für
   Praktische Chemie,* 1928, 238–262.
Örebro läns museum, Kexfabriken – Vi blir Örebro, http://www.viblirorebro.se/153.html.
Schimmel & Co. *Die Jubelfeier der Schimmel & Co. Aktiengesellschaft Miltitz bei Leipzig: 1829–1929.* Miltitz:
   Geschäftsdruckerei Schimmel & Co.,1929.
Viktor Grafe, „Untersuchungen über die Holzsubstanz vom chemisch-physiologischen Standpunkte".
   Monatshefte für Chemie, 1904, 987–1029.

Literatur

Ambrosius, Gerold und Michael North, Hrsg. *Deutsche Wirtschaftsgeschichte: ein Jahrtausend im
   Überblick.* München: C. H. Beck, 2000.
Briot, Eugénie und Robert de Laire. „Edgar de Laire (1860–1941)". In: *Itinéraires de chimistes,
   1857–2007: 150 ans de chimie en France avec les présidents de la SFC,* 123–28. Paris: EDP Science,
   2007.
Deichmann, Ute. *Flüchten, Mitmachen, Vergessen: Chemiker und Biochemiker in der NS-Zeit.* Weinheim
   Chichester: Wiley-VCH, 2001.
Finger, Jürgen, Sven Keller, und Andreas Wirsching. *Dr. Oetker und der Nationalsozialismus: Geschichte
   eines Familienunternehmens; 1933–1945.* 2. Aufl. München: Beck, 2013.
Hayes, Peter. *Industry and Ideology: IG Farben in the Nazi Era.* 2. Aufl. Cambridge: Cambridge University
   Press, 2001.
Jovović, Thomas. „Deutschland und die Kartelle – Eine unendliche Geschichte". *Jahrbuch für
   Wirtschaftsgeschichte / Economic History Yearbook* 53, Nr. 1 (Mai 2012): 237–73.
Krieger, Martin. *Kaffee: Geschichte eines Genussmittels.* Köln; Weimar; Wien: Böhlau, 2011.

Legrum, Wolfgang. *Riechstoffe, zwischen Gestank und Duft.* Studienbücher Chemie. Wiesbaden: Springer Fachmedien, 2015.

Lindner, Stephan H. *Hoechst: ein I.G. Farben Werk im Dritten Reich.* München: C. H. Beck, 2005.

Maier, Helmut. *Chemiker im „Dritten Reich": die Deutsche Chemische Gesellschaft und der Verein Deutscher Chemiker im NS-Herrschaftsapparat.* Weinheim: Wiley-VCH, 2015.

Maier, Helmut. *Forschung als Waffe: Rüstungsforschung in der Kaiser-Wilhelm-Gesellschaft und das Kaiser-Wilhelm-Institut für Metallforschung, 1900 – 1945/48.* Geschichte der Kaiser-Wilhelm-Gesellschaft im Nationalsozialismus. Göttingen: Wallstein, 2007.

Petrick-Felber, Nicole. *Kriegswichtiger Genuss: Tabak und Kaffee im „Dritten Reich".* Beiträge zur Geschichte des 20. Jahrhunderts. Göttingen: Wallstein Verlag, 2015.

Priesner, Claus. „Ein synthetisches Kaffeearoma: Von Coffarom zu Nescafé". *Chemie in Unserer Zeit* 48, Nr. 1 (Februar 2014): 22 – 35.

Riedel-de Haën. *Wir schaffen Verbindungen. 175 Jahre Riedel-de Haën, 1814 – 1989.* Seelze: Riedel-de Haën AG, 1989.

Schanetzky, Tim. *„Kanonen statt Butter": Wirtschaft und Konsum im Dritten Reich.* Die Deutschen und der Nationalsozialismus. München: C.H. Beck, 2015.

Schröter, Harm G. „Kartelle als Form industrieller Konzentration: Das Beispiel des internationalen Farbstoffkartelles von 1927 bis 1939". *Vierteljahrschrift für Sozial- und Wirtschaftsgeschichte* 74, Nr. 4 (1987): 479 – 513.

Schröter, Harm G. „Kartellierung und Dekartellierung: 1890 – 1990". *Vierteljahresschrift für Sozial- und Wirtschaftsgeschichte,* 81, Nr. 4 (1994): 457 – 93.

Treitel, Corinna. *Eating Nature in Modern Germany: Food, Agriculture, and Environment, c. 1870 to 2000.* Cambridge: Cambridge University Press, 2017.

Vaupel, Elisabeth. „Ersatz für die Naturvanille: Rezeption und rechtliche Behandlung der Aromastoffe Vanillin und Ethylvanillin in Deutschland (1874 – 2011)". *Ferrum: Nachrichten aus der Eisenbibliothek. Stiftung der Georg Fischer AG* 89 (2017): 44 – 55.

Vaupel, Elisabeth. „Ersatzgewürze (1916 – 1948). Der Chemie-Nobelpreisträger Hermann Staudinger und der Kunstpfeffer". *Technikgeschichte* 78, Nr. 2 (2011): 91 – 122.

Vaupel, Elisabeth. „Hermann Staudinger und der Kunstpfeffer. Ersatzgewürze". *Chemie in Unserer Zeit* 44, Nr. 6 (Dezember 2010): 396 – 412.

„Was ist eigentlich Lignin?" forstcast.net: Waldwissen zum Hören. https://www.lwf.bayern.de/wissenstransfer/forstcastnet/232375/index.php.

Weindling, Paul. *Nazi Medicine and the Nuremberg Trials: From Medical War Crimes to Informed Consent.* Basingstoke: Palgrave Macmillan, 2008.

Weindling, Paul. *Victims and Survivors of Nazi Human Experiments: Science and Suffering in the Holocaust.* London: Bloomsbury Academic, 2015.

Teil III

Quellen

Archivquellen

B. P. Vaterlaus, 07.02.1966, Codex Alimentarius. Etikettierung und Aufmachung von Lebensmittelpackungen/Zusätze zu Lebensmitteln, Historisches Archiv Roche (HAR): FE.1.GIV 103523l.

Bretschneider, 31.01.1980, Rundschreiben an die Mitglieder der AG Aroma/Essenzen, Archiv der Deutschen Forschungsgemeinschaft: 60320 1979–80 Bd. 18.

Bundesministerium für Jugend, Familie und Gesundheit (BMJFG), 13.11.1980, Protokoll Besprechung Aromenforschung 23. Oktober 1980, Archiv der Deutschen Forschungsgemeinschaft: 60320 1980 Bd. 19.

Bureau de liaison des syndicats europeens des produits aromatiques, 22.06.1965, Ansprache des Präsidenten, Historisches Archiv Roche (HAR): FE.1.GIV 103523e.

Bureau de liaison des syndicats europeens des produits aromatiques, 25.01.1966, Note introductive a la proposition de reglementation des substances aromatisantes, Historisches Archiv Roche (HAR): FE.1.GIV 103523n.

Cav. Gr. Cr. Gaetano Salamina, 09.12.1965, Progetto di regolamentazione comunitaria delle sostanze aromatizzanti per alimentari, Historisches Archiv Roche (HAR): FE.1.GIV 103523e.

Commission of the European Communities, 22.05.1980, Proposal for a Council Directive on the approximation of the Laws of the Member States relating to flavourings for use in foodstuffs and to source materials for their production, Archiv der Deutschen Forschungsgemeinschaft: 60320 1980 Bd. 19.

DFG-Farbstoffkommission, 1955, Protokoll 11. Arbeitssitzung der Kommission zur Bearbeitung des Lebensmittelfarbstoffproblems der „Deutschen Forschungsgemeinschaft" am 16. Dezember 1955, Archiv der Deutschen Forschungsgemeinschaft: 6019–721, 9, Heft 9.

DFG-Farbstoffkommission, 1958, Protokoll 13. Arbeitstagung der Farbstoff-Kommission der „Deutschen Forschungsgemeinschaft" vom 10. bis 11. Januar 1958 in Stuttgart in der Villa Reitzenstein, Archiv der Deutschen Forschungsgemeinschaft: 6019–721, 9.

DFG-Farbstoffkommission, 1961, Protokoll-Entwurf der 17. Arbeitstagung der Farbstoff-Kommission der Deutschen Forschungsgemeinschaft am 16. und 17. Oktober 1961 in Bad Godesberg, Archiv der Deutschen Forschungsgemeinschaft: 6019–721,9,4.

DFG-Fremdstoffkommission AG „Aroma/Essenzen", 1979, Auszug aus dem Protokoll der Sitzung vom 24. September 1979, Archiv der Deutschen Forschungsgemeinschaft: 60324, 1978–79, Bd. 26.

DFG-Fremdstoffkommission AG „Aroma/Essenzen", 1979, Niederschrift über die Sitzung der Senatskommission zur Prüfung fremder Stoffe bei Lebensmitteln (Fremdstoffkommission) der Deutschen Forschungsgemeinschaft am 26./27. April in Marburg, Archiv der Deutschen Forschungsgemeinschaft: 60324, 1978–79, Bd. 26.

Dr. C. Caflisch, 01.10.1965, Schreiben an Dr. G. Waldvogel, Historisches Archiv Roche (HAR): FE.1.GIV 103523e.

Dr. G. Erlemann; Dr. E. Theiss; Dr. W. Schlegel, 01.06.1965, MEMO for RRMG June, 1965, Historisches Archiv Roche (HAR): FE.1.GIV 103523e.

Dr. G. Waldvogel, 24.01.1966, Protokoll der Besprechung mit Herrn Dr. Borgeaud (Direktor von Nestlé) am 20. Januar 1966 in Bern, Historisches Archiv Roche (HAR): FE.1.GIV 103523l.

Dr. G. Waldvogel, 16. 05. 1966, Protokoll einer Sitzung vom 6. Mai 1966, 08.00 Uhr, Sitzungszimmer 914 über „Unterlagen und Traktandenliste zur 3. Sitzung des Codex-Committee on Food Additives", Historisches Archiv Roche (HAR): FE.1.GIV 103523l.

Dr. W. Guex, 22. 02. 1965, PROTOKOLL über die Gründungsversammlung der europäischen Aromenfabrikanten in Amsterdam – 12. Februar 1965, Historisches Archiv Roche (HAR): FE.1.GIV 103523e.

Dr. W. Schlegel, 03. 12. 1965, Codex Alimentarius. Ganztägige Orientierungs- und Arbeitstagung über Codex-Probleme, Bern, 1. Dezember 1965, Historisches Archiv Roche (HAR): FE.1.GIV 103523l.

Dr. W. Schlegel, 21. 02. 1966, Besprechung mit Herrn Prof. Högl, Präsident der Schweizerischen Codex Alimentarius-Kommission und mit Herrn Dr. C. Vodoz, Firmenich, Historisches Archiv Roche (HAR): FE.1.GIV 103523l.

Dr. W. Schlegel, 25. 05. 1966, 3rd Meeting of the FAO/WHO Codex Committee on Food Additives, Historisches Archiv Roche (HAR): FE.1.GIV 103523l.

Dr. W. Schlegel, 21. 12. 1966, Brief an Professor Högl, Historisches Archiv Roche (HAR): FE.1.GIV 103523l.

E. Hutter, 06. 06. 1966, Notiz über die 3. Sitzung des Codex-Komitees für Lebensmittelzusätze vom 9. bis 13. Mai 1966 in Den Haag, Historisches Archiv Roche (HAR): FE.1.GIV 103523l.

E. Hutter, 25. 07. 1966, Notiz über die Codex-Sitzung vom 06. Juli 1966 in Bern, Historisches Archiv Roche (HAR): FE.1.GIV 103523l.

E. Hutter, 26. 08. 1966, Joint FAO/WHO Codex Alimentarius Commission. Report of the Second Meeting of the Committee on Food Labelling, Historisches Archiv Roche (HAR): FE.1.GIV 103523l.

European Group of principal Manufacturers of Flavours (E.M.F.), 12. 10. 1964, Minutes of the Meeting of the TEMPORARY TECHNICAL COMMITTEE held at the HOTEL INTERCONTINENTAL, GENEVA on OCTOBER 2nd and 3rd 1964, Historisches Archiv Roche (HAR): FE.1.GIV 103523e.

Firmenich, 1960er Jahre, Propagandaschrift Firmenich, Historisches Archiv Roche (HAR): FE.1.GIV 103523e.

Firmenich, 21. 07. 1966, Brief an Prof. Högl, Historisches Archiv Roche (HAR): FE.1.GIV 103523l.

Georges Firmenich, 20. 05. 1965, à l'attention de Monsieur Mottier, Historisches Archiv Roche (HAR): FE.1.GIV 103523e.

Gesellschaft Deutscher Chemiker (GDCh), 19. 09. 1986, Auch der Verbraucher muß dazulernen, Bayer AG: Corporate History & Archives (BAL): 302 – 0024.

Gesellschaft Deutscher Chemiker (GDCh), 19. 09. 1986, Sachverstand der Lebensmittelchemiker stärker nutzen. GDCh-Preisträger Lange: Warnung vor „selbsternannten Experten", Bayer AG: Corporate History & Archives (BAL): 302 – 0024.

Gesellschaft für chemische Industrie, 16. 11. 1966, Notiz über die Aussprache vom 28. Oktober 1966 mit dem Bureau de Liaison des Syndicats Européens (CEE) des produits aromatiques in Brüssel, Historisches Archiv Roche (HAR): FE.1.GIV 103523n.

H/gl, 15 – 12. 1965, Notiz über die vom Schweizerischen Nationalen Komitee des Codex Alimentarius einberufene Orientierungs- und Arbeitstagung über Codex-Probleme vom Mittwoch, 1. Dezember 1965, Historisches Archiv Roche (HAR): FE.1.GIV 103523l.

Haarmann & Reimer G.m.b.H., 18. 09. 1979, Verbrauchsdaten von Aromastoffen zur Weitergabe an die Arbeitsgruppe der Fremdstoffkommission der DFG, Archiv der Deutschen Forschungsgemeinschaft: DFG 60320 1979 – 80 Bd. 18.

Hellmut Ratz, 1957, Gegen unrichtige Behauptungen, Bayer AG: Corporate History & Archives (BAL): 329 – 948 – 952.

Hh/ki, 26. 08. 1966, Joint FAO/WHO Codex Alimentarius Commission. Report of the Second Meeting of the Committee on Food Labelling, Historisches Archiv Roche (HAR): FE.1.GIV 103523l.

J.P.K. van der Steur, 06.10.1965, für die Regelung des Gebrauches von Aromastoffen in Lebensmitteln in den Mitgliedsländern der E.W.G., Historisches Archiv Roche (HAR): FE.1.GIV 103523n.

O. Roost, 04.10.1966, An die Teilnehmer der Codex-Etiketten-Konferenz, Historisches Archiv Roche (HAR): FE.1.GIV 103523l.

Ohne Verfasser, 1960er Jahre, Versuch einer Definition von Riechstoffen, Aromastoffen und Geschmacksstoffen, Historisches Archiv Roche (HAR): FE.1.GIV 103523e.

Ohne Verfasser, 25.06.1949, Riesengeschäfte mit Giften, Diese Woche, Bayer AG: Corporate History & Archives (BAL): 114 – 1.1.

Ohne Verfasser, 1957, Fremdstoffe in Lebensmitteln. Es ist nicht alles Gold, was glänzt, Bild + Funk Ausgabe S Nr. 22 26.05.-01.06.1957, S. 8 – 9, Hubert Burda Media/Burda Archiv.

Ohne Verfasser, 03.01.1966, Kritik an den Ausführungen des Herrn van der Steur, Historisches Archiv Roche (HAR): FE.1.GIV 103523n.

Ohne Verfasser, 29.07.1966, Discussion de votre projet daté du 21 juillet 1966, Historisches Archiv Roche (HAR): FE.1.GIV 103523l.

Ohne Verfasser, Juli/August 1966, Commission mixte FAO/OMS du Codex Alimentarius comité du Codex sur l'étiquetage des denrées alimentaires. Deuxième réunion, Ottawa (Canada), 25 – 29 juillet 1966, Historisches Archiv Roche (HAR): FE.1.GIV 103523l.

Prof. Werner Baltes; Dr. A.-E. Harmuth-Hoene, 1979, (Anlage 3) Niederschrift über die Sitzung der Arbeitsgruppe „Aroma/Essenzen" der Senatskommission zur Prüfung fremder Stoffe bei Lebensmitteln (Fremdstoffkommission) der Deutschen Forschungsgemeinschaft am 15. März 1979 in Berlin, Archiv der Deutschen Forschungsgemeinschaft: 60324, 1978 – 79, Bd. 26.

Prof. Werner Baltes; Dr. A.-E. Harmuth-Hoene, 11.10.1979, Niederschrift über die Sitzung der Arbeitsgruppe Aroma/Essenzen der Senatskommission zur Prüfung fremder Stoffe bei Lebensmitteln am 24. September 1979 in München, Archiv der Deutschen Forschungsgemeinschaft: DFG 60320 1979 – 80, Bd. 18.

Prof. Werner Baltes; Dr. A.-E. Harmuth-Hoene, 1980, Niederschrift über die Sitzung der Arbeitsgruppe „Aroma/Essenzen" der Senatskommission zur Prüfung fremder Stoffe bei Lebensmitteln am 5. Februar 1980 in Mainz, Archiv der Deutschen Forschungsgemeinschaft: 60320 1980 Bd. 19.

Prof. Werner Baltes; Dr. A.-E. Harmuth-Hoene, 1980, Niederschrift über die Sitzung der Arbeitsgruppe „Aroma/Essenzen" der Senatskommission zur Prüfung fremder Stoffe bei Lebensmitteln am 6. Oktober 1980 in Holzminden, Archiv der Deutschen Forschungsgemeinschaft: 60320 1980 Bd. 19.

Prof. Werner Baltes; Prof. R. Tressl, 27.07.1979, Antrag Gewährung einer Zuwendung, Archiv der Deutschen Forschungsgemeinschaft: 60320 1980 Bd. 19.

Roger Firmenich; W. A. Busslinger, 03.06.1964, Welcome Speech to the delegates by Roger Firmenich (Minutes of the meeting of the european synthetic flavor and fragrance manufacturers, Geneva 12.06.1964), Historisches Archiv Roche (HAR): FE.1.GIV 103523e.

Unternehmen Dr. Oetker, circa 1932, Puddingpulver mit Vanillegeschmack, Unternehmensarchiv Dr. August Oetker KG (OeFa): S4 137.

Unternehmen Dr. Oetker, circa 1946, Puddingpulver. Das gute Kindernährmittel Zitrone, Unternehmensarchiv Dr. August Oetker KG (OeFa): S10 225.

Unternehmen Dr. Oetker, 1952, Dr. Oetker Schulkochbuch. Ausgabe G, Unternehmensarchiv Dr. August Oetker KG (OeFa).

Unternehmen Dr. Oetker, circa 1960, Puddingpulver mit Vanillegeschmack, Unternehmensarchiv Dr. August Oetker KG (OeFa): S12 1539.

Unternehmen Dr. Oetker, 1971, Dr. Oetker Schulkochbuch für den Elektroherd, 17. verbesserte Auflage, Unternehmensarchiv Dr. August Oetker KG (OeFa).

Vo/Pi, 07.07.1966, Toxicological Tests for flavoring substances, Historisches Archiv Roche (HAR): FE.1.GIV 103523l.

W. A. Busslinger, 03.07.1964, Minutes of the meeting of the european synthetic flavor and fragrance manufacturers, Geneva 12.06.1964, Historisches Archiv Roche (HAR): FE.1.GIV 103523e.

W. A. Busslinger, 30.04.1965, Meeting of European Manufacturers of Flavors E.M.F., Amsterdam February 12th 1965, Historisches Archiv Roche (HAR): FE.1.GIV 103523e.

Zeitungsdienst Farbenfabriken Bayer, 1957, Pressespiegel zum 3. Internationalen Vitalstoff- und Ernährungskonvent, Bayer AG: Corporate History & Archives (BAL): 329 – 948 – 952.

Interviews

Reinhardt, Carsten; Gennermann, Paulina, Symrise, interviewte Personen: Bertram, Heinz-Jürgen; Kott, Bernhardt, Holzminden: 20.02.2020.

Publizierte Quellen

A. Kohler. „Gaschromatographie im Aromen-Laboratorium". *Gordian: internationale Zeitschrift für Lebensmittel und Lebensmitteltechnologie*,1973, 418 – 419, 422.

Albert P. van der Kloot; Robert I. Tenney und Vincent Bavisotto. „An Approach to Flavor Definition with Gas Chromatography". *Proceedings, annual meeting/ American Society of Brewing Chemists (ASBC)*, Nr. 1 (1958): 96 – 103.

Albert P. van der Kloot und Fred A. Wilcox. „An Approach to Flavor Definition with Gas Chromatography. Part II". *Proceedings, annual meeting/ American Society of Brewing Chemists (ASBC)*, Nr. 1 (1959): 76 – 80.

Bundesminister des Innern; Bundesminister für Ernährung, Landwirtschaft und Forsten, Verordnung über chemische behandelte Getreidemahlerzeugnisse, unter Verwendung von Getreidemahlerzeugnissen hergestellte Lebensmittel und Teigmassen aller Art, Bundesgesetzblatt: 55. Teil 1, 1956.

Bundesminister des Innern; Bundesminister für Ernährung, Landwirtschaft und Forsten, Verordnung über Essenzen und Grundstoffe (Essenzen-Verordnung), Bundesgesetzblatt: 25.1959, S. 747 – 750.

Bundesminister für Gesundheit, Verordnung zur Änderung der Aromenverordnung und anderer lebensmittelrechtlicher Verordnungen, Bundesgesetzblatt: 61. Teil 1, 1991, S. 2045 – 2050.

Bundestag, 2. Deutscher Bundestag, 88. Sitzung, Bonn, Bonn.

Bundestag, Gesetz zur Änderung und Ergänzung des Lebensmittelgesetzes, Bundesgesetzblatt: 46.1958, S. 950 – 955.

Bundestag, Gesetz zur Neuordnung und Bereinigung des Rechts im Verkehr mit Lebensmitteln, Tabakerzeugnissen, kosmetischen Mitteln und sonstigen Bedarfsgegenständen (Gesetz zur Gesamtreform des Lebensmittelrechts), Bundesgesetzblatt: 95.1974, S. 1945 – 1966.

Carsten Dierig: „Beweislage der Stiftung Warentest war erbärmlich", WELT, https://www.welt.de/wirtschaft/article141406382/Beweislage-der-Stiftung-Warentest-war-erbaermlich.html.

Der Bundesminister für Jugend, Familie und Gesundheit (in Vertretung Fülgraff); Der Bundesminister für Ernährung, Landwirtschaft und Forsten (in Vertretung Rohr), Verordnung zur Neuordnung lebensmittelrechtlicher Kennzeichnungsvorschriften, Bundesgesetzblatt: 60. Teil I, 1981, S. 1625–1685.

Deutscher Verband der Aromenindustrie e.V. (DVAI), Erdbeeraroma aus Sägespänen?, https://aromenverband.de/erdbeeraroma-aus-saegespaene/.

Deutscher Verband der Aromenindustrie e.V. (DVAI), Fact Sheet: Piperonal, https://aromenverband.de/piperonal/.

Eric Frérot und Laurent Wünsche. „50 years of mass spectrometry at Firmenich: a continuing love story". *CHIMIA International Journal for Chemistry*, 2014, 160–163.

FEMA, *FEMA 100. A Century of Great Taste*. United States: Flavor and Extract Manufactures Association, 2009.

Food and Drug Administration, 80 Years of the Federal Food, Drug, and Cosmetic Act, 2018, https://www.fda.gov/about-fda/fda-history-exhibits/80-years-federal-food-drug-and-cosmetic-act.

Gérard J. Martin und Maryvonne L. Martin. „Thirty Years of Flavor NMR". In: *Flavor Chemistry, Thirty years of progress*. New York: Springer Science+Business Media, 1999, 19–30.

Givaudan, Timeline 1768–2021, https://www.givaudan.com/our-company/rich-heritage/timeline.

Günter Stüttgen. „Benefit und Risk der kosmetischen Mittel". *Journal of the Society of Cosmetic Chemists (Journal of Cosmetic Science)*, 1981, 231–245.

Hans-Dietrich Cremer. „Die Situation auf dem Gebiet des Lebensmittelrechts, (Nach Erlaß der Verordnungen zur Lebensmittelgesetznovelle)". *Ernährungs-Umschau*, 1960, 45–48.

Hans-Ulrich Grimm. *Die Suppe lügt. Die schöne neue Welt des Essens*. Stuttgart: Klett-Cotta, 1997.

Horace George Frank. *Beeld van een bedrijf: „Naarden", Holland 1905–1965*. Naarden: Naarden Nieuws, 1965.

International Flavors & Fragrances (IFF), Our history, https://www.iff.com/about/history.

Kim Jones. „Deklaration von Aromen auf Etiketten vorverpackter Lebensmittel". *Dragoco Bericht für geschmackstoffe verarbeitende Industrien*, Nr. 2(1975): 27–32.

Kim Jones. „Der heutige Stand der Aromen- und Lebensmittelkennzeichnung, Gesetzgebung in der westlichen Welt". *Dragoco Bericht für geschmackstoffe verarbeitende Industrien*, Nr. 3 (1976): 55–68.

Kim Jones. „Entwicklungen im internationalen Aromenlebensmittelrecht". *Dragoco Bericht für geschmackstoffe verarbeitende Industrien*, Nr. 2 (1978): 35–40.

Klaus Roth. „Quadratisch, praktisch, natürlich?". *Chemie in Unserer Zeit*, 2015, 336–344.

K. P. Dimick und J. Corse. „Gas Chromatography – A New Method for The Separation and Identification of Volatile Materials in Foods". *Food Technology*, 1956, 360–364.

Manfred Rothe. *Einführung in die Aromaforschung*. Berlin: Akademie-Verlag, 1978.

Martin Dowideit, Schokoladenstreit, Handelsblatt, https://www.handelsblatt.com/unternehmen/handel-konsumgueter/schokoladenstreit-aromahersteller-symrise-verlangt-neuen-test/9151676.html?ticket=ST-5333585-cZgqdLr0X5DE7SnEwsXL-cas01.example.org.

Michael H. Widmer. „Recent Developments in Instrumental Analysis". In: *Flavour science and technology. Proceedings of the 6th Weurman Symposium*. Chicago: John Wiley & Sons, 1990, 181–190.

M. V. Smith. „FDA's Flavor and Spice Safety Review Program". In: *Fragrance and flavor substances, Proceedings of the 2. International Haarmann & Reimer Symposium on Fragrance and Flavor Substances (new products, processes and aspects of product safety), September 24–25, 1979*. New York City, D&PS: Pattensen, 1980, S. 185–190.

Nds. Landesamt für Verbraucherschutz und Lebensmittelsicherheit (LAVES), Cumarin in Zimt und zimthaltigen Lebensmitteln, 2016, https://www.laves.niedersachsen.de/startseite/lebensmittel/

lebensmittelgruppen/gewuerze_aromen/cumarin-in-zimt-und-zimthaltigen-lebensmitteln-73478.
html.

Ohne Verfasser, Wie Zuckerl, Der Spiegel: 52, https://www.spiegel.de/kultur/wie-zuckerl-a-eeff3f70-0002-0001-0000-000045865067.

Ohne Verfasser, 2016 Flavor & Fragrance Leaderboard, Perfumer & Flavorist, 2016, https://www.perfumerflavorist.com/flavor/article/21856077/2016-flavor-fragrance-leaderboard.

Paulette M. Gaynor; Richard Bonnette; Edmundo Garcia Jr.; Linda S. Kahl und Luis G. Valerio, FDA's Approach to the GRAS Provision: A History of Processes, FDA, https://www.fda.gov/food/generally-recognized-safe-gras/fdas-approach-gras-provision-history-processes.

Rat der Europäischen Gemeinschaft, Richtlinie des Rates vom 22. Juni 1988 zur Angleichung der Rechtsvorschriften der Mitgliedstaaten über Aromen zur Verwendung in Lebensmitteln und über Ausgangsstoffe für ihre Herstellung, 88/388/EWG, in: Amtsblatt der Europäischen Gemeinschaft: L 184/61.1988.

R. D. Middlekauf. „Changing Food Safety Principles Applied to Flavor Ingredients". In: *Fragrance and flavor substances, Proceedings of the 2. International Haarmann & Reimer Symposium on Fragrance and Flavor Substances (new products, processes and aspects of product safety), September 24–25, 1979.* New York City, D&PS: Pattensen, 1980, 191–200.

Richard L. Hall, „Flavor Additives and the Food-Additives Amendment". *Food, Drug, Cosmetic Law Journal*, 1960, 24–36.

Richard L. Hall; J. Walradt und P. G. Hoffmann. „The Development of Instrumental Methods of Analysis and Their Impact on the Flavor Industry". in: *FEMA 100. A Century of Great Taste.* United States: Flavor and Extract Manufactures Association, 2009, 156–163.

H.-L. Schmidt; D. Weber; A. Rossmann und R. A. Werner. „The potential of intermolecular and intramolecular isotopic correlations for authenticity control". In: *Flavor Chemistry, Thirty years of progress*, New York: Springer Science+Business Media, 1999, 55–61.

Spektrum, Lexikon der Chemie, 1998, https://www.spektrum.de/lexikon/chemie/massenspektrometrie/5622.

Stiftung Warentest, Nussschokolade. Jede dritte ist gut, https://www.test.de/Nussschokolade-Jede-dritte-ist-gut-4633543-0/.

Stiftung Warentest, Zum Reinbeißen. Nussschokolade, test, 12.2013, S. 20–25.

Symrise, Unsere Historie, https://www.symrise.com/de/unser-unternehmen/unsere-historie/#unsere-groessten-meilensteineN.

Unbekannt, Schoko-Streit: Symrise will neuen Test, Neue Westfälische, https://www.nw.de/nachrichten/wirtschaft/9798926_Schoko-Streit-Symrise-will-neuen-Test.html.

Unilever, 1980–2010-A bold change of strategy. 1986 – Unilever's business in fragran-ces and food flavours doubles, https://www.unilever.com/our-company/our-history-and-archives/1980-2010/.

Werner Kollath. *Die Ordnung unserer Nahrung.* Stuttgart: Hippokrates-Verlag, 1960 [1942].

TV-Beiträge

Regie: Doris Tromballa, Warum essen wir, was wir essen?, Arte.11.12.2021, https://www.arte.tv/de/videos/101940-005-A/42-die-antwort-auf-fast-alles/.

Literatur

Aselmeyer, Norman und Veronika Settele, Hrsg. *Geschichte des Nicht-Essens: Verzicht, Vermeidung und Verweigerung in der Moderne.* Historische Zeitschrift / Beihefte (Neue Folge). Berlin; Boston: De Gruyter Oldenbourg, 2018.

Bächi, Beat und Carsten Reinhardt. „Einleitung: Zur Geschichte des Regulierungswissens. Grenzen der Erkenntnis und Möglichkeiten des Handelns". *Berichte Zur Wissenschaftsgeschichte* 33, Nr. 4 (Dezember 2010): 347–50.

Baird, Davis. „Analytical Chemistry and the ‚Big' Scientific Instrumentation Revolution". In: *From classical to modern chemistry: the instrumental revolution*, 29–56. Cambridge: The Royal Society of Chemistry in association with the Science Museum, London and the Chemical Heritage Foundation, 2002.

Baltes, Werner. *Lebensmittelchemie: mit 90 Tabellen.* 6. vollst. überarb. Aufl. Springer-Lehrbuch. Berlin; Heidelberg: Springer, 2007.

Barlösius, Eva. *Soziologie des Essens: eine sozial- und kulturwissenschaftliche Einführung in die Ernährungsforschung.* 3. durchges. Aufl. Grundlagentexte Soziologie. Weinheim; Basel: Beltz Juventa, 2016.

Baudrillard, Jean. *Le système des objets.* Liguée: Gallimard, 1968.

Beck, Ulrich. *Risikogesellschaft: auf dem Weg in eine andere Moderne.* Edition Suhrkamp. Frankfurt/Main: Suhrkamp, 1986.

Belasco, Warren. „Food and the Counterculture: A story of Bread and Politics". In: *The cultural politics of food and eating: a reader*, 217–34. Blackwell readers in anthropology. Malden, MA: Blackwell Pub, 2005.

Bourdieu, Pierre. *Die feinen Unterschiede: Kritik der gesellschaftlichen Urteilskraft.* 26. Aufl. Suhrkamp-Taschenbuch Wissenschaft. Frankfurt/Main: Suhrkamp, 2018.

Carrier, Martin. „Facing the Credibility Crisis of Science: On the Ambivalent Role of Pluralism in Establishing Relevance and Reliability". *Perspectives on Science* 25, Nr. 4 (August 2017): 439–64.

Clarke, Alison J. *Tupperware: the promise of plastic in 1950s America.* Washington, DC: Smithsonian Institution Press, 1999.

Creager, Angela N. H. und Jean-Paul Gaudillière. „Introduction". In: *Risk on the table: food production, health, and the environment*, 1–26. Environment in history. New York: Berghahn, 2021.

Daemmrich, Arthur A. *Pharmacopolitics: drug regulation in the United States and Germany.* Studies in social medicine. Chapel Hill: University of North Carolina Press, 2004.

de la Peña, Carolyn. „Just Like a Peach: Visions of Nature in U.S. NutraSweet Marketing". *Technikgeschichte* 78, Nr. 3 (2011): 211–30.

Diehl, Paula. *Macht, Mythos, Utopie: die Körperbilder der SS-Männer.* Politische Ideen. Berlin: Akademie Verlag, 2005.

Frederick, Kelly. „Givaudan Acquires Quest International". *Perfumer & Flavorist*, 2. Februar 2009. https://www.perfumerflavorist.com/home/news/21869916/givaudan-acquires-quest-international.

Frings, Stephan und Frank Müller. *Biologie der Sinne: vom Molekül zur Wahrnehmung.* 2. korr. aktual. Aufl. Berlin; Heidelberg: Springer, 2019.

Fritzen, Florentine. *Gesünder leben. Die Lebensreformbewegung im 20. Jahrhundert.* Stuttgart: Franz Steiner Verlag, 2006.

Gerontas, Apostolos. „Chromatography". In: *Between making and knowing: tools in the history of materials research*, 315–26. A World Scientific encyclopedia of the development and history of material science. New Jersey; London: World Scientific, 2020.

Gerontas, Apostolos. „Creating New Technologists of Research in the 1960s: The Case of the Reproduction of Automated Chromatography Specialists and Practitioners". *Science & Education* 23, Nr. 8 (August 2014): 1681–1700.

Grossbölting, Thomas, Niklas Lenhard-Schramm und Anne Crumbach, Hrsg. *Contergan: Hintergründe und Folgen eines Arzneimittel-Skandals.* V&R Academic. Göttingen: Vandenhoeck & Ruprecht, 2017.

Jas, Nathalie. „Adapting to ‚Reality': The emergence of an international expertise on food additives and contaminants in the 1950s and early 1960s". In: *Toxicants, Health and Regulation since 1945*, 47–69. Studies for the Society for the Social History of Medicine. London: Pickering & Chatto, 2013.

Jas, Nathalie. „Public Health and Pesticide Regulation in France Before and After Silent Spring". *History and Technology* 23, Nr. 4 (Dezember 2007): 369–88.

Jukola, Saana. „Commercial Interests, Agenda Setting, and the Epistemic Trustworthiness of Nutrition Science". *Synthese*, 2019, 2629–2646.

Jütte, Robert. *Geschichte der alternativen Medizin: von der Volksmedizin zu den unkonventionellen Therapien von heute.* München: C.H. Beck, 1996.

Kessel, Nils. „1971. Arzneimittelschäden zwischen Regulierung und Skandal. Das Beispiel des Appetithemmers Phentermin". In: *Arzneimittel des 20. Jahrhunderts: historische Skizzen von Lebertran bis Contergan*, 283–308. Bielefeld: Transcipt Verlag, 2009.

Kuhn, Thomas S. *The structure of scientific revolutions.* 4. Aufl. Chicago; London: The University of Chicago Press, 2012.

Lawrence, J. F. „Cyclamates". In: *Encyclopedia of food sciences and nutrition*, 1712–14. Amsterdam; Boston; Paris: Academic Press, 2003.

Maffini, Maricel V. und Sarah Vogel. „Defining Food Additives. Origins and Shortfalls of the US Regulatory Framework". In: *Risk on the table: food production, health, and the environment*, 274–96. Environment in history. New York: Berghahn, 2021.

Martin, Joseph D. „Nuclear Magnetic Resonance Spectroscopy". In: *Between making and knowing: tools in the history of materials research*, 561–69. A World Scientific encyclopedia of the development and history of material science. New Jersey; London: World Scientific, 2020.

McGarity, Thomas O. und Wendy E. Wagner. *Bending science: how special interests corrupt public health research.* Cambridge, MA: Harvard University Press, 2008.

Melzer, Jörg. *Vollwerternährung: Diätetik, Naturheilkunde, Nationalsozialismus, sozialer Anspruch.* Medizin, Gesellschaft und Geschichte. Stuttgart: Franz Steiner Verlag, 2003.

Morris, Peter J. T., und Anthony S. Travis. „The Role of Physical Instrumentation in Structural Organic Chemistry". In: *Science in the Twentieth Century*, 715–39. Amsterdam: Harwood Academic Publishers, 1997.

Morris, Peter J. T., Anthony S. Travis und Carsten Reinhardt. „Research Fields and Boundaries in Twentieth-Century Organic Chemistry". In: *Chemical sciences in the 20th century: bridging boundaries*, 14–42. Weinheim; New York: Wiley-VCH, 2001.

Nier, Keith A. „Mass Spectrometry". In: *Between making and knowing: tools in the history of materials research*, 527–38. A World Scientific encyclopedia of the development and history of material science. New Jersey; London: World Scientific, 2020.

Nowotny, Helga. „Experten, Expertisen und imaginierte Laien". In: *Wozu Experten? Ambivalenzen der Beziehung von Wissenschaft und Politik*, 33–44. Wiesbaden: VS Verlag für Sozialwissenschaften, 2005.

Oreskes, Naomi und Erik M. Conway. *Merchants of doubt: how a handful of scientists obscured the truth on issues from tobacco smoke to global warming.* New York: Bloomsbury Press, 2010.

Otles, Semih und Vasfiye Hazal Ozyurt. „Classical Wet Chemistry Methods". In: *Handbook of Food Chemistry*, 133–49. Springer Reference. Berlin; Heidelberg: Springer, 2015.

Rees, Jonathan. *The chemistry of fear: Harvey Wiley's fight for pure food*. Baltimore: Johns Hopkins University Press, 2021.

Reineccius, Gary, Hrsg. *Source book of flavors*. 2. Aufl. New York: Chapman & Hall, 1994.

Reinhardt, Carsten. „Habitus, Hierarchien und Methoden: ‚Feine Unterschiede' zwischen Physik und Chemie". *NTM Zeitschrift für Geschichte der Wissenschaften, Technik und Medizin* 19, Nr. 2 (Juni 2011): 125–46.

Reinhardt, Carsten. *Shifting and rearranging: physical methods and the transformation of modern chemistry*. Sagamore Beach, MA: Science History Publications/USA, 2006.

Rossfeld, Roman. „Gepanschte Nahrung und gemischte Gefühle. Lebensmittelskandale, Ernährungskultur und Food-Design aus historischer Perspektive". In: *Verlangen nach Reinheit oder Lust auf Schmutz? Gestaltungskonzepte zwischen rein und unrein*, 75–96. Wien: Passagen Verlag, 2003.

Saretzki, Thomas. „Welches Wissen – wessen Entscheidung? Kontroverse Expertise im Spannungsfeld von Wissenschaft, Öffentlichkeit und Politik". In: *Wozu Experten? Ambivalenzen der Beziehung von Wissenschaft und Politik*, 345–69. Wiesbaden: VS Verlag für Sozialwissenschaften, 2005.

Schwedt, Georg. *Analytische Chemie: Grundlagen, Methoden und Praxis*. 2., vollst. überarb. Aufl. Master. Weinheim: Wiley-VCH, 2008.

Sieglerschmidt, Jörn. „Die Mechanisierung der organischen Substanz". In: *Essen und kulturelle Identität: europäische Perspektiven*, 2:336–55. Kulturthema Essen. Berlin: Akademie Verlag, 1997.

Steinhauser, Thomas. „The Synergy of New Methods and Old Concepts in Modern Chemistry". In: *Objects of Chemical Inquiry*, 259–80. Sagamore Beach, MA: Science History Publications/USA, a division of Watson Publishing International LLC, 2014.

Steinhauser, Thomas. *Zukunftsmaschinen in der Chemie: Kernmagnetische Resonanz bis 1980*. Frankfurt/Main: Peter Lang, 2014.

Steinmetz, Willibald. „Ungewollte Politisierung durch die Medien? Die Contergan-Affäre". In: *Die Politik der Öffentlichkeit – die Öffentlichkeit der Politik: politische Medialisierung in der Geschichte der Bundesrepublik*, 195–228. Veröffentlichungen des Zeitgeschichtlichen Arbeitskreises Niedersachsen. Göttingen: Wallstein, 2003.

Stoff, Heiko. *Gift in der Nahrung: zur Genese der Verbraucherpolitik Mitte des 20. Jahrhunderts*. Wissenschaftsgeschichte. Stuttgart: Franz Steiner Verlag, 2015.

Stoff, Heiko. „Hexa-Sabbat: Fremdstoffe und Vitalstoffe, Experten und der kritische Verbraucher in der BRD der 1950er und 1960er Jahre". *NTM Zeitschrift für Geschichte der Wissenschaften, Technik und Medizin* 17, Nr. 1 (2009): 55–83.

Treitel, Corinna. *Eating Nature in Modern Germany: Food, Agriculture, and Environment, c. 1870 to 2000*. Cambridge: Cambridge University Press, 2017.

van Zwanenberg, Patrick, und Erik Millstone. „Taste and Power: The Flavouring Industry and Flavour Additive Regulation". *Science as Culture* 24, Nr. 2 (April 2015): 129–56.

Vaupel, Elisabeth. „Ersatz für die Naturvanille: Rezeption und rechtliche Behandlung der Aromastoffe Vanillin und Ethylvanillin in Deutschland (1874–2011)". *Ferrum: Nachrichten aus der Eisenbibliothek. Stiftung der Georg Fischer AG* 89 (2017): 44–55.

Vogel, Jakob. *Ein schillerndes Kristall: eine Wissensgeschichte des Salzes zwischen Früher Neuzeit und Moderne*. Industrielle Welt. Köln: Böhlau, 2008.

von Schwerin, Alexander. *Strahlenforschung: Bio- und Risikopolitik der DFG, 1920–1970*. Studien zur Geschichte der Deutschen Forschungsgemeinschaft. Stuttgart: Franz Steiner Verlag, 2015.

Weitze, Marc-Denis, Joachim Schummer, und Thomas Geelhaar, Hrsg. *Zwischen Faszination und Verteufelung: Chemie in der Gesellschaft.* Berlin: Springer Spektrum, 2017.

Eine Geschichte mit Geschmack: Fazit

Quellen

Publizierte Quellen

Der Präsident H.-G. Pöttering (Europäisches Parlament); Rat der Europäischen Union (Der Präsident B. Le Maire), Verordnung (EG) Nr. 1334/2008 des Europäischen Parlaments und des Rates vom 16. Dezember 2008 über Aromen und bestimmte Lebensmittelzutaten mit Aromaeigenschaften zur Verwendung in und auf Lebensmitteln sowie zur Änderung der Verordnung (EWG) Nr. 1601/91 des Rates, der Verordnung (EG) Nr. 2232/96 und (EG) Nr. 110/2008 und der Richtlinie 2000/13/EG, Amtsblatt der Europäischen Union, S. L354/34-L354/50.
Deutscher Verband der Aromenindustrie e.V. (DVAI), Die Kennzeichnung „natürliches Aroma" – Nennung des Ausgangsstoffes, https://aromenverband.de/informationenleitlinien/kennzeichnung-natuerliches-aroma/.
Roy Teranishi; Emily L. Wick und Irwin Hornstein. *Flavor Chemistry, Thirty years of progress.* New York: Springer Science+Business Media, 1999.

Literatur

Barlösius, Eva. *Soziologie des Essens: eine sozial- und kulturwissenschaftliche Einführung in die Ernährungsforschung.* 3. durchges. Aufl. Grundlagentexte Soziologie. Weinheim; Basel: Beltz Juventa, 2016.
Rossfeld, Roman. „Gepanschte Nahrung und gemischte Gefühle. Lebensmittelskandale, Ernährungskultur und Food-Design aus historischer Perspektive". In: *Verlangen nach Reinheit oder Lust auf Schmutz? Gestaltungskonzepte zwischen rein und unrein*, 75 – 96. Wien: Passagen Verlag, 2003.
Universität Leipzig Methodenportal. „Was ist ein Diskurs?", 19. August 2022. https://home.uni-leipzig.de/methodenportal/was-ist-ein-diskurs/.

Bei Fragen zur Produktsicherheit wenden Sie sich bitte an:
If you have any questions regarding product safety,
please contact:

Walter de Gruyter GmbH
Genthiner Straße 13
10785 Berlin
productsafety@degruyterbrill.com